教育部高等学校电子信息类专业教学指导委员会规划教材

高等学校电子信息类专业系列教材

通信电子电路案例

韩东升◎主编

李然 余萍 贾惠彬 李星蓉◎副主编

清华大学出版社

北京

内容简介

本书是与电子信息类专业的“通信电子电路”课程配套的教科书，主要内容包括通信电子电路基础性案例、收发系统扩展性案例和综合创新案例。全书力图用通俗的语言诠释深奥的教育理念，辅以翔实的人物故事和案例故事，将工程观和家国情怀教育理念置于实际情景之中，增强趣味性和可读性，帮助学生拓展工程实际应用视野，适应当前正在高等学校进行的工程教育改革。本书旨在引导正在学习“通信电子电路”课程的学生了解课程的实际应用，帮助他们超越课程局限，对其他读者了解无线通信相关技术也有参考价值。

图书在版编目(CIP)数据

通信电子电路案例/韩东升主编. —北京：清华大学出版社，2022.2(2025.2 重印)
高等学校电子信息类专业系列教材
ISBN 978-7-302-59558-8

Ⅰ. ①通… Ⅱ. ①韩… Ⅲ. ①通信系统－电子电路－高等学校－教材 Ⅳ. ①TN91

中国版本图书馆 CIP 数据核字(2021)第 228936 号

责任编辑：文　怡
封面设计：李召霞
责任校对：李建庄
责任印制：刘　菲

出版发行：清华大学出版社
网　　址：https://www.tup.com.cn，https://www.wqxuetang.com
地　　址：北京清华大学学研大厦 A 座　　**邮　　编**：100084
社 总 机：010-83470000　　**邮　　购**：010-62786544
投稿与读者服务：010-62776969，c-service@tup.tsinghua.edu.cn
质量反馈：010-62772015，zhiliang@tup.tsinghua.edu.cn
课件下载：https://www.tup.com.cn，010-83470236
印 装 者：北京建宏印刷有限公司
经　　销：全国新华书店
开　　本：185mm×260mm　　**印　　张**：15　　**字　　数**：364 千字
版　　次：2022 年 2 月第 1 版　　**印　　次**：2025 年 2 月第 3 次印刷
印　　数：1631～1730
定　　价：49.00 元

产品编号：090213-01

序
FOREWORD

我国电子信息产业销售收入总规模在2013年已经突破12万亿元，行业收入占工业总体比重已经超过9%。电子信息产业在工业经济中的支撑作用凸显，更加促进了信息化和工业化的高层次深度融合。随着移动互联网、云计算、物联网、大数据和石墨烯等新兴产业的爆发式增长，电子信息产业的发展呈现了新的特点，电子信息产业的人才培养面临着新的挑战。

(1) 随着控制、通信、人机交互和网络互联等新兴电子信息技术的不断发展，传统工业设备融合了大量最新的电子信息技术，它们一起构成了庞大而复杂的系统，派生出大量新兴的电子信息技术应用需求。这些“系统级”的应用需求，迫切要求具有系统级设计能力的电子信息技术人才。

(2) 电子信息系统设备的功能越来越复杂，系统的集成度越来越高。因此，要求未来的设计者应该具备更扎实的理论基础知识和更宽广的专业视野。未来电子信息系统的设计越来越要求软件和硬件的协同规划、协同设计和协同调试。

(3) 新兴电子信息技术的发展依赖于半导体产业的不断推动，半导体厂商为设计者提供了越来越丰富的生态资源，系统集成厂商的全方位配合又加速了这种生态资源的进一步完善。半导体厂商和系统集成厂商所建立的这种生态系统，为未来的设计者提供了更加便捷却又必须依赖的设计资源。

教育部2012年颁布的《普通高等学校本科专业目录》将电子信息类专业进行了整合，为各高校建立系统化的人才培养体系，培养具有扎实理论基础和宽广专业技能的、兼顾“基础”和“系统”的高层次电子信息人才给出了指引。

传统的电子信息学科专业课程体系呈现“自底向上”的特点，这种课程体系偏重对底层元器件的分析与设计，较少涉及系统级的集成与设计。近年来，国内很多高校对电子信息类专业课程体系进行了大力度的改革，这些改革顺应时代潮流，从系统集成的角度，更加科学合理地构建了课程体系。

为了进一步提高普通高校电子信息类专业教育与教学质量，贯彻落实《国家中长期教育改革和发展规划纲要(2010—2020年)》和《教育部关于全面提高高等教育质量若干意见》(教高〔2012〕4号)的精神，教育部高等学校电子信息类专业教学指导委员会开展了“高等学校电子信息类专业课程体系”的立项研究工作，并于2014年5月启动了《高等学校电子信息类专业系列教材》(教育部高等学校电子信息类专业教学指导委员会规划教材)的建设工作。其目的是为推进高等教育内涵式发展，提高教学水平，满足高等学校对电子信息类专业人才培养、教学改革与课程改革的需要。

本系列教材定位于高等学校电子信息类专业的专业课程，适用于电子信息类的电子信息工程、电子科学与技术、通信工程、微电子科学与工程、光电信息科学与工程、信息工程及其相近专业。经过编审委员会与众多高校多次沟通，初步拟定分批次(2014—2017年)建设约100门课程教材。本系列教材将力求在保证基础的前提下，突出技术的先进性和科学的前沿性，体现创新教学和工程实践教学；将重视系统集成思想在教学中的体现，鼓励推陈出新，采用“自顶向下”的方法编写教材；将注重反映优秀的教学改革成果，推广优秀的教学经验与理念。

为了保证本系列教材的科学性、系统性及编写质量，本系列教材设立顾问委员会及编审委员会。顾问委员会由教指委高级顾问、特约高级顾问和国家级教学名师担任，编审委员会由教育部高等学校电子信息类专业教学指导委员会委员和一线教学名师组成。同时，清华大学出版社为本系列教材配置优秀的编辑团队，力求高水准出版。本系列教材的建设，不仅有众多高校教师参与，也有大量知名的电子信息类企业支持。在此，谨向参与本系列教材策划、组织、编写与出版的广大教师、企业代表及出版人员致以诚挚的感谢，并殷切希望本系列教材在我国高等学校电子信息类专业人才培养与课程体系建设中发挥切实的作用。

吕志伟 教授

前言

PREFACE

"通信电子电路"是普通高等学校电子信息类专业的一门重要的专业基础课。该课程内容具有很强的理论性和工程性，并且应用案例不断更新，教学过程中存在教师难教、学生难学的现象，学生也很难将抽象的理论与工程实际联系在一起，是一门在有限学时内较难掌握的课程。

本书符合教育部提出的打造有深度、有难度、有挑战度的"金课"，提高课程教学的高阶性和挑战度的要求，结合课程内容特点，着力培养学生的工程观念。编者采用案例式的教学思想，将通信电子电路课程内容进行案例化、工程化。所选案例既来源于生产生活实际，又与课程所涉及的理论内容紧密结合。

本书内容包含基础性案例、扩展性案例和综合创新案例三种形式。

第1章是通信电子电路基础性案例，以无线广播系统为蓝本，涉及无线收发系统的基本构成，对无线收发系统中的每个功能模块电路、基础性实验和应用案例进行阐述，主要内容包括滤波器、高频放大器、振荡器、调幅与检波、混频、调频与鉴频、锁相环与频率合成等电路知识和对应的实验任务要求；并对各模块功能电路、广播发射和收音机系统的技术指标及调试方法进行概括，帮助学生更通俗地理解抽象的理论知识和概念。同时辅以人物故事和案例故事，将教育理念和方法置于实际情景之中，增强趣味性和可读性。

第2章是通信电子电路收发系统扩展性案例，涉及通信电子电路的实际应用案例，包括无线对讲机、手机、Wi-Fi、无线传感器、无线基站、无人机数传等内容，旨在帮助学生将理论与实际相结合，做到学以致用。

第3章是通信电子电路综合创新案例，包括智能交通系统、无人机系统、无线抄表系统、无线视频传输系统应用、物联网等内容，旨在构建具有挑战性的创新性综合系统，使学生跳出"通信电子电路"课程本身看"通信电子电路"，从系统级的角度和工程实际的角度激发学生的创新思维和创新意识。

本书既可以作为传统教学模式的辅助教材，拓展学生的知识面；也可以作为翻转课堂的案例参考，学生能够在讨论分析案例中提高探究问题、解决问题的能力；还可以作为线上、线下混合教学模式的课上主讲内容，从而实现线上学习理论基础，线下进行高阶、深度学习。本书的作用是引导正在学习"通信电子电路"课程的学生了解课程的实际应用，帮助他们超越课程局限，对其他专业学生了解通信电子电路相关技术也有参考价值。

本书由华北电力大学韩东升任主编，李然、余萍、李星蓉、贾惠彬任副主编，研究生念欣然、张艺海和吴堃参加了部分图表的整理工作。

本书中的部分实验电路和器材由北京中科浩电科技有限公司、武汉易思达科技有限公司、北京云都科技有限公司和中智讯(武汉)科技有限公司提供，在此表示衷心的感谢。

本书受教育部高校“双带头人”教师党支部书记工作室建设项目、河北省高等教育教学改革研究项目(2018GJJG401)资助。

在本书的编写过程中，编者参考了大量书刊杂志和有关资料，从书后所列的参考文献中吸取和借鉴了宝贵的经验与成果，在此向各位作者深表谢意。感谢华北电力大学领导和同事对本书出版给予的大力帮助和支持。感谢清华大学出版社对本书出版给予的支持和帮助，感谢文怡编辑对本书出版所付出的努力。

通信技术发展迅猛，通信电子电路涉及范围广、新知识多，由于编者的水平和学识有限，书中难免有不少错误和不妥之处，恳请读者给予批评指正！

编　者

2021年12月

目录

CONTENTS

第1章 通信电子电路基础性案例——从无线广播说起

CHAPTER 1

1.1 无线广播概述

广播，是通过无线电波或导线传送声音的新闻传播工具。通过导线传送节目的称为有线广播，通过无线电波传送节目的称为无线广播。广播又是靠声音来传播的，人耳能听到的声音频率范围是20Hz～20kHz。声音的魅力在于，它不仅传播了信息，还融入了传播方的特征，从而对人们理解、接受信息提供帮助。主持人主持节目的风格、对节目的把握，能大大增强节目的吸引力，他们对稿件的再创造、再提高，能对听众认识、理解、接受信息产生很大的影响。以声音为传播特色，其魅力还在于不受年龄和文化程度的限制，所以广播受众面特别广。广播还有可移动性和便携性，人们可以随时、随地、很方便地从广播中了解最新的信息。

在当今互联网时代，人们可以利用智能手机及网络获取大量信息，广播似乎是个过时的老古董，虽然少数老人还会延续收听广播节目的习惯，但对大多数人来说，偶尔才会收听广播，而年轻的学生们大概只有在进行英语听力考试时才会使用调频收音机收听试题广播。尽管如此，相比于其他任何媒体，只有广播技术能让人以最快的速度听到世界各地的消息。速度是网络的一大优势，对于一般的信息处理来说，互联网要快于广播。但是，对于重大事件、重要新闻，广播的传播速度要快于互联网。

20世纪20年代，美国最早迎来广播大爆炸式发展，1920年初，全美家庭听众只有5000名，18个月后，300万个家庭拥有了收音机，4年后，这个数字变成了5000万。广播成为“即时大众传媒”的第一种形态。全国各地的人都可以获得即时、共享的体验，听广播剧、体育和音乐是当时的人们每天的一大乐事。广告商很快开始利用广播节目植入广告，电视的发展在很大程度上也要归功于广播的黄金时代，NBC(美国全国广播公司)、ABC(美国广播公司)、CBS(哥伦比亚广播公司)、BBC(英国广播公司)等主要广播公司至今仍是媒体行业的领头羊。很多音乐流派，如爵士乐和摇滚乐等，都是通过广播得以传播，广播对流行音乐、广告乃至整个文化都产生了巨大影响。

有趣的是，“广播”一词最初是个农业术语，指的是广播种，如此说来，这个词的逻辑就说得通了。无线广播技术随着电子器件的发展而突飞猛进，从电子管到晶体管，再到集成电路芯片，使得无线广播收发系统体积更小且性能更好。通信电子电路所涉及的内容就是围绕着无线广播收发系统的组成及功能电路展开的，相关的射频电路技术已广泛应用于当今无线通信及各类无线监测中。因此，本章涉及的通信电子电路基础性案例内容，就从无线广播说起，介绍无线广播相关技术及功能电路。

1.1.1 我国早期的无线广播电台

1923年，美国人奥斯邦在上海创办的广播电台是中国境内最早的广播电台，该电台设在上海广东路大来洋行楼上，挂着“中国无线电公司”的招牌，发射功率为50W。

1926年，在奉系军阀的支持下，我国早期著名的无线电工程专家刘瀚主持创建的哈尔滨广播无线电台是中国人建立的官办广播电台。1928年8月，南京开办“中国国民党中央执行委员会广播无线电台”，简称“中央广播电台”，发射功率为500W。1940年12月30日创建的“延安新华广播电台”是中国共产党最早的广播电台，1947年3月改称陕北新华广播电台。1949年3月25日，陕北新华广播电台迁到北平，同年12月5日，定名为“中央人民广播电台”。

延安新华广播电台的建立，在中国广播事业史上具有特殊的历史意义。1930年8月红军攻打长沙时，由于没有无线电台，部队之间没有联系，损失惨重。随后，毛泽东给中央写报告指出“红军必须有自己的无线电台”。四个月后的一次战斗中，红军缴获了一部无线电台，但由于发报电子管损坏而成为不能发报、只能收报的半部电台，俘虏收编的10个报务员成为红军最早的无线报务人才，他们将半部电台修复，红色电波从此开始发射并影响世界。

“延安声音”向世界传播的发展历程中，得到英国友人林迈可的鼎力帮助，毕业于牛津大学的林迈可受聘在燕京大学做经济学导师，他利用自己的特殊身份，积极帮助八路军购买医药品和无线电台零件，太平洋战争爆发后，他来到晋察冀抗日根据地担任通讯部门顾问，一直从事电台设备的整修改进和教学工作，他利用自学的无线电知识，借助缴获的日军器材，制作了上百部形式各异的电台，帮助中共重建无线电站，加强了电话与电报的收发能力。在烽火连天的岁月里，情报工作至关重要。为保障部队通信联络畅通，晋察冀军区举办了无线电训练班。林迈可在无线电训练班的基础上设立无线电研究班，为我党、我军培养了大批通信事业骨干。1944年5月，林迈可到达延安，毛泽东主席、朱德总司令和叶剑英参谋长非常关心他的工作，任命他为18集团军通讯部的无线电通讯顾问，除继续做好通信工作外，他还帮助新华社创建英文广播，用英文撰稿和向国外发稿，介绍解放区的真实情况，并设计建造了600W的大型发报机和定向天线，实现了首次对外广播，将“延安声音”传向世界。

中华人民共和国成立后，无线广播电台遍布各省市自治区直辖市，有些乡镇及村也建立了小型的无线或有线广播站。但在相当长的时期里，播出内容以新闻为主，收音机也并不普及。改革开放以后才迎来广播事业的大发展，人们围在收音机旁听广播剧“夜幕下的哈尔滨”、评书“岳飞传”等节目成为一道风景，广播的普及也带动了电视、电话及通信技术的巨大需求。在当今，我国信息技术领域紧跟世界科技潮流，迎来互联网时代5G应用新机遇，成为5G技术领先的国家。

1.1.2 无线广播信号发射系统——广播电台

所谓无线广播信号发射系统，就是播送语言及音乐节目的无线电台，包括播控中心、发射台以及相应的附属设施。

广播电台播出节目时首先把声音通过话筒转换成音频电信号，经放大后对高频信号(载波)调制，这时高频载波信号的某一参量随着音频信号作相应的变化，如高频载波信号的幅度随音频信号变化成为调幅(Amplitude Modulation，AM)信号，高频载波信号的频率随音频信号变化成为调频(Frequency Modulation，FM)信号，使要传送的音频信号包含在高频载波信号之内，产生调幅广播或调频广播信号，已调频或已调幅的高频信号再经功率放大，其高频电流流过天线时，形成无线电波向外发射，无线电波传播速度为 3×10^8 m/s，在无线电台发射功率覆盖范围内的接收机，就可以收听到电台播出的节目。无线广播电台组成如图 1-1 所示。

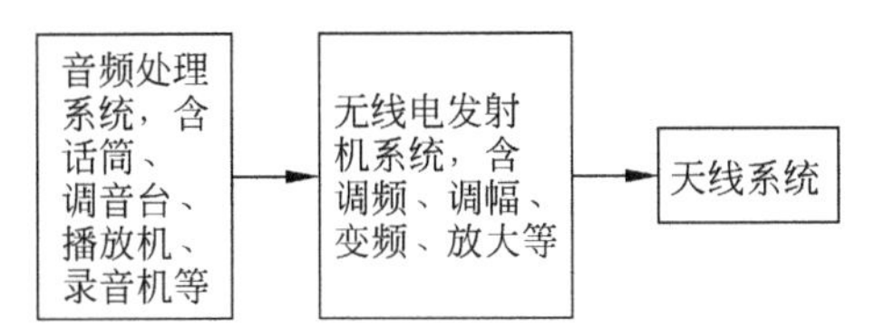

图 1-1　无线广播电台组成

图 1-1 中，音频处理系统是电台播控中心的主要设备，再经无线广播发射机和天线将节目内容发射到空间。其中，话筒、播放机和录音机播出的音源，变成音频电信号后由调音台进行放大处理。调音台又称调音控制台，它将多路输入信号进行放大、混合、分配、音质修饰和音响效果加工，之后再通过母线输出。调音台是现代电台广播、舞台扩音、音响节目制作等系统中进行播送和录制节目的重要设备。无线广播发射机系统中包含高频载波信号产生、调幅及调频、高频功率放大等电路，高频信号的产生包括晶体振荡器、频率合成、锁相环等方式；调频及调幅电路将音频节目信号装载到高频载波上，使得高频载波携带着节目内容；高频功率放大包含激励、选频、阻抗匹配等电路，使高频信号传输到天线发射出去。

任何一个广播电台，无论其规模大小(国家电台、省级电台、市级电台、县级电台、乡级电台、村级电台、校园电台、企事业单位电台、部队营房电台等)，都由音频播控设备、无线发射机及发射天馈线组成。覆盖范围大的电台，需要发射功率大的无线发射机、高增益的发射天线且架设在离地面高的地方；而覆盖范围小的电台，则需要发射功率小的无线发射机、增益合适的天线且架设在合适的高度上。

调幅(AM)及调频(FM)指的是无线电学上的两种不同调制方式。一般中波广播多采用调幅(AM)的方式，因此人们常常将中波和 AM 之间画上等号，实际上中波只是诸多利用 AM 调制方式的一种广播，在高频(3～30MHz)中的国际短波广播所使用的调制方式也是 AM，甚至比调频广播更高频率的航空导航通信(116～136MHz)也采用 AM 的方式，只是我们日常所说的 AM 波段指的就是中波广播。

通常，我们用 FM 来指一般的调频广播(76～108MHz，我国为 87.5～108MHz、日本为 76～90MHz)。FM 是另一种调制方式，即使在 27～30MHz 的短波范围，作为业余电台、太空、人造卫星通信应用的波段，有的也采用 FM 方式。

按调频发射机的使用场合可分为专业级调频发射机和业余级调频发射机，专业级主要用于专业广播电台和对音质、可靠性要求较高的场合，而业余级主要用于非专业电台和对音质和可靠性要求一般的场合；按广播方式可分为立体声广播和单声道广播；按调频发射机的电路原理可分为模拟调频发射机和数字调频发射机。

各电台发射的高频载波信号的中心频率遵循无线电委员会规定的广播频段，广播频段是一种通信术语，是为防止无线电台间的相互干扰，经国际协议统一划分的用于无线电广播的频率范围。在我国，中波广播的频率(高频载波频率)范围为 525～1605kHz，短波的频率范围为 3500～18000kHz，短波广播频段则为 1.5～30MHz，调频广播的国际标准频段为 88～108MHz 的甚高频波段。甚高频电视频段为 48.5～72.5MHz，76～92MHz 及 167～223MHz，超高频电视频段为 470～700MHz。

无线电爱好者 DIY 搭建无线发射系统时，可利用相应的调制模块工作在开放的业余频段内，并限定在低功率下进行调试实验，以减少对其他设备的影响。无线发射系统的基本组成如图 1-2 所示。

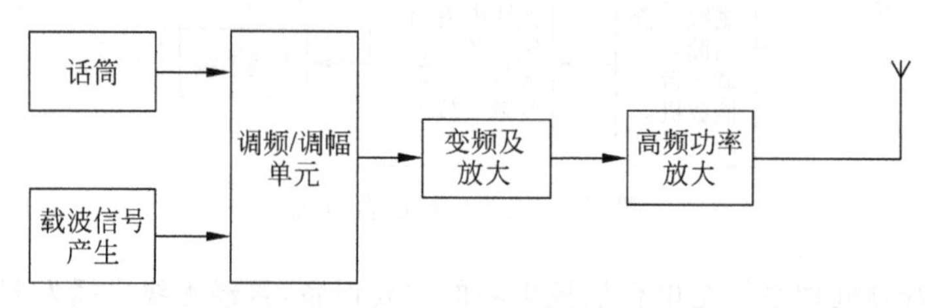

图 1-2 无线发射系统的基本组成

经天线发射的无线电波是由一点向空间中沿直线传播的(就像水波纹)，若收、发信机之间有阻挡物或者距离太远被地球阻挡(地球是有曲率的)，则利用地球大气层中的电离层反射实现通信。电离层罩住了整个地球，就像天然的发信机"反光镜"，如果在 A、B 两点收发通信，当 A、B 两点不能直线连接时，可以通过 A 到电离层再到 B 的方式进行通信(反之亦然)，我们收听的短波无线电广播就是利用这个原理。所以只要发送端的发射功率足够大，接收端的接收器足够灵敏，发送端和接收端的距离就可以足够远。不过现在有通信卫星了，卫星也可以起到"反光镜"的作用，而且卫星还可以进行信息处理。

1.1.3 无线广播接收系统——收音机

要接收无线广播电台发射的节目信号，往往采用收音机等终端设备来收听广播，但一般只能收听到有限的几个频道。通常，大家所见到的收音机或收录音机上都有 AM 及 FM 波段，这两个波段是用来收听国内广播的，若收音机上还有 SW 波段，则除了国内短波电台之外，还可以收听到世界各国的广播电台节目。SW 是对短波的一种简单称呼，正确的说法应该是高频(High Frequency，HF)。以波长而言，中波(Medium Wave，MW)的波长为 200～600m，而 HF 的波长为 10～100m，与 MW 的波长相比较，HF 的波长的确短了些，因此就把 HF 称为短波(Short Wave，SW)。同样地，比 MW 频率更低的 150～284kHz 这一段频谱也是作为广播用的，波长为 1000～2000m，与 MW 的 200～600m 相比较显然"长"多了，因此就把这段频谱的广播称为长波(Long Wave，LW)。实际上，不论 LW、MW 或 SW，都采用 AM 调制方式。对一般收(录)音机而言，FM、MW、LW 波段是收听国内广播用的，但我国目前没有设立 LW 电台，而 SW 波段则主要用于收听国内/国际远距离广播。

电台发射的无线电波被收音机天线接收，然后经过放大、解调，还原为音频电信号，送入喇叭音圈中，就可以还原为声音，人们就可以收听到广播节目内容了。广播电台节目有 FM 制和 AM 制方式发送的，收音机则需要针对不同的调制方式信号进行解调，对调频信号解调需要鉴频电路，对调幅信号解调需要检波电路。此外，由于调幅信号和调频信号的工作频段不同，两种制式收音机的具体电路也有所不同，但收音机的各功能模块是类似的，目前的收音机大多集调幅和调频一体化，可分别收听调频和调幅电台，接收解调后的音频电路是共用的。调幅收音机的组成框图如图 1-3 所示。

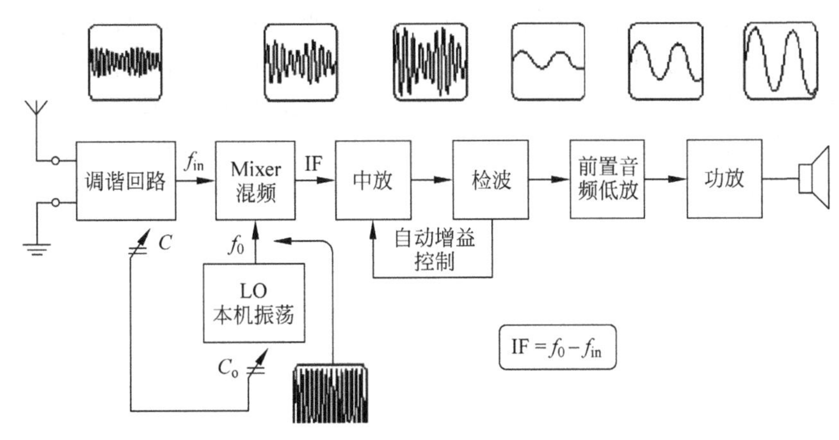

图 1-3　调幅收音机组成框图

图 1-3 是单次变频超外差式收音机的原理方框图。所谓超外差，就是本机振荡频率始终高出接收频率一个中频，且中频固定。混频器只改变已调信号的载波频率，而不改变已调信号振幅的变化规律，因此中频已调信号仍然携带着基带信号的信息。中频已调信号再经过若干级中频放大器放大后送入检波器，检波器实现解调功能，得到低频调制信号。最后再经低频及功率放大后送入扬声器(或耳机)转变为音频信号。

超外差式接收机的核心是混频器。混频器的作用是将接收到的不同载波频率转变为固定的中频，应当指出，无论如何去调谐接收机，中频是永远不变的。为保证本振频率始终高出接收频率一个固定的中频，必须使天线预选回路和本机振荡回路实现统调，统调的最简单办法就是让预选回路电容和本振回路电容采用一个同轴的双联可调电容。

采用超外差式接收机方案后，将接收机的总增益分散到了高频、中频和基带三个频段上。而且，载频降为中频后，在较低的固定中频上做窄带的高增益放大器要比在载波频段上做高增益的放大器容易和稳定得多。

图 1-3 中，接收天线将空间的高频调幅波感应接收送入调谐回路模块，由调谐回路从众多的信号中选出想要收听的电台信号 f_{in}(某电台载波频率)，然后送入混频模块，另一个送入混频模块的信号是由本机振荡电路产生的等幅振荡信号，其频率 f_0 比接收到的电台信号频率高 465kHz，使得混频输出信号的载波频率是本机振荡信号频率和电台接收信号频率的差频 465kHz，这个差频称为中频 IF，即中频＝本振频率(f_0)－电台频率(f_{in})，这是一个固定中频，不论接收哪个电台信号，本振频率始终超出电台频率一个中频，所以调整选择电台频率时也要同步调整本机振荡频率，图中的电容 C_0 和 C 分别作为本振回路和输入回路的调谐电容同步调谐，混频后的中频都是 465kHz，这样，处理接收信号频率的接收机也称为超外差式接收机。需要注意的是，混频电路模块只是完成输入电台载波频率的变换，混

频输出信号仍为调幅波，其包络与天线接收到的电台信号包络一致，从图中波形示意图可知，原来的音频包络线并没有改变。由于混频输出的信号幅度很小，因此混频后往往设有多级中频放大电路，由于这里只需要对固定频率的中频进行放大，放大器的放大增益和选频滤波技术指标都比较理想，且实现技术简单，可以大大提高整机灵敏度，同时也为后续大信号检波电路提供幅度足够的信号；自动增益控制电路在检波输出和中放电路之间构成了一个反馈环，来控制中放电路的增益，以防止接收较强电台信号时产生失真。检波电路是调幅波的解调器，它把中频调幅波中的音频包络解调出来，检波电路输出的音频信号经前置音频低放电路和功率放大电路放大后，送入扬声器还原成声音，从而完成整个电台节目内容的接收过程。

调频收音机的组成框图如图1-4所示。调频收音机组成框图和调幅收音机大同小异，除了解调电路由鉴频器代替检波器外，其他功能模块的作用是相同的，但天线感应接收的频率和调幅收音机不同，混频后的中频频率也不同，调频收音机中混频后的中频是10.7MHz。

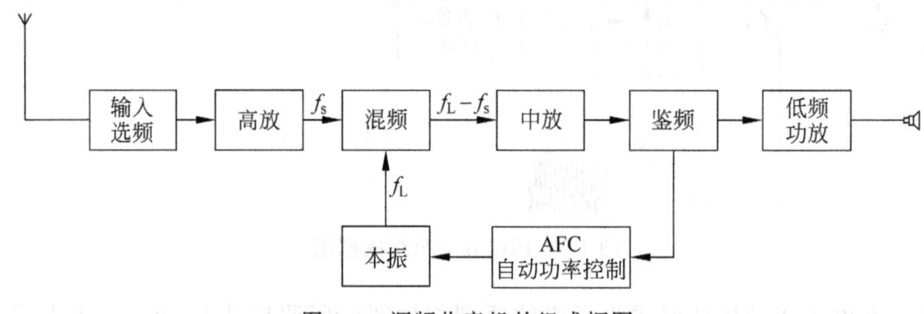

图1-4 调频收音机的组成框图

综上所述，无线广播电台发射机和相应接收机系统是无线收发系统的最基本组成，现代无线通信过程中的信号处理离不开高频载波信号产生（振荡器、锁相环及频率合成）、幅度调制与检波、频率调制与鉴频、高频功率放大、调谐滤波、混频、中频放大、音频放大及处理等电路，而这些信号处理技术也广泛应用于移动通信、无线对讲、遥控遥测、物联网无线监测及智能电子产品中。

1.1.4 拓展阅读

广播这个词汇在当今互联网通信技术中，有了更多的含义。

1. 网络广播

如今很多电台都提供了互联网收听服务，很多网站都收集了这些电台的收听地址，用户可以通过互联网在线收听广播节目，这就是网络广播。

网络广播应该说是一种网络流媒体，它通过在Internet站点上建立广播服务器，运行特定软件再把节目传播出去，我们通过在自己的计算机上安装和运行广播接收软件连接这些站点，就可方便地收听广播节目，还可阅读广播信息。

在宽带网络技术日新月异的今天，网络广播的实现相对容易，且设备投资相对较少，因而具有先天的优势，世界各国媒体竞相发展网络广播。网络广播有直播和点播两种主要播放形式。

直播（Live）主要应用于重大活动的即时报道。它就是电台或电视台实际播出节目的网上传输形式，其优点是时效性强，生动实际，而且用户可在第一时间获取信息。

点播(On-demand Audio/Video)是将节目根据内容做成一个个片段,人们可根据标题或分类选择所喜爱的片段来收听收看。这种播放形式具有节约资源的优点,而且选择性和针对性也更强。

信息时代三大技术——数字技术、网络技术和卫星技术——在传媒中的运用,使广播媒体成为最大的受益者,也使广播实现真正意义上的"广为传播"。

数字音频广播音质纯净如同激光唱盘,使广播的娱乐功能更加完美;而且数字音频广播抗干扰性很强,在移动中收听也没有杂音,符合人们在移动中收听的新需求。在广播的采访、编辑、制作和播出等方面,数字化的工具和设备不断出现。2000年3月,世广卫星"亚洲之星"发射成功,亚洲之星一个波束的覆盖面积是1400万平方千米,可以覆盖中国全部的国土。在世广卫星服务范围内的人,只用一个小小的接收器,就能够从卫星上直接收听广播。广播的"广为传播"不再是一件困难的事。

走上互联网的广播扩大了传播范围,网络广播融会了互联网与音频广播的优点,使广播节目能保存、有文字、可点播、随意检索与下载,并大大增加了信息量。

2. 计算机网络数据包传输中的广播

在计算机网络中,广播(broadcast)是指数据包在计算机网络中传输时,目的地址为网络中所有设备的一种传输方式。实际上,这里所说的"所有设备"也是限定在一个范围之中,称为"广播域"。

并非所有的计算机网络都支持广播,例如X.25网络和帧中继都不支持广播,而且也没有在"整个互联网范围中"的广播。IPv6亦不支持广播,广播相应的功能由多播代替。

通常,广播都是限制在局域网中的,比如以太网或令牌环网,因为广播在局域网中造成的影响远比在广域网中小得多。

广播分为二层广播和三层广播。

二层广播也称硬件广播,用于在局域网内向所有的节点发送数据,通常不会穿过局域网的边界(路由器),除非它变成一个单播。广播的目的地址是一个二进制的全1或者十六进制全F的IP地址(255.255.255.255)。

三层广播用于在某个网络内向所有的节点发送数据,三层广播也支持平面的老式广播。广播信息是指以某个广播域所有主机为目的地的信息,这些称为网络广播,它们所有的主机位均为ON。

一个数据帧或包被传输到本地网段(由广播域定义)上的每个节点就是广播;由于网络拓扑的设计和连接问题,或其他原因导致广播在网段内大量复制、传播数据帧,导致网络性能下降,甚至网络瘫痪,这就是广播风暴。

其实广播风暴多是出现在以Hub连接的容易产生环形连接的局域网中,如果用路由器和交换机的树形连接设计,可以有效防止广播风暴的产生。

在主干网上,路由器的主要作用是路由选择。主干网上的路由器,必须知道到达所有下层网络的路径,这需要维护庞大的路由表,并对连接状态的变化做出尽可能迅速的反应。路由器的故障将会导致严重的信息传输问题。在局域网内部,路由器的主要作用是分隔子网。随着网络规模的不断扩大,局域网演变成以高速主干和路由器连接的多个子网所组成的网络。各个子网在逻辑上独立,而路由器就是唯一能够分隔它们的设备,它负责子网间的报文转发和广播隔离,在边界上的路由器则负责与上层网络的连接。

1.2 滤波器

滤波器是一种用来减少或消除干扰的电气部件，其功能是将输入信号进行过滤处理得到所需的信号。在电信发展的早期，滤波器在电路中就扮演着重要的角色，并随着通信技术的发展而不断发展。1915 年，德国科学家 Wagner 开创了 Wagner 滤波器的设计方法，与此同时，美国的 Campbell 发明了一种以镜像参数法而知名的设计方法。1917 年，美国和德国科学家分别发明了 LC 滤波器，这直接导致了美国第一个多路复用系统的出现。1933 年，Mason 展示了一种石英晶体滤波器，这种滤波器具有优异的温度稳定性和低损耗特性，很快就成为通信器材中不可或缺的重要元件。陶瓷滤波器的某些性能虽然不如石英晶体滤波器优异，但由于其低成本而得到实际应用。1947 年，美国的 Roberts 在 $BaTiO_3$ 陶瓷上施加高压获得了压电陶瓷的电压特性。1955 年，美国的 B. Jaffe 等发现了比 $BaTiO_3$ 压电性更优越的 PZT 压电陶瓷，促使压电器件的应用研究又大大地向前推进了一步，特别是用作压电陶瓷滤波器和谐振器。压电陶瓷除具有压电性外，还具有介电性、弹性等，已被广泛应用于医学成像、声传感器、声换能器、超声马达等。压电陶瓷是利用材料在机械应力作用下，引起内部正负电荷中心相对位移而发生极化，导致材料两端表面出现符号相反的束缚电荷即压电效应而制作的。压电陶瓷具有敏感的特性，主要用于制造超声波换能器、水声换能器、电声换能器、陶瓷滤波器、陶瓷变压器、陶瓷鉴频器、高压发生器、红外探测器、声表面波器件、电光器件、引燃引爆装置和压电陀螺等。声表面波（SAW）技术是 20 世纪 60 年代末期才发展起来的一门新兴科学技术领域，它是声学和电子学相结合的一门边缘学科。声表面波技术的发展相当迅猛，其应用领域从最开始的军用雷达发展到现在几乎遍及整个无线电通信，特别是移动通信技术的高速发展，更进一步地推动了声表面波技术的发展。声表面波滤波器（SAWF）是利用压电陶瓷、铌酸锂、石英等压电石英晶体振荡器材料的压电效应和声表面波传播的物理特性制成的一种换能式无源带通滤波器。SAWF 广泛应用于彩色电视机、手机、GPS 定位、卫星通信和有线电视等电气设备。

自20 世纪 60 年代起，由于计算机技术、集成工艺和材料工艺的发展，滤波器的发展上了一个新台阶，并且朝着低功耗、高精度、小体积、多功能、稳定可靠和价格低廉的方向发展。20 世纪 70 年代后期，RC 有源滤波器、开关电容滤波器、电荷转移器和数字滤波器等几种滤波器的单片集成芯片已经被研制出来并得到应用。21 世纪初，左手媒质滤波器出现，这种材料的滤波器具有体积更小、群迟延更小的特性。

滤波器最常见的用法是对特定频率的频点或该频点以外的频率信号进行有效滤除，从而实现消除干扰、获取某特定频率信号的功能。一种更广泛的定义是将有能力进行信号处理的装置都称为滤波器。滤波器的应用非常广泛，其性能优劣在很大程度上决定了产品的优劣。

滤波器的分类方法有很多种，从处理信号形式来区分，可以分为模拟滤波器和数字滤波器。模拟滤波器由电阻、电感、电容、运算放大器等分离元件组成，可以对模拟信号进行处理。数字滤波器则通过软件或数字信号处理器对离散化的数字信号进行滤波处理。随着数字信号处理器件性能的不断提高，数字滤波器技术应用越来越广泛。综合起来，与模拟滤波器相比，数字滤波器主要有以下特点：

(1) 数字滤波器是一个离散时间系统。应用数字滤波器处理模拟信号时，首先必须对输入的模拟信号进行频带限制、抽样和模/数转换。数字滤波器输入信号的抽样频率应大于被处理信号带宽的2倍。为得到模拟信号,数字滤波器处理的输出数字信号必须经数/模转换和平滑处理。

(2) 数字滤波器具有比模拟滤波器更高的精度。例如,数字滤波器能够做到一个1kHz的低通滤波器允许999Hz信号通过,并且完全阻止1001Hz的信号。而模拟滤波器无法区分这么接近的信号。

(3) 数字滤波器具有比模拟滤波器更高的信噪比。因为数字滤波器是用数字器件执行运算的,从而避免了模拟电路中噪声的影响。

(4) 数字滤波器的可靠性高。组成模拟滤波器的电子元件的特性会随着时间、温度、电压等因素的变化而发生漂移,而数字电路就没有这种问题。只要在数字电路的工作环境下,数字滤波器就能够稳定可靠的工作。

(5) 数字滤波器的处理能力受到系统采样频率的限制。根据奈奎斯特采样定理,数字滤波器的处理能力受到系统采样频率的限制。如果输入信号的频率分量包含超过滤波器采样率1/2倍的频率分量时,数字滤波器将因为频率的混叠而无法正常工作。

按照处理信号的成分进行分类,可以分为频域滤波和时域滤波。频域滤波就是频率选择性网络传输函数特性$H(\omega)$对信号频率特性的限制。滤波器的作用是让信号在通频带内的频率分量通过,让在截止频带内的频率分量不能通过,或使其受到尽可能大的衰减。时域滤波形式上是对时间波形的直接处理。

根据所用器件进行区分可以分为有源滤波器和无源滤波器,单纯由电阻、电容、电感等无源器件构成的滤波器称为无源滤波器。在电力系统中,无源滤波器技术就是利用滤波器的谐振电路,使谐波在源头就被旁路掉,从而保证系统的稳定运行。有源滤波电路由电阻、电容和集成运算放大器组成,又称为有源滤波器。有源滤波器能够在滤波的同时还能对信号起放大作用,这是无源滤波器无法做到的。有源滤波器目前已实现了集成化。

通信电子电路中的滤波器,担负着选择频率或频段的重任,如同信号处理各阶段的频率门,这扇门允许符合要求的频率通过并阻挡不符合要求的频率成分,如低通滤波器是保留比截止频率低的信号频率成分,同时阻挡并衰减比截止频率高的所有信号频率成分,如图1-5(a)

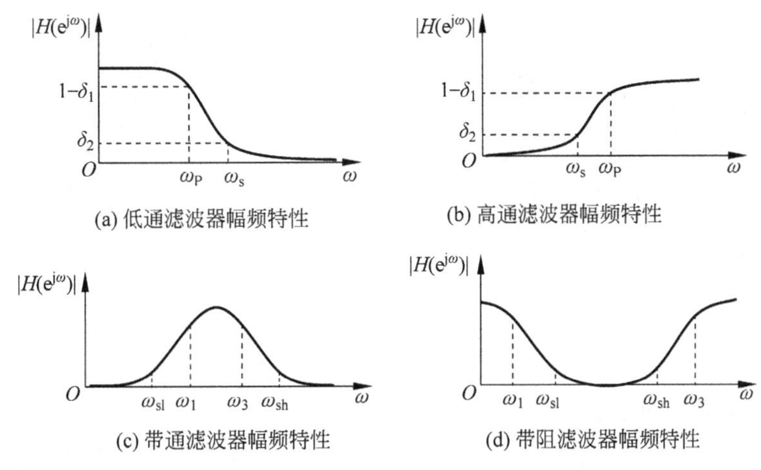

图1-5　几种常用滤波器的幅频特性

所示；而高通滤波器的作用正好与低通滤波器相反，如图 1-5(b) 所示；应用最为广泛的带通滤波器，也称选频滤波器或选频电(回)路，只允许指定的频率成分通过，这些频率成分根据信号的不同处理要求可以是宽范围的也可以是窄范围的，所以带通滤波器可以是宽带选频滤波器或窄带选频滤波器，如图 1-5(c) 所示；陷波器，也称为带阻滤波器，其作用与带通滤波器正好相反，如图 1-5(d)所示。

1.2.1 低通滤波器

低通滤波器有很多种(见图 1-6)，其中，最通用的就是巴特沃斯滤波器和切比雪夫滤波器。

1. 巴特沃斯滤波器

巴特沃斯滤波器是滤波器的一种设计分类，它采用巴特沃斯传递函数分为高通、低通、带通、带阻等多种滤波器类型。巴特沃斯滤波器在通频带内外都有平稳的幅频特性，但有较长的过渡带，也称为最平响应滤波器。它在过渡带上很容易造成失真。这种滤波器最先由英国工程师巴特沃斯(Stephen Butterworth)在 1930 年发表于英国《无线电工程》期刊的一篇论文中提出。

巴特沃斯滤波器的传递函数为：

$$|H(\omega)|^2=\frac{1}{1+\left(\frac{\omega}{\omega_c}\right)^{2n}}=\frac{1}{1+\varepsilon^2\left(\frac{\omega}{\omega_p}\right)^{2n}} \tag{1-1}$$

式中，n 为滤波器的阶数；ω_c 为截止频率，等于振幅下降 3dB 时的频率；ω_p 为通频带边缘频率；$|H(\omega)|^2=\frac{1}{1+\varepsilon^2}$是在通频带边缘的数值。

巴特沃斯低通滤波器的幅频特性如图 1-7 所示。

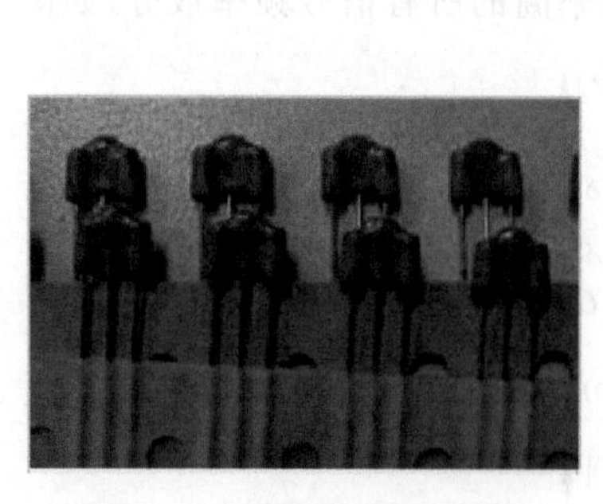

图 1-6 低通滤波器实物图

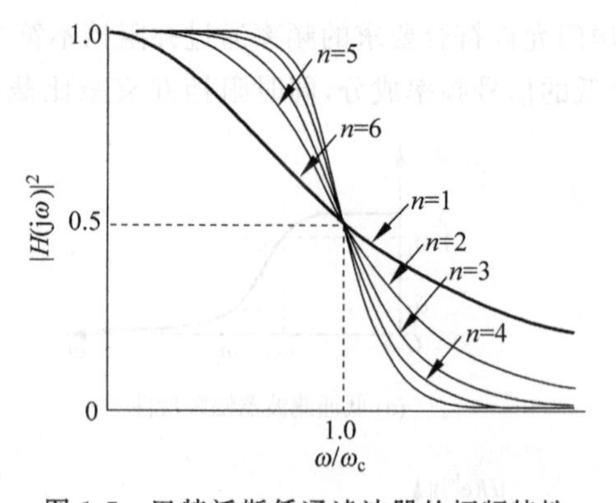

图 1-7 巴特沃斯低通滤波器的幅频特性

图 1-7 展示了不同阶数字滤波器的幅频特性。可见阶数 n 越高，滤波器的幅频特性越好，低频检测信号保真度越高。

一阶巴特沃斯滤波器的衰减率为每倍频 6dB，每十倍频 20dB。二阶巴特沃斯滤波器的衰减率为每倍频 12dB，三阶巴特沃斯滤波器的衰减率为每倍频 18dB，依此类推。巴特沃斯滤波器的振幅对角频率单调下降，并且也是唯一的无论多少阶数，振幅对角频率曲线都保持同样形状的滤波器。只不过滤波器阶数越高，在阻频带振幅衰减速度越快。其他滤波器高阶的振幅对角频率图和低阶的振幅对角频率图有不同的形状。

典型的 RC 无源低通滤波器如图 1-8 所示。

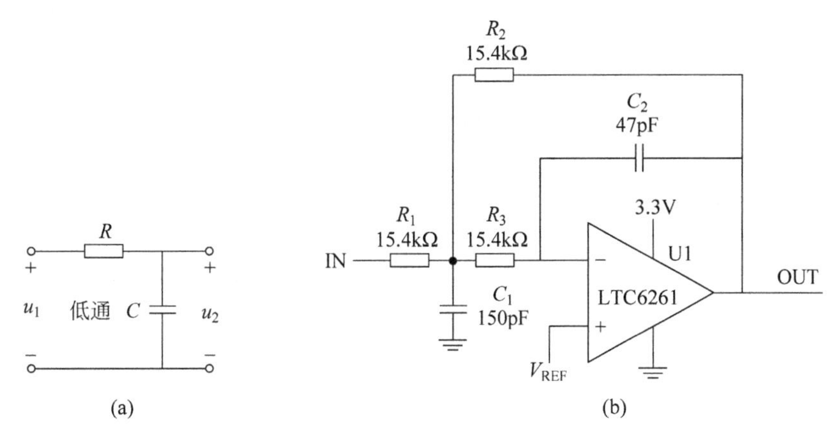

图 1-8　RC 无源低通滤波器

图中的截止频率 $f_c=\dfrac{1}{2\pi RC}$；s 传输函数表示为 $H(s)=\dfrac{1/RC}{s+1/RC}$。

图 1-9 是一个四阶巴特沃斯有源低通滤波器。

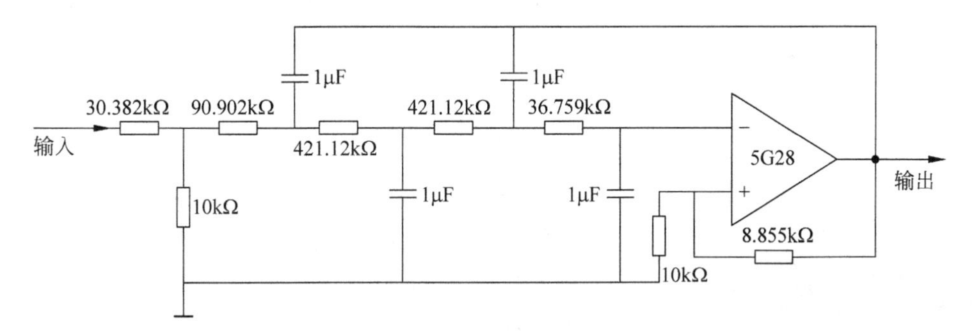

图 1-9　四阶巴特沃斯有源低通滤波器

这个四阶巴特沃斯有源低通滤波器适用于滤除直流电平信号上的甚低频随机脉冲噪声干扰电压，其截止频率(−3dB)约为 8Hz，在 18Hz 处，增益下降 20dB。通带内固有衰减为 0.467。输入电阻约为 40kΩ。滤波器网络电阻均采用数个金属膜精密电阻串联而成。如果其中的 1μF 电容能达到相当精度，则截止频率 f_c 接近理论值。

2. 切比雪夫滤波器

切比雪夫滤波器也是滤波器的一种设计分类，它采用切比雪夫传递函数，有高通、低通、带通、高阻、带阻等多种滤波器类型。与巴特沃斯滤波器相比，切比雪夫滤波器的过渡带很窄，但内部的幅频特性却很不稳定，也称为等波纹型滤波器。电路如图 1-10 所示。

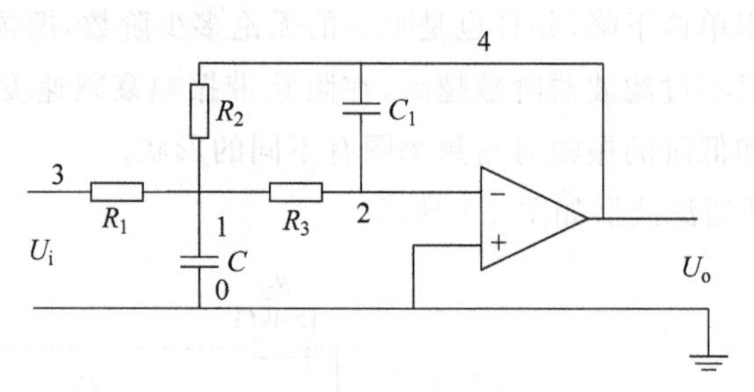

图 1-10 切比雪夫滤波器电路图

1.2.2 应用举例

各级音频信号的解调电路的末级都需要用到低通滤波器，例如解调 AM 信号所需要的包络检波电路，如图 1-11 所示。

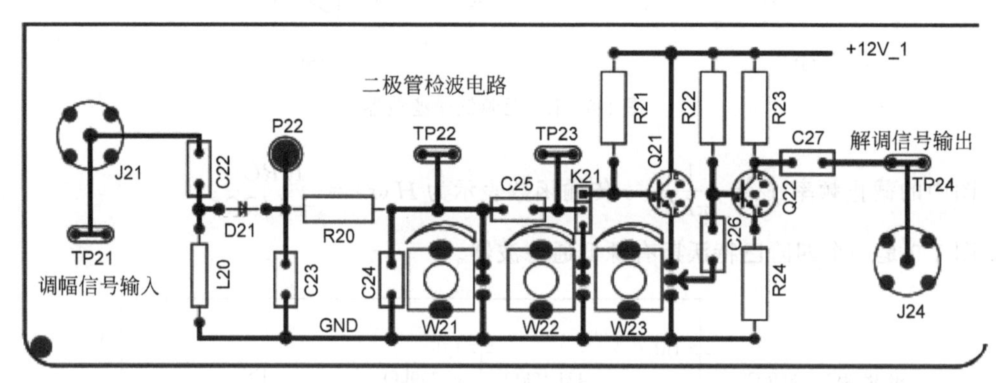

图 1-11 包络检波电路

图 1-12 正弦滤波器实物图

图 1-11 中，D21 为检波二极管，C23、R20、C24 构成低通滤波器，可以滤除高频信号，输出低频信号。

变频器与逆变电源由于采用的是交直流方式工作，它们的输出端含有大量高次谐波，造成电压波形畸变，严重影响用电设备正常工作甚至使用寿命。正弦滤波器采用谐振电路的方式滤波，能够有效改善电压波形，使输出波形达到近似正弦波的状态，从而提高电能质量以及用电设备的寿命，其实物图如图 1-12 所示。

1.2.3 带通滤波器

带通滤波器(band-pass filter)是一个允许特定频段的信号通过，同时屏蔽其他频段信号的设备。与带阻滤波器的概念相对，一个理想的带通滤波器应该有一个完全平坦的通带，在通带内没有放大或者衰减，并且在通带之外所有频率都被完全衰减掉，另外，通带外的转换在极小的频率范围完成。实际上，并不存在理想的带通滤波器。带通滤波器并不能将期望频率范围外的所有频率完全衰减掉，尤其是在所要的通带外还有一个被衰减但是没有被隔离的范围，这通常称为滤波器的滚降现象，用每十倍频的衰减幅度的 dB 数来表示。通常，滤波器的设计应尽量保证滚降范围越窄越好，这样滤波器的性能就与设计更加接近。然而，随着滚降范围越来越小，通带就变得不再平坦，开始出现“波纹”。这种现象在通带的边缘处尤其明显，这种效应称为吉布斯现象。

有些带通滤波器有外部信源，使用晶体管、集成电路等有源元件，即通常所说的有源带通滤波器。另一些带通滤波器没有外部信源，只由电容、电感一类的无源元件构成，称为无源带通滤波器。

除了电子学和信号处理领域之外，带通滤波器还应用在大气科学领域，很常见的例子是使用带通滤波器过滤最近 3～10 天的天气数据，这样在数据域中就只保留了作为扰动的气旋数据。另外，许多音响装置的频谱分析器均使用带通滤波器，以选出各个不同频段的信号。

1. 单调谐滤波器

LC 单调谐回路是通信电路中应用最广的无源网络，也是构成选频放大器、振荡器及各种滤波器的基本电路，可在电路中完成阻抗变换、信号选择与滤波、幅频和相频转换及移相等功能，并可直接作为负载使用。最简单的 LC 单调谐回路是主要由电感 L 和电容 C 并联或串联形成的回路，具有谐振特性和频率选择作用，见图 1-13。需要注意的是，串联谐振电路和并联谐振电路的相频特性正好相反，以谐振频率点为界，串联谐振电路的相频特性是低频段为容性，高频段为感性；并联谐振电路的相频特性是低频段为感性，高频段为容性。

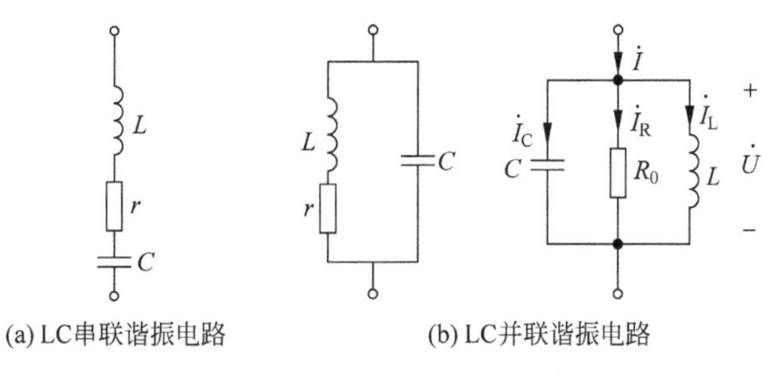

图 1-13　LC 单调谐谐振电路

LC 并联谐振回路的端阻抗与工作频率之间的关系曲线称为阻抗频率特性。LC 并联谐振回路如图 1-13(b)所示，图 1-13(a)中的 r 表示电感 L 的损耗，这也是回路的损耗。图 1-13(b)是 LC 并联谐振回路常用的等效电路示意图，R_0 表示谐振回路的损耗。理想无耗的谐振回路中的 r 为 0，或 R_0 为∞。谐振回路中有品质因数 Q、谐振频率、3dB 带宽、矩形系数等几个重要的参数，下面分别进行介绍。

1）品质因数

并联谐振时的品质因数：

$$Q=\omega_0 R_0 C=R_0/(\omega_0 L) \tag{1-2}$$

式中，ω_0 是谐振角频率；R_0 是电路谐振时的阻抗值，是一个阻值很大的纯电阻。

串联谐振时的品质因数：

$$Q_0=\frac{\omega_0 L}{r}$$

式中，ω_0 是谐振频率；r 是电路谐振时的阻抗值，是一个阻值很小的纯电阻。

并联回路中，电感和电容均为储能元件，谐振时电感中的最大储能$=(1/2)LI^2=(1/2)CU^2=$电容中最大储能。磁能与电能相互交换，理想时（$r=0$ 或 $R_0=\infty$时）不损耗能量。用品质因数 Q 表示谐振回路中储能与耗能的关系：

$$Q=2\pi\times\text{回路的最大储能}/\text{每周期的耗能}=\omega_0 R_0 C=R_0/(\omega_0 L) \tag{1-3}$$

由此可见，当 R_0 增加时，表示谐振回路的损耗降低，品质因数 Q 提高。反之，当 R_0 降低时，表示谐振回路的损耗增加，品质因数 Q 降低。

2）滤波器的谐振频率

设并联谐振回路两端的并联阻抗为 Z_p，由图 1-13(b)可知：

$$Z_\mathrm{p}=\frac{(r+\mathrm{j}\omega L)\dfrac{1}{\mathrm{j}\omega C}}{r+\mathrm{j}\omega L+\dfrac{1}{\mathrm{j}\omega C}} \tag{1-4}$$

令式(1-4)中的虚部为零，则可求得其谐振频率为：

$$\omega_0=\frac{1}{\sqrt{LC}} \tag{1-5}$$

此时，谐振阻抗最大，且为纯阻性。换句话说，可以把谐振时的 LC 并联回路视为一个纯电阻 R_0，此时回路两端的电压 U 最大。

3）滤波器的通频带（3dB 带宽）

将式(1-4)进行变化，可得

$$Z_\mathrm{p}=\frac{R_0}{1+\mathrm{j}Q\dfrac{2\Delta\omega}{\omega_0}}=\frac{R_0}{1+\mathrm{j}\xi} \tag{1-6}$$

对应的阻抗模值为：

$$|Z_\mathrm{p}|=\frac{R_0}{\sqrt{1+\left(Q\dfrac{2\Delta\omega}{\omega_0}\right)^2}}=\frac{R_0}{\sqrt{1+\xi^2}} \tag{1-7}$$

式中，$\Delta\omega=\omega-\omega_0$ 表示信号频率偏离谐振频率的程度，称为失谐或失调。由于 LC 并联回路在实际应用中通常工作于窄带系统，$\Delta\omega$ 相差不大，即 ω 与 ω_0 很接近，$\omega+\omega_0\approx 2\omega_0$。$\xi=Q\dfrac{2\Delta\omega}{\omega_0}$为一般失谐，其归一化幅频特性如图 1-14(a)所示。

在谐振点 ω_0 处，一般失谐为 0，$Z_\mathrm{p}=R_0$，回路呈纯阻性；回路失谐时，回路的工作偏离回路的谐振频率，Z_p（意味着电压幅度）下降。

定义通频带（3dB 带宽）是回路失谐使阻抗下降 3dB（即幅度最大值的 $1/\sqrt{2}$）时所对应的上下限频率之差，即令 $|Z_\mathrm{p}|/R_0=\dfrac{1}{\sqrt{2}}$（一般失谐为 1 时的 $2\Delta\omega$ 值），此时，根据式(1-7)可

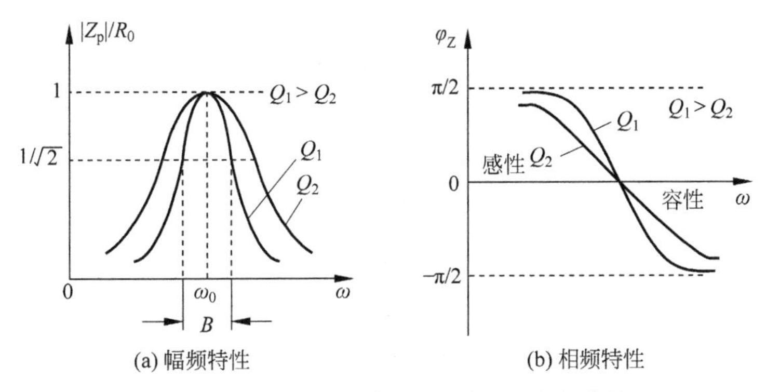

(a) 幅频特性　　(b) 相频特性

图 1-14　并联谐振回路的幅频特性和相频特性

以写成 $Q(2\Delta\omega)/\omega_0=1$，则带宽 B 用通频带 $\mathrm{BW}_{0.7}$ 表示为：

$$B=2\Delta\omega=\mathrm{BW}_{0.7}=\omega_0/Q(\mathrm{rad/s}),\quad 或\quad \mathrm{BW}_{0.7}=f_0/Q(\mathrm{Hz}) \tag{1-8}$$

LC 并联谐振回路的阻抗(或幅度)的相位与工作频率之间的关系曲线称为并联谐振回路的相频特性。

将式(1-7)改写成 $Z_p=|Z_p|\angle\varphi_z$，其中：

$$\varphi_z=-\arctan\left(2Q\frac{\Delta\omega}{\omega_0}\right)=-\arctan\xi \tag{1-9}$$

由式(1-9)可知：

谐振时：$f=f_0$，$\varphi_z=0$，$Z_p=R_0$，Z_p 呈纯阻性。

失谐时：$f>f_0$，$\varphi_z<0$，电压相位滞后电流，Z_p 呈电容性；

$f<f_0$，$\varphi_z>0$，电压相位超前电流，Z_p 呈电感性。

显然，Q 值越大，相频特性曲线在谐振频率处斜率越大，曲线越陡峭，相位随频率变化越灵敏，并联谐振回路的相频特性如图 1-14(b)所示。

必须注意的是，以上并联谐振回路的 Q 值是未接负载时的空载品质因数，是回路本身的损耗；当外接负载为 R_L 时，总电阻 $R=R_0//R_L$，此时，根据式(1-2)可得有载品质因数为 $Q_L=R/(\omega_0 L)=\omega_0 CR$。

4) 矩形系数

并联谐振回路谐振时，回路呈现纯电阻性，且谐振阻抗最大。谐振回路的阻抗频率特性也代表了其幅度频率特性，谐振时，回路电压 U_0 最大。回路电压 U 与外加信号源频率之间的幅频特性曲线称为谐振曲线。任意频率下的回路电压 U 与谐振时回路电压 U_0 之比称为单位谐振函数，用 $N(f)$ 表示。$N(f)$ 曲线称为单位谐振曲线，由式(1-7)可得：

$$N(f)=\frac{U}{U_0}=\frac{1}{\sqrt{1+Q^2\left(\frac{2\Delta f}{f_0}\right)^2}} \tag{1-10}$$

Q 越大，谐振曲线越尖锐，通频带越窄，选择性越好。也就是说，通频带与回路选择性是互相矛盾的两个性能指标。选择性是指谐振回路对不需要的信号的抑制能力，即要求在通频带之外，谐振曲线 $N(f)$ 应陡峭下降。

一个理想的谐振回路，其幅频特性曲线应该是通频带内完全平坦，信号可以无衰减通过，而在通频带以外的信号可被完全抑制，如图 1-15 所示宽度为 $\mathrm{BW}_{0.7}$、高度为 1 的矩形为

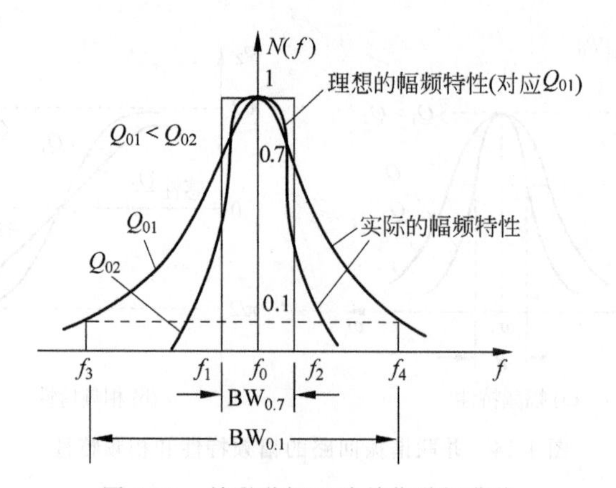

图 1-15　并联谐振回路单位谐振曲线

通频带。

采用"矩形系数"这个性能指标可以衡量实际幅频特性曲线接近理想幅频特性曲线的程度。

矩形系数 $K_{0.1}$ 定义为单位谐振曲线 $N(f)$ 值下降到 0.1 时的频带范围 $BW_{0.1}$ 与通频带 $BW_{0.7}$ 之比，即

$$K_{0.1}=\frac{BW_{0.1}}{BW_{0.7}} \tag{1-11}$$

单调谐时的矩形系数是一个常数，约等于 9.95。

单调谐谐振放大器实验电路如图 1-16 所示。

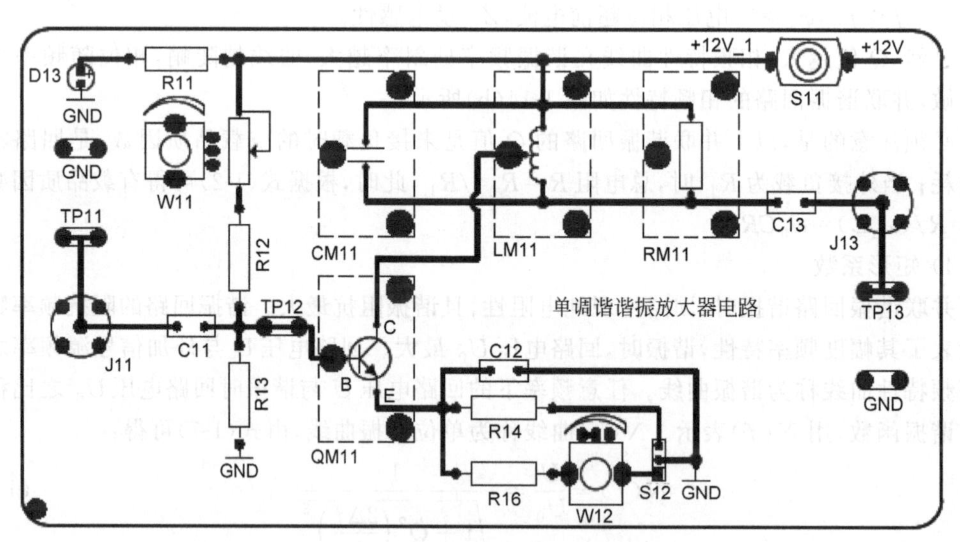

图 1-16　单调谐谐振放大器电路

图 1-16 所示的单调谐谐振放大器实验电路中，使用信号发生器产生 10.7MHz，100mV 的正弦波信号，用同轴电缆线将该信号连接至实验板"J11"上，即信号从 J11 有线输入，从 J13 输出，TP11、TP12、TP13 为实验测试点，GND 为电路接地点。直流供电由开关 S11 接入，开关接通时，本模块电路的电源指示灯将点亮。LM11 是谐振电感，可变电容 CM11 用

来调谐使电路工作在选定的中心频率上，RM11 用以改变集电极电阻，以观察集电极负载变化对谐振回路（包括电压增益、带宽、Q 值）的影响。用万用表测量三极管基极电压，调整 W11 使 QM11 的基极直流电压为 2.5V 左右，使放大器工作于放大状态。W11 用来改变基极偏置电压，以观察放大器静态工作点变化对谐振回路（包括电压增益、带宽、Q 值）的影响，短路块 S12 的连接方式可确定是否接入 W12 以调整发射极偏置电压。电路中的 C11 和 C13 都是耦合电容，C12 为发射极高频旁路电容。

思考：

(1) 调整 CM11 双联电容，观察谐振点将会如何变化？

(2) 把 S12 开关掷于最小端，调整 W12，改变发射极电阻，观察曲线的变化。

(3) 单调谐滤波器和双调谐滤波器的幅频特性都有什么特点，它们的带宽怎么获得？

2. 双调谐滤波器

由于单谐振回路的选频特性不够理想，存在带内不平坦、带外衰减变化缓慢、频带较窄、选择性较差、矩形系数大等缺点，有时不能满足实际需要。因此，在通信电路中也常常采用两个互相耦合的谐振回路，即由两个或两个以上的单谐振回路通过不同耦合方式组成的选频回路，称为双调谐回路。把接有激励信号源的回路称为初级回路，把与负载相接的回路称为次级回路或负载回路，如图 1-17 所示，其中图 1-17(a)是互感耦合电路，初、次级回路之间由互感 M 耦合，改变 M 就可改变初、次级回路的耦合程度。图 1-17(b)是电容耦合回路，初、次级回路之间由电容 C_C 耦合，改变耦合电容就可改变初、次级回路的耦合程度。

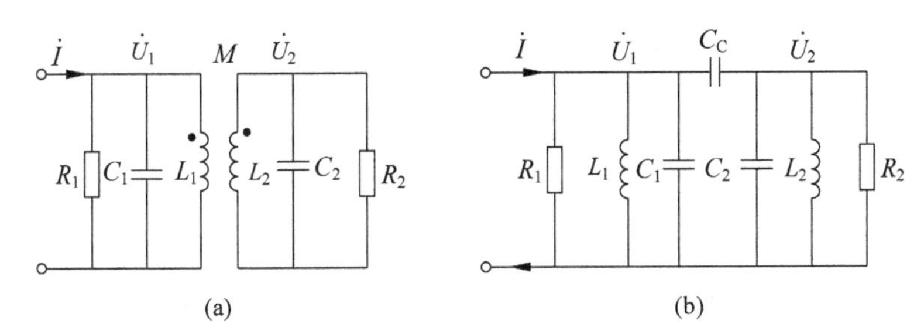

图 1-17　LC 双调谐回路

定义次级回路端电压 U_2 与初级回路电流 I 的比值为双调谐回路的转移阻抗，用 Z_{21} 表示，即：

$$Z_{21}=\frac{\dot{U}_2}{I}$$

为简化分析，假设图 1-17 中初、次级回路元件参数对应相等，即 $L_1=L_2=L, C_1=C_2=C$，$R_1=R_2=R, Q_1=Q_2=Q$，则初、次级回路的谐振频率相同为 ω_0，一般失谐也相同为 ξ，根据回路方程，可得图 1-17(a)互感耦合回路的转移阻抗为：

$$Z_{21}=-\mathrm{j}\frac{Q}{\omega_0 C}\frac{A}{1-\xi^2+A^2+2\mathrm{j}\xi} \tag{1-12}$$

式中，$A=kQ$ 为耦合因数，$A<1$ 时称为弱耦合，$A>1$ 时称为强耦合，$A=1$ 时称为临界耦合。

同样可得图 1-17(b)电容耦合回路的转移阻抗为：

$$Z_{21}=-\mathrm{j}Q\omega_0 L\frac{A}{1-\xi^2+A^2+2\mathrm{j}\xi} \tag{1-13}$$

显然，两种双调谐耦合回路的转移阻抗可统一写成：

$$Z_{21}=\frac{-\mathrm{j}RA}{1-\xi^2+A^2+2\mathrm{j}\xi} \tag{1-14}$$

其中，

$$R=\frac{Q}{\omega_0 C}=Q\omega_0 L$$

当 $A=1,\xi=0$ 时，Z_{21} 取最大值，于是可得两种双调谐耦合回路的归一化转移阻抗特性同为：

$$\frac{|Z_{21}|}{|Z_{21}|_{\max}}=\frac{2A}{\sqrt{(1-\xi^2+A^2)^2+4\xi^2}} \tag{1-15}$$

由耦合回路知识可知，初、次级回路之间的耦合程度通常用耦合系数来表征，耦合系数的定义为：耦合元件电抗的绝对值，与初、次级回路中同性质元件电抗值的几何中项之比，通常以 k 表示。

互感耦合回路的耦合系数为：

$$k=\frac{\omega M}{\sqrt{\omega^2 L_1 L_2}}=\frac{M}{\sqrt{L_1 L_2}}$$

电容耦合回路的耦合系数为：

$$k=\frac{C_{\mathrm{C}}}{\sqrt{(C_1+C_{\mathrm{C}})(C_2+C_{\mathrm{C}})}}$$

k 是无量纲常数。一般地，$k<0.01$ 为很弱耦合；$k=0.01\sim0.05$ 为弱耦合；$k=0.05\sim0.9$ 为强耦合；$k>0.9$ 为很强耦合；$k=1$ 称为全耦合。k 值的大小能极大地影响耦合回路频率特性曲线的形状。$A=kQ=k/k_0$，双调谐回路阻抗频率特性曲线如图 1-18 所示。

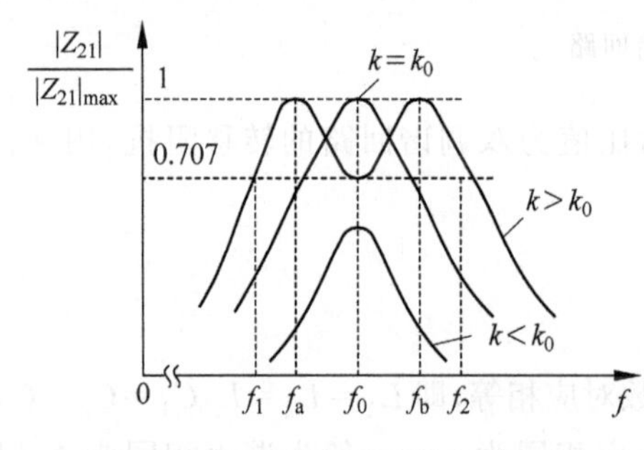

图 1-18 双调谐回路阻抗频率特性

关键结论：

(1) 通频带 $\mathrm{BW}_{0.7}=\sqrt{2}\frac{f_0}{Q}$。

(2) 矩形系数 $K_{0.1}=3.15$。

从图 1-18 可以观察到：

① 弱耦合时，$A<1(k<k_0)$，曲线呈单峰形状，在谐振频率 f_0 处有峰值，且 A 值越小，峰值越小；

② 强耦合时，$A>1(k>k_0)$，曲线呈双峰形状，在谐振频率 f_0 处出现谷值，在 f_a 和 f_b 处有峰值并达到最大，且 A 值越大，谷值越小，峰值相距越远(f_a 和 f_b 的差值越大)，但峰值保持不变；

③ 临界耦合时，$A=1(k=k_0)$，曲线仍呈单峰形状，在谐振频率 f_0 处有峰值，且峰值最大。

双调谐谐振放大器实验电路如图 1-19 所示。

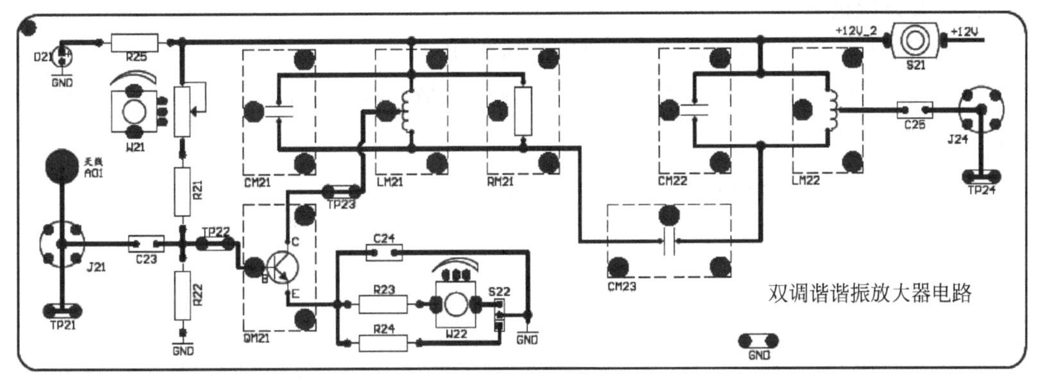

图 1-19　双调谐谐振放大器实验电路

双调谐是指有两个调谐回路：一个靠近“信源”端(如晶体管输出端)，称为初级；另一个靠近“负载”端(如下级输入端)，称为次级。两者之间可采用互感耦合或电容耦合。与单调谐回路相比，双调谐回路的矩形系数较小，即双调谐回路的谐振特性曲线更接近于矩形。本实验模块电路是电容耦合双调谐谐振放大器电路。

使用信号发生器产生 10.7MHz，100mV 的正弦波信号，从实验电路板的 J21 有线输入，从 J24 输出，TP21、TP22、TP23 和 TP24 为实验测试点，GND 为电路接地点。直流供电由开关 S21 接入，开关接通时，本模块电路的电源指示灯将点亮。该电路有两个谐振回路：LM21、CM21 组成了初级回路，LM22、CM22 组成了次级回路。两者之间并无互感耦合(必要时，可分别对 LM21、LM22 加以屏蔽)，而是由电容 CM23 进行耦合，故称为电容耦合。谐振回路中的电容 CM21、CM22 可调谐，使电路工作在选定的中心频率上，可调电容 CM23 可改变初、次级回路的耦合程度，RM21 可用来改变集电极负载电阻以改变回路损耗，继而改变幅频特性曲线形状。连动调整双联电容 CM21、CM22，使输出波形最大，示波器上得到的波形，两峰对称，并使谐振频率在中间凹点附近，从而得到幅频特性曲线，并进一步计算带宽。当然，如果在 LM21、CM21、LM22、CM22 位置上插入不同参数的元器件，可以得到不同的谐振频率。

1.2.4　带通滤波器的应用

1. 单调谐滤波器

单调谐滤波器广泛应用于电力系统的无功补偿与无功补偿容量分配，以满足系统谐波电压要求，使得随着负荷的增减，系统的电压和无功交换基本保持稳定。在变电站内常用的无功补偿电容器组就是单调谐滤波器的电路形式，补偿电容器和电抗器内部有内电阻。补偿电容器组设置串联电抗器的目的是限制电容器投用时的涌流，同时限制电容器短路故障时的短路电流，常安装在高压侧，如图 1-20 所示的方形滤波器就是其中的一种。

图 1-20　SQ1515 方形滤波器

这种滤波器的常规电感量为 10mH、20mH、30mH、40mH、50mH 及以上，滤波器的体积小重量轻，具有稳定的电感量，漏感低，可靠性高，可有效防止电路干扰，广泛应用于整流器、开关电源等电子产品。

2. 双调谐滤波器

双调谐滤波器在电力系统广泛应用于高压输电工程、矿井电网的谐波治理，以及无线通信、广播、整流等领域，如图 1-21 所示为葛洲坝-南桥直流输电工程直流侧的主电路。

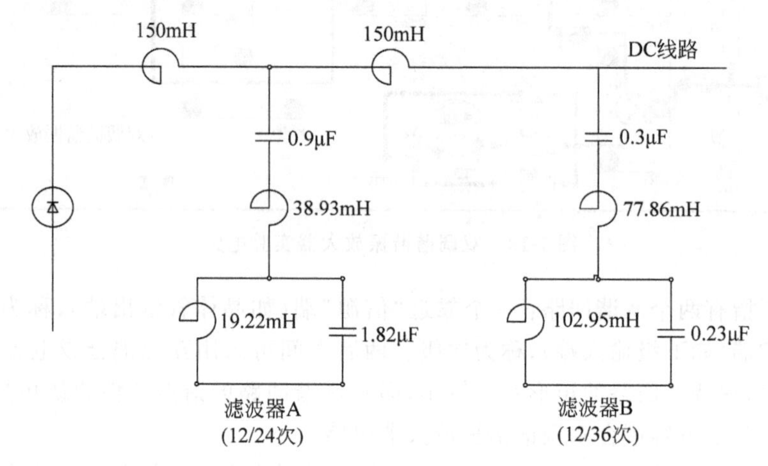

图 1-21 葛洲坝-南桥直流输电工程直流侧的主电路

葛洲坝-南桥直流输电工程是我国第一条长距离高压直流输电系统。其直流侧（电压 $U_{DC}=\pm500\text{kV}$）按照图 1-21 设计安装有两组双调谐滤波器，分别为 A 型滤波器（12/24 次）和 B 型滤波器（12/36 次），用来滤除谐波，从而降低等效干扰电流。

3. 通信应用

带通滤波器在通信系统中广泛应用，通信系统中使用的滤波器大多都是带通型的，在系统的不同位置需要使用不同的滤波器进行处理。例如超外差式晶体管收音机中的中周（也称中频变压器）就是一个工作在中频 465kHz 频段的带通滤波器，起选频和耦合的作用。滤波器的质量如何在很大程度上决定了收音机的灵敏度、选择性和通频带等性能指标。滤波器的谐振回路可在一定范围内微调，以使接入电路后能达到稳定的谐振频率（465kHz）。微调借助于磁心相对位置的变化来完成。收音机中的中周大多是单调谐式，结构较简单，占用空间较小。由于晶体管的输入、输出阻抗低，为了使中频变压器能与晶体管的输入、输出阻抗匹配，初级有抽头，且具有圈数很少的次级耦合线圈。双调谐式中周的优点是选择性较好且通频带较宽，多用在高性能收音机中，如图 1-22 所示。

(a) 465kHz中周

(b) 10.7MHz中周

图 1-22 AM 和 FM 收音机中使用的中周

1.3 高频放大器

1.3.1 基本概念

放大器是通信电子电路中的重要组成部分。按照频率划分，可以分为低频放大器和高频放大器。低频放大器主要用于对基带信号放大，而高频放大器主要用于放大射频信号。

高频放大器的中心频率一般为几百千赫兹到几百兆赫兹，信号频段的宽带为几千赫兹到几十兆赫兹。高频放大器广泛应用于广播、电视、通信、雷达等设备的接收机和发射机中。

在无线通信系统中，经过较长距离的传输，信号会遭遇干扰和衰减，信号到达接收设备时已经成为了很微弱的高频信号，信号被处理之前，必须要进行干扰抑制和有用信号放大。接收机中的高频放大器，其作用是放大通过天线接收的极为微弱的信号，也被称作为高频小信号放大器。与此相对应，由于发射机中的振荡器所产生的高频振荡功率很小，为了实现远距离传输，首先要将传送的信息加载到高频载波信号上（即对基带信号进行调制），再经过高频放大器进行功率放大，之后才能馈送到天线上辐射出去。因此，发射机中的高频放大器常被称作高频功率放大器。高频小信号放大器和高频功率放大器的相同点是放大的信号都是高频信号，二者均使用谐振回路作为放大器负载，这个负载均具备滤波选频和匹配阻抗的作用。

1. 高频小信号谐振放大器

在通信设备及通信电路中，很多高频信号都是窄带信号，信号的频带宽度远小于信号的中心频率 f_0，即相对带宽 $\Delta f/f_0$ 一般为百分之几。因此，放大这类信号的放大器通常是窄带放大器。实现窄带放大的方法是这类放大器的负载不再是线性的电阻，而是并联谐振回路、耦合谐振回路和各种集中选频滤波器等具有选频功能的负载，所以放大器不仅具有放大作用，而且具有选频和滤波作用，这类放大器统称为选频放大器或谐振放大器。

在通信电子电路中，对选频放大器的主要要求为：①对有用信号的增益要高；②选择性要好，即选出有用信号而抑制干扰信号的能力强；③工作稳定可靠。

以单调谐回路选频放大器电路为例，如图 1-23 所示，图中晶体三极管接成共射组态，基极采用分压式固定偏置电路，输入端高频信号和输出端负载 R_L 采用变压器互感耦合方式与放大电路相连。与低频小信号放大器的主要区别是将集电极负载电阻 R_c 换成 LC 并联谐振回路，集电极与谐振回路之间采用部分接入方式，放大器所放大的信号频率很高，旁路电容 C_b 和 C_e 的容量可以选得较小，但仍比谐振回路电容 C 大得多。

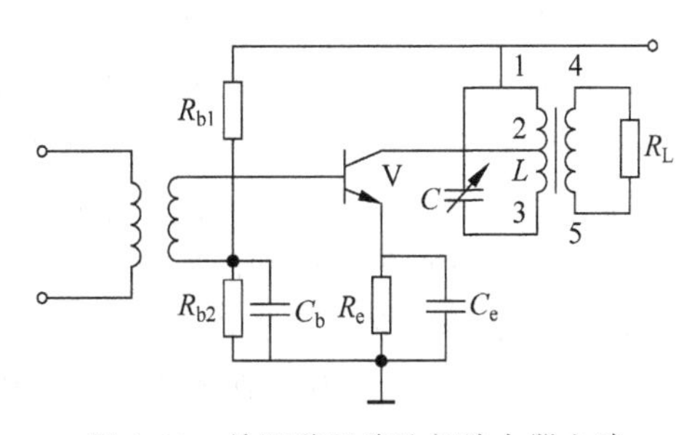

图 1-23　单调谐回路选频放大器电路

显然，当输入信号的频率等于 LC 回路的并联谐振频率 f_0 时，LC 回路谐振，呈现很大的阻抗，且为纯电阻性质，此时放大器的增益最大；当输入信号的频率偏离 LC 回路的并联谐振频率 f_0 时，回路失谐，呈现的阻抗变小，放大器的增益随之减小。信号频率偏离 f_0 越远，回路阻抗越小，放大器的增益越小。由此可见，谐振放大器只放大并联谐振频率 f_0 附近的信号，而抑制其他频率的信号，是一个选频放大器。

放大器增益可由晶体管的高频等效电路——Y 参数等效电路求得，电路选频功能由单个并联谐振回路完成，所以图 1-23 所示高频小信号谐振放大器的矩形系数与单个并联谐振回路的矩形系数相同，其通频带则由于受晶体管输出阻抗和负载的影响，比单个并联谐振回路的加宽，主要原因是有载 Q 值小于空载 Q 值。在实际应用中，常常将多个高频小信号谐振放大器级联起来，组成多级调谐放大器。如果各级放大器均调谐在同一个频率上，则称为同步调谐；反之，若各级放大器调谐在不同的频率上，则称为参差调谐。

2. 高频功率放大器

与高频小信号谐振放大器不同，高频功率放大器属于非线性电路，通常用在发射机末级。通信电子电路中常用的C类功率放大器的工作原理电路如图1-24所示，由于集电极接有谐振回路，因此常称为高频谐振功率放大器。从电路结构上看，它由功率放大管、输入回路和输出谐振回路、集电极电源和基极偏置电路等几部分构成。

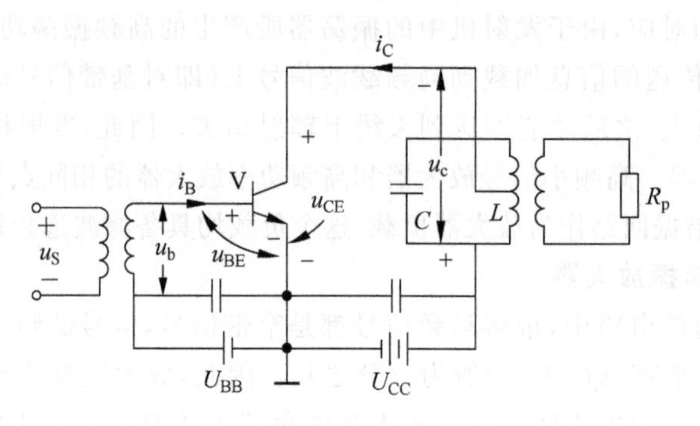

图1-24 C类功率放大器工作原理电路

图中，V是高频大功率晶体管，能承受高电压和大电流，并有较高的特征频率 f_T。U_{BB} 是基极偏置电压，调整它可以改变放大器的工作类型，在这里 U_{BB} 可以选择为负偏压、零偏压或小的正偏压，在输入大激励信号（电压幅度可达1～2V）时，发射结只在输入信号一个周期的部分时间内导通，在信号周期一周内导通角度的一半定义为导通角，导通时间小于半个周期则称为C类（丙类）功放，此时 $\theta<90°$。图1-24所示C类功率放大器的基极电流 i_B 和集电极电流 i_C 均为一系列高频尖顶余弦脉冲波形。

采用LC谐振回路作负载，可以滤除高频脉冲电流 i_C 中的谐波分量，选出所需频率信号的功率并输出。当回路调谐在输入信号频率上时，即可输出与输入信号同频率的正弦信号。同时，LC谐振回路还具有阻抗变换与匹配功能，可以将 R_p 变换成最佳负载，使放大器可以高效率地输出大功率。电路中采用变压器耦合部分接入的方式，可以减小后级负载及三极管输出阻抗对负载回路的影响。

输出功率和效率是C类功率放大器的重要指标，而提高输出功率和传输效率对导通角的要求是矛盾的，因此为了兼顾输出功率和传输效率两方面的要求，工程设计中一般取导通角 $\theta=70°$ 左右，此时虽然输出功率有一定程度的降低，但集电极效率可达到85.9%。

1.3.2 高频小信号谐振放大器实验电路

1. 单调谐谐振放大器实验电路

图1-25为单调谐谐振放大器实验模块电路，GM11三极管用作放大功能，工作于甲类放大状态，放大器输入信号的频谱与输出信号的频谱相同。信号从J11接入，经电容C11耦合注入晶体管基极。负载是由电容CM11和电感LM11组成的并联谐振回路。当输入信号的频率等于LC回路的并联谐振频率 f_0 时，LC回路谐振，呈现很大的阻抗，且为纯电阻性质，此时放大器的增益最大；当输入信号的频率偏离LC回路的并联谐振频率 f_0 时，回路失谐，呈现的阻抗变小，放大器的增益随之减小。输入信号频率偏离 f_0 越远，回路阻抗越小，放大器的增益越小。由此可见，谐振放大器只放大并联谐振频率 f_0 附近的信号，而

抑制其他频率的信号。实验中电容 CM11 也可选择双联可调电容，通过调节 CM11 来调整谐振回路的谐振频率，达到调谐的作用。

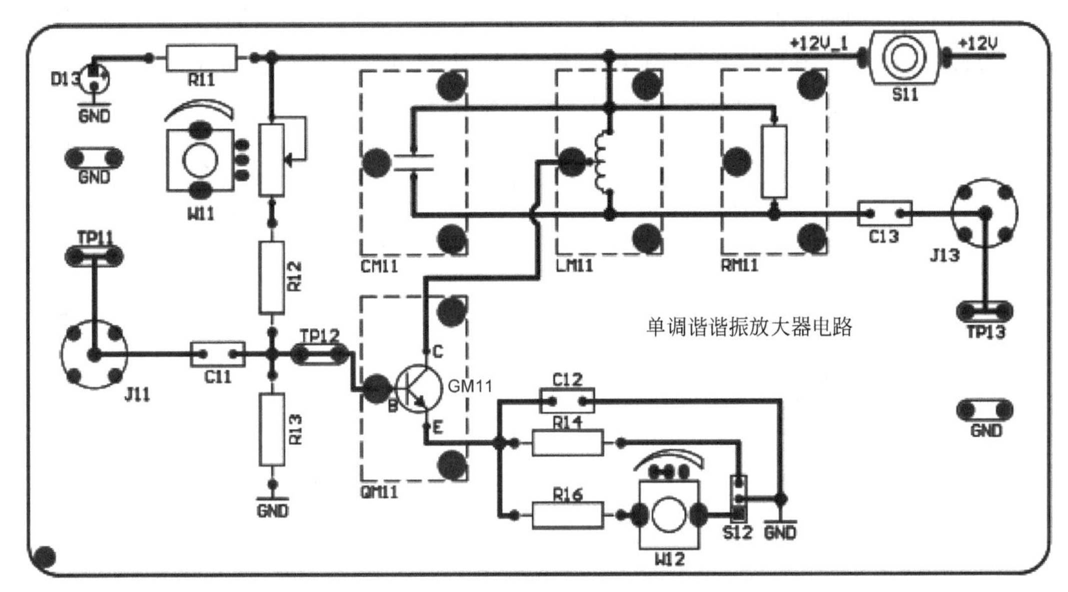

(a) 单调谐谐振放大器电路图

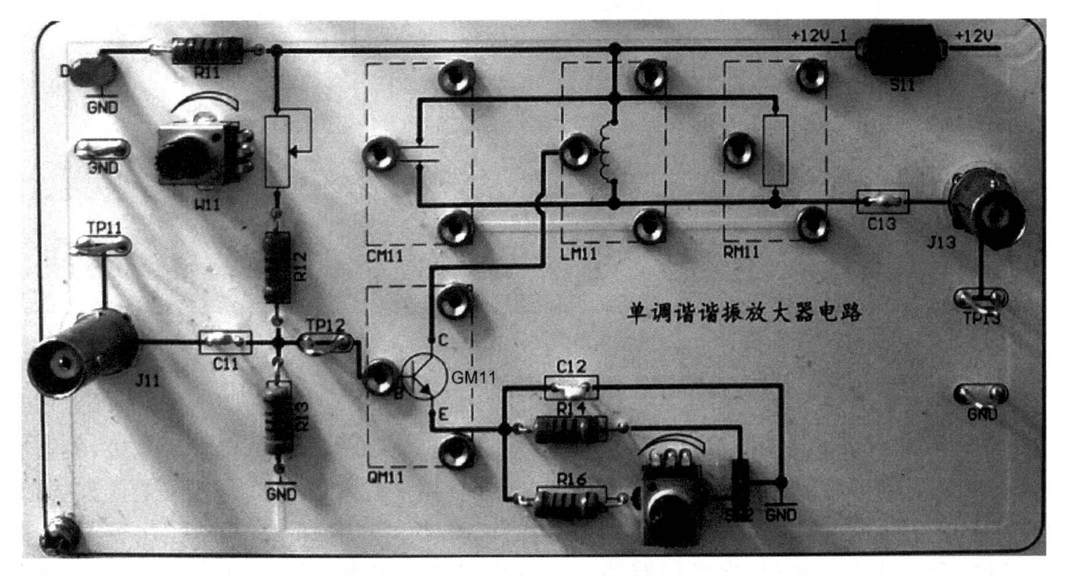

(b) 单调谐谐振放大器实物图

图 1-25 单调谐谐振放大器实验模块

RM11 为集电极输出端负载电阻，其大小影响着回路的 Q 值、带宽、放大器增益。为减轻晶体管输出电阻对谐振回路 Q 值的影响，集电极与谐振回路之间采用部分接入的方式。放大后的信号经电容 C13 耦合后，从 J13 输出。GND 为电路接地点，12V 直流供电由开关 S11 接入。W11 可变电阻的调节，可以改变基极偏置电压，从而改变放大器的静态工作点。当 W11 电阻加大时，输出的幅频特性曲线幅值会减小，同时带宽减小；而当 W11 电阻减小时,幅频特性曲线幅值会增大,同时带宽加大。

2. 双调谐谐振放大器实验电路

图1-26为双调谐谐振放大器实验模块电路。电路中有两个调谐回路,一个靠近信源端,称为初级;另一个靠近负载端,称为次级。两者之间可以采用互感耦合或电容耦合,初级回路、次级回路之间的耦合程度,通常用耦合系数来表征。

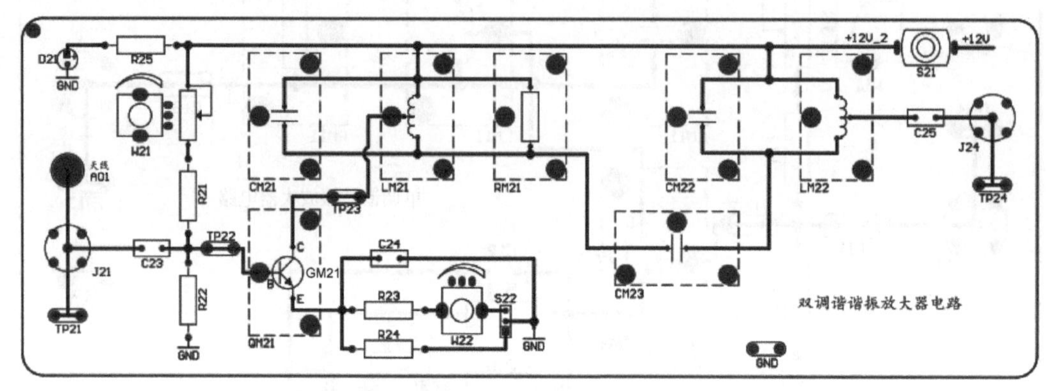

(a) 双调谐谐振放大器电路图

(b) 双调谐谐振放大器电路图

图1-26 双调谐谐振放大器实验模块

与图1-25所示电路图类似,信号从J21接入,经电容C23耦合注入晶体管基极,集电极与谐振回路之间采用部分接入的方式。GM21三极管用于放大功能,工作于甲类放大状态。电容CM21和电感LM21组成了初级回路,电容CM22和电感LM22组成了次级回路,调节CM21和CM22实现初、次级回路调谐。电容CM23实现两级之间的电容耦合,改变CM23的电容值可以改变耦合系数。调整RM21改变集电极负载。放大的信号经电容C25耦合后,从J24输出。

1.3.3 高频小信号谐振放大器性能指标调试及问题思考

1. 高频小信号谐振放大器性能指标调试

以图1-25实验电路为例,接通电源后,晶体管在基极直流电压为2.5V左右时处于正常放大状态,调节电位器W21可改变放大器静态工作点。放大器谐振频率依据所选的电感和可变电容确定，为6～12MHz（中心频率典型值为10.7MHz），增益、带宽及幅频特性曲线形状与所选负载电阻相关。

实验电路的幅频特性测试方法包括点测法和扫频法两种。点测法相对简单，所用到的测试仪器包括：信号发生器，示波器，频谱仪等，测试步骤如下：

① 信号发生器输出等幅载波信号（如固定100mVpp）接入被测系统输入端；

② 被测系统的输出端接示波器或频谱仪；

③ 保持输入信号幅度不变，改变输入信号频率，观察并记录输出信号对应频率下的幅度（为使幅度单位统一，被测系统接入前可直接用示波器或频谱仪测量信号发生器输出的信号幅度，作为测量前的基准幅度，并可在此基准上获得被测系统不同频率对应的增益值），将各频率对应的幅度连接画出曲线即为幅频特性曲线。

扫频法测试过程简单，可定性观测幅频特性曲线的形状，测试步骤如下：

① 利用信号发生器的扫频信号输出功能，代替点测法中的手动频率信号，产生任意设定频率段并固定信号幅度的扫频信号，将扫频信号接入被测系统，例如扫频信号设置，开始频率为8MHz，终止频率为12MHz，扫描时间为10ms，幅度为100mVpp；

② 将被测系统输出端接入示波器或频谱仪，观察并记录幅频特性状况。

2. 高频小信号谐振放大器问题思考

（1）高频小信号谐振放大器中各个器件的作用是什么？

（2）在实验中，输入的信号频率值设置为多少？为什么？

（3）实验中如何验证选频放大功能？

（4）实验中的单调谐和临界耦合时的双调谐放大器输出幅频特性曲线形状有何区别？

（5）分析扫频法测幅频特性曲线的本质原理是什么？

（6）实验过程中有何故障？如何解决？

1.3.4　集成选频放大器及其电路

随着电子技术的发展，在通信系统和电子信息系统中所用到的选频放大器，大多数已集成化。用集成电路构成的选频放大器一般选用高频线性集成放大器，在集成放大器的输入端或输出端连接选频网络。选频网络可以是LC谐振电路，更多的是采用集中选频滤波器，如晶体滤波器、陶瓷滤波器和声表面波滤波器等。集成选频放大器组成方案如图1-27所示。

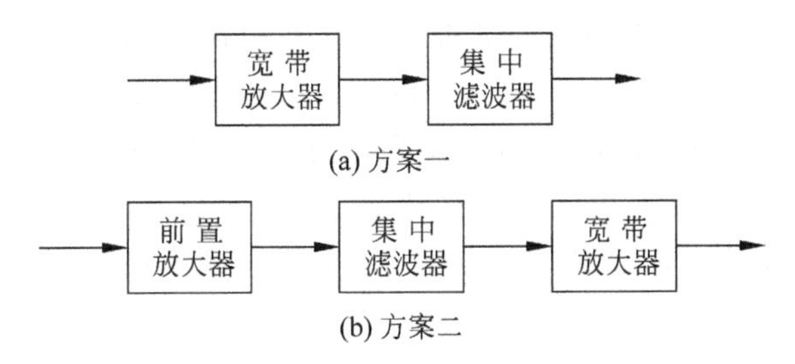

图1-27　集成选频放大器组成方案

图1-27(a)中，集中选频滤波器接于宽带集成放大器的后面，这种接法要求集成放大器与集中滤波器之间实现阻抗匹配。换句话说，从集成放大器输出看，阻抗匹配表示放大器有

较大的功率增益；从滤波器输入看，阻抗匹配要求信号源的阻抗与滤波器的输入阻抗相等（在滤波器的另一端也是同样要求），这是因为滤波器的频率特性依赖于两端的源阻抗与负载阻抗，只有当两端所接阻抗等于要求的阻抗时，才能得到期望的频率特性。当集成放大器的输出阻抗与滤波器输入阻抗不相等时，应在两者间加阻抗转换电路。通常可用高频宽带变压器进行阻抗变换，也可用低品质因数 Q 的振荡回路。采用振荡回路时，应使回路带宽大于滤波器带宽，使放大器的频率特性只取决于滤波器。集成放大器的输出阻抗通常较低，容易实现这种阻抗变换。

图 1-27(b)中，集中选频滤波器接于宽带集成放大器的前面。该方案的优点是，当所需放大信号频带以外有强干扰信号时，干扰信号不会直接进入集成放大器，可避免干扰信号因放大器的非线性而产生新的干扰。由于有些集中滤波器，如声表面波滤波器，本身有较大的衰减，放在集成放大器之前将使有用信号减弱，使集成放大器中的噪声对信号的影响加大，从而使得整个放大器的噪声性能变差，为此通常在滤波器之前加前置放大器，以补偿滤波器的衰减。

1. 集成宽带放大器

在集成宽带放大器中广泛采用共射-共基组合电路，这种电路中的上限频率由共发射极电路的上限频率决定。利用共基电路输入阻抗小的特点，将其作为共射电路的负载，使共射电路输出的总阻抗大大减小，从而有效地扩展了共射-共基组合电路的上限频率，改善其高频性能。由于共射电路的负载减小，使电压增益减小，但这可以由电压增益较大的共基电路进行补偿，且共射电路的电流增益不会减小，因此整个组合电路的电流增益和电压增益都较大。此外，共射-共基电路的稳定性也很好。在集成电路中，常用差分电路代替组合电路中的单个晶体管，组成共射-共基差分电路。此类电路中，比较典型的有国产宽带放大器电路ER4803，国外产品有 U2350、U2450 等，带宽可达 1GHz。这种集成电路常用作 350MHz 以上的宽带高频、中频和视频放大。

在负反馈电路中，通常可以通过改变反馈深度来调节放大器的增益和频带。如果以牺牲增益为代价，则可以扩展放大器的带宽。F733 是一种典型的国产负反馈集成宽带放大器，图 1-28(a)是 F733 的内部电路。图中，晶体管 T_1、T_2 组成电流串联负反馈差分放大器，$T_3 \sim T_6$ 组成电压并联负反馈差分放大器，其中 T_5 和 T_6 兼作输出级，$T_7 \sim T_{11}$ 为恒流源电路。改变第一级差分放大器的负反馈电阻，可调节整个电路的电压增益。如将 9 脚和 4 脚短接，负反馈最弱，增益可达 400，上限频率为 40MHz；将 10 脚和 3 脚短接，增益为 100，上限频率为 90MHz；若 9 脚和 4 脚、10 脚和 3 脚均不短接，则负反馈最强，上限频率可达 120MHz，但增益只有 10 。图 1-28(b)是 F733 用作可调增益放大器时的典型接法，图中，电位器 R_p 用于调节电压增益和带宽，当 R_p 调到 0 时，9 脚和 4 脚短接，增益最大，上限频率最低；当 R_p 调到最大时，片内 T_1 和 T_2 发射极之间共并联了 5 个电阻，即片内的 $R_3 \sim R_6$ 和外接的 R_p，这时交流负反馈最强，增益最小，上限截止频率最高。显然，这种接法可使电压增益和带宽连续可调。

2. 中频放大器(IFA)

接收通道的 IFA 位于混频滤波器之后和解调器之前，混频输出信号先通过滤波器，可以使信号中的噪声和干扰受到大幅度衰减，既可提高进入中放信号的信噪比，也可有效地提高通信机的灵敏度。

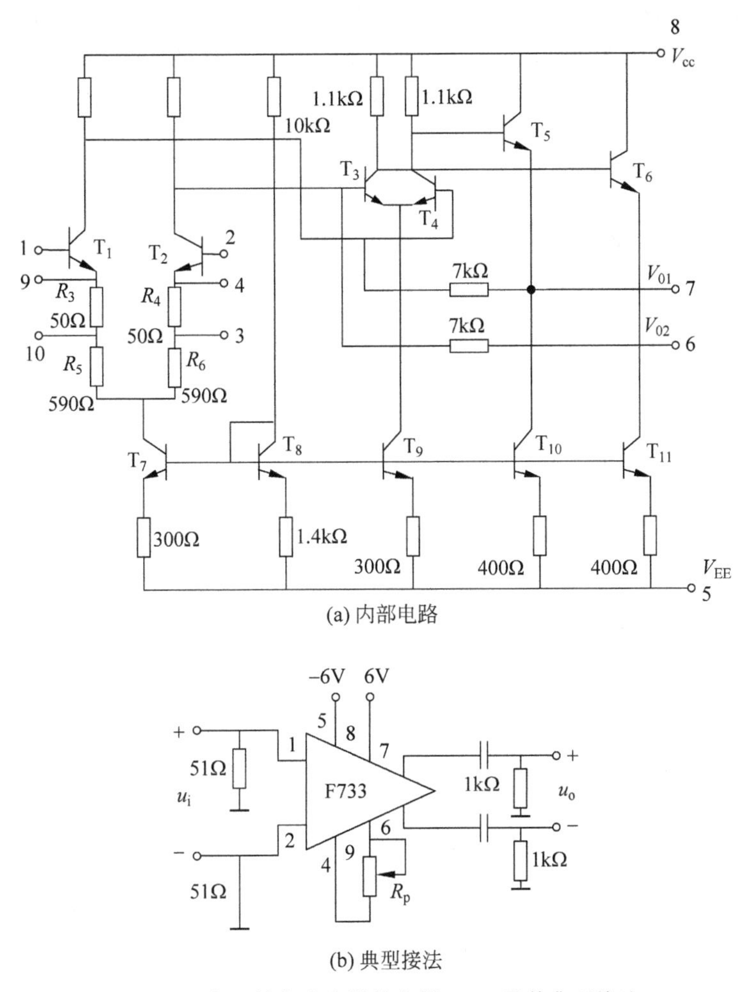

图 1-28　负反馈集成宽带放大器 F733 及其典型接法

通常情况下，为使混频器产生的互调干扰分量足够小，要尽可能降低送入混频器的接收射频信号幅度，因此不希望前置低噪声放大器有高的增益。所以接收通道所需要的增益都要由 IFA 来提供，即 IFA 必然要求高增益。如 SSB(单边带)通信机的接收通道，若要求解调输入电平为 100mV，灵敏度为 1μV，则通道要求总增益为 100dB，其中就要求 IFA 能提供 85～90dB 增益。另外，接收机所接收的信号强弱变化很大，因此要求 IFA 有大于 60dB 的 AGC(自动增益控制)功能。由于 IFA 已处于整机的中、后级，因此对噪声系数要求不高。IFA 放大的是中频信号，其工作频率一般为 455kHz～200MHz，常用中频有 455kHz、465kHz、10.7MHz、30.5MHz、37.5MHz、76MHz、153MHz 等，如广播收音机的中频采用 465kHz，电视图像中频采用 37.5MHz，电视伴音中频采用 30.5MHz，GSM 通信机中频采用 76MHz 和 153MHz 等。

图 1-29 为采用 Motorola 公司的芯片 MC1350 和 MC1490 构成的集成 IFA 电路，其中，4 脚、6 脚为输入端，1 脚和 8 脚为输出端。MC1350 的最高工作频率为 58MHz，功率增益为 50dB，AGC 范围 60dB，噪声系数(N_F)为 6dB。由 MC1350 构成的 IFA 如图 1-29(a)所示，其输入端接入一个由 C_1、L_1、C_2 组成的 LCπ 型匹配滤波器，输出端接 LC 并联谐振回路滤

波器，可工作在455kHz或10.7MHz中频。MC1490的最高工作频率为100MHz，功率增益大于40dB，AGC范围为60dB，N_F为6dB。MC1490构成的IFA如图1-29(b)所示，输入、输出端均接有LC谐振回路滤波器，中频为30MHz，增益可达50dB，带宽为1MHz。

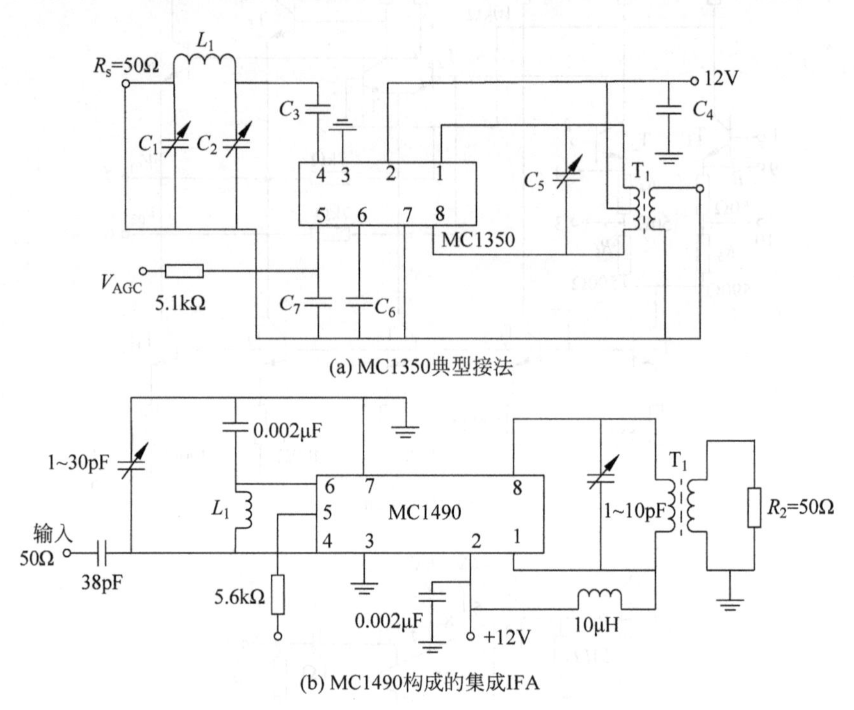

(a) MC1350典型接法

(b) MC1490构成的集成IFA

图1-29 MC1350和MC1490构成的集成IFA电路

MC1350和MC1490的片内电路结构完全相同，都采用双端差分输入(4脚和6脚)和输出(1脚和8脚)方式。在单端输入输出时，不用的输入输出引脚必须交流耦合接地，而不能直接接地，以免影响内部直流偏置。但采用单端输入输出时，其功率增益将比双端时下降6dB，且不对称的失调漂移也将增加，因此实际工作中应尽可能采用双端工作。图1-30是由MC1490构成的两级IFA。在该电路中，用LC谐振回路滤波器接在输出端，用耦合变压器的初级电感担任谐振电感，次级电感一端接地成为单端输出，使芯片输出端的双端平衡输出转换成单端输出，以方便中频信号传送到下一级。

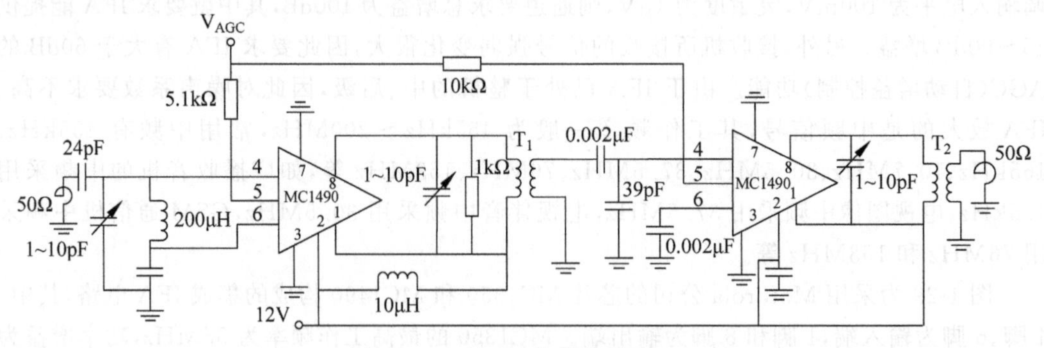

图1-30 MC1490构成的两级IFA

与 MC1490 片内电路结构类似的集成 IFA 还有 Maxim 公司的 MAX2412 和 ADI 公司的 AD8350 等。MAX2412 的工作频率可达 800MHz，增益大于 24dB，AGC 大于 40dB，NF 小于 13dB。AD8350 的最高工作频率可达 1GHz，增益大于 32dB，增益均匀带宽达 400MHz，N_F 小于 5.9dB，便于 SAW 滤波器接口，具有差动 ADC（模数转换）驱动电路。

在现代数字通信系统中，接收通道的第二下变频通常是正交输出的，以使同相和正交（I/Q）信号便于数字信号处理（DSP）。二变频输出的 I/Q 信号经片内 I/Q 信号放大器放大后，直接送入 ADC 和 DSP 处理。显然，这种通信系统接收通道的 IFA 通常是指第一变频以后的 IFA，这时的 IFA 对增益和 AGC 的要求都不必高，但希望能与 SAW 滤波器方便匹配，ADI 公司专门为此设计了集成 IFA 芯片 AD6630。AD6630 主要应用于 GSM 或 CDMA 通信系统窄带蜂窝基站接收通道中，它是专为 SAW 和差动 ADC 间的接口而设计的。AD6630 具有 24dB 的固定增益，4dB 的 N_F，在 70～250MHz 作为窄带数字化应用时，输出信号可调整在 8.5～12dBm，10V 单电源供电时，功耗为 300mW。另外，芯片还设计有 200Ω 的输入阻抗和 400Ω 的输出阻抗。在典型应用时，该输入、输出阻抗接近于 SAW 滤波器的输入、输出参数，因此便于与 SAW 滤波器匹配。

图 1-31 所示为 AD6630 在窄带单载波条件下的 IFA 应用电路，图中 L_2 和 L_4 为输入 SAW1 和输出 SAW2 滤波器的匹配电感，目的是使 SAW 滤波器的输入输出阻抗等效为一个纯阻，从而使信号传输达到最大效果。混频输出经 50Ω 电缆送入由 C_1、C_2、L_{1A}、L_1 组成的 L 型滤波器滤波后进入 SAW1 滤波器，其中 L_1 是 SAW1 滤波器的输入匹配电感，C_1、C_2、L_{1A}、L_1 构成的 L 型滤波器与前面的 50Ω 电缆相匹配，SAW2 滤波器输出接 ADC 变换器 AD6600，而 L_5 是 SAW2 滤波器的输出匹配电感。

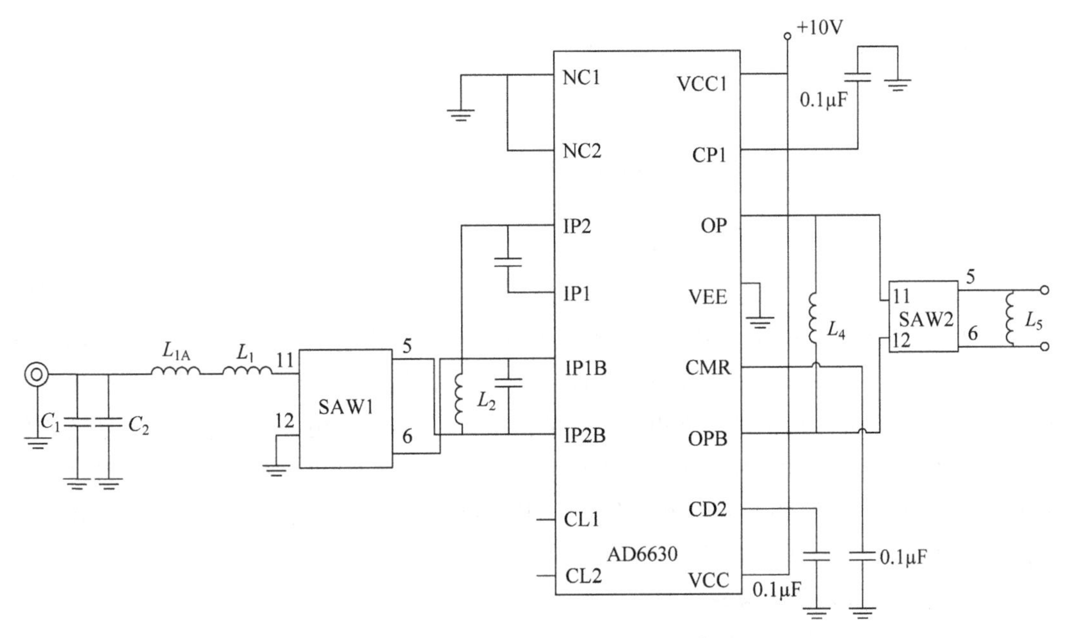

图 1-31　AD6630 的 IFA 典型电路

1.3.5 低噪声放大器

低噪声放大器(LNA),顾名思义,是指噪声系数很低的放大器,它一般位于接收机的前端,如混频器之前,通常也称为前置低噪声高频放大器。接收机需要接收到的信号很微弱时,减少放大器自身引入的噪声系数,提高输出信号信噪比,有利于提高接收机的灵敏度。同时,由于处于接收机前端,对接收机总噪声系数影响比较大。所以,前置放大器需要采用噪声系数较低的放大器。

1. 多级系统的噪声系数

有噪系统的噪声性能可用噪声系数的大小来衡量。噪声系数定义为系统输入信噪比(S_i/N_i)与输出信噪比(S_o/N_o)的比值。如果放大系统内部不产生噪声,当输入信号与噪声通过系统时,二者都将得到同样的放大,则放大系统的输出信噪比与输入信噪比相等。而实际上放大器是由晶体管和电阻等元件构成的,热噪声和散粒噪声构成放大器的内部噪声,因此输出信噪比总是小于输入信噪比。

对于一个线性四端网络,噪声系数 F 定义为输入端信噪比与输出端信噪比之比,F 是一个无量纲的值,即

$$F=\frac{S_i/N_i}{S_o/N_o} \tag{1-16}$$

式中,S_i 为网络的输入信号功率;N_i 为网络的输入噪声功率(信号源内阻 R_S 产生的噪声);S_o 为网络的输出信号功率($S_o=G_P S_i$,G_P 是网络的增益);N_o 为网络的输出噪声功率。F 是网络输出端的信噪比相对于其输入端信噪比变坏的倍数。F 数值越大,说明网络内部噪声越大,其噪声性能越差。

无线电设备是由许多单级功能电路组成的,两级放大器的噪声系数为:

$$F=F_1+\frac{F_2-1}{G_{P1}} \tag{1-17}$$

式(1-17)可以推广到 n 级放大器,将前($n-1$)级看成是第一级,第 n 级看成是第二级,利用式(1-17)可得 n 级放大器总的噪声系数为

$$F=F_1+\frac{F_2-1}{G_{P1}}+\frac{F_3-1}{G_{P1}G_{P2}}+\cdots+\frac{F_n-1}{G_{P1}G_{P2}\cdots G_{P(n-1)}} \tag{1-18}$$

可见,在多级放大器中,各级噪声系数对总噪声系数的影响是不同的,前一、二级的影响比后级的影响大,总噪声系数主要取决于前一、二级。这是由于前两级放大器的内部噪声被放大的倍数大,它们在输出端总噪声中所占的比重大,所起的作用也大。总噪声系数还与各级的功率增益有关。所以,为了减小多级放大器的总噪声系数,必须降低前级放大器(尤其是第一级)的噪声系数,并增大前级放大器(尤其是第一级)的功率增益。在接收机中设置前置低噪声高频放大器,其重要原因之一就在于此。

2. 低噪声放大器技术要求

有以下几种减小噪声系数的方法:

(1) 合理选择晶体管及其电路。选用噪声系数小的晶体管,但要正确选择工作点,尽量使晶体管的稳定增益高。

(2) 合理确定设备的通频带。要从信号和噪声两个方面来考虑，既要减小噪声（通频带尽量窄），又不使信号失真太大（通频带不宜过窄）。

(3) 合理选择信号源内阻。要使信号源内阻近似等于网络的输入电阻，以取得最大的功率增益和最小的噪声系数。

(4) 降低放大器的工作温度。特别是前端主要器件的工作温度应尽量低。对灵敏度要求特别高的设备，这一点尤为重要。例如卫星通信地面站接收机中的高放，在有的设备中它要被制冷至20～80K。

(5) 适当减小接收天线的馈线长度。如果接收天线至接收机的馈线太长，损耗过大，会对整机噪声有很大的影响。所以减小馈线长度是一种降低整机噪声的有效方法。可将接收机前端电路（高放、混频和前置中放）直接置于天线输出端口，使信号经过放大，有一定功率后，再经电缆输往主中放。

LNA位于接收通道的前端，因此对它有较高的技术要求：

① 工作频带足够宽，LNA一般是频带放大器，如短波通信机就要求2～30MHz以上的带宽，而900MHz频段的通信机就要求1GHz以上的带宽，但仍需要有一定的选频功能，以抑制带外和镜像频率干扰。

② 动态范围足够大，如SSB通信机一般要求有60dB的动态范围，才能适应接收信号的强弱变化。

③ 噪声系数尽可能低，由于位于接收机的前端，因此要求它的噪声系数越小越好，通常要求小于2～3dB。

④ 增益较低，为放大弱信号，虽然希望LNA有一定增益，但为了不使后面的混频器过载，保证混频器产生的三阶互调分量足够小，就要求混频输入的射频信号为小信号，因此LNA的增益不宜过大，一般在10dB以下。对有些混频增益较高的接收通道，也可省去前置LNA，让接收到的射频信号经过预选滤波器后，直接送入混频器进行变频处理。

3. 低噪声放大器电路

早期的通信机中，前端低噪声电路常常采用场效应管(FET)共源或共栅放大电路，这是由于场效应管栅流极小，输入阻抗很高，是多数载流子导电的压控器件，受宇宙辐射影响小，噪声小；同时，场效应管受控转移特性为平方律特性，放大和混频时失真及组合频率干扰小；另外，场效应管的输出阻抗较大，可以减小对选频网络的接入影响；而且，场效应管放大器因其跨导较小，所以增益低，这也符合前端电路增益不希望高的要求。

近年来，由于GaAs工艺的成熟，Si双极型高速工艺的发展，使宽频带、大动态的超高频低噪声双极型三极管大量推出。目前通信机中所设置的前置LNA都用超高频三极管或集成LNA。图1-32所示为Motorola GC87型GSM移动台接收通道LNA电路，图中的超高频三极管采用2SC4784，输入输出用耦合电容直接与900MHz陶瓷带通滤波器连接，基极采用固定偏置方式，由+2.75V直流电源及偏置电阻分压得到，图中2个15nH电感为高频扼流圈。

随着通信设备小型化，通信电路逐渐趋向集成化，不仅出现了单片LNA集成电路，而且还可以把LNA和混频电路以及本振电路集成在一起，从而使通道电路更趋小型化，

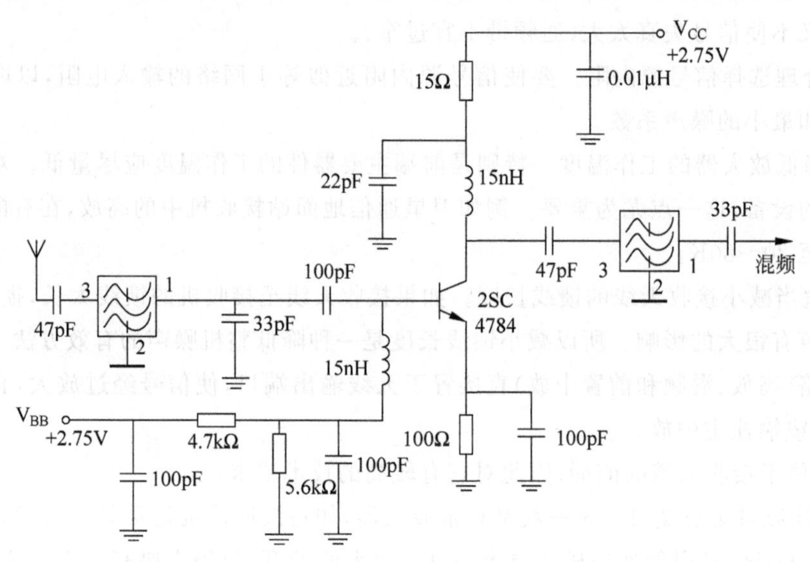

图 1-32　900MHz 低噪声放大器电路

电路稳定性和可靠性也更高。图 1-33 所示是一个带宽为 1.9GHz 的低功耗 Si 双极型集成 LNA 的片内电路，片内集成了三只超高频三极管和偏置电路，其中 T_1、R_L 和偏置电阻 R_1、R_2 组成一级高增益共射放大器，T_2、T_3 以及偏置电阻 R_3、R_4、R_5 组成一级射极跟随器。而 T_3、R_3、R_4、R_5 为 T_2 的射极有源负载。两级放大器采用直接耦合，R_1 为第一级的电压并联负反馈电阻，可以提高放大器的稳定性。片外接匹配电感 L_a 可抑制电阻 R_1 和 R_2 的噪声进入放大器 T_1 的基极。该集成 LNA 的噪声系数为 2.3dB，增益 15dB，功耗 5.2mW。

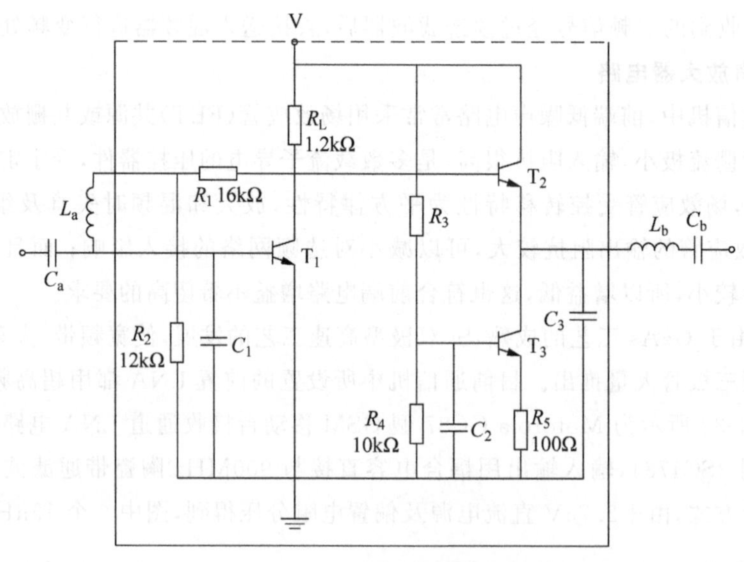

图 1-33　LNA 片内电路原理图

目前采用先进的 SiGe 工艺制造的 LNA，指标可做得更高，如 Maxim 公司的 MAX2640 和 MAX2641 中的片内 LNA，分别工作于 900MHz 频段和 1.9GHz 频段，噪声系数分别为 0.9dB 和 1.3dB，增益分别为 15.1dB 和 14.4dB，在 3V 电源供电时耗电 3.5mA。图 1-34 所示为 Maxim 公司的集成收发通道电路芯片 MAX2422 的内部功能框图，该芯片将 LNA、IFA、收发混频电路以及射频振荡器等集成在一起，使通信电路更小型化。

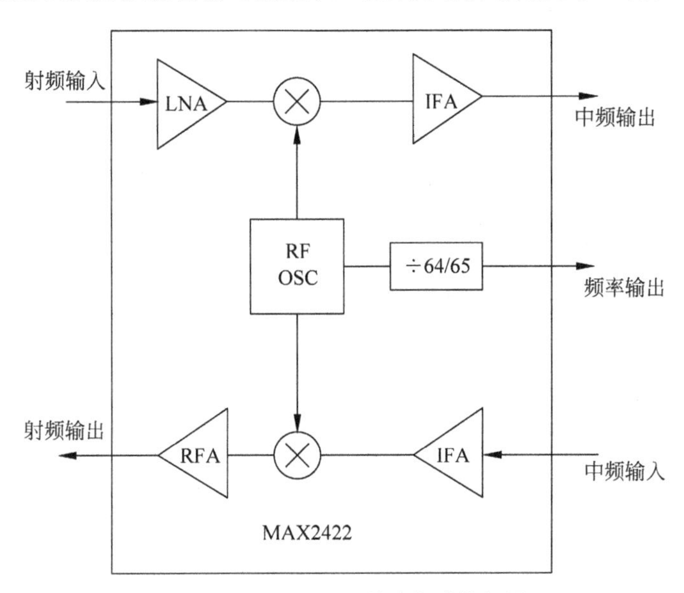

图 1-34　MAX2422 的内部功能框图

1.3.6　高频功率放大器实验电路

在广播、电视、通信等系统中，都需要将有用的信号调制(即携带)在高频载波信号上，通过无线电发射机发射出去。高频载波信号由高频振荡器产生，一般情况下，高频振荡器所产生的高频振荡信号的功率较小，不能满足发射功率的要求，所以在发射之前要经过功率放大后才能获得足够的输出功率。在发射机中完成功率放大的电路称作射频功率放大器，或称高频功率放大器。对高频功率放大器的基本要求是尽可能高的集电极效率，为了提高效率，放大器常工作在 C 类状态，甚至 D 类状态或者 E 类状态。

但 C 类功放的集电极电流波形失真太大(为尖顶余弦脉冲波)，所以从非调谐的输出负载上得到的输出电压波形必然失真也很大，因此需要采用调谐回路作为负载。调谐回路具有选频功能，尽管集电极电流波形有很大的失真，但输出电压波形与输入信号的电源波形相同。

图 1-35 为高频功率放大器实验模块电路，电路由两级放大器组成，Q11 是前置放大器，工作在甲类线性状态，以适应较小的输入信号电平。TP12、TP14 为该级输入、输出测量点。由于该级负载是电阻，对输入信号没有滤波和调谐作用，因而既可作为调幅放大，也可作为调频放大。Q12 为丙(C)类高频功率放大电路，其基极构成自生反偏。因此，只有在载波的正半周且幅度足够大时才能使功率管导通。Q12 的集电极负载为 LC 选频谐振回路(CM11、L18)，谐振在载波频率上以选出基波，因此可获得较大的功率输出。

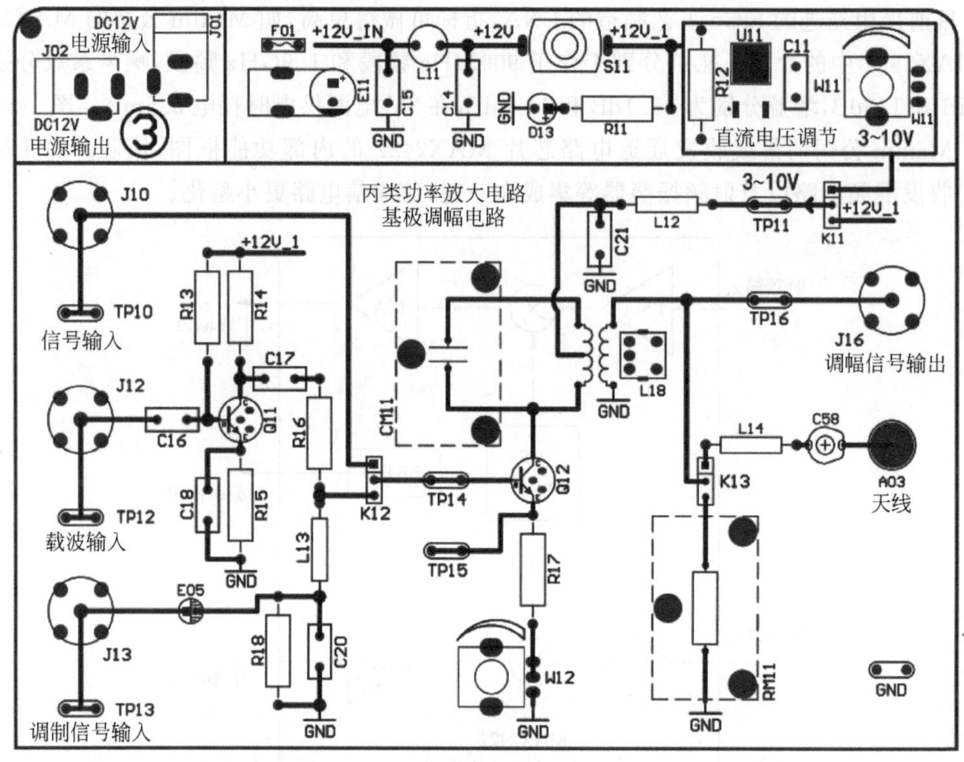

(a) 高频功率放大器电路图

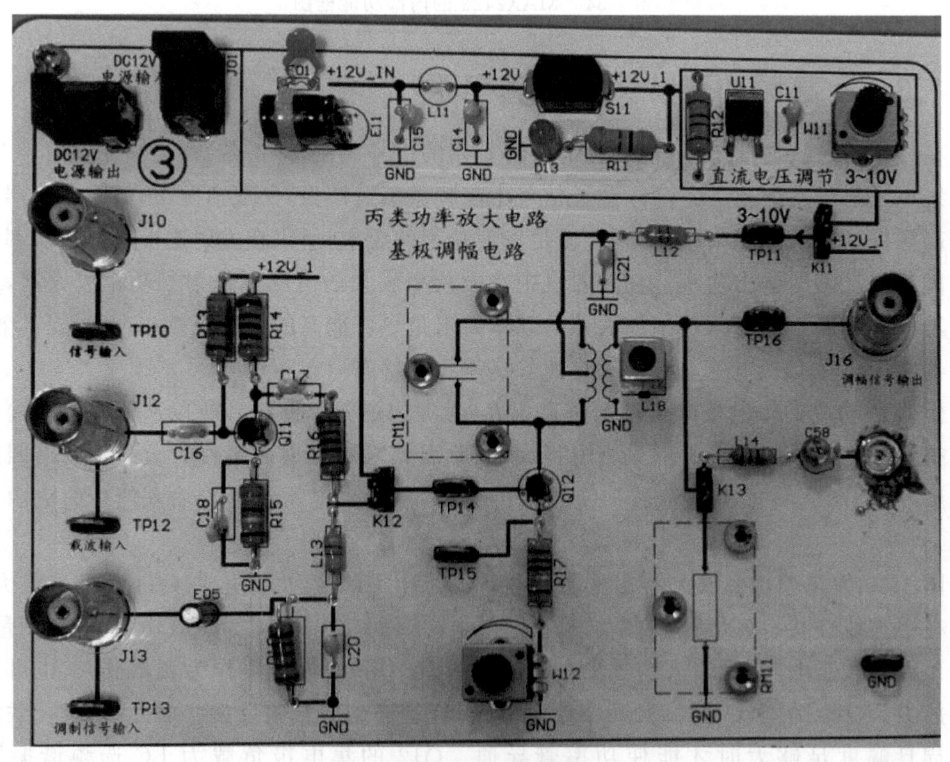

(b) 高频功率放大器实物图

图 1-35　高频功率放大器实验模块

图 1-35 所示丙(C)类功率放大电路中，载波信号从 J12 接入，调制信号从 J13 接入，其他需功率放大的射频信号从 J10 接入，高频功放后的输出信号从 J16 有线输出，也可由天线无线发射输出；TP10、TP11、TP12、TP13、TP14、TP15 为实验测试点，GND 为电路接地点。直流供电由开关 S11 接入，开关接通时，本模块电路的电源指示灯将点亮。

功放谐振频率可自行设定，典型值为 10.7MHz 或稍低一些的频率，可测量三种状态(欠压、临界、过压)下的电流脉冲波形，频率稍低时测量效果较好。短路块 K13 用于调节负载电阻的接通与否，电位器 RM11 用来改变负载电阻的大小。W11 用来调整功放集电极电源电压的大小(谐振回路频率为 4MHz 左右时)，W12 可调整偏置电压。J13 为调制信号输入口，加入音频信号时可对功放进行基极调幅。TP16 为功放集电极测试点，TP15 为发射极测试点，可在该点测量电流脉冲波形。

由于丙类调谐功率放大器采用的是反向偏置，在静态时，功率管处于截止状态。只有当激励信号足够大，超过反向偏压与晶体管起始导通电压之和时，功率管才导通。这样，功率管只在一周期的小部分时间内导通，所以集电极电流是周期性的余弦脉冲形状。

1.3.7　高频功率放大器性能指标调试及问题思考

以图 1-35 实验电路为例，高频功放工作时，首先要调谐，频率设置范围是 6～12MHz(典型值为 10.7MHz)，即输入载波频率必须和负载谐振回路中心频率相同，此时可观察到输出信号幅度最大。所用到的测试仪器包括信号发生器、示波器、频谱分析仪等。由于集电极和发射极电流波形相同，因此用示波器观察发射极电阻 R17 上的波形具有同样效果，当输入正弦信号到放大器且放大器工作于 C 类状态时，用示波器观察此电流为尖顶余弦脉冲状；调节 W11 可改变电路直流供给电压，将短路块 K11 接通到直流电压调节模块上，观察激励电压、集电极电压变化时余弦电流脉冲的变化过程；调节 RM11 可改变负载，观测负载变化时三种状态(欠压、临界、过压)的余弦电流波形。实验中，若用频谱仪测量功率，输入端加入信号发生器给出的相应载波频率信号(幅度大于 200mVpp)时，可用频谱仪记录输入功率读数 A，而将功放输出功率读数记为 B，则本功放单元电路增益$=B-A$。

C 类功率放大器问题思考

(1) C 类功放实验电路中，功放电路和基极调幅电路的构成有什么区别？

(2) 欠压、临界、过压三种状态，集电极电流波形会发生怎样的变化？为什么？

(3) 如何使谐振功放电路转换成倍频电路？

1.3.8　功率放大器拓展阅读

1. 功率放大器的演进

功率放大器是射频与微波系统中发射机末端的关键元件，其作用是将输入信号在需要的频带上进行放大，并使其功率达到系统所要求的等级水平，故功率放大器的性能直接影响整个通信系统信号的传输距离和传输质量。

功率放大器经历了发展初期、平稳过渡期和蓬勃发展三个阶段，其发展历程如图 1-36 所示。

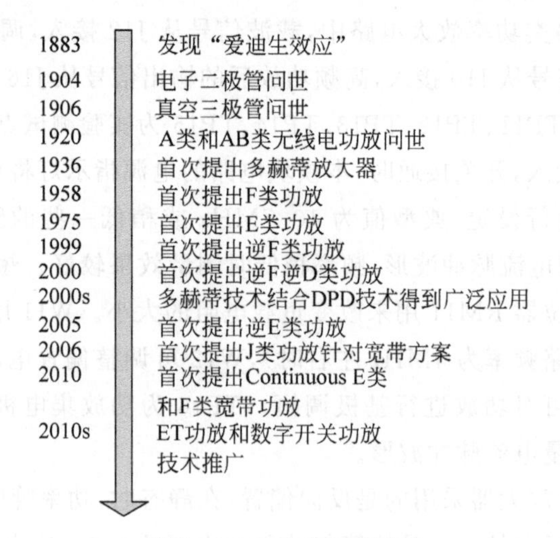

图 1-36 功放的发展历程

1）发展初期

1833 年，法拉第最先发现硫化银的电阻不同于一般的金属，其电阻随温度升高而降低，这被认为是半导体现象的首次发现；1904 年，电子二极管问世；1906 年，真空三极管的问世推动了无线电广播系统的发展；1920 年，随着半导体的进一步发展，人们开始研究功率放大器，设计出传统的模拟功率放大器，有 A 类、B 类、AB 类及 C 类；为了解决 AB 类功率回退、效率降低的问题，1936 年，多赫蒂提出了可以提高射频功放效率的一种解决方案；为了进一步实现功放的高效率指标，1958 年 Tyler 第一次提出了高效 F 类功放；1975 年，Sokal 在文献中提出了 E 类功放的基本模型，E 类功放因高频性能出色、结构简单而广泛应用于无线通信、开关电源等领域中。

2）平稳过渡阶段

1980 年，数字预失真(Digital Pre-Distortion，DPD)被首次提出，进而破解了功放线性化技术中的难题，随之数字功放研究受到重视；1990 年，由于对线性度和效率折中的迫切需要，AB、B 类功放又得到了大力的研究与快速的发展；2000 年，Grebennikov 重新分析了 F 类功放，并设计出了三次谐波峰化的负载网络，解决了 F 类功放效率较低的问题，继而逆 F 类功放问世。由于这一段时期为模拟移动通信向数字移动通信跨越的交叉时期，无线通信技术正处于转型阶段，故功放的研究随着无线通信的平稳发展而缓慢推进。

3）蓬勃发展阶段

2003 年，为了提高功放的效率与线性度，DPD 首次结合 AB 类功放的应用；2005 年为降低 E 类功放晶体管的峰值电压，进而减小它被击穿的风险，提高整体电路的可靠性，逆 E 类功放问世；随着无线通信系统的进一步需求与快速发展，2006 年，为解决功放效率低、带宽窄的问题，简化功放的拓扑结构，J 类功放被提出，并于 2009 年由 Cripps 团队首次实现了 J 类功率放大器的实体化设计；2010 年，高效、宽带连续 F 类功放问世，与此同时，为解决传统 AB 类功放必须工作在效率较低的功率回退区的问题，包络跟踪(ET)功放问世。

随着无线通信新标准、新技术的不断发展，要求提高射频与微波功放的各种性能，进一步降低成本、减小尺寸与重量，同时拥有良好的线性度、高输出功率与效率。

2. 多赫蒂功率放大器的历史回顾

多赫蒂(William H. Doherty)是美国的一位电气工程师,以发明多赫蒂放大器而闻名。1907 年,多赫蒂出生在马萨诸塞州,后来就读于哈佛大学,在那里获得了通信工程学士学位(1927 年)和工程硕士学位(1928 年)。多赫蒂于 1929 年加入贝尔实验室。在贝尔实验室,他致力于开发大功率无线电发射机,用于跨洋无线电电话和广播应用中。

多赫蒂在 1936 年使用真空管放大器件(vacuum tube amplifier)发明了一种独特的放大器方法,如图 1-37 所示。新装置大大提高了射频功率放大器的效率,并首次用于西部电子公司(Western Electric)为肯塔基州的无线电台 WHAS 设计的 50kW 发射机中。1940 年前,西部电子公司将多赫蒂放大器纳入全世界至少 35 个商业电台和许多其他地方的电台中。特别是 20 世纪 50 年代,欧洲和中东地区的电台大量使用了多赫蒂放大器。在西部电子公司内部,该装置作为一个被调制驱动器驱动的线性放大器使用,在 50kW 发射机中,驱动级是一个完整的 5kW 发射机,使用多赫蒂放大器可以将驱动级的 5kW 的电平提高到所需要的 50kW。

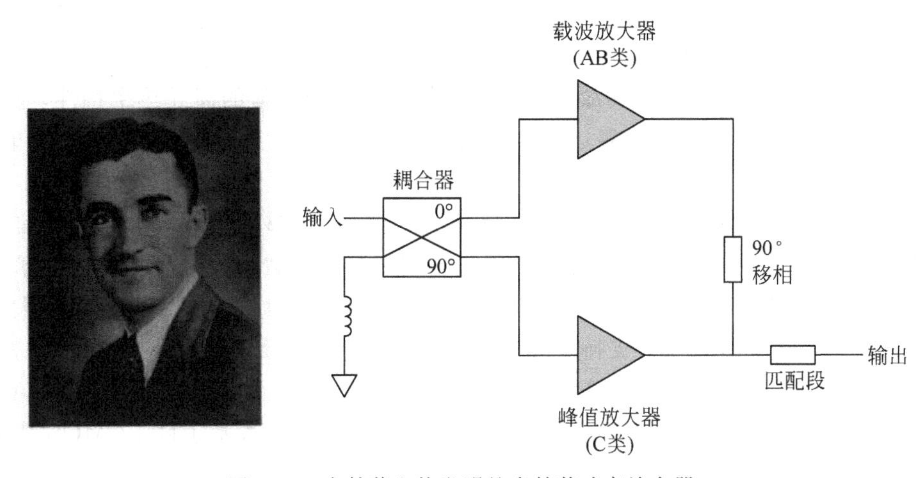

图 1-37　多赫蒂和他发明的多赫蒂功率放大器

西部电子公司无线电广播发射机的后继者,位于达拉斯的大陆电子制造公司(Continental Electronics Manufacturing Company),改进了多赫蒂放大器。早期,大陆电子制造公司保留了多赫蒂放大器的大部分特点,但增加了中等功率水平的屏栅调制(screen-grid modulation)驱动级。后来,该公司的工程师 Sainton 对多赫蒂放大器进行了改进,形成高电平屏栅调制(screen-grid modulation)方案。该方案中功率管的源(驱动级)和负载(天线)通过+/−90°的移相网络分离和合成,未调制的射频载波加载在两个放大管的控制栅极上。将载波调制信号加载在两个放大管的屏栅(screen grids)上,但载波管和峰值管的屏栅的偏置点不同。在调制过程中两个真空管都打开传导,100%调制时,每个放大管贡献了两倍的额定载波功率,实现了 100%调制所需四倍的额定载波功率。由于这两个放大管都工作在 C 类,因此在最后一级放大器中,效率得到了显著的提高。此外,由于载波和峰值四极真空管(tetrode)所需的驱动功率很小,因此驱动级内的效率也得到了显著提高。商用版本的 Sainton 放大器使用的是阴极跟随调制器(cathode-follower modulator),整个 50kW 的发射机只使用四种类型共九个真空管来实现。这种方法不仅被大陆电子制造公司所使用，而且直到20世纪70年代末，又被马可尼公司使用。

多赫蒂放大器最近被重新改造并应用于移动通信系统中，与基于真空管的设计相比，现代多赫蒂放大器有很大的变化。此外，工程师们还对多赫蒂放大器的架构进行了修改，以放大具有高峰值平均功率比(peak-to-average power ratio，PAPR)的高阶调制信号。目前，多赫蒂放大器是移动基站射频功率放大器的主流技术选择，该技术也可以用于手机功率放大器中。

3. 5G时代的射频功率放大器

功率放大器是一部手机最关键的器件之一，它直接决定了手机无线通信的距离、信号质量，甚至待机时间，是整个射频系统中除基带外最重要的部分。手机里功放的数量随着2G、3G、4G、5G逐渐增加。

4G基站对应的射频功放需求量为12个；5G基站，预计64T64R将成为主流方案，对应的功放需求量高达192个，功放数量将大幅度增长。目前基站用功率放大器主要为LDMOS(横向扩散金属氧化物半导体)技术，但是LDMOS技术较适用于低频段，在高频应用领域存在局限性。5G基站氮化镓(GaN)射频功放将成为主流技术，GaN能较好地适用于大规模多输入多输出。GaN功放器件的低功耗和氮化镓材料的高导热率特性，能够满足较高温度下GaN功放器件的可靠运行。因此，GaN功放散热系统更小，结构更简单(同时也让外部空间更加紧凑)。

相比现有的硅LDMOS和GaAs解决方案，GaN器件能够提供下一代高频电信网络所需要的功率和效能。而且，GaN的宽带性能也是实现多频带载波聚合等重要新技术的关键因素之一。GaN HEMT (高电子迁移率场效晶体管) 已经成为未来宏基站功率放大器的候选技术。由于LDMOS无法再支持更高的频率，GaAs也不再是高功率应用的最优方案，预计未来大部分6GHz以下宏网络单元应用都将采用GaN器件而小基站砷化镓(GaAs)的优势更明显。预计到2025年，GaN将主导RF功率器件市场，抢占基于硅LDMOS技术的基站功率放大器市场。

1.4 振荡器——信号的无中生有

振荡器是构成频率源的核心电路，能产生时钟信号，为电子器件提供一定的“节拍”信号对数据进行传输与处理，因此也称为现代电子设备的“心脏”电路。振荡器与其他电路的最大不同点是只有输出信号，却没有输入信号。振荡信号可以无中生有，但能量是绝对没有办法凭空产生的，必须由外界提供能量使振荡器维持振荡，这个外界能量就是由外接的直流电源提供的。

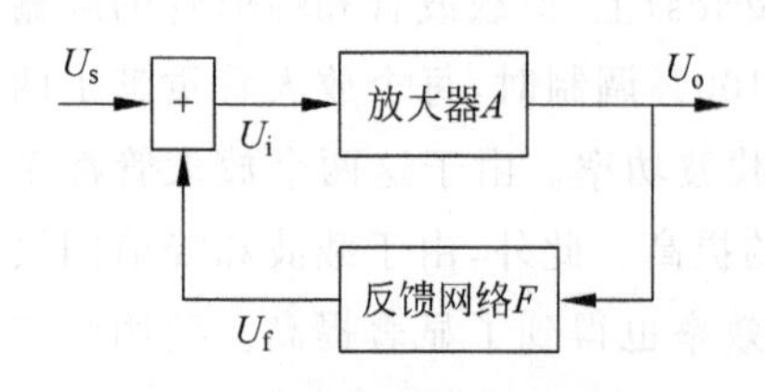

图1-38 反馈型振荡器原理框图

反馈型振荡器是由放大器和反馈网络组成的一个闭合环路，如图1-38所示。放大器通常是以某种选频网络(如振荡回路)作负载，是一个调谐放大器，放大倍数为A，反馈网络一般是由无源器件组成的线性网络，反馈系数为F。振荡器起振时满足$|AF|>1$，平衡时满足$|AF|=1$。

实际工程中，电容三端式振荡器应用较多，其典型电路如图 1-39 所示，也称考毕兹(Colpitts)电路。图中，R_1、R_2 和 R_e 为直流偏置电阻；C_e 为发射极高频旁路电容，C_b 为隔直流电容，对高频呈现短路；L_c 是高频扼流圈，阻止高频信号进入直流电源，有时也可用电阻替换扼流圈；L、C_1 和 C_2 构成谐振回路。

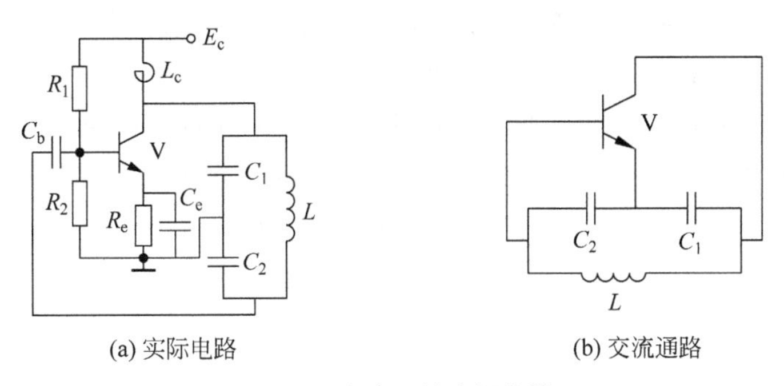

图 1-39 电容三端式振荡器

振荡器的振荡频率近似等于谐振回路的固有谐振频率，总电容 C 是 C_1 和 C_2 串联，即

$$\omega_0 \approx \omega_{LC} = \frac{1}{\sqrt{LC}}, \text{其中 } C = \frac{C_1 C_2}{C_1 + C_2}$$

三端式电路的构成原则保证了相位起振条件已经满足，而振幅起振条件是否满足，将取决于电路的放大倍数 A 和反馈系数 F 的值，F 由反馈网络决定。

$$F = \frac{U_f}{U_0} = -\frac{C_1}{C_2} \tag{1-19}$$

A 与三极管的内部参数有关，将三极管用 Y 参数等效电路等效后，可求得放大倍数。

$$A = \frac{U_0}{U_i} = -y_{fe} Z_{ce} \tag{1-20}$$

式中，Z_{ce} 是三极管集电极和发射极间的等效阻抗，谐振时 Z_{ce} 为纯电阻，其值包含三极管的输入和输出阻抗及负载等；y_{fe} 用三极管的跨导 g_m 表示。

在通信电子电路系统中，振荡器可为调制提供载波源，可为变频和混频提供本振，衡量振荡器最主要的指标就是振荡频率的准确度和稳定度。对频稳度的要求视用途不同而异，例如，用于中波广播电台发射机的为 10^{-5} 数量级，用于电视发射机的为 10^{-7} 数量级，用于普通信号发生器的为 $10^{-4} \sim 10^{-5}$ 数量级，用于高精度信号发生器的为 $10^{-7} \sim 10^{-9}$ 数量级，作频率标准用的是 10^{-11} 数量级以上。

能够产生高准确度频率信号的精密振荡电路作为一般频率源的标准，在仪器仪表、授时系统、卫星通信、雷达导航、移动基站、航天航海、国防工业等领域都有重要的应用。尤其近年来 5G 通信技术的快速发展，对精密频率源提出了更高的要求。

1.4.1 生活中的振荡电路

晶体振荡器是精密频率源的其中之一，其核心器件石英晶体具有一个有趣的特性，就是在一侧导入正电流，同时在另一侧导入负电流后，负电流一侧会收缩并弯曲成 U 字形。如果定时交替在石英晶体两侧导入正、负电流，石英晶体就会产生振荡。大家熟知的应用如石英手表，其核心电路就是一个很稳定的石英晶体振荡器，其频率稳定度和准确度决定了石英手表的走时精度。目前，精度较高的石英表，每天的计时能精准到十万分之一秒，也就是经过差不多 270 年才差 1 秒。石英晶体振荡器的电路如图 1-40(a)所示。图 1-40(a)中，Q_3 和 Q_4 构成 CMOS 反相器，石英晶体 X_2 与振荡电容 C_1 及微调电容 VC_2 构成振荡回路，石英晶体呈感性。R_2 为反馈电阻，R_1 为振荡器的稳定电阻，集成在电路内部。通过外加电容，可调整振荡频率来控制手表走时，如图 1-40(b)所示。走时偏快时，可在石英晶体两端并联一电容，使系统总电容增大，降低振荡频率，以减慢走时；走时偏慢时，则可在石英晶体支路串接电容，使系统总电容增大，提高振荡频率，以加快走时。

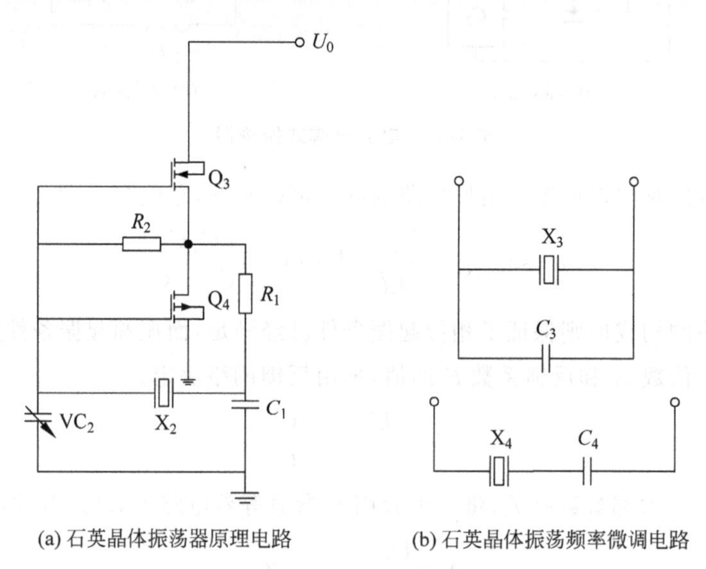

(a) 石英晶体振荡器原理电路　　(b) 石英晶体振荡频率微调电路

图 1-40　石英手表振荡电路

图 1-41 为石英手表内部的电路构成，图 1-42 为石英手表内部的电路框图。由图 1-42 所见，石英手表内部电路包含很多通信电子电路中涉及的单元功能电路。由石英晶体振荡器产生 32.768kHz 的信号，经分频后产生 1Hz 的脉冲信号，将此 1Hz 的脉冲信号放大后传送至驱动线圈上驱动步进电机工作。

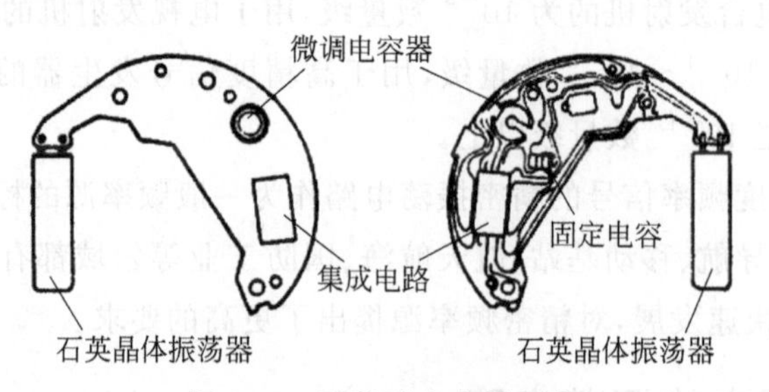

图 1-41　石英手表内部电路

除了石英手表内部使用石英晶体振荡电路，个人计算机的计时电路也是通过内置的石英晶体振荡电路实现的，可见生活中的振荡电路无处不在。

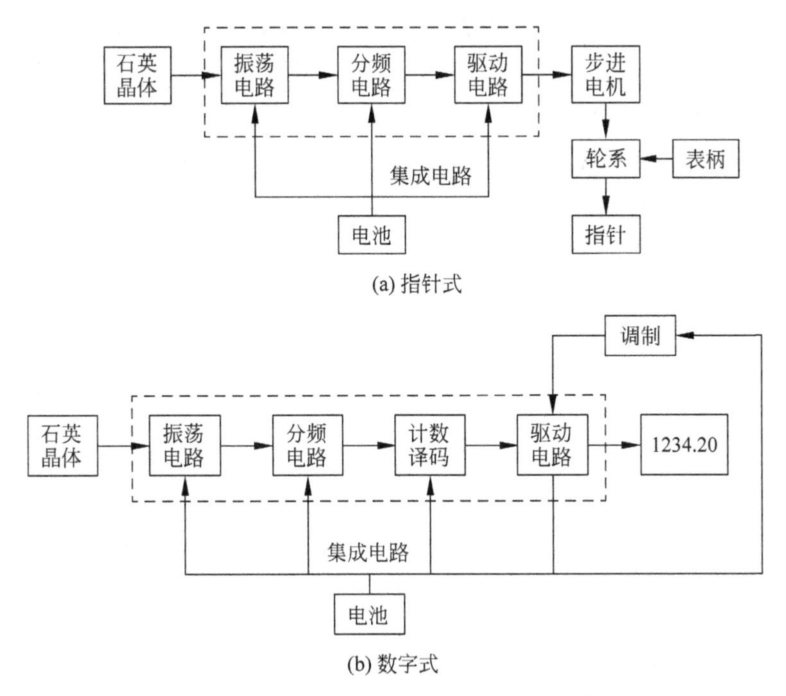

(a) 指针式

(b) 数字式

图 1-42 指针式和数字式石英手表内部的电路框图

另一种精密频率源是原子频标，原子频标利用量子系统的受激跃迁吸收程度得到反馈信号来对晶振的压控端进行控制以修正输出频率，具有更高的频率稳定度。铯原子频标是原子频标中稳定性较高的一种，目前能达到 10^{-15} 的数量级，即几百万年的误差不超过 1 秒。以此为基础所建立的国际原子时的精度的数量级也可以达到相同的标准。原子频标以其高准确度和高稳定度而成为卫星导航系统的时间基准，原子钟的性能直接决定系统定位导航的精度好坏，成为卫星上有效载荷的核心部分。2007 年，中国计量科学研究院成功研制“铯原子喷泉钟”，实现了 600 万年不差 1 秒，达到世界先进水平。中国成为继法、美、德之后，第四个自主研制成功铯原子喷泉钟的国家，成为国际上少数具有独立完整的时间频率计量体系的国家之一。2014 年 8 月，我国自主研制的“NIM5 可搬运激光冷却——铯原子喷泉时间频率基准”成为国际计量局认可的基准钟之一，参与国际标准时间修正。这意味着一旦美国关闭 GPS 信号或不能使用国际校准数据，NIM5 可独立“守住”中国原子时。

1.4.2 LC 振荡实验电路

图 1-43 为 LC 振荡器电路实验模块。LC 振荡器电路中，振荡信号从 J13 输出，TP11、TP12、TP13 为测试点，GND 为电路接地点。直流供电由开关 S11 接入，开关接通时，本模块电路的电源指示灯将点亮。

LC 振荡器电路模块中，根据小电容 CM11 或 CM12、CM13 或 CM14 是否接入，可使实验电路在克拉泼振荡电路和西勒振荡电路之间切换。接入小电容 CM11(或 CM12)且不接入 CM13 及 CM14 时为克拉泼振荡电路，当接入小电容 CM11(或 CM12)且接入 CM13(或 CM14)时为西勒振荡电路。C13 和 C16 为分压振荡电容，LM11 为振荡电感，可变电容 CM11、CM13 控制回路电容的变化，从而改变振荡频率。C12 为基极旁路电容，C17、C18、C19 为高频耦合电容。调整 W11 可改变振荡器三极管的电源电压，调整 W12 可改变振荡器直流偏置电压。三极管 Q11 为振荡管，Q12 为射极跟随器三极管，用以提高带负载能力，W13 和 W14 用来改变输出幅度。

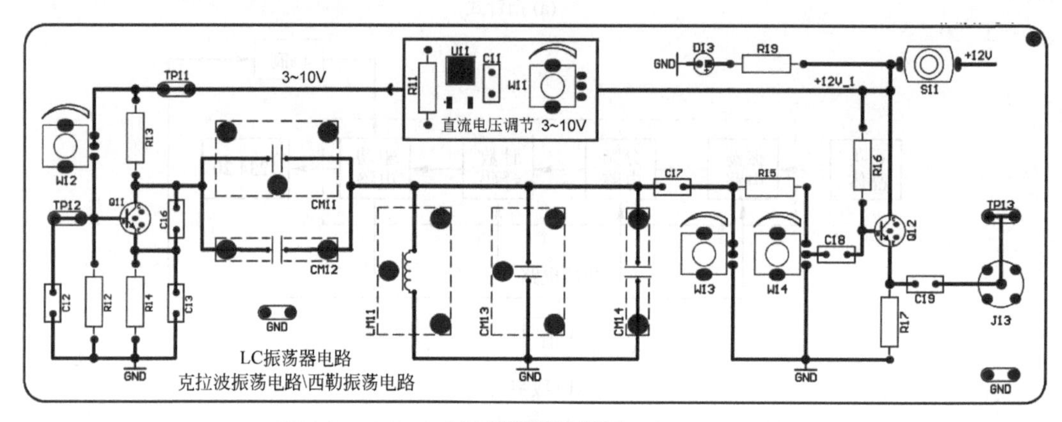

(a) LC振荡器电路图

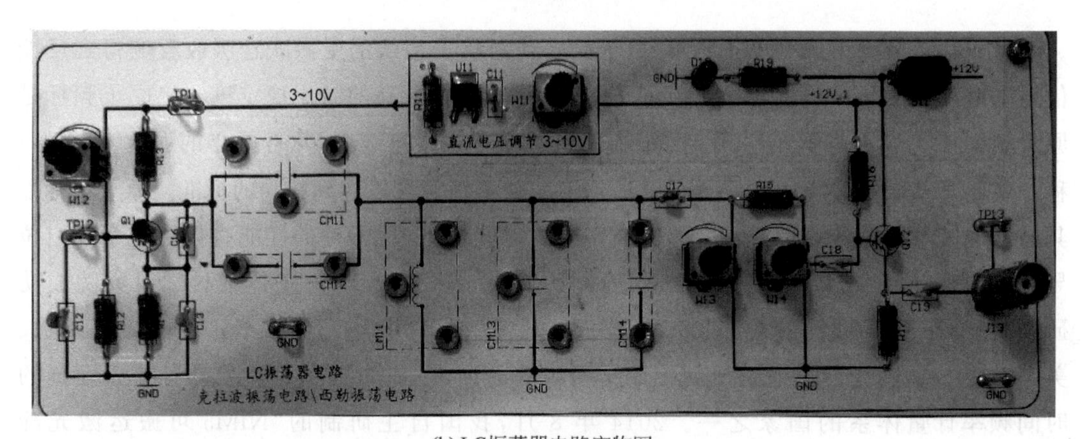

(b) LC振荡器电路实物图

图 1-43 LC 振荡器电路实验模块

1.4.3 皮尔斯晶体振荡实验电路

图 1-44 所示皮尔斯晶体振荡实验电路中，Q31 为振荡管，振荡信号从 J32 输出，TP31、TP32 为测试点，GND 为电路接地点。直流供电由开关 S31 接入，开关接通时，本模块电路的电源指示灯将点亮。C26、C27、C29 及 CM31 为振荡电容，晶体 JM31 工作于感性，振荡频率取决于晶体频率，C28 为旁路电容。C30、C31、C32 为高频耦合电容，W31 用以调整振荡器的静态工作点(主要影响起振条件)，W32、W33 可调整振荡输出幅度，Q32 为射极跟随器三极管，用以提高带负载能力。

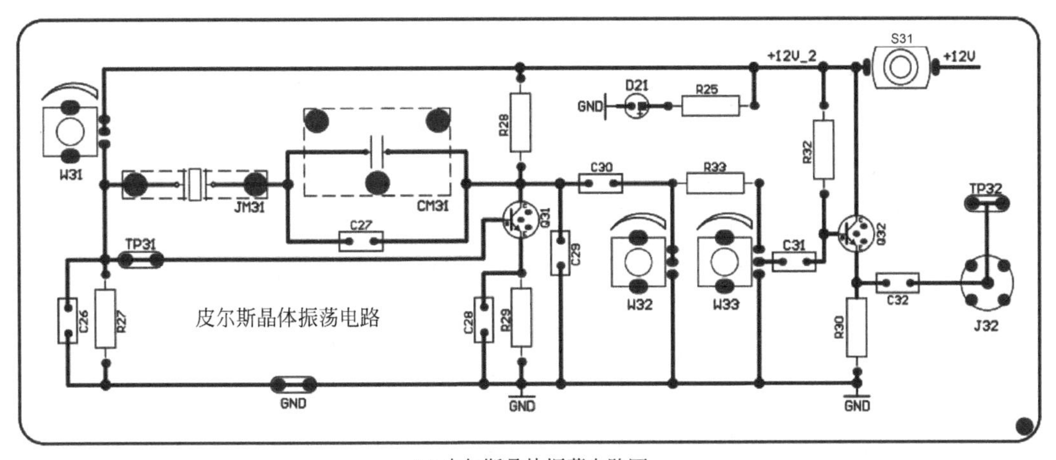

(a) 皮尔斯晶体振荡电路图

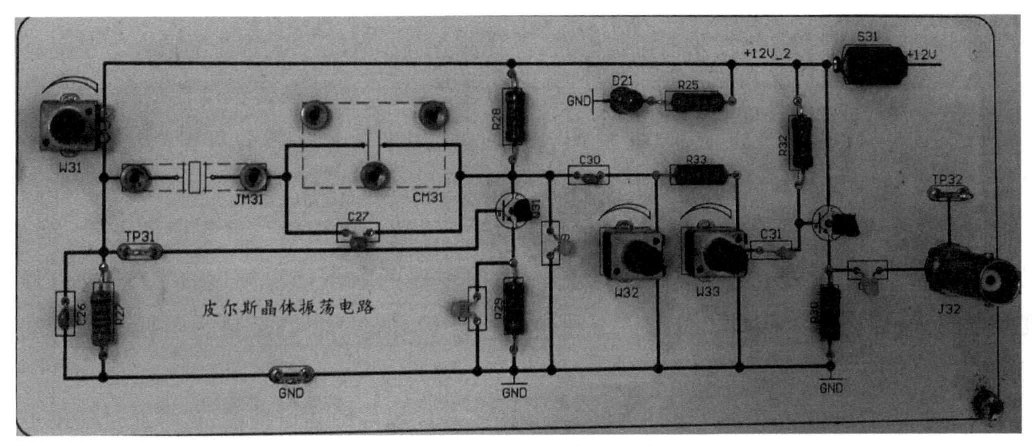

(b) 皮尔斯晶体振荡电路实物图

图 1-44　皮尔斯晶体振荡电路模块

1.4.4　低相位噪声晶体振荡器

石英晶体谐振器具有稳定的物理特性、良好的短期稳定度以及完善的加工工艺，因此被广泛应用在电子电路系统中。晶体振荡电路在电子系统中的地位也非常重要，其性能影响着整个系统的稳定性，决定系统能否正常工作。短期频率稳定度在频域用相位噪声特性来表征，相位噪声越低就说明振荡器的输出信号频谱越纯净，相位失真和抖动越小，即可提供更加精确的信号。通信系统中的相位噪声会增加数据传输误码率、降低信噪比和灵敏度；在雷达系统中相位噪声会降低检测灵敏度，影响到对目标的分辨。因此，设计低相位噪声晶体振荡器，具有重要的理论意义和实用价值。

为获得低相位噪声，可增大输入信号功率、选择低噪声系数的器件、减小拐角频率、选择低闪烁噪声的器件，提高回路有载品质因数。图 1-45 为 120MHz 的低相位噪声晶体振荡器电路，由主振电路、放大电路和滤波电路三个部分组成。

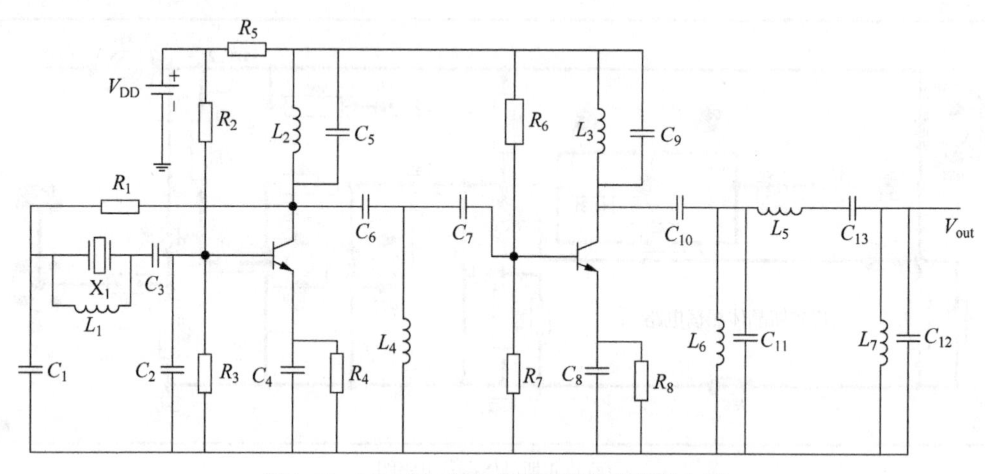

图 1-45 120MHz 低相位噪声晶体振荡器电路

图 1-45 中主振电路为皮尔斯振荡电路，晶体采用 120MHz SC 切五次泛音石英晶体谐振器，电容 C_3 起调整频率的作用，以补偿晶体的老化，及时调整晶体振荡器的频率准确度；L_2 和 C_5 构成选频网络；电阻 R_1 是反馈控制元件，用来减轻晶体的负担；电阻 R_4 用于稳定晶体管的直流工作点，而电容 C_4 为旁路电容。经证明，Q_L 随 C_1 值增大而增大，因此适当地增大 C_1 有利于降低相位噪声。因而在允许的范围内应尽可能地增大 C_1 的值，以此降低相位噪声。但是 C_1 的值也会影响到振荡器的输出信号幅度，C_1 越大，信号幅度变得越小，而幅度降低对相位噪声不利。此外若 C_1 值过大，甚至会影响振荡的幅度稳定条件。

振荡器的输出信号需要具有一定的幅度，还要有比较好的频谱纯度，这可通过辅助电路来保证，图 1-45 所示振荡电路由放大电路和滤波电路构成辅助电路。在晶体振荡器中使用放大电路对主振电路幅度较小的输出信号进行放大处理，使振荡器的输出功率满足指标要求。在设计中用普通的单调谐放大器作为放大电路，晶体管和主振电路都选择 NEC 公司的低噪声晶体管 2SC3356。该晶体管具有高功率增益、低噪声特性、大动态范围和理想的电流特性，其噪声系数典型值为 1.1dB，插入增益典型值为 11.5dB，特征频率为 7GHz。偏置电路也使用和主振电路相同的低噪声偏置，而两者的直流工作点不同，充分保证放大电路工作在线性状态。

输出级还加入了滤波选频电路，该电路可滤除信号中的杂波和谐波，从而提高了输出信号的频谱纯度，可将放大器与 50Ω 的标准阻抗进行匹配。加入滤波选频电路可进一步改善晶体振荡器的短期稳定度特性。一般调谐放大器的带宽很大，而噪声功率与带宽成正比，所以滤波电路由一个契比雪夫 LC 窄带滤波器构成，能较好地提高频谱纯度。

1.4.5 毫米波压控振荡器实例

为了能够满足日益增长的高速数据传输以及通信的要求，各国学者及工程技术人员不断地努力在工艺、材料以及电路结构等领域进行变革，从传统的射频频段向频谱更加丰富的毫米波频段过渡，射频/毫米波芯片也从传统的单片集成发展到全集成芯片。从实用角度来看，室内的无线网络，室外的卫星通信，以及物联网，无人驾驶等新兴领域，它们的频段都逐步使用毫米波频段。毫米波以往主要应用于军事通信以及军事雷达中，但随着工艺不断的改进，在民用产品领域也得到了普及，例如 24GHz 在车载雷达中用于盲点探测；5G 移动通信使用 28GHz 以及 37GHz 频段；60GHz 频段主要用于家庭局域网产品中；77GHz 频段用于汽车无人驾驶方面；94GHz 频段应用在成像系统、安检及气象预报中等。

振荡器是有线和无线通信系统中的重要模块，与频率合成器、时钟和数据恢复电路一起来确保接收和发射功能的同步实施。在实际应用中，需要振荡器产生的振荡频率在一定频段范围内可控，这通常是由振荡器电路中的压控电抗元件来实现，即压控振荡器(Voltage-Controlled-Oscillator，VCO)。

图 1-46 所示为中心频率在 47GHz 的考比兹结构宽带 VCO。电路的基本结构为共基级考比兹结构振荡器与输出缓冲放大器级联结构，采用差分结构的优点是可以抑制共模噪声。在电路中 Q_1 和 Q_2 为 VCO 核心电路，主要提供跨导 g_m，变容管的电容和 Q_1、Q_2 产生负阻 $R(R=-g_m/\omega^2C_1C_2)$。较大的 g_m 和较小的电容可以产生很大的负阻 R，负阻 R 应该能够抵消谐振腔中由于微带线、电感、电容等非理想元器件带来的损耗 $R_s(R_s=\omega L/Q)$。Q_5～Q_8 为两对变容管，可以增大调谐范围。

振荡器需要保持稳定的输出功率和频率，因此输出端口需要一个输出缓冲器来对振荡电路进行保护。设计缓冲器的主要原因是用于压控振荡器的测量，即将压控振荡器的高输出阻抗转换为与测量设备匹配的 50Ω 负载。缓冲器主要采用差分共源级结构，以提高放大能力，其栅极和漏极分别通过平衡-不平衡变换器来提供偏置，类似一个单极放大电路，信号从晶体管的栅极流入，漏极流出。

电路中所有共模基极偏置电阻应该足够小，在设计中选择 2kΩ，但要保证共模点对于交流信号不会短路到地，相位噪声会得到很大的改善，如果将电阻替换为电感偏置，相位噪声一般会改善 3dB 左右，但是电感在电路中很难布局，因此在该电路中，将继续使用电阻偏置。差分拓扑结构降低了对偏置电路噪声的敏感性。图 1-46 所示电路对差分结构的考比兹拓扑结构进行了许多改进，用电阻 R_2、电容 C 来代替电流源，以滤除偏置电路带来的噪声。为了使相位噪声和功耗最小化，输出功率最大化，每个 VCO 设计都应该将各个部分分别进行优化，包括电感、变容器、电容和偏置电路。

94GHz 频段是“大气窗口”之一，该频段在气象卫星中应用非常广泛，基于此频段的研究与开发也十分有吸引力，对此频段的研究有助于推动气象卫星芯片的性能提高，为气象的播报提供更加准确的数据。图 1-47 为 94GHz 单端考比兹 VCO 设计电路。该设计采用低功耗的单端 VCO，基频为要求频率的一半，具有良好的相位噪声性能，后级可增加倍频器满足频率要求。

图 1-47 中由 Q_1，Q_3，C_3，C_2 和 L_1 构成考比兹 VCO 的核心，同时利用 C_1 电容阻止直流电压流向 Q_2 发射极，图 1-47(b)为小信号等效电路。由晶体管 Q_4 和电阻构成的电流源可以为 VCO 提供稳定的偏置，对于小信号模型则表现出较高的阻抗。采用 C_2 电容来改善 VCO 的相位噪声，通过调节 C_2 和 C_{var} 的比值来改善 VCO 的相位噪声。采用 C_3 旁路电

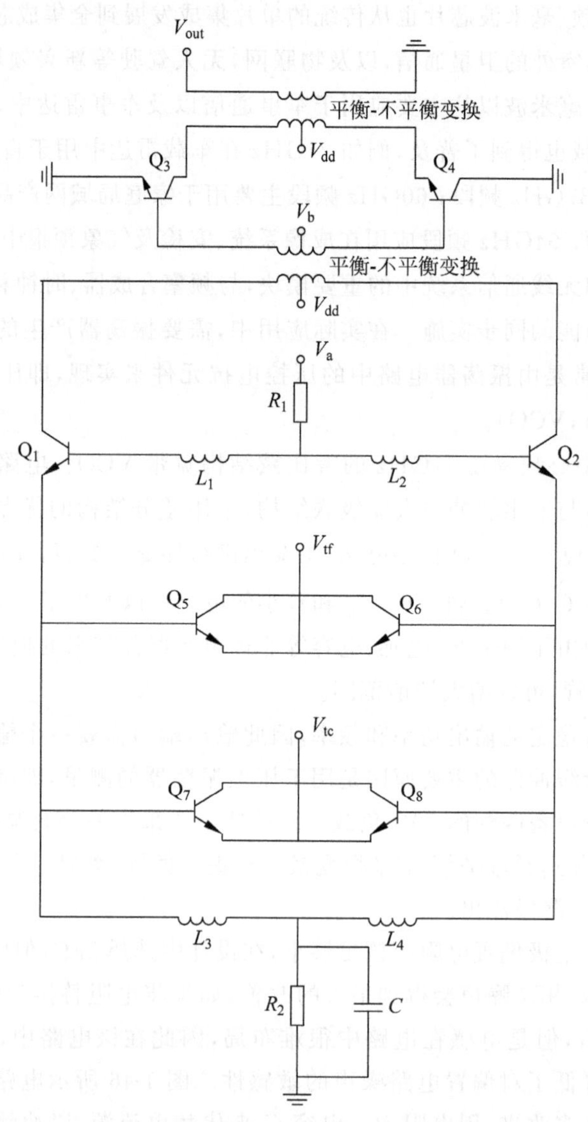

图 1-46　差分考比兹 VCO 拓扑结构

容对电源电压纹波进行滤波。电感 L_2 和 L_3 用来表征当传输线(TLs)连接到基板下的背面金属时产生的寄生电感。可变电容通常是通过调制反向偏置 PN 结或 MOS 电容的耗尽区宽度来获得的。由于该电路没有提供变容管,故需要用三极管来代替。变容管是通过连接发射极和异质结双极晶体管集电极实现的,其值为 50～108pF,电压为 0～1.1V。

倍频器原理图如图 1-48 所示,采用共发射极拓扑结构实现倍频器。该倍频器的输入和输出分别与 f_0 和 $2f_0$ 匹配。第一级用作缓冲放大器,以增加隔离和稳定振荡。第二级利用管子的非线性来产生二次谐波。利用 $\lambda/4$ 传输线对二次谐波进行了很好的抑制,防止了互调效应。晶体管 Q_6 在其阈值电压附近偏置以最大化转换增益。$\lambda/4$ 传输线位于输出匹配网络中,可以很好地抑制基波谐波,从而改善了输出信号的相位噪声。

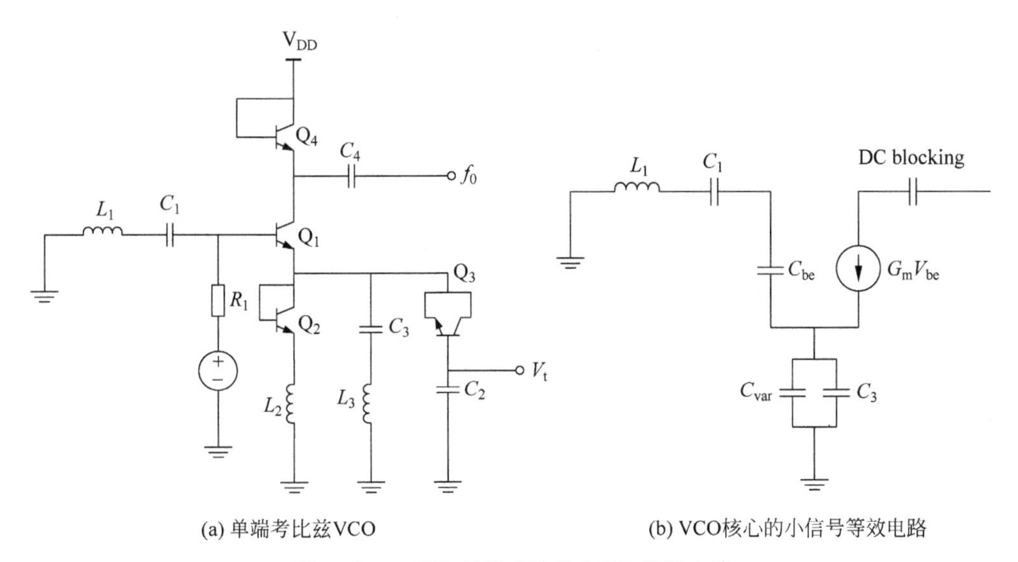

图 1-47 94GHz 单端考比兹 VCO 设计电路

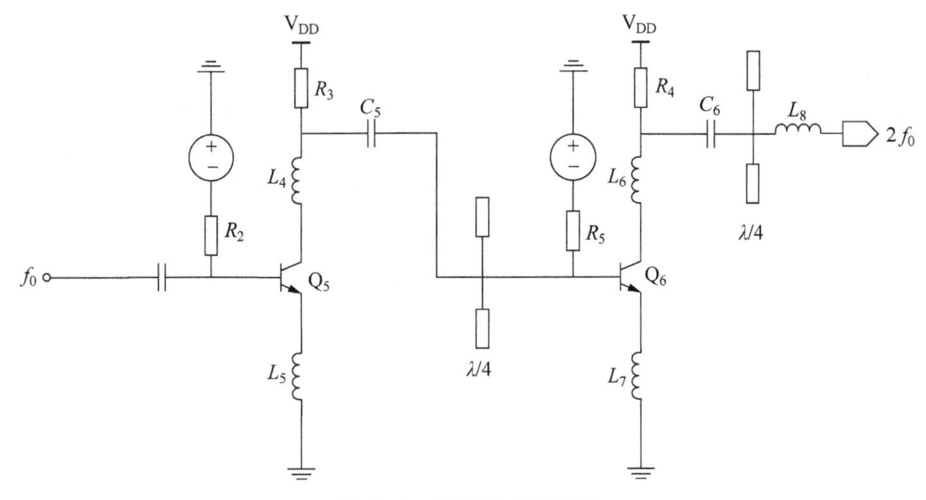

图 1-48 倍频器拓扑结构

1.4.6 基于原子谐振器的高稳定度振荡器

原子钟是利用原子跃迁频率的固定不变性且只与原子种类有关这一性质产生的，由于原子可在处于跃迁频率小范围的微波作用下发生跃迁，因此可以使用受控的高稳振荡器，如石英晶体振荡器，经微波链路将振荡频率倍频至原子特定能级的跃迁频率，通过将该频率与原子跃迁频率比对得到误差信号，并利用该误差信号对振荡器进行调整，使得其稳定度与原子跃迁的稳定度相关联。

1. 拓展知识

根据量子力学，原子内部运动的能量只能具有某些固定的不连续数值 $E_1, E_2, \cdots, E_n$，它们被称为能级，如图 1-49 所示。最低能级 E_1 具有最小能量，称为基态，其他能级 $E_2, E_3, \cdots, E_n$ 称为激发态。原子从一个能级“跳跃”到另一个能级称为“跃迁”。

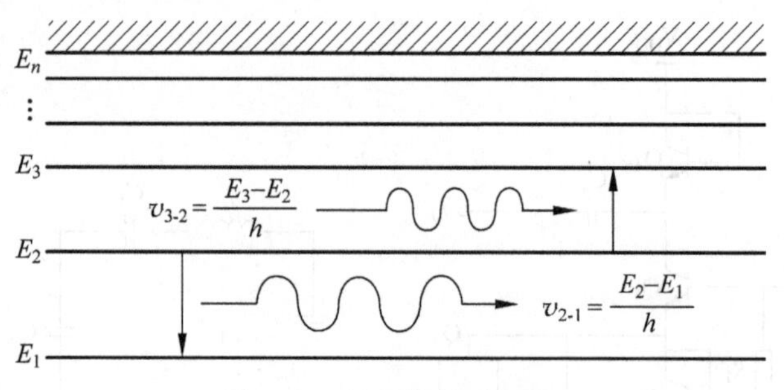

图 1-49　原子能级示意图

原子所处能级既由它的内部结构决定，同时也受外界电磁场的影响。当原子从一个能级跃迁到另一个能级时，它以一个光子的形式辐射或吸收电磁能量。光子的频率可表示为

$$v_{2-1}=\frac{E_1-E_2}{h} \tag{1-21}$$

式中，$h=6.626176\times10^{-34}\mathrm{J\cdot s}$，称为普朗克常数；$v_{2-1}$ 称为能级 E_2、E_1 之间的跃迁频率。跃迁产生的频率可以达到无线电射频频段，通常所用的原子频标的激励频率大都在这个频段。

原子频标就是利用原子在能级跃迁时能够产生特定频率信号这一原理而研制的。根据工作原理的不同，原子频标又可以分为主动型频标和被动型频标，两者的区别在于，前者自己就可以产生标准信号，与压控晶体振荡器输出的经倍频和综合后产生的信号进行比较，然后将得到的频差或相差反馈给晶体振荡器对其频率进行锁定，以输出更加稳定的信号，如氢、铷等激射器就属于主动型频标；后者是自己不能产生标准信号，激励信号是由晶体振荡器输出经过倍频和综合给出的，用激励信号对原子谐振器进行激励，将得到的误差信号反馈给晶体振荡器的压控端，用以对晶体振荡器的频率进行锁定，如铷气泡、铯束原子频标等就属于被动型频标。一般来说，主动型频标比被动型频标有更好的频率稳定度和准确度，但造价也会更高。所以，无论是主动型频标，还是被动型频标，都用到了压控晶体振荡器，利用量子系统的参与提高晶体振荡器频率输出的准确度和稳定度。原子频标的基本工作原理如图 1-50 所示。

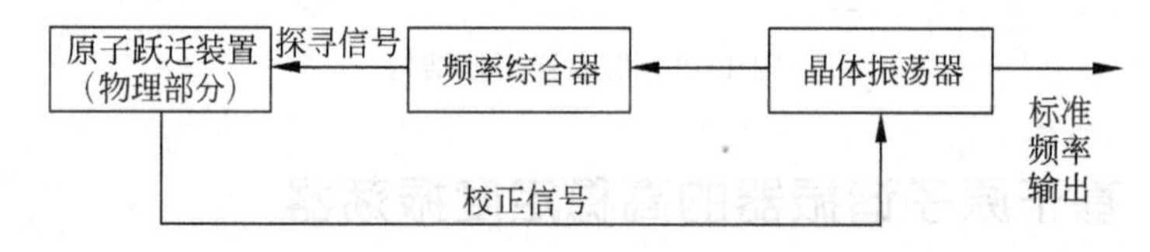

图 1-50　原子频标工作原理

2. 授时系统所用铯原子钟

授时系统所用铯原子钟是典型的被动型原子钟，其结构框图如图 1-51 所示，主要由微波频率综合系统、伺服控制系统和物理系统组成，激光抽运型铯原子钟还有光学系统。物理系统由产生铯原子束的铯炉、用于能级选择的选态部分、铯原子与微波信号作用的谐振器及原子跃迁信号的探测部分组成。伺服控制系统根据原子跃迁信号产生误差信号对晶体振荡器纠偏。微波频率综合系统由 5MHz 或 10MHz 的晶体振荡器和频率综合器组成，晶体振荡器一路信号送入频率综合器用于倍频至原子跃迁频率，另一路经纠偏后的基准信号输出用于日常使用。

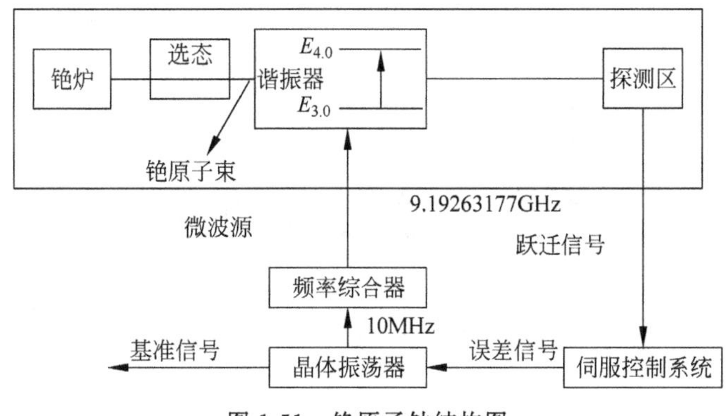

图 1-51　铯原子钟结构图

谐振器是铯原子钟物理系统的核心部件，原子钟的关键性能稳定度及准确度在很大程度上取决于谐振器的设计。针对现有微波源存在参数调节繁琐，操作不直观，以及测试时需要依赖其他仪器观测跃迁谱线，无法与微波源输出频率精确匹配，硬件参数调节不够精确的问题，实例采用如图 1-52 所示的测试系统方案。通过上位机软件、基于 STM32 控制的中频调制与谱线采集模块结合的方式，在 PC 端即可完成硬件参数调节以调制微波频率综合器输出并完成跃迁谱线的绘制，简化谐振器测试工作。

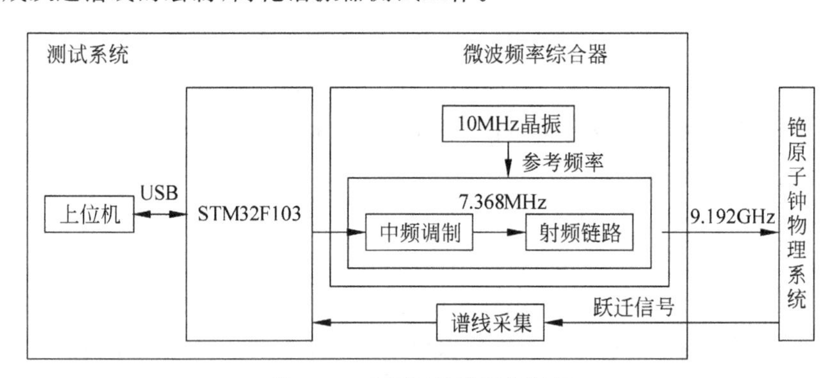

图 1-52　铯原子钟谐振器框图

微波频率综合器的电路结构框图如图 1-53 所示。电路使用 10MHz 恒温晶振作为基准信号，采用双模拟锁相环与双倍频器结构，电路可分为 200MHz 倍频模块、9.2GHz 倍频模块、9.192GHz 介质振荡器与锁相环模块、增益控制模块。模拟锁相环分频系数为 1，相比于数字锁相环，它具有快的锁定速度及更好的相位跟踪能力，环路中的混频器可用于鉴相并提高鉴相频率，通过提高鉴相频率可有助于减小相位噪声。

200MHz 倍频模块为第一锁相环路，10MHz 基准信号经 20 倍频后作为该环路的参考和鉴相信号。该环路将 10MHz 至 9.2GHz 的 920 倍倍频拆分为 20 与 46 倍频。200MHz 信号经滤波后一路用作 DDS 的参考信号，一路送入梳状谱发生器经带通滤波器获得 9.2GHz 信号，一路送入环路鉴相器。

第二锁相环路将介质振荡器输出的 9.192GHz 信号与 9.2GHz 信号进行混频，混频后经低通滤波器与放大器所得到的中频信号与 DDS 产生的 7.368MHz 信号进行鉴相，从而调节介质振荡器使它输出更精确的 9.19263177GHz 信号。介质振荡器输出信号经功分器

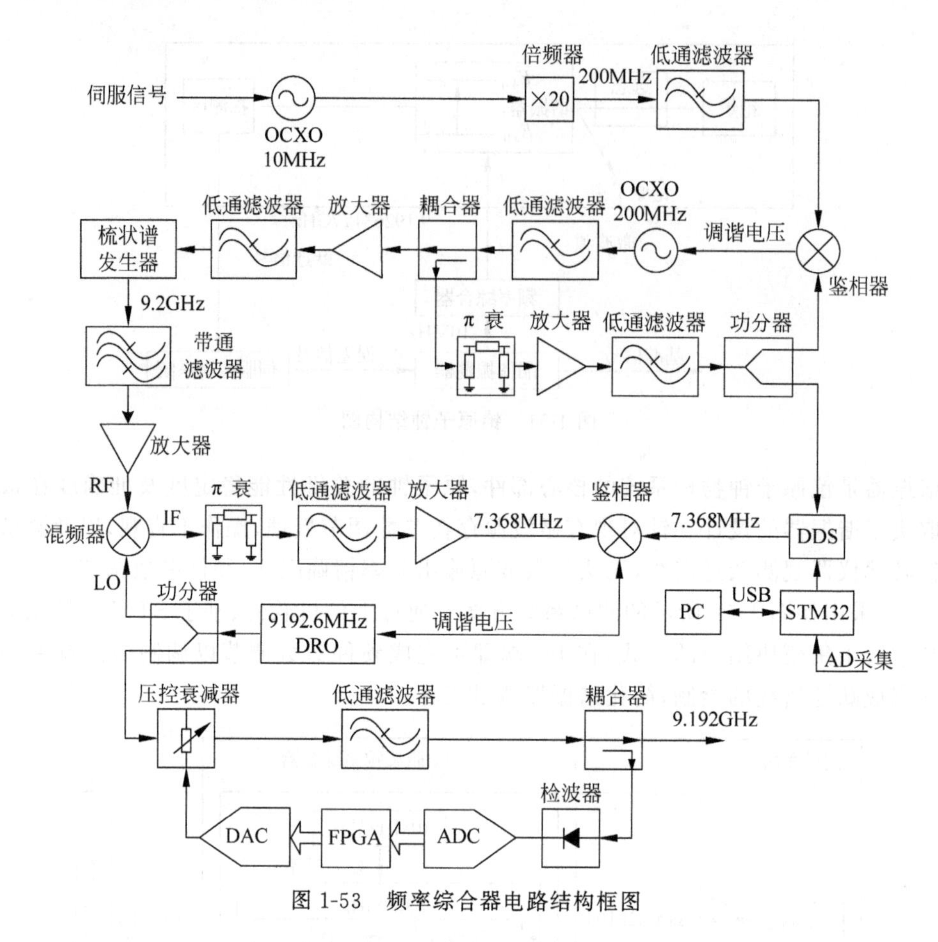

图 1-53 频率综合器电路结构框图

分为两路，除混频外还有一路送入增益控制模块，经过信号功率的调节后送入谐振腔。

在环路中加入 DDS 模块可以满足频率综合器在谐振器测试及伺服控制阶段所需要的三角波、方波调制需求，且可辅助增益控制模块进行功率调节。除此之外，利用 DDS 频率捷变速度快、频率精度高的特点可提高环路输出频率分辨率，并利用锁相环抑制 DDS 输出杂散。DDS 芯片可选择 ADI 公司生产的 AD9854 高集成度 DDS 频率合成器，芯片内集成有可编程时钟倍频器，正余弦波形存储表，48bit 相位累加器，反 Sinc 滤波器，用于频率、相位、幅值编程的乘法器，两路 12bit 正交模数转换器等。

1.4.7 振荡电路性能测试与问题思考

评价振荡电路性能优劣的主要技术指标是频率稳定度和频率准确度，频率准确度又称频率精度，它表示实际振荡频率 f_{osc} 偏离标称频率 f_o 的程度，一般以二者的差值来表示，称为绝对频率准确度，用 Δf 表示，即

$$\Delta f = | f_o - f_{osc} | \tag{1-22}$$

为了合理评价不同标称频率振荡器的频率偏差，频率准确度也常用相对值来表示，定义绝对频率准确度 Δf 与标称频率 f_o 的比值，为相对频率准确度或相对频率偏差，即

$$\Delta f / f_o = | f_o - f_{osc} | / f_o \tag{1-23}$$

频率稳定度则是指在一定观察时间内，由于各种因素变化，引起振荡频率相对标称频率

变化的程度。根据观察时间的长短不同，频率稳定度(简称频稳度)有：

长期频稳度：时间间隔为1天～12个月，一般高精度的频率基准、时间基准(如天文台、国家计时台等)均采用长期频稳度来计量频率源的特性；

短期频稳度：时间间隔为1天以内，用小时、分、秒计算，大多数电子设备和仪器均采用短期频稳度来衡量；

瞬间频稳度：用以衡量秒或毫秒时间内频率的随机变化。

这些频率变化均由设备内部噪声或各种突发性干扰所引起。瞬间频稳度是高速通信设备、雷达设备和以相位信息为主要传输对象的电子设备的重要指标。通常所讲的频稳度一般指短期频稳度，取若干时间间隔内实测的相对频率准确度的均方误差值作为频稳度，显然相对频率偏差越小，频稳度越高。

1. 振荡器性能指标调试

振荡器性能指标的调试以振荡器输出一定频率的波形为前提，即振荡器可起振。

以图1-43所示LC振荡电路为例，首先通过调整W11改变振荡器三极管的电源电压，调整W12改变振荡器直流偏置电压，使振荡器静态工作点在合适的位置。振荡器起振后，调整W13和W14用来改变输出信号幅度。实验所用的测试仪器为频率计和示波器。图1-44所示石英晶体振荡电路的指标调试过程与LC振荡电路相同。

2. 振荡电路问题思考

(1) 对比图1-43 LC振荡电路和图1-44石英晶体振荡电路的差别，说明它们在实际应用中的优缺点；

(2) 说明图1-44中石英晶体振荡电路在调节CM31大小时，振荡器输出信号频率是否会有变化；

(3) 请自行制定实验步骤，调试如图1-43和图1-44所示振荡电路，实现振荡信号的输出，测量振荡器输出信号的频率覆盖系数；

(4) 在实验中，哪些参数会影响振荡输出信号的起振？结果如何？

1.4.8 拓展阅读之授时系统

授时系统是通过我国原子时系统AT(CSAO)和协调世界时UTC(CSAO)得到精密的时钟信号，为科研、航天、航空、航海战略武器发射、民用各行业生产生活等各个领域提供标准、可靠的时钟信号。

在我国的神话传说中有许多关于羲和的传说。《尚书・尧典》记载，羲和专管“历象日月星辰，敬授人时”，是负责观象授时、确定时间的官员。他们大约生活在公元前22世纪，这反映了当时观象授时在农业社会中的重要地位。直到今天，我们仍把确定、保持并提供时间的工作称为授时。

中国的现代授时开启于1902年，中国海关曾制定海岸时，以东经120°的时刻为标准。位于北京的中央观象台将全国分为五个时区，1939年3月9日中华民国内政部召集标准时间会议，确认1912年划分的时区为中华民国标准时区。

1966年经国家科委批准筹建，1970年经周恩来总理批准短波授时台试播，1981年经国务院批准正式发播标准时间和频率信号。20世纪70年代初建立BPL长波授时系统并试运营，BPL长波授时台于1979年建成，并于1986年通过国家级技术鉴定。2008年完成现代化改造,新的长波授时系统为用户提供全天 24 小时连续服务。

每到整点时,正在收听广播的收音机便会播出“嘟、嘟……”的响声,人们便以此校对自己的钟表。广播电台里的正确时间是从哪里来的呢?它是由天文台精密时钟控制的。天文台又是怎样知道这些精确的时间呢?地球每天均匀转动一次,因此,天上的星星每天东升西落一次。如果把地球当作一个大钟,天空的星星就好比钟面上表示钟点的数字。天文学家已经测定过星星的位置,也就是说这只天然钟面上的钟点数是精确已知的,天文学家的望远镜就好比钟面上的指针。在我们日常用的钟上,指针转而钟面不动,在天然钟面上则指针“不动”,“钟面”转动。当星星对准望远镜时,天文学家就知道正确的时间,用这个时间去校正天文台的钟,这样天文学家就可以随时从天文台的钟面知道正确的时间,在每天一定的时间,例如,整点时,通过电台广播出去,供人们校对自己的钟表,或供其他工作的需要。天文测时所依赖的是地球自转,而地球自转的不均匀性使得天文方法所得到的时间(世界时)精度只能达到 10^{-9},无法满足 20 世纪中叶社会经济各方面的需求。因此,一种更为精确和稳定的时间标准应运而生,这就是“原子钟”。世界各国都采用原子钟来产生和保持标准时间,这就是“时间基准”,然后通过各种手段和媒介将时间信号送达用户,这些手段包括短波、长波、电话网、互联网、卫星等。这一整个工序,就称为“授时系统”。

20 世纪 50 年代,美、苏、日等发达国家都陆续建立了本国的标准时间和频率授时系统。我国台湾也依靠美国建立了 BFS 标准时间频率授时台。那时,中华人民共和国刚刚成立,百业待兴,我国的时间发播是由上海天文台租用邮电部真如国际电讯台向全国发布的,但由于当时技术设备和上海在全国的地理位置不是很适合等原因,发播效果不是很理想。1964 年我国第一颗原子弹爆炸,国家意识到高精度的时间在未来尖端科技领域具有决定性的作用。1970 年正式建立了具有我国特色的时间授时服务系统,而在选址上遵循了一定要尽量靠近中国大地原点附近、地势必须开阔、必须有利于备战三大原则。

按照国际惯例,各国的标准时间一般都以本国首都所处的时区来确定。我国首都北京处于国际时区划分中的东八区,与格林尼治时间整整相差 8 小时,我国本身又地域辽阔,东西相跨 5 个时区,而授时台又必须建在我国中心地带,从而导致了长短波“北京时间”的发播不在北京而在陕西。也就是说,中央人民广播电台发出的标准时间是由位于陕西的中国科学院国家授时中心发播的。

在人类日常生活中,当时间精确到秒时,已经让人感觉很短暂,然而在很多领域,可能还需要使用更精确的时间,比如百分之一秒的差别将决定田径运动员的胜负,炮弹的发射精度需要达到千分之一秒,雷达甚至需要百万分之一秒的时间精度,这就需要不断地提高计量时间频率的精度。

中国科学院时间频率基准重点实验室正在为更高精度的时间而努力,同时他们还需要传递和保持产生的时间。目前,时间频率基准重点实验室采用 23 台铯原子钟和 3 台氢原子钟组成守时钟组,之所以有两种原子钟,是因为铯原子钟长期稳定性好,但短期波动性较大,而氢原子钟短期稳定性好,长期则有频率漂移。两种原子钟结合使用,可以保障原子钟产生的时间在长短期内保持稳定。

高精密的时间频率体系是卫星导航的基石。我国的北斗卫星导航系统发展也离不开精准的时间频率体系。目前我国研制并正在使用的铯原子喷泉钟,测量精度已经可以达到 3000 万年不差 1 秒。早在 2014 年时,我国的铯原子喷泉钟通过评审被接收为国际计量局

(BIPM)认可的基准钟之一，参与驾驭国际原子时(TAI)。我国继法、美、德、意、日、英、俄7国之后，在国际标准时间的产生过程中不仅具备了话语权，更具备了表决权。

精确的时间同步对于涉及国家经济社会安全的诸多关键基础设施至关重要，通信系统、电力系统、金融系统的有效运行都依赖于高精度时间同步。在移动通信中需要精密授时以确保基站的同步运行，电力网为了有效传输和分配电力，对时间和频率提出了严格的要求。北斗卫星导航系统的授时服务可有效应用于通信、电力和金融系统，确保系统安全稳定运行。2020年6月23日9时43分，我国在西昌卫星发射中心用长征三号乙运载火箭成功发射了北斗系统第五十五颗导航卫星，即北斗三号最后一颗全球组网卫星，至此北斗三号全球卫星导航系统星座部署比原计划提前半年全面完成。

未来，我国将建成由北斗卫星导航系统等四部分构成的立体交叉授时系统，目前在世界上尚无类似计划。这套立体交叉授时系统主要由北斗卫星导航系统、空间站时间频率实验系统、地基光纤授时系统和地基长波授时系统四部分有机构成。北斗卫星导航系统星基授时覆盖全球，授时精度达到10纳秒(1纳秒等于十亿分之一秒)量级；空间站时间频率实验系统将利用光学频率原子钟等为覆盖区提供皮秒(1皮秒等于万亿分之一秒)量级的时间；地基光纤授时连接全国重要节点，授时精度为100皮秒，将是全世界精度最高、距离最长的光纤授时网；地基长波授时覆盖全国，重要区域授时精度优于100纳秒，同时播发卫星授时差分信息，提高卫星授时精度。

1.5　幅度调制与解调

20世纪以前的广播主要采用电火花放电产生的电波，其振幅和频率的变化都是不规则的。进入20世纪后，无线电技术的研究和实验取得了长足的进步。1906年圣诞节前夜，美国的费森登和亚历山德逊在纽约附近设立了一个广播站，并进行了有史以来第一次广播。1908年，美国的弗雷斯特又在巴黎埃菲尔铁塔上进行了一次广播，被当地所有的军事电台和马赛的一位工程师所收听到。1916年，弗雷斯特又在布朗克斯新闻发布局的一个实验广播站播放了关于总统选举的消息，可是在当时只有极少数的人能够收听这些早期的广播。

真正的广播诞生于20世纪20年代。1919年，苏联制造了一台大功率发射机，并于1920年在莫斯科开始实验性广播。世界上第一座领有执照的电台是美国匹兹堡KDKA电台，1920年11月2日，在康拉德的指导下，威斯汀豪斯公司广播站KDKA开始广播，首次播送的节目是哈丁-科克斯总统选举，在当时，这事曾轰动一时。

中国的第一座广播电台建于1923年1月，由美国的奥斯邦创办，属于中国无线电广播公司的广播台，首先在上海播出。

1920年6月15日，马可尼公司在英国举办了一个“无线电-电话”音乐会，在远至巴黎、意大利、挪威甚至希腊都能清晰地收听到。这就是广播事业的开始。

1920年12月22日，德国的柯尼武斯特豪森广播电台首次播送了器乐演奏音乐会。

1922年11月14日，伦敦ZLO广播站正式开始在英国广播每日节目，该广播站在1927年改为英国广播有限公司，即BBC。这一时期，广播站如雨后春笋般在各国相继涌现。由于无线电的广泛使用以及人们对于大功率发射机和高灵敏度电子管接收机技能的熟练掌握，使广播逐渐变成了现实。全世界的广播事业不断发展，现已逐步形成全球性的广播网。

一部简单的火花式无线电发射机的电路图如图 1-54 所示，其中包含交流发电机。电源通过开关送到高压变压器，跨接在变压器次级上的是由一个高频扼流圈串接可产生火花的间隙装置，同时也并联了一只电容，防止火花产生的射频信号倒灌到高压变压器的次级线圈。不论是电源的正半周电压或者负半周电压，只要超过火花间隙的导通电压，火花间隙上便出现火花，电流也随之导通。此时电压有数千伏加在振荡变压器的初级，而振荡变压器的次级连接天线网络，信号就是从这里发射出去。

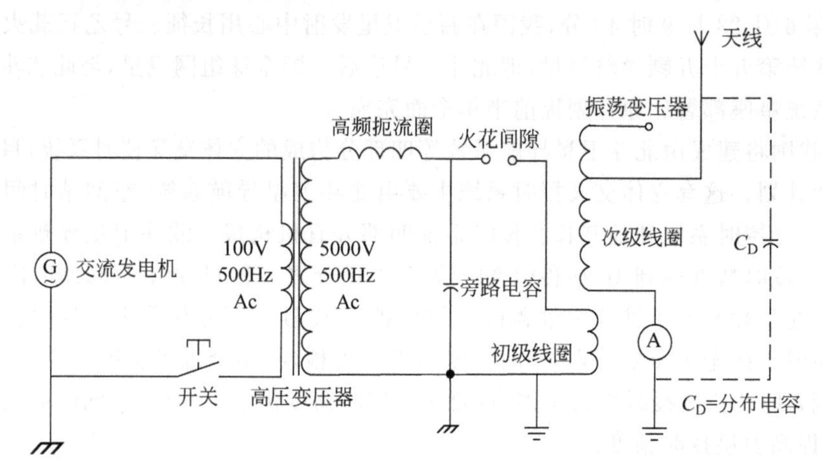

图 1-54 基本的火花式无线电发射机电路

火花式发射机存在两个问题：①发射机的波长无法控制；②如何让天线的额定效率最高。火花式发射机的频谱分布范围很宽，可能在任意频率上都能收到同一台火花式发射机发出来的信号，现在国际上已经禁止使用火花式发射机了。

1.5.1 幅度调制技术

电波调制技术最先的应用就是声音使电波的振幅产生变化的幅度调制技术。随后使电波的频率产生变化的频率调制技术也发展起来。无线电波中的中波和短波在技术上最容易实现，它们产生的方式就是简单的调幅方式。所以最初的无线电广播就是中波和短波调幅广播两种方式。中波可沿着地球表面传播，如果功率较大，能够覆盖半径 100 多千米的区域；也可依靠地球外层空间的电离层反射进行传播，距离可达几百甚至上千千米。20 世纪 40 年代，陆续产生了新的广播形态，主要是米波调频的出现，用低频信号去控制高频振荡的过程称为调制，当被控制的是高频振荡的幅度的时候（或者说高频振荡的幅度随音频信号大小的变化而变化），就叫调幅。

调制电路与解调电路是通信系统中的重要组成部分，也是通信系统中最为关键的功能模块，将调制器和解调器组合在一起称为调制解调器（Modem）。

调制和解调是各类通信系统中都要涉及的技术问题，如果在无线信道中存在严重的衰落和多径条件恶化现象，要设计一个能抵抗信道损耗现象的调制解调方案很困难，所以这一直是人们研究的课题。调制的最终目的就是在信道中以尽可能好的质量、占用最少的带宽来传输信号。尽管新的调制解调技术不断涌现，数字信号处理技术的发展也不断地给调制解调带来新方法，但已经成熟的方法仍然应用于许多通信系统中。

1. AM 调制基本原理

振幅调制是用低频调制信号去控制高频载波（正弦波）的振幅，使其随调制信号波形的变化而呈线性变化。振幅调制的实质是将低频调制信号的频谱线性地搬移到载波频率的两侧，其调制方式主要有普通调幅(Amplitude Modulation，AM)、抑制载波的双边带调幅(Double Amplitude Modulation，DSB)、单边带调幅(Single Sideband Amplitude Modulation，SSB)及残留边带调幅(Vestigial Sideband Amplitude Modulation，VSB)。本节对 AM 做重点介绍。

AM 波的特点是高频载波的振幅随调制信号的规律而变化，但载波频率不变，因此经过调制后的载波(已调信号)就不再是等幅的正弦波信号了。普通调幅波信号为

$$\begin{aligned} u_{AM}(t) &= U_{cm}(t)\cos\omega_c t = [U_{cm} + k u_\Omega(t)]\cos\omega_c t \\ &= (U_{cm} + kU_{\Omega m}\cos\Omega t)\cos\omega_c t \\ &= U_{cm}(1 + M_a\cos\Omega t)\cos\omega_c t \end{aligned} \tag{1-24}$$

式中，$u_c(t) = U_{cm}\cos\omega_c t$ 为载波，$u_\Omega(t) = U_{\Omega m}\cos\Omega t$ 为调制信号，k 为线性系数，$M_a = kU_{\Omega m}/U_{cm}$ 称为调幅系数或调幅度，它表示载波电压的振幅在调制过程中变化的程度。

由式(1-24)可画出普通调幅波信号 $u_{AM}(t)$ 的波形和频谱，如图 1-55 所示。

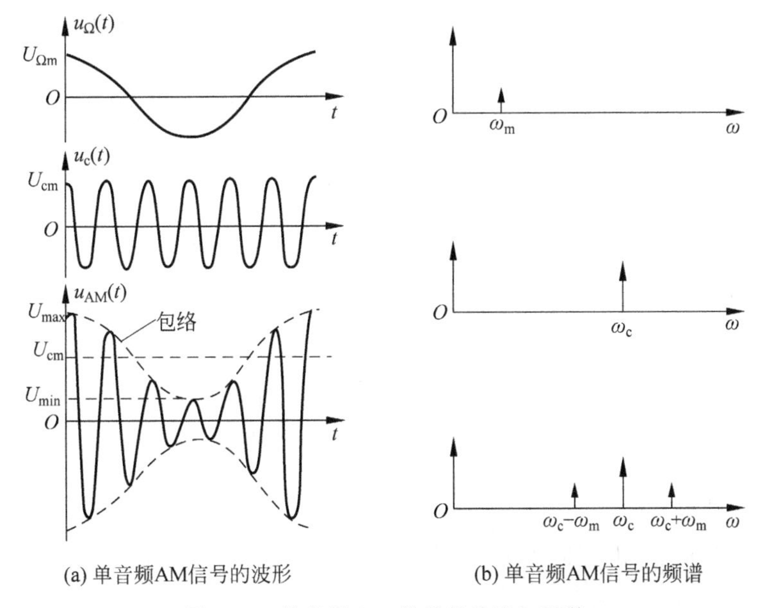

(a) 单音频AM信号的波形　　(b) 单音频AM信号的频谱

图 1-55　单音频 AM 信号的波形与频谱

由图 1-55 可知，单一频率信号调制时，AM 波所占的频带宽度为

$$BW_{AM} = (\omega_c + \Omega) - (\omega_c - \Omega) = 2\Omega \tag{1-25}$$

实际的调制信号 $u_\Omega(t)$ 并非单一频率的余弦信号，而是由许多频率分量组成的复杂信号，调制频率的范围是 $\Omega_{min} \sim \Omega_{max}$，也就是说调制信号在最低频率 Ω_{min} 和最高频率 Ω_{max} 之间变化，此时，AM 波的频带宽度为

$$BW_{AM} = (\omega_c + \Omega_{max}) - (\omega_c - \Omega_{max}) = 2\Omega_{max} \tag{1-26}$$

也就是说，复杂信号调制时，AM 波的频带宽度至少是调制信号最高频率的两倍。

从 AM 的表达式可以得到实现 AM 调制的原理框图，如图 1-56 所示。

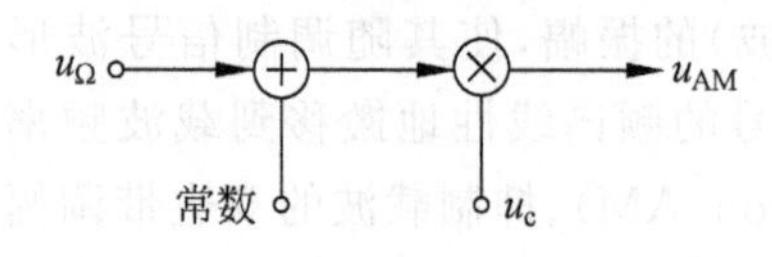

图 1-56　AM 调制原理框图

2. AM 调制功率计算

AM 波 $u_{AM}(t)$ 的振幅是变化的，因而其瞬时功率也是变化的。这里仅讨论单一频率调制时的 AM 波在负载 R_L 上产生的几个特定的功率，以比较 AM 波中有用信号(信息)功率在总功率中所占的比例。

由式(1-24)可得 AM 波 $u_{AM}(t)$ 中各频率分量的功率分别为

$$载波功率：P_c=\frac{1}{2}\frac{U_{cm}^2}{R_L} \tag{1-27}$$

两个边频分量产生的平均功率相同，均为

$$P_{SB}=\frac{1}{2R_L}\left(\frac{M_a U_{cm}}{2}\right)^2=\frac{1}{4}M_a^2 P_c \tag{1-28}$$

在调制信号 $u_\Omega(t)$ 一个周期内，AM 波 $u_{AM}(t)$ 在负载 R_L 上产生的平均输出功率为

$$P_{AM}=P_c+2P_{SB}=\frac{1}{2}\frac{U_{cm}^2}{R_L}\left(1+\frac{1}{2}M_a^2\right) \tag{1-29}$$

由于 AM 信号的载波功率占据了总功率的绝大部分，而携带信息的边带信号则功率很小，导致系统的功率利用率很低，为了克服这个缺点，产生了抑制载波的双边带调制(DSB)。

3. DSB 调制的基本原理

在 AM 波中，将载波分量去掉，得到的振幅调制就是抑制载波的 DSB 调制。DSB 波的数学表达式为

$$\begin{aligned} u_{DSB}(t)&=ku_\Omega(t)u_c(t)=kU_{\Omega m}U_{cm}\cos\Omega t\cos\omega_c t \\ &=\frac{1}{2}kU_{\Omega m}U_{cm}[\cos(\omega_c+\Omega)t+\cos(\omega_c-\Omega)t] \end{aligned} \tag{1-30}$$

若调制信号为单音频信号，信号频率为 Ω，则它对应的波形与频谱如图 1-57 所示。

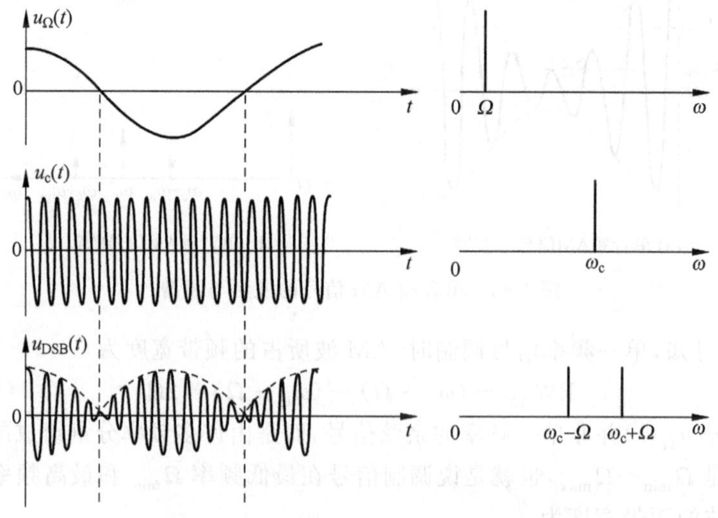

图 1-57　单音频 DSB 信号的波形与频谱

由于 DSB 调制仅仅是抑制掉了 AM 波中的载波分量，其上、下边频(或边带)在频谱中的相对位置并没有变化，所以 DSB 波所占的频带宽度与 AM 波一样，即

$$\mathrm{BW_{DSB}}=(\omega_c+\Omega)-(\omega_c-\Omega)=2\Omega \tag{1-31}$$

与 AM 相同，在复杂信号调制时，$\mathrm{BW_{DSB}}=2\Omega_{\max}$。DSB 的平均输出功率就是 2 倍边频（或边带）信号功率。

需要注意的是，DSB 波形并不直接反映调制信号 $u_\Omega(t)$ 的变化，但在其频谱中仍保持着振幅调制所具有的频谱搬移特征。注意，当调制信号 $u_\Omega(t)$ 过零时，将引起高频振荡电压的相位发生 180°的突变。

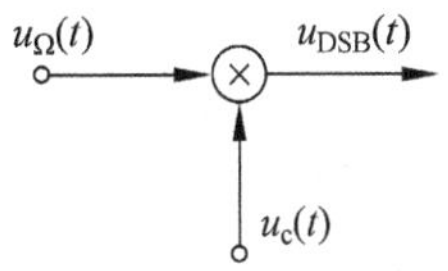

根据 DSB 的表达式可得其调制原理框图，如图 1-58 所示。

$u_\Omega(t)$　$u_{\mathrm{DSB}}(t)$　$u_c(t)$

图 1-58　DSB 调制原理框图

4. SSB 调制基本原理

在 DSB 信号中，上、下两个边频所携带的是完全相同的信息，为了进一步节省发送功率，减小频带宽度，提高波段利用率，可以只发送单个边带的信号。这种既抑制载波又去掉了一个边带的振幅调制称为 SSB 调制。

由式(1-30)可得单一频率调制时 SSB 信号的数学表达式为

$$\text{上边频：}u_{\mathrm{SSB上}}(t)=\frac{1}{2}kU_{\Omega\mathrm{m}}U_{\mathrm{cm}}\cos(\omega_c+\Omega)t \tag{1-32a}$$

$$\text{下边频：}u_{\mathrm{SSB下}}(t)=\frac{1}{2}kU_{\Omega\mathrm{m}}U_{\mathrm{cm}}\cos(\omega_c-\Omega)t \tag{1-32b}$$

从 SSB 信号的数学表达式可以看出，SSB 信号时域波形是一个振幅与调制信号幅度 $U_{\Omega\mathrm{m}}$ 成正比的余弦波。单一频率调制且 $U_{\Omega\mathrm{m}}$ 为常数时，SSB 信号为等幅波，上边频波形如图 1-59(d)所示，频率为 f_c+F，其中，$F=\dfrac{\Omega}{2\pi}$，相应的频谱如图 1-59(c)所示，图 1-59(a)和(b)分别为调制信号及载波的频谱。下边频波形与上边频波形及频谱相同，所不同的是频率为 f_c-F。

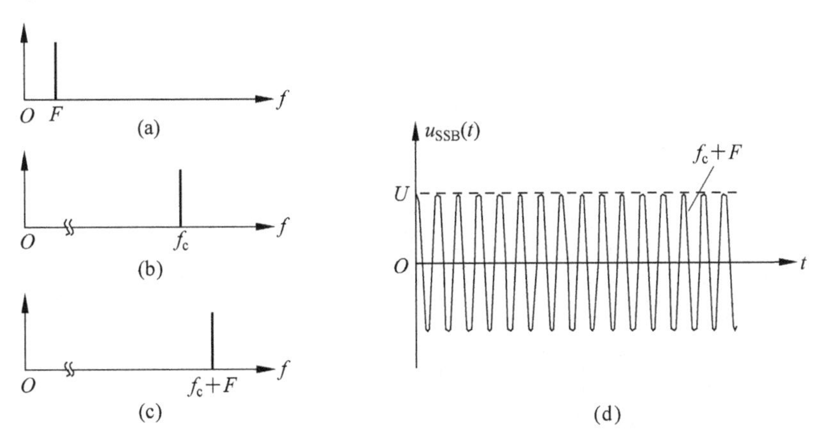

图 1-59　SSB 波上边频频谱与波形

显然，无论是上边频还是下边频，单边带调幅信号 $u_{\mathrm{SSB}}(t)$ 的包络均不能反映调制信号 $u_\Omega(t)$ 的变化。

如果调制信号是一个复杂信号，即为频率范围是 $\Omega_{\min}\sim\Omega_{\max}$ 的频带信号，则 SSB 信号是幅度和频率均改变的波形，它所占频带宽度仅为 AM 波和 DSB 波的一半。SSB 信号由于具有节省带宽和功率的优点，在现代通信系统中得到广泛应用。

SSB调制可以在DSB调制的基础上通过采用滤波法，相移法，滤波相移法(威弗法)等来实现。滤波法的缺点是对滤波器的要求较高，对于要求保留的边带，滤波器应能使它无失真地完全通过，而对于要求滤除的边带，应有很强的衰减特性。实际中，直接在高频上设计制造出这样的滤波器是比较困难的。相移法的优点是省去了边带滤波器，但要把无用边带完全抑制掉，必须满足下列两个条件：首先是要求两个相乘器输出的振幅应完全相同；其次是要求相移网络必须对载频及调制信号均保证精确的90°相移。

相移法虽然不需要难以实现的边带滤波器，也很容易实现对载频相移90°，但要使相移网络对较低频率的调制信号在宽频带内都能准确地同时产生90°相移，这在技术上却是很难实现的。为了克服这一缺点，可以将相移法和滤波法相结合，即产生SSB信号的滤波相移法。这种方法只需对某一固定的单频率信号相移90°，从而回避了难以在宽带内准确相移90°的难点。

与AM和DSB传输方式相比，SSB传输方式具有节省功率、节约带宽、噪声低(SSB传输的带宽是AM和DSB的一半，热噪声功率也是AM和DSB的一半)等优点。所以从有效传输信息的角度看，SSB调制是各种调幅方式中最理想的一种。但SSB调制也有两个主要的缺点：一是接收设备复杂，与AM传输相比，不能使用简单的包络检波进行解调，即SSB接收机需要一个载波恢复电路(如PLL频率合成器)和一个同步解调电路，这些条件导致单边带系统的接收机复杂而昂贵；二是调谐困难，与AM接收机相比，SSB接收机需要更复杂、更精确的调谐。

残留边带调幅(VSB)就是为了克服这些缺点而提出的。在残留边带调制过程中，发送信号中包括一个完整边带、载波及另一个边带的小部分(即残留一小部分)。这样，既比AM方式节省了频带，又避免了SSB调幅要求滤波器衰减特性陡峭的困难，发送的载频分量也便于接收端提取同步信号。可以说VSB调制的效果类似于SSB调制，但它既保留了SSB调制的优点，又避免了它的主要缺点。

典型的调幅电路如图1-60所示。

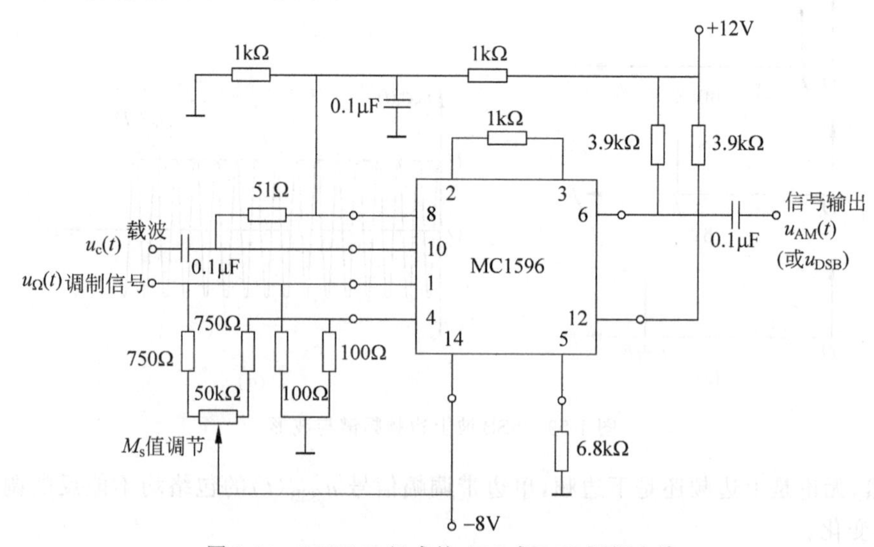

图1-60 MC1596组成的AM或DSB调幅电路

图1-60是一个MC1596集成调幅电路，X通道(芯片的8脚和10脚)两个输入端的直流电位相同，作为高频载波输入通道；Y通道两个输入端(芯片的1脚和4脚)之间外接调

零电路，可通过调节 50kΩ 电位器使 1 脚电位比 4 脚电位高 u_E，调制信号 $u_\Omega(t)$ 与直流电压 U_E 叠加后输入 Y 通道，调节电位器可以改变调制度；2 脚和 3 脚之间的 1kΩ 电阻用作负反馈电阻，以扩大输入调制信号的线性动态范围；接在 5 脚的 6.8kΩ 电阻用来控制电流源电路的电流值；输出端，6 脚和 12 脚需要接调谐于载频的带通滤波器。芯片用+12V 供电。

在实验室的通信电子电路实验系统中，我们采用了如图 1-61 和图 1-62 所示的基极调幅电路和集成调幅电路。

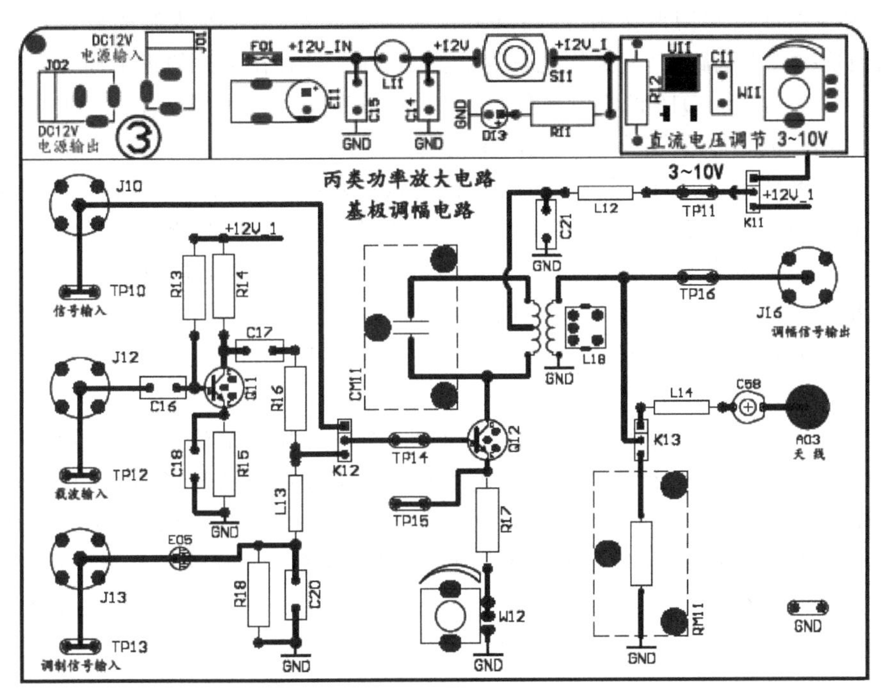

图 1-61 基极调幅电路

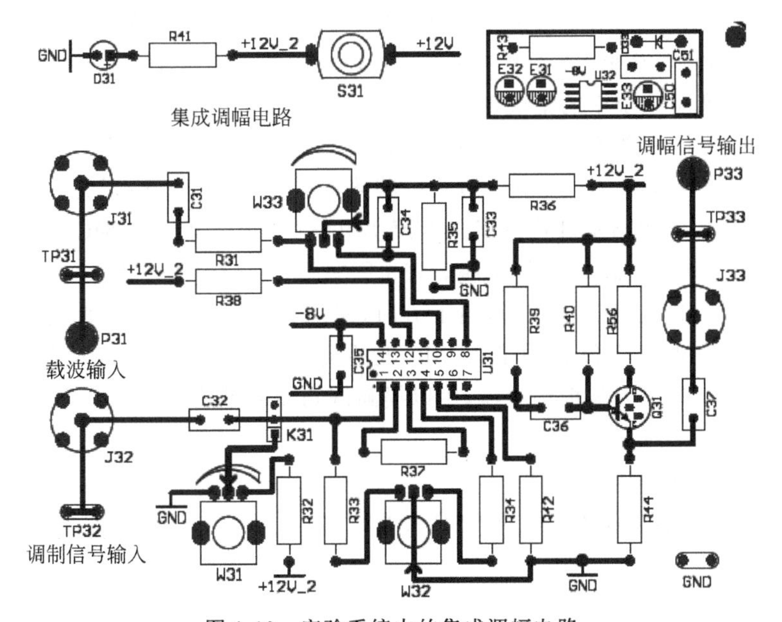

图 1-62 实验系统中的集成调幅电路

在图 1-61 所示的基极调幅电路中，载波信号从 J12 接入，调制信号从 J13 接入，其他需功率放大的射频信号从 J10 接入，高频功放后的输出信号从 J16 有线输出，也可由天线无线发射输出；TP10、TP11、TP12、TP13、TP14、TP15 为实验测试点，GND 为电路接地点。直流供电由开关 K11 接入，开关接通时，本模块电路的电源指示灯将点亮。

本实验模块电路由两级放大器组成，Q11 是前置放大级，工作在甲类线性状态，以适应较小的输入信号电平。TP12、TP14 分别为该级输入、输出测量点。由于该级负载是电阻，对输入信号没有滤波和调谐作用，因而既可作为调幅放大，也可作为调频放大。Q12 为丙(C)类高频功率放大电路，其基极构成自生反偏。因此，只有在载波的正半周且幅度足够大时才能使功率管导通。Q12 的集电极负载为 LC 选频谐振回路(CM11、L18)，谐振在载波频率上可以选出基波，因此可获得较大的功率输出。

在此实验系统中，功放谐振频率可自行设定，典型值为 10.7MHz 或稍低一些的频率，可测量三种状态(欠压、临界、过压)下的电流脉冲波形，频率稍低时测量效果较好。短路块 K13 用于控制负载电阻的接通与否，电位器 RM11 用来改变负载电阻的大小。W11 用来调整功放集电极电源电压的大小，W12 可调整偏置。J13 为调制信号输入口，加入音频信号时可对功放进行基极调幅。TP16 为功放集电极测试点，TP15 为发射极测试点，可在该点测量电流脉冲波形。

放大器按照电流导通角 θ 的范围可分为甲类、乙类及丙类等不同类型。功率放大器电流导通角 θ 越小，放大器的效率则越高。丙类功率放大器的电流导通角 $\theta<90°$，效率可达 80%，通常作为发射机末级功放以获得较大的输出功率和较高的效率。为了不失真地放大信号，它的负载必须是 LC 谐振回路。由于丙类调谐功率放大器采用的是反向偏置，在静态时，管子处于截止状态。只有当激励信号足够大，超过反向偏压及晶体管起始导通电压之和时，管子才导通。这样，管子只在一周期的小部分时间内导通，所以集电极电流是周期性的余弦脉冲形状。

思考：

(1) 基极调幅电路中，功放管应该工作在什么状态？输出波形质量如何？

(2) 集电极调幅电路中，功放管应该工作在什么状态？输出波形质量如何？

图 1-62 是该实验系统中的集成调幅电路。

集成调幅电路中，载波信号从 J31 接入，调制信号从 J32 接入，已调信号从 J33 输出；TP31、TP32、TP33 为实验测试点，GND 为电路接地点。直流供电由开关 S31 接入，开关接通时，本模块电路的电源指示灯将点亮。本模块电路中，乘法器采用 MC1496，电位器 W32 用来调节乘法器(1)、(4)脚之间的平衡，W33 用来调节(8)、(10)脚之间的平衡。短路块 K31 控制(1)脚是否接入直流电压，短路下方时，MC1496 的(1)脚接入直流电压，其输出为正常 AM 波。调整 W31 电位器，可改变 MC 波的调制度。当 K31 不接入直流时，其输出为 DSB 波形。晶体管 Q31 为随极跟随器，用以提高调制器的带负载能力。

思考：

(1) AM 信号波形有什么特点？

(2) 如何调节电路参数才能输出 DSB 信号？

1.5.2　幅度调制解调电路

解调是在接收端将已调制信号从高频段变换到低频段，恢复原调制信号。也就是将基带信号从载波中提取出来，以便接收者处理和理解，因此，它是调制的逆过程。对应调制中的调幅、调频和调相，解调也相应有检波、鉴频和鉴相。对于AM波，可以采用包络检波解调，也可以采用同步检测。包络检波电路的原理图如图1-63所示。

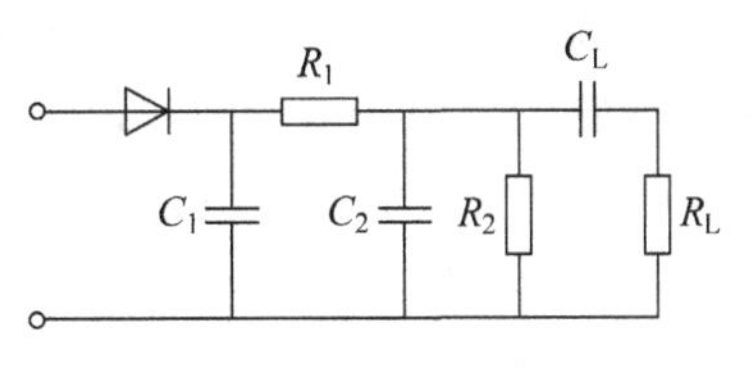

图1-63　包络检波电路原理图

二极管峰值包络检波属于大信号检波，大信号是指输入高频电压的最小振幅大于0.5V，通常为1V左右。为了解决惰性失真和交、直流负载差别太大而引起的负峰切割失真，常常将直流负载R分成R_1和R_2两部分，检波电容C也分裂成C_1和C_2，即$R=R_1+R_2$，$C=C_1+C_2$。负载电阻与R_2并联。C_2是稍小容量电容，可以进一步滤除高频分量，对低频调制信号，相当于开路；直流负载为$R=R_1+R_2$，交流负载为$R_\Omega=R_1+R_2||R_L$，当R_2较小时，交直流负载的差别就比较小，可有效避免负峰切割失真，但同时低频信号输出电压也会变小。为了解决这个矛盾，一般取$R_1=(0.1\sim0.2)R_2$。

包络检波和同步检波的实验电路分别如图1-64和图1-65所示。

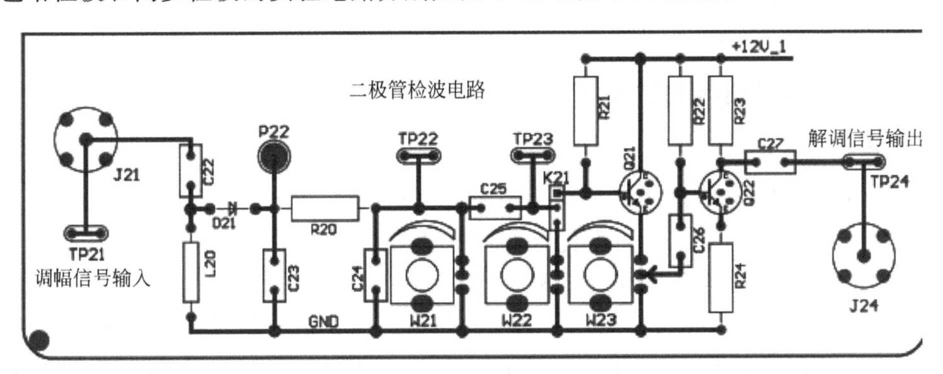

图1-64　包络检波电路

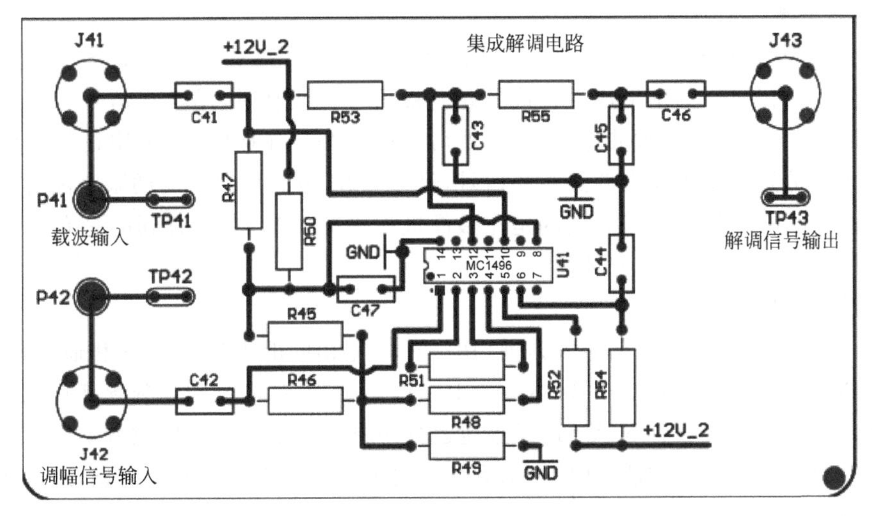

图1-65　同步检波解调电路

图 1-64 所示的包络检波电路中,已调幅信号从 J21 接入,解调出的音频信号从 J24 输出;TP21、TP22、TP23、TP24 为实验测试点,GND 为电路接地点。直流供电由图 1-61 中的开关 S11 接入,开关接通时,本模块电路晶体管获得直流供电。D21 为检波管,C23、R20、C24 构成低通滤波器,电位器 W21 为二极管检波直流负载,用来调节直流负载的大小,R20、W21 及 W22 一起构成二极管检波交流负载,W22 用来调节交流负载的大小。短路块 K21 是为二极管检波交流负载的接入与断开而设置的,短路下方时为接入交流负载,全不接入时为断开交流负载。短路上方为接入后级低放。调节 W23 可调整输出幅度。图中,利用二极管的单向导电性使得电路的充放电时间常数不同(实际上相差很大)来实现检波,所以 RC 时间常数的选择很重要。RC 时间常数过大,会产生对角切割失真(又称惰性失真);RC 时间常数太小,高频分量会滤不干净。

在图 1-65 所示的同步检波解调电路中,载波信号从 J41 接入,调制信号从 J42 接入,解调出的音频信号从 J43 输出;TP41、TP42、TP43 为实验测试点,GND 为电路接地点。直流供电开关由图 1-62 中的 S31 接入,开关接通时,本模块电路获得直流供电。

本实验电路采用 MC1496 集成电路来组成解调器,图中,恢复载波先加到输入端 J41 上,再经过电容 C41 加在(8)、(10)脚之间。已调幅波加到输入端 J42 上,再经过电容 C42 加在(1)、(4)脚之间。相乘后的信号由(12)脚输出,再经过由 C43、C45、R55 组成的 π 型低通滤波器滤除高频分量后,在解调输出端 J43 提取出调制信号。

1.5.3 幅度调制技术应用

1. 调幅立体声广播

目前,AM 广播在全球范围广泛应用,如图 1-66 就是一个中波收音机的电路图。AM 波具有频率资源丰富,传播距离远等优点,加上现代的音频技术也大大提高了调幅收音的音质,所以国内外依然有很多人把研究调幅立体声广播当作一项很有意义的开发工作。利用正负半周调幅技术就可以很方便地获得调幅立体声广播。在调制时将左、右两声道信号分别调制在高频载波的正负半周,再在收音机里加装一套检波、滤波、放大等电路,就可以还原出左、右声道信号,这就形成了调幅立体声广播系统。

2. 立体电视

在图像摄像时,用两台相距人的两只眼间距离(即两台摄相机的距离等于两只眼的距离)的摄像机同时拍摄,分别形成左视信号和右视信号。调制时,用左视信号和右视信号加上消隐、同步信号等对高频载波进行调幅,然后发射出去。在接收端,采用正负半周双路调幅的解调方法分别解调出左右两路视频信号,经过滤波、放大后以人的两眼距离叠现在屏幕上,再通过分光技术,使人左眼看到的是左摄像机拍摄的场景,右眼看到的是右摄像机拍摄的场景,从而形成强烈真实的立体感。

3. 通信加密传输

军事上的调幅通信中,在信号发送前,用一种带宽相同的干扰信号 B 和通信信号 A 经过运算后再进行发射,例如:A+B=X,A−B=Y,然后将 X,Y 分别调制到高频载波的正负半周上再进行发射。接收到 X,Y 后,经过逆运算还原出 A 和 B。如果敌方不知道该信号的发射和接收过程以及运算方法,即使窃取到信号也无法获得正确的通信信息,这就实现了信号加密传输。

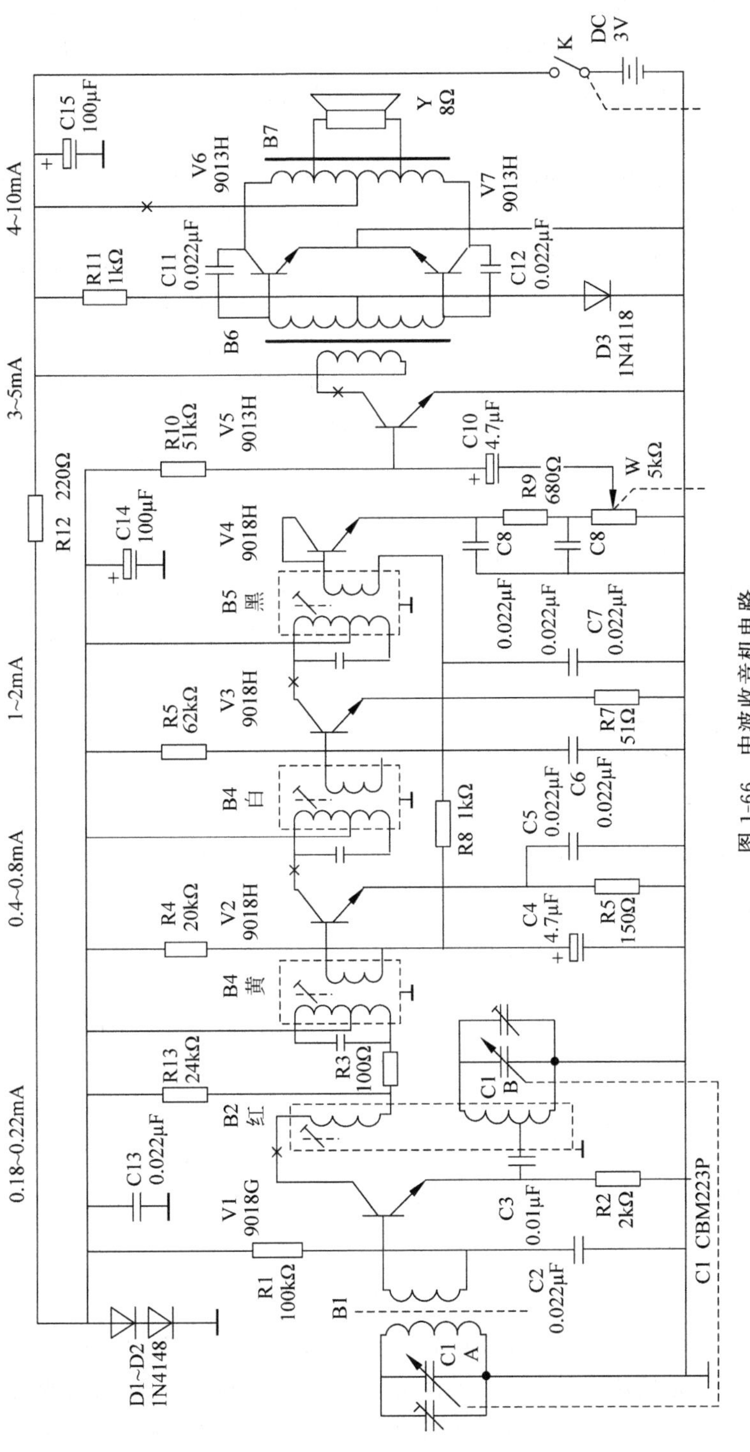

图 1-66　中波收音机电路

4. 单边带调制

单边带调制从1933年开始出现，在短波通信中，大多越洋电话和洲际电话都用导频制单边带传输。自1954年以来，载频全抑制单边带调制迅速在军用和许多专用无线电业务中取代调幅制。在载波电话、微波多路传输和地空电话通信中，单边带调制技术已得到了广泛的应用，并且已使用在卫星至地面的信道和移动通信系统中。

5. VSB调制

在地面广播中常用8-VSB调制，在一个6MHz模拟带宽内可传送一路HDTV信号；而在有线电视中常用16-VSB调制，此时，在一个6MHz模拟带宽内可传送2路HDTV信号。在6MHz的模拟带宽上如果采用4-VSB调制可以携带21.5Mb/s信息（理想情况为24Mb/s），采用16-VSB调制可以携带43Mb/s信息（理想情况为48Mb/s）。标准的一路HDTV数字视频信号经约50倍的压缩后，其数码率约为20Mb/s。因此，在有线电视的16-VSB调制情况下，在6MHz的模拟带宽中，可传输两路HDTV信号。由于有线电视在电缆中传输，因而传输环境较好，不需要对所传信号进行冗余的TCM编码。然而，在数字电视地面广播的传输条件下，由于空间传输的环境较差，因而对所传输的信号需进行2/3的TCM编码，因此，在地面广播中采用加TCM的8-VSB调制，其有效数码率和4-VSB调制方式一样，为21.5Mb/s，可传一路HDTV信号。在高斯白噪声环境下，VSB和正交振幅调制（QAM）具有相同的误码特性（VSB的功率忽视导频能量）。8-VSB相当于64-QAM，16-VSB相当于256-QAM的性能。但从结构来看，VSB要比QAM简单，硬件复杂度低。

1.6 混频器

1.6.1 基本概念

混频的主要目的是将接收到的不同载波频率f_s变为固定的中频f_I，混频前后的AM已调信号波形及频谱如图1-67(a)、(b)所示，由图中可见，混频器只改变已调信号的载波频率，而不改变已调信号振幅的变化规律。

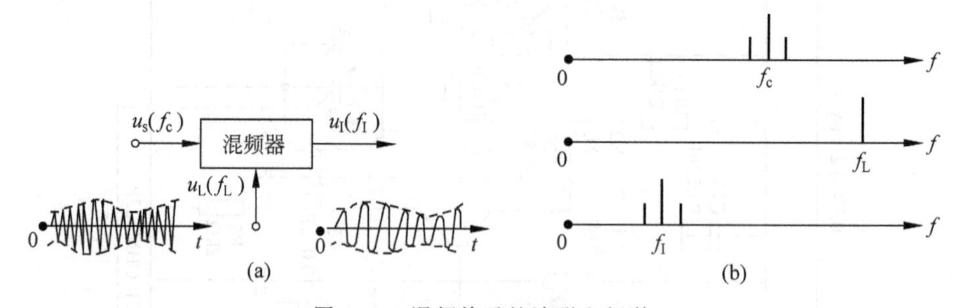

图1-67 混频前后的波形和频谱

图1-67中，混频器有三个端口，两个输入信号端口分别是射频口和本振口，即输入高频已调信号u_s和本地振荡信号u_L，一个输出信号端口是中频口。输入已调信号中心频率f_c经频率为f_L的本振信号作用下，混频后成为输出已调信号中频f_I，f_I是混频后产生的新频率，工程中将$f_I=|f_L-f_s|$称为下混频，而将$f_I=f_L+f_s$称为上混频，当本振频率f_L高于输入高频已调信号频率f_c时，称为超外差混频，用超外差混频的接收机也称为超外差

接收机。

在发射机中一般用上混频(输出信号频率是选取二个输入信号频率之和)将已调制的中频信号搬移到射频段；接收机里一般为下混频(输出信号频率是选取二个输入信号频率之差)，将接收到的射频信号搬移到中频上。因此，接收到的高频信号经混频后，得到的固定中频频率比高频信号载频低很多，对中频滤波器品质因数 Q 值的要求也可以降低，技术上比较容易实现；比较输入载波频率变化的高频窄带信号的放大情况，发现在较低的固定中频上实现高增益窄带放大更容易和稳定，而且在较低的固定中频上解调也相对容易，所以，混频器是通信机的重要组成部件。

当混频器输入高频等幅载波信号为 $u_s=U_{cm}\cos2\pi f_c t$、本振信号为 $u_L=U_{Lm}\cos2\pi f_L t$ 时，将这两个输入信号相乘，可以获得差频信号及和频信号，再经带通滤波器取出其中一个差频或和频后，可以很方便地变换为中频信号，即：

$$
\begin{aligned}
u_I &= u_s \times u_L = U_{cm}\cos2\pi f_c t \times U_{Lm}\cos2\pi f_L t \\
&= (1/2)U_{Lm}U_{cm}\cos2\pi(f_L - f_c)t + (1/2)U_{Lm}U_{cm}\cos2\pi(f_L + f_c)t
\end{aligned}
$$

实现信号相乘的方法很多，可以用吉尔伯特乘法器电路，也可以用工作在线性时变状态的非线性器件，只要非线性器件的伏安特性含有平方项，能间接实现两个信号相乘就可以。信号经过非线性器件通常会产生许多新频率，除有用的中频外，还会包含许多无用频率信号构成混频特有的干扰，所以混频器中需要用带通滤波器滤除无用信号。混频器构成如图 1-68 所示，图中的带通滤波器可以是简单的 LC 并联谐振回路，也可以是专用集成滤波器，滤波器的中心频率是固定的中频 f_I；图中的本振信号 u_L(频率为 f_L)由正弦波振荡器产生，现代通信机中的本振信号通常由频率合成器产生；常用的非线性器件除模拟乘法器外，还有二极管、场效应管和晶体三极管等，不同的非线性器件构成不同的混频电路，由此可组成多种形式的混频器。

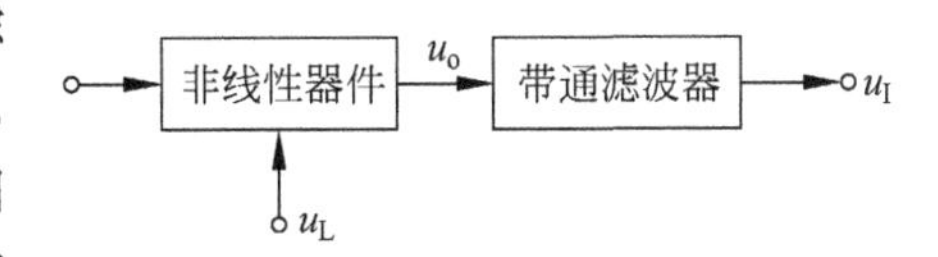

图 1-68　混频器构成

混频是一种频谱的线性搬移，混频器输出的中频信号与输入的射频信号的频谱结构相同，所不同的只是载波频率；因此，输出中频信号的时域波形与输入射频信号的波形相同，不同的也只是载波频率。混频器在线性时变工作时，要求射频输入是小信号，本振输入是大信号；混频器对射频信号而言是线性系统，其参数随本振信号作周期变化，这样才能保证在频谱搬移时射频的频谱结构不变。与场效应管和三极管相比，二极管不需要偏置、功耗低、开关速度快，但它无变频增益，构成平衡或环形混频时所需的变压器耦合电路不适应小型化；场效应管是低噪声且具有平方律特性的器件，用它构成混频器产生的无用频率成分要比三极管构成的混频器少得多，具有较好的性能；实际中吉尔伯特乘法单元电路在调制、混频、解调中得到广泛应用，由吉尔伯特乘法单元电路构成的集成模拟乘法器典型产品是 MC1496/1596；三极管混频器具有较高的混频增益，在一般民用设备如广播接收机中得到广泛应用。

1.6.2　三极管混频实验电路

图 1-69 为三极管混频实验模块电路，晶体三极管采用高频小信号管，本振信号从 J11 接入，经电容 C12 耦合注入晶体管发射极；外来射频已调信号从 J12 输入，经电容 C13 耦合

接入晶体管基极；混频后的信号从 J13 输出，输出的中频信号的频率典型值是 2.5MHz，微调可变电容 C17 可小范围改变谐振频率；TP11、TP12、TP13 为输入及输出信号测试点，GND 为电路接地点。12V 直流供电由开关 S11 接入，开关接通时，混频电路晶体管 Q11 获得直流供电，微调电位器 W11 可改变直流工作点。

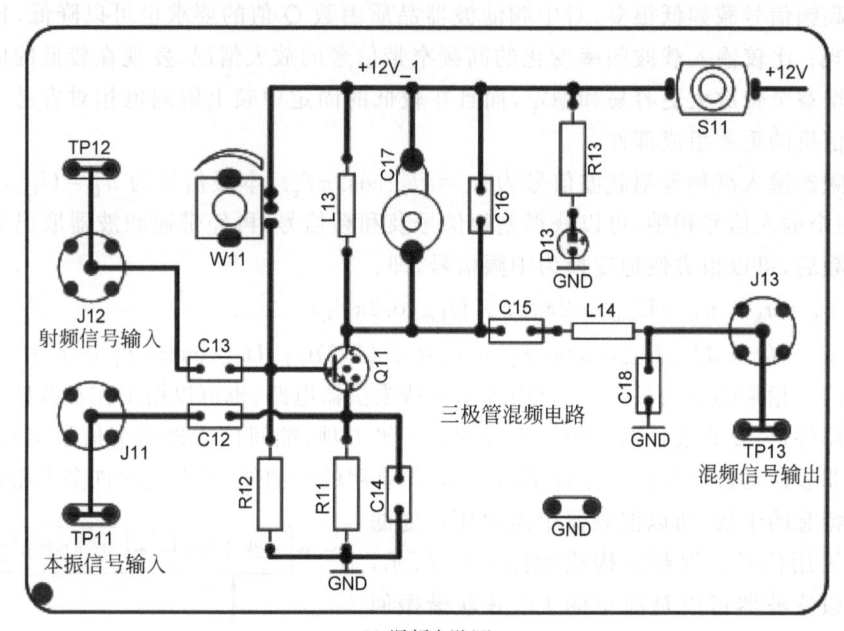

(a) 混频电路图

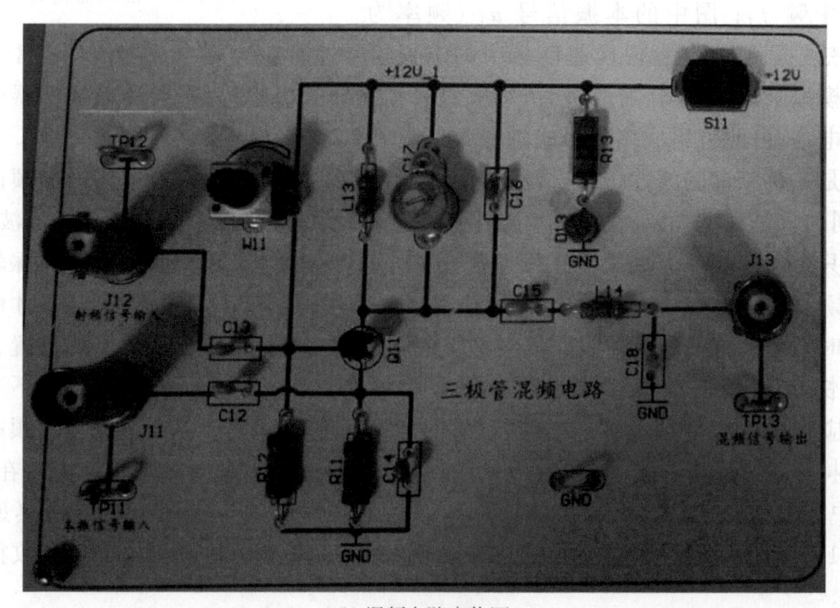

(b) 混频电路实物图

图 1-69 三极管混频实验模块

1.6.3　集成混频实验电路

现代接收机中常见的是采用模拟乘法器实现混频功能，当乘法器的两个输入信号理想相乘时，得到的输出信号中的频率成分包含两个输入信号频率的差频及和频，再经带通滤波器选频即可获得中频输出。图 1-70 是集成混频实验模块电路，图中采用模拟乘法器 MC1496 实现混频。本振信号从 J41 接入，经电容 C41 耦合输入乘法器 10 脚(接地点 8 脚)；外来射频已调信号从 J42 接入，经 C42 耦合输入乘法器 1 脚(接地点 4 脚)，电位器 W41 可调整输入信号的接入平衡；相乘混频后的信号从乘法器 6 脚输出，经滤波后送入三

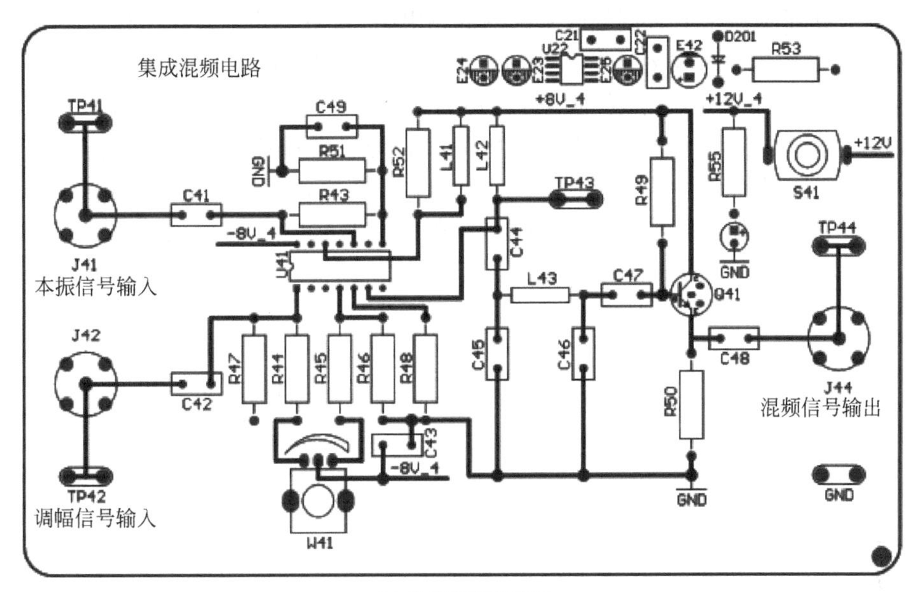

(a) 集成混频电路图

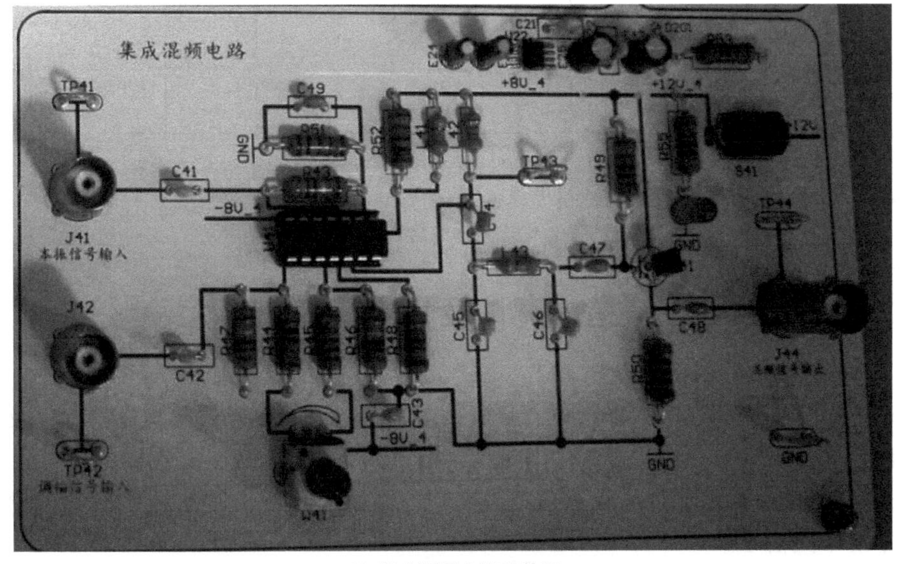

(b) 集成混频电路实物图

图 1-70　集成混频实验模块

极管 Q41 的基极，再从发射极经 C48 耦合由 J44 输出；TP41、TP42、TP43、TP44 为输入输出信号测试点，GND 为电路接地点。直流供电由开关 S41 接入，开关接通时，集成混频电路中的芯片 MC1496 及射极跟随器三极管 Q41 获得直流供电。

1.6.4 收音机中的混频器

在广播接收系统（收音机）中，无线电波经过长距离的空间传播，到达收音机天线时已十分微弱，接收天线需感应出毫伏甚至微伏数量级的微弱高频已调信号。但对于普通中波调幅收音机，其接收波段一般为 535～1605kHz，天线感应信号相对较强，可以直接进入混频器，如图 1-71 所示为一个七管调幅收音机的混频电路，采用超外差方式工作。T1 作为磁棒感应天线和可变电容构成输入选频回路用于选择接收电台的载频，三极管混频和本地振荡均由高频小信号管 V1(9018) 作为非线性器件实现，耦合回路 T2 将三极管集电极输出感应反馈回输入，并和次级可变电容构成本振选频回路及正反馈振荡器，电容 C_A 和 C_B 作为双联电容，分别同步调谐输入电台射频载波频率和本振频率，T3 作为中周谐振在 465kHz 中频上，此中频为输入射频和本振频率的差频，在调整双联电容选台过程中保持固定中频不变。

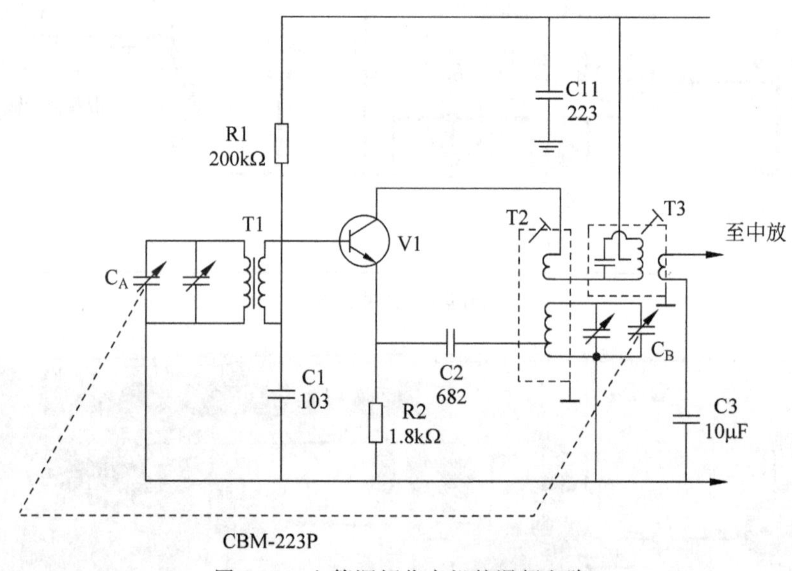

图 1-71 七管调幅收音机的混频电路

1.6.5 混频器性能指标调试及问题思考

1. 混频器性能指标调试

评价混频器性能的技术指标主要有混频增益、邻道抑制指标、镜频抑制指标以及体现线性范围的 1dB 变频压缩点或三阶互调阻断点（截点）等。混频器性能指标的调试以混频功能的实现为前提，即混频器射频输入信号频率和本振输入信号频率同步变化时，混频器输出固定频率的中频信号。

以如图 1-69 实验电路为例，调试电容 C17 使输出中频回路的谐振频率为固定中频，典型值为 2.5MHz 左右；调试过程中所使用的仪器可以是最基本的信号发生器、示波器，也可采用频率计、频谱分析仪、网络矢量分析仪或扫频仪等。然后输入等幅信号，考察混频器变频信号特性并测试混频增益，混频增益就是频率变换增益，测量并计算中频输出电压振幅 U_I 与射频输入信号电压振幅 U_s 之比即可。工程中，射频输入功率 P_s 与中频输出功率 P_I 均以 dBm 为单位，dBm 为高于 1mW 的分贝数，即 $P(\text{dBm})=10\log P(\text{mW})$，例如 0dBm=1mW，3dBm=2mW，10dBm=10mW，20dBm=100mW 等。

进一步地，在分别输入 AM 波和 FM 波时，考察并记录混频输出波形或频谱，可评价混频功能的实现情况；最后考察并分析记录射频输入信号电平及本振电平对中频输出的影响，即逐渐增大输入电平，以获得中频输出电平随输入电平线性变化的最大值，考察混频器的非线性失真情况。

需要注意的是，测试邻道抑制指标时，可选定某载频作为射频输入信号及相应本振为主通道，调整输入射频频率为邻道频率且本振频率不变时(即只改变信源频道)，观察中频输出波形或频谱的变化规律并分析对邻道的抑制情况；测试镜频抑制指标时，可选定载频作为射频输入信号及相应本振为主通道，调整输入射频频率为镜频频率，即按照中频步长减小或增加射频信号源的输出频率两次，观察记录输出中频波形或频谱的变化规律并分析对镜频的抑制情况。

2. 混频器问题思考

(1) 请说说以上混频电路中各器件的主要作用；

(2) 请自行制定实验步骤，调试如图 1-69、图 1-70 所示混频实验电路，测试电路的混频功能，考察混频电路性能指标；

(3) 当分别输入 AM 波和 FM 波时，分析说明输出混频信号波形将具有怎样的特征，请自行设计实验方法，设置信号参数并实验观察；

(4) 分析或设计实验方法，看看如何设置电路参数才能使混频输出信号失真最小。

1.6.6　拓展阅读

1. 超外差及混频的出现

混频是随着无线接收机超外差方案的出现而产生的技术，早期的无线接收机没有放大，更谈不上混频。1910 年，邓伍迪和皮卡尔德开始研究无线电接收机，他们利用某些矿石晶体进行试验，发现方铅矿石具有检波作用，将其与由线圈组成的调谐电路与耳机相连接，就可以接收到无线电台放送的广播节目。由于矿石收音机无需电源，结构简单，这一特点让矿石收音机在当年那个电力不算普及的年代获得了极大的优势，深受无线电爱好者的青睐，至今仍有不少爱好者喜欢自己 DIY 和研究。但它只能供一人收听，而且接收性能也比较差，客观上也制约了当时无线电广播的普及和发展。但矿石收音机的诞生宣告着一个时代的开始，一个收音机成为消费品进入千家万户的时代。

如图 1-72 所示为单个二极管矿石收音机示意图，这是早期的业余无线电爱好者常常使用的，从图中可看出，用两根竹竿架着拉一根天线，连上一个矿石二极管和单个耳机就有声音了，非常简陋。它其实是用天线、接在水管上的地线、基本 LC 调谐回路和矿石二极管作检波器而组成的没有放大电路的无源收音机，是最简单的无线电接收装置，主要用于中波公众无线电广播的接收。这个简单的矿石收音机只有一个线圈，由可变电容器，二极管检波器还有高阻抗耳机构成，由于只有一个调谐回路而被称为单回路矿石收音机，另外由于只有一个矿石二极管也叫单管收音机，当晶体管发明后，无线电爱好者使用锗二极管替代了矿石。

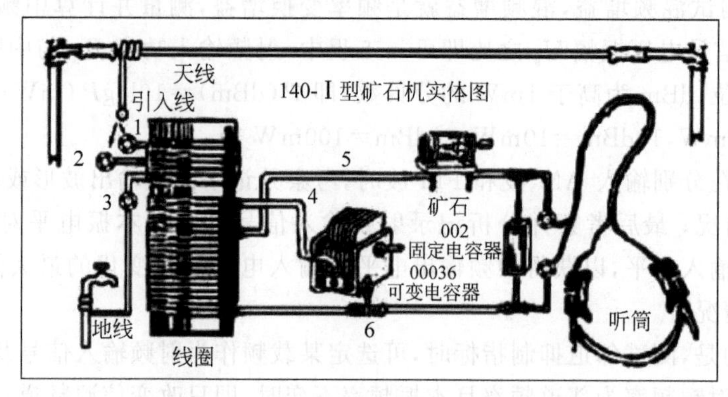

图 1-72　单个二极管矿石收音机示意图

随着电子管放大技术的发展，出现了直放式接收机，直放式接收机可以推动喇叭外放声音，可使很多人同时共享收听。由于接收机的输入信号往往十分微弱(一般为几微伏至几百微伏)，而检波器需要有足够大的输入信号才能正常工作，因此需要有足够大的高频增益把输入信号放大。早期的接收机采用多级高频放大器来放大接收信号，称为高频放大式接收机，也称直放式接收机。直放式接收机对于不同频率的信号的灵敏度和选择性不同，整机增益集中在同一频率附近，出于稳定性的考虑，总增益不能做得很高。因此，直放式接收机对载波频率的放大不均衡，稳定性差，接收的电台数量比较少，主要适合近程无线信号的接收，后来广泛采用的超外差接收机，主要依靠频率固定的中频放大器放大信号。

超外差原理于 1918 年由 E. H. 阿姆斯特朗首次提出。它是在外差原理的基础上发展而来的。外差方法是将输入信号频率变换为音频，而阿姆斯特朗所提出的超外差方法是将输入信号频率通过混频器变换为超音频(中频)，且本地振荡频率超出接收的外来频率，所以称之为超外差。1919 年利用超外差原理制成的超外差式接收机，至今仍广泛应用于远程信号的接收，并且已推广应用到测量技术等方面。

超外差式接收机利用混频原理将接收到的信号频率变换到一个固定的中间频率上，这样接收机对不同频率的灵敏度和选择性主要由中频来决定，对不同频率基本相同。整机的增益被分配到至少三个频段(高频、中频和低频)，稳定性问题比较容易解决，总增益可以做得较高。现在的无线电接收机绝大多数都是超外差式的。超外差接收机有效解决了原来高频放大式接收机输出信号弱、稳定性差的问题，且输出信号具有较高的选择性和较好的频率特性，易于调整。同时，超外差接收机也有电路复杂和存在镜像、组合频率、中频干扰等问题。随着数字信号技术的发展，解决这些问题的主要方法是提高高频放大器的选择性和采取二次变频方式。和高频放大式接收机相比，超外差接收机具有一些突出的优点：

① 容易得到足够大而且比较稳定的放大量。

② 具有较高的选择性和较好的频率特性。这是因为中频频率是固定的，所以中频放大器的负载可以采用比较复杂、但性能较好的有源或无源网络，也可以采用固体滤波器，如陶瓷滤波器、声表面波滤波器等。

③ 容易调整。除了混频器之前的天线回路和高频放大器的调谐回路需要与本地振荡器的谐振回路统一调谐之外，中频放大器的负载回路或滤波器是固定的，在接收不同频率的

输入信号时不需再调整。

超外差接收机的主要缺点是电路比较复杂，同时也存在着一些特殊的干扰，如镜像干扰、组合频率干扰和中频干扰等。

总体来说，超外差接收机必须使用选频特性良好的滤波器，而且只能片外实现滤波，集成难度大。但是，超外差结构可以通过使用中频降低输出信号频率，采取低通滤波器滤除镜像信号等方法，所以其接收机拓扑结构是当前最为可靠的结构形式。

随着集成电路技术的发展，超外差接收机已经可以单片集成。例如，有一种单片式调幅-调频(AM/FM)接收机，它的AM/FM高频放大器、本地振荡器、混频器、AM/FM中频放大器、AM/FM检波器、音频功率放大器以及自动增益控制(AGC)、自动频率控制(AFC)、调谐指示电路等(共700个元件)均集成在一个面积为2.4mm×3.1mm的芯片上，芯片的工作电压为1.8～9V，工作于调幅与调频方式的静态电流分别为3mA和5mA。

2. 超外差电子管收音机在中国的精彩岁月

20世纪50—60年代，国产电子管收音机的发展始终脱离普及、服务大众的主线。20世纪50年代中期以前，所谓普及机就是指再生机，最多加一级高放，并且以三管机居多，也有少量二管机、四管机。再生机的性能较差，在远离广播电台的小城镇和广大农村都不能正常收听。到20世纪50年代后期，国家提倡"价廉"也要"物美"，这成为收音机制造厂家的首要目标，因此诞生了一批简易外差式收音机，这些机型的普遍特点是通常只有中波段，采用超外差式电路，一般为三管机或四管机，电路和结构虽然比五管标准外差机简单，但灵敏度和输出功率均达到国标四级，也能满足普通家庭收听广播的需求。这些普及型超外差式电子管收音机按当时的分级标准大多属于四级机，有部分属于三级机，这里我们统称"四三机"，它们和同期日本、美国生产的普及机型有着明显的区别，集中体现了我国无线电工业技术人员的创造力。

"四三机"的精彩在于这些机型所体现出的独创性，在20世纪50年代末到60年代中期这段"四三机"的黄金时代，武汉、南京、北京、天津、上海、广州等地的不同无线电厂先后推出了多款个性鲜明的"四三机"，当时代表性的"四三机"有卫星31、东湖41、熊猫301A、凤凰4201A、凤凰4202A、红叶、海河432、长城639、宝石441等。

卫星31这款汉口无线电厂的产品在"四三机"中具有元老地位，其外观如图1-73所示。卫星31的电路设计是在变频后直接通过中频变压器将信号输入到检波管进行检波，省去了中频放大电路，金属底板造型简单省料。由于没有中放电路，不仅省了一个中频变压器，另一个中频变压器也省掉了铝制外壳，电子管高压直接从市电获得，减小了电源变压器的容量。为节省材料，电源电路中采用自耦变压器，并将检波管表面涂了一层石墨用于屏蔽，考虑到检波管灯丝与阴极之间有可能漏电导致出现交流声，音频放大部分的栅极偏压由本机振荡栅漏电阻上取出分压提供，从这些细节看出，在保障此机性能方面，设计者在节省成本的前提下尽量采取了措施。考虑到中放的省略是以降低整机增益，即损失灵敏度为代价的，但该机灵敏度和输出功

图1-73　卫星31收音机

率都能保证一般家庭收听广播之用。由于卫星 31 收音机物美价廉，销路一直很好，厂家也经常变换机箱的装饰风格吸引顾客，机箱装饰的花色品种多达十几种。

与卫星 31 相比，同厂的东湖 41 在外观和技术两方面都更加成熟，东湖 41 采用了在“四三机”中少见的 6P14 功放管，可在前级推动功率较小的情况下，依靠 6P14 更强的放大能力来取得足够的输出功率。东湖 41 是体积最小的国产电子管收音机，此外，该机后盖板上安装了与盖板一体化的 220V 供电插座和机芯上的插头连接，后盖板取下时，插座也被同时取下，避免了使用者因触碰机内金属件而触电的危险。

熊猫 301A 是南京无线电厂仅有的一款“四三机”，该机将当时普通 5 管机型的中频放大和功率放大同时去掉，检波和功率放大均由同一个管兼任，使整机用管数量减少到 3 个，熊猫 301A 在刻度盘上几乎采用全英文标识，这在普及型“四三机”中极为罕见，1958 年产的熊猫收音机典型外观如图 1-74 所示。红叶和凤凰 4201A 收音机都是北京地区普及型“四三机”产品，它们除外观设计及调谐机构不同外，电路是一致的，采用当时新式核心器件 6U1 作为变频管是这两款机型在技术方面的突出特点。在那个时期，采用 6U1 的“四三机”，即使不具备出类拔萃的性能，至少也表现出令人欣慰的创造性，如图 1-75 为凤凰 4201A 收音机外观。而凤凰 4202A 在外观和电路设计方面都有着显著的改进，其外观造型风格类似仪器设备，电路中罕见地使用 6K4 作为变频管，还在变频管后设置了正反馈（再生）电路，同时也和东湖 41 一样采用“四三机”中少见的 6P14 作功率放大管，这是一款既留心降低成本，又注重整机性能的杰出代表。

图 1-74　熊猫收音机

图 1-75　凤凰 4201A 收音机

海河 432 系列产自天津，该收音机的电路板整体布局紧凑，电阻、电容等元件大多排列整齐，稍大些的纸介电容都用绝缘纸包好后，用扁铁条固定在底板上。典型的电子管收音机机芯如图 1-76 所示，较大元件的固定并不是当时标准的强制要求，由此可看出厂家对普及

图 1-76　电子管收音机机芯

机型仍很用心。电路中采用 6U1 和再生电路，采用 6G2 对信号检波和低频后，再以 6N1 同时担任功放和电源整流，这是一个全部采用复合管的电路设计，而且将这些复合管的功能尽可能发挥到极致。同为天津地区的产品，长城 639 的设计者为改善整机增益采用了新思路，其他“四三机”在无中频放大级时，往往是在变频级中加入再生电路；而长城 639 有中频放大级，以 6U1 为中放管的方案在“四三机”中是独树一帜的。与长城 639 类似，宝石 441 系列也是具备中频放大级的“四三机”，也采用晶体二极管检波，不同之处是宝石系列的音频放大和功率放大均由 6N1 担任，在降低元件成本方面更有优势。

以上涉及的国产“四三机”，有的在技术方面独具匠心，有的在外观方面颇有特色，“四三机”的繁荣，与当时中国亟待大规模普及广播，需要向广大群众提供物美价廉的收音机这一时代背景密切相关，同时，电子管技术发展到 20 世纪 50 年代后期已相当成熟，为技术人员在设计中充分发挥创造力提供了良好基础。20 世纪 60 年代中前期，像长城 639-1 和宝石 441 这样的“四三机”在国内售价约为人民币 60 元，占同期城镇职工人均月工资的 140%～150%，而同期的 5 管机约需人民币 90 元，6 管机可达 120～150 元，售价达职工月平均工资的 2～3 倍，对民众而言是一笔支出庞大的款项，由此可让我们体会到“四三机”在民众中普及的意义。

“四三机”的精彩岁月又是短暂的，从开始到结束最多不过 10 年时间，主要原因在于晶体管技术的引进和普及降低了“四三机”存在的必要性，尽管晶体管在普及初期价格仍然昂贵，但其单一低压电源供电等特征，相比电子管电路而言，降低生产成本的优势明显。但和同期国内大量电路模式单一、外观风格趋同的 5 管、6 管普通机相比，这些“四三机”体现的创造性尤其可贵，不仅在电路中各电子管的多样化组合应用，外观设计方面也有不少独立的尝试，展现出中国工业设计最初的创造性思维的萌芽。

“四三机”精彩纷呈的表现转瞬即逝，我们从这种昙花一现的现象中能体会到苦涩与遗憾，同时也是国内制造业数十年来一直在跟随、模仿、再跟随、再模仿的模式中反复轮回的苦涩和遗憾。当然，在新技术研发之初，对处于先进地位的产品进行借鉴和仿制是无可厚非的。创新设计往往都会借鉴已有产品的成功之处，但借鉴的关键在于领会现有设计的核心理念，然后以这种理念为参考，广开思路，并按自己的思路进行设计，从而实现从借鉴模仿到创新超越的过程。距“四三机”岁月 60 多年后的今天，当中国制造的产品在国际市场上占据巨大份额的时候，“中国设计”的信心需要我们更多的后来人树立。

1.7　调频与鉴频

1.7.1　基本概念

所谓调频，就是频率调制(Frequency Modulation，FM)，是让高频载波信号的频率随着低频调制信号(基带信号)的规律变化。

设低频调制信号为 $u_\Omega(t)$，高频载波信号为 $u_c(t)=U_{cm}\cos\omega_c t$，则调频波的瞬时频率为

$$\omega(t)=\omega_c+k_f u_\Omega(t)=\omega_c+\Delta\omega(t)$$

式中，k_f 是比例系数，单位为 rad/(s·V)；$\Delta\omega(t)$是调频波的瞬时频率偏移，瞬时频偏与输

入调制信号呈线性关系。用$\Delta\omega_m$表示最大频率偏移，即$\Delta\omega_m=k_f|u_\Omega(t)|_{max}$，显然，调频波的最大频偏取决于低频调制信号的最大幅度。若低频调制信号是单音余弦信号$u_\Omega(t)=U_{\Omega m}\cos\Omega t$，则

最大角频偏为：$\Delta\omega_m=k_fU_{\Omega m}$，此时调频波的瞬时相位为

$$\varphi(t)=\omega_c t+k_fU_{\Omega m}\int_0^t\cos\Omega t\,dt=\omega_c t+\frac{\Delta\omega_m}{\Omega}\sin\Omega t$$

令最大相角偏移$k_fU_{\Omega m}/\Omega=\Delta\omega_m/\Omega=m_f$，$m_f$称为调制指数或调频指数，则单音调制时的FM波表达式为

$$u_{FM}(t)=U_{cm}\cos(\omega_c t+m_f\sin\Omega t)$$

单音调制时，调频前后的波形如图1-77所示，其中，图(a)为高频载波信号，图(b)为低频调制信号，图(c)为瞬时频率$\omega(t)$的变化规律，图(d)为已调频信号FM波形。

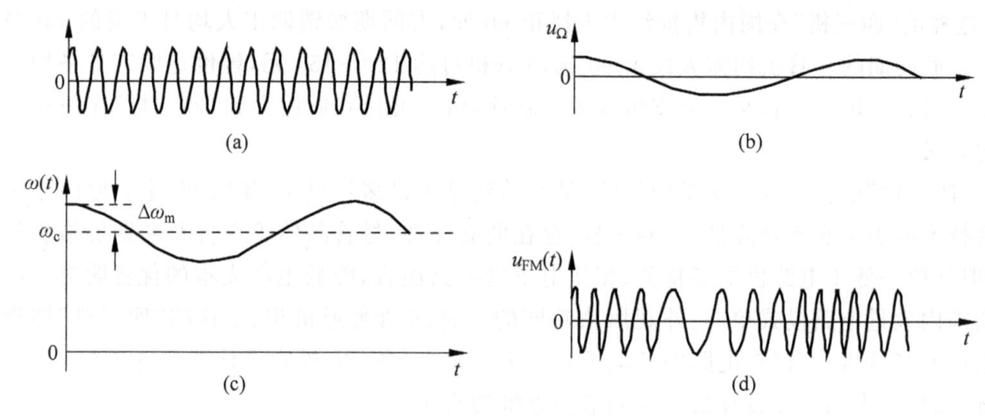

图1-77　调频前后波形图

图1-77(d)所示的等幅调频波中，瞬时频率的变化反映了低频调制信号的变化规律，调频波与频率有关的概念如下：

① 载波频率ω_c：表示$u_\Omega(t)$为零，未被调制时的载波频率，也是调频波的中心频率；

② 调制频率Ω：表示调频波的瞬时频率在其最大值$\omega_c+\Delta\omega_m$和最小值$\omega_c-\Delta\omega_m$之间每秒来回变动的次数。由于频率的变化总是伴随着相位的变化，因此，Ω也表示瞬时相位在最大值和最小值之间每秒来回变动的次数；

③ 最大角频偏$\Delta\omega_m$：表示调制信号变化时，瞬时频率偏离中心频率的最大数值，与调制振幅成正比。

需要注意的是，调频波的最大频偏与带宽是两个容易混淆的概念，最大频偏是指调制信号瞬时频率偏离载频的最大值；而带宽是指调频信号频谱分量的有效宽度，一般通信系统中，调频波带宽BW可由卡森(Carson)公式近似求出为$BW\approx2(m_f+1)F=2(\Delta f_m+F)$，带宽公式中$F$为调制信号的频率，$\Delta f_m=m_fF$为最大频偏。

在单一频率信号调制下，频率调制根据m_f的不同取值，FM波的带宽又分为窄带调频和宽带调频。当$m_f\ll1$或$\Delta f_m\ll F$时为窄带调频，带宽$BW\approx2F$；当$m_f>1$或$\Delta f_m>F$时为宽带调频，带宽$BW\approx2(m_f+1)F=2(\Delta f_m+F)$；当$m_f\gg1(>10)$或$\Delta f_m\gg F$时，带宽$BW\approx2m_fF=2\Delta f_m$。

实际中的调制信号都具有有限频带，即调制信号占有一定的频率范围 $F_{min} \sim F_{max}$，因此实际调频波带宽公式中的 F 用 F_{max} 代替。

实现调频的电路有多种形式，通常采用变容二极管和三极管放大电路构成的调频电路，这实质上是一种压控振荡器，也就是由电压控制振荡器频率变化的电路，属于直接调频方式。直接调频电路用调制信号直接控制振荡电路中变容二极管的电容值，从而控制载波振荡器的振荡频率，使振荡频率与调制信号的规律成正比变化；另外，采用锁相环中的压控振荡器实现锁相调频也可输出高质量的调频信号。还有一种间接调频，是通过调相获得调频输出，属于窄带调频。直接调频电路可产生较大的频率偏移，属于宽带调频，但调频波中心频率不够稳定；间接调频的载波中心频率不易受调制影响，但调频产生的频率偏移很小，需要采取其他措施扩展频偏。

调频电路的主要性能指标有调制特性、调制灵敏度、最大线性频偏、载频稳定度等。

频率调制的逆过程就是频率解调，就是将载波的频率变化所携带的基带信息还原输出，也称鉴频。鉴频的基本方法是用变换器将调频波瞬时频率 $f(t)$ 的变化变换成输出电压 $u_O(t)$ 的变化，通常是将调频波进行特定的波形变换，使变换后波形中的某一参数（如振幅、相位或平均值）反映出调频波瞬时频率的变化规律，然后把该参量再转变成低频调制电压从而完成解调。不同的波形变换方法形成不同的鉴频电路，主要有斜率鉴频、相位鉴频、脉冲计数式鉴频等。

将这种变换特性称为鉴频特性，输出电压 u_O 与瞬时频率 f 之间的关系曲线称为鉴频特性曲线，简称"S"曲线。实现鉴频的电路除斜率鉴频和相位鉴频外，也可采用锁相环的同步跟踪获得很好的鉴频输出。

鉴频电路的主要性能指标有鉴频灵敏度、鉴频线性范围和非线性失真等。

1.7.2　变容二极管调频实验电路

如图 1-78 是变容二极管调频实验电路，音频调制信号从 J11 接入，已调频信号从 J13 有线输出，也可通过短路块 S22 连接天线发射输出；TP11、TP12、TP13 为实验测试点，可方便观察相应点信号，GND 为电路接地点。12V 直流供电由开关 S11 接入，开关接通时，调频电路中晶体管获得直流供电，发光二极管 D13 被点亮，表示电路获得正常供电。三极管 Q11 所属电路为电容三端式振荡器，它与变容二极管 D15、D16 一起组成了直接调频器，无调制信号加入时的振荡器输出频率即为载波频率。三极管 Q12 所属电路为高频放大器，放大后的调频信号经 Q13 电路组成的射极跟随器输出。

由图 1-78 可见，加到变容二极管上的直流偏置就是＋12V 经由电阻 R16、电位器 W11 和电阻 R17 分压后，从 R17 得到的电压，因而调节 W11 即可调整偏压。由图可见，该调频器本质上是一个电容三端式振荡器（共基接法），由于电容 C17 对高频短路，因此变容二极管实际上与电感 L12 并联。调整电位器 W11，可调节变容二极管的偏压，也即改变了变容二极管的容量，从而改变其振荡频率，获得调频信号输出。

对输入音频调制信号而言，扼流圈 L13 短路，电容 C17 开路，从而使音频信号可加到变容二极管 D15、D16 上，同时 L13 对高频开路，C17 对高频短路，阻挡高频信号进入音频调制信号源。当变容二极管加有音频信号时，其等效电容按音频规律变化，因而使高频振荡频率也按音频规律变化，从而达到了调频的目的。

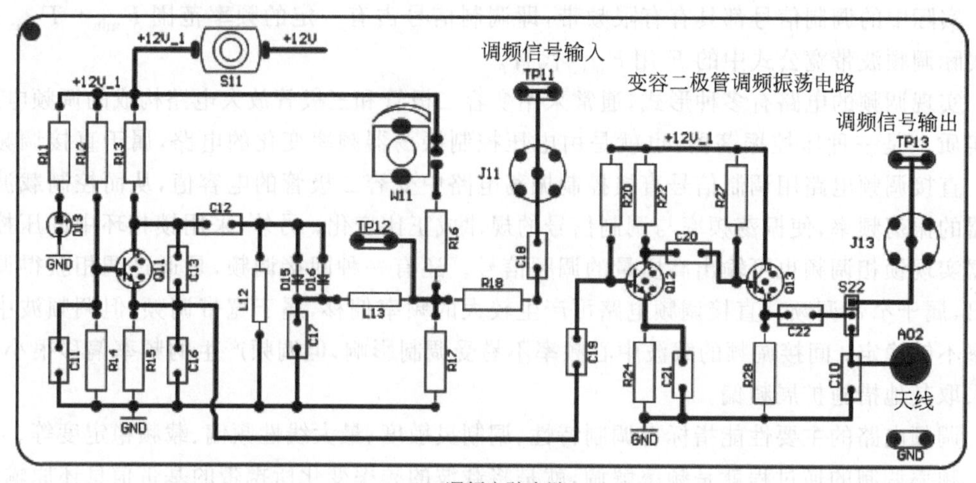

(a) 调频实验电路

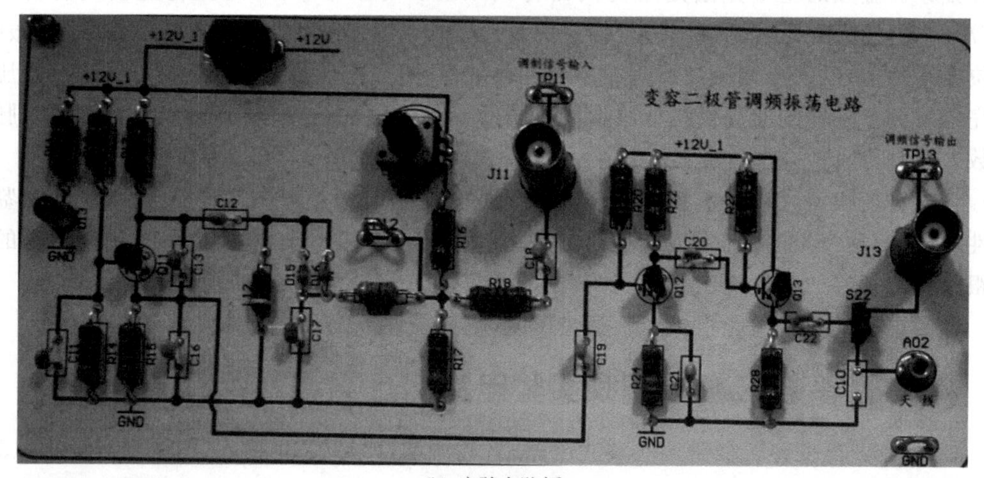

(b) 实验电路板

图 1-78 变容二极管调频实验电路

1.7.3 调频发射芯片 MC2833

在调频广播发射机及其他需要调频输出的设备中，为使得输出的调频信号的载波频率、频偏及发射功率达到相应要求，需要将直接调频或间接调频获得的调频波通过倍频、混频、功率放大等手段处理后达到发射要求。例如，在广播调频发射机中，通常由晶体振荡器产生的 300kHz 信号，经过间接调频，仅得到 25Hz 的最大线性频偏，因此一般要设置多级倍频和混频电路，才能获得 88～108MHz 调频广播载波发射频率及 75kHz 最大频偏。

调频发射芯片 MC2833 是无绳电话和调频通信设备中常用的 FM 发射系统，内置了话筒放大电路、压控振荡器和两级缓冲放大晶体管。可在 2.8～9.0V 的电压下工作，功耗电流典型值为 2.9mA，使用片内放大晶体管输出功率可达＋10dBm，应用时只需少量的外围元器件就可以构成调频发射机，MC2833 的内部结构及外围电路如图 1-79 所示。MC2833 内部包括一个话筒放大器、射频电压控制器、缓冲器和两个辅助的晶体管放大器等几个主要部分。使用时需要外接晶体、LC选频网络以及少量的电容、电阻和电感器件。话筒产生的音频信号从引脚5输入,经内部放大限幅后从4脚输出,然后经电容耦合,由3脚输入去控制可变电抗元件。此可变电抗电路在1脚与3.3μH电感、16.5667MHz晶体管相串联,15、16脚的内部电路与它们的外部元件组成射频振荡器,产生16.5667MHz的振荡频率并进行调频,与晶体串联的3.3μH的电感用于扩展最大线性频偏。缓冲器通过14脚外接三倍频网络将调频信号载频提高到49.7MHz,同时也将最大线性频偏扩展为原来的三倍,然后从引脚13送回片内,经放大后由11脚输出,经片外选频后再由8脚馈入片内,放大后由9脚输出,最后由电容分压输出电路匹配,将50MHz左右的射频信号送到天线发射。MC2833输出的调频信号可直接从天线发射,也可以接其他功放电路后再发射出去。

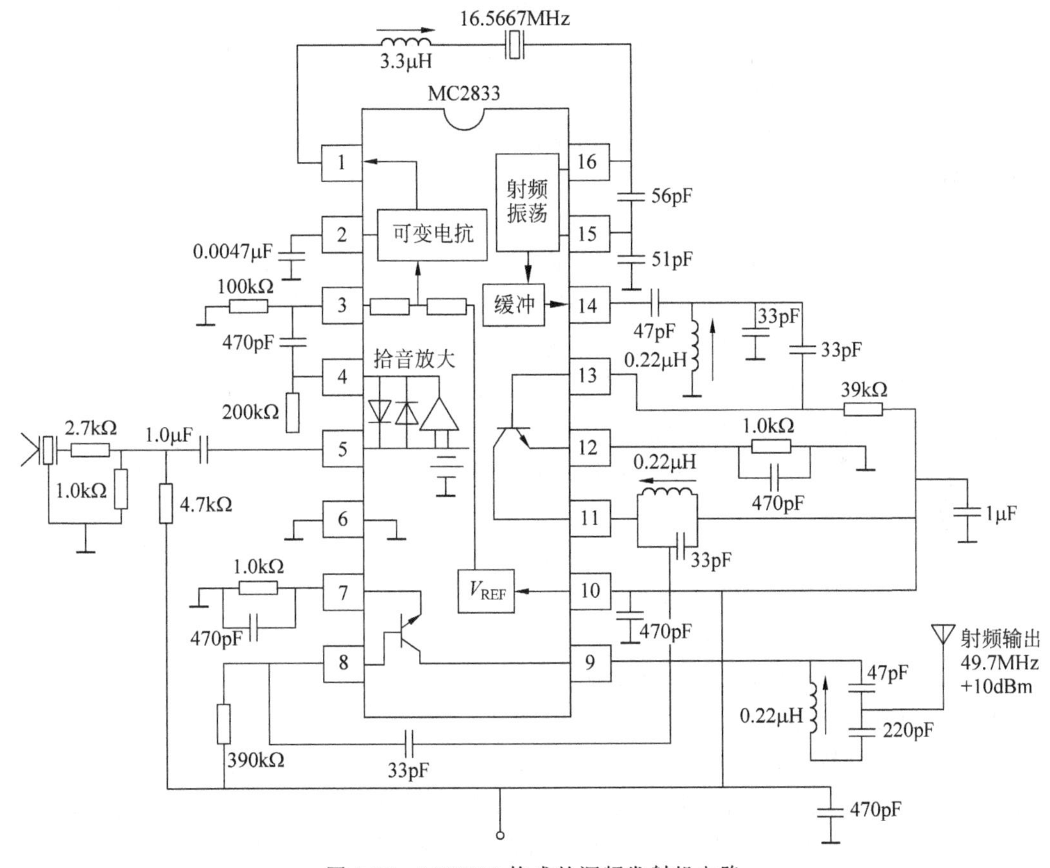

图1-79 MC2833构成的调频发射机电路

1.7.4 调频电路性能测试与问题思考

评价调频电路性能优劣的主要技术指标包含有调制特性、调制灵敏度、最大线性频偏、载频稳定度及无寄生调幅等。所谓无寄生调幅就是要求调频波是等幅波,载波频率的稳定度取决于调频振荡器的电路形式,变容二极管直接调频电路的载频稳定度与LC振荡器相同,中心频率的稳定度较差。在中心频率稳定度要求较高的场合,一般采用晶体振荡器组成变容管直接调频电路,或者通过调相获得调频输出的间接调频电路,但这类调频器获得调频波的频偏较小，可以通过后续电路进行扩展频偏等进一步处理。而调制特性和调制灵敏度是后续不易处理的指标，因此，评价调频电路性能时，对于已知的确定电路可以主要测试其调制特性和调制灵敏度。

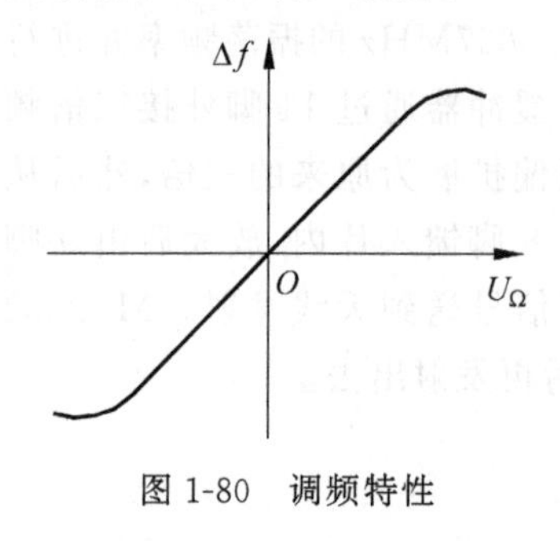

图 1-80 调频特性

在调频电路中，被调振荡器的瞬时频率偏移与调制电压的关系曲线称为调制特性，也称调频特性，如图 1-80 所示，调制特性要求线性度高，即要求已调波的瞬时频率偏移与调制信号电压成线性变化。而单位调制信号电压所产生的振荡频率偏移称为调制灵敏度，调制灵敏度越高，说明调制信号的控制能力越强，则调制特性曲线的线性部分斜率越大。

针对图 1-78 所示的调频实验电路，可以通过测试静态调制特性及输出信号波形或频谱考察电路的调频性能。

1. 静态调制特性测试方法

在图 1-78 所示的调频实验电路中，所谓静态调制特性，就是 J11 输入端不接入交变的音频信号时调频电路的压控特性，此时的调频电路就是一个 LC 振荡器，接通电源后振荡器就有振荡信号输出，在 J13 输出端接入示波器可以看到正弦波振荡信号波形(有的示波器也可以显示出参考频率值)，接入频率计可以显示出此时输出振荡信号的频率值。调节电位器 W11 改变直流电压，记录 TP12 测试点变容管上偏置电压的变化值，不同的变容管偏置电压将获得不同的输出频率，达到调频目的，在输出端 J13(或测试点 TP13)接入频率计，可以测量不同偏置电压时的输出频率值。将输出频率随偏置电压变化的数值记录填表，并将电压变化值作为横坐标、对应的频率变化值作为纵坐标，绘制出的曲线即为静态调制特性。测试如图 1-78 所示调频电路的静态调制特性时，建议调节变容管上偏压在 2～9V 内变化，电压变化间隔越小越好。

获得调制特性变化参数后，可以按照调制灵敏度定义计算出此调频电路的调制灵敏度。

当直流偏置电压固定在某电压值不再改变时，对应的电路输出频率就是调频电路的载波中心频率，所以载波中心频率所对应的直流偏置电压最好选择频率变化的中心值所对应的电压值，以便可以获得较大的频偏范围。

2. 输出调频信号测试

获得静态调制特性后，根据调频信号中心频率需求可调节 W11 改变变容管上偏压以获得中心频率值，固定变容管直流偏置电压不变，接入音频调制信号实现调频，可由低频信号发生器给出频率几百至几千赫兹、幅度几百 mV 的音频调制信号，改变调制信号参数(如频率、幅度)，可使输出调频波形及频谱发生变化，记录并分析这些变化可以考察调频电路的工作状况。

观察调频波，可以在输出端接入示波器观察时域调频波形，但音频调制信号频率较高且为正弦波时，在示波器上看到的信号和高频载波类似且不稳定，因此采用频谱分析仪观察这类调频波频谱更为清晰。

3. 调频电路问题思考

(1) 分析变容二极管调频振荡实验电路实现频率调制的方法；请说说图 1-78 所示调频电路中各器件的主要作用；为什么 TP12 测试点所得电压值就是变容管上的偏压?

(2) 请自行制定实验步骤，制定静态调制特性的测试方法，调试如图 1-78 所示调频实验电路，测试电路静态调制特性，考察调频电路输出信号或频谱及性能指标；

（3）调节确定输出载波频率和音频调制频率，当音频信号为正弦波时，观察并记录图1-78所示调频器输出波形和频谱，考察并记录信号及电路参数改变对调频输出的影响（如最大频偏、边频数、占据频宽等）；当低频调制信号是方波时，分析说明调频信号波形将具有怎样的特征？请自行设置信号参数并实验观察；

（4）通过实验分析，看看哪些电路参数会影响调频信号使失真最小并正常输出？

（5）学习掌握并搭建调试一款调频发射芯片的典型应用。

1.7.5　鉴频实验电路

鉴频实验电路中包含有斜率鉴频与相位鉴频电路，根据开关的不同接法可以呈现两种不同的鉴频电路形态，如图1-81所示。

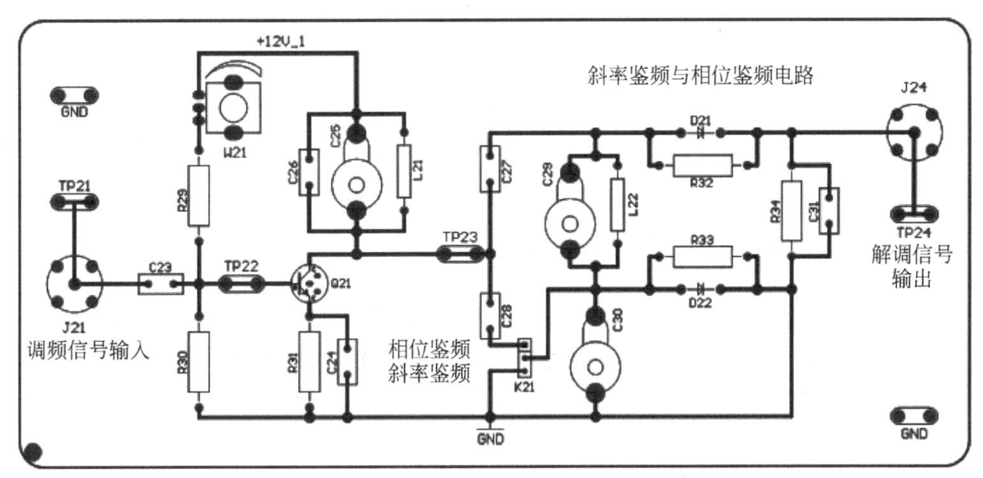

(a) 鉴频实验电路

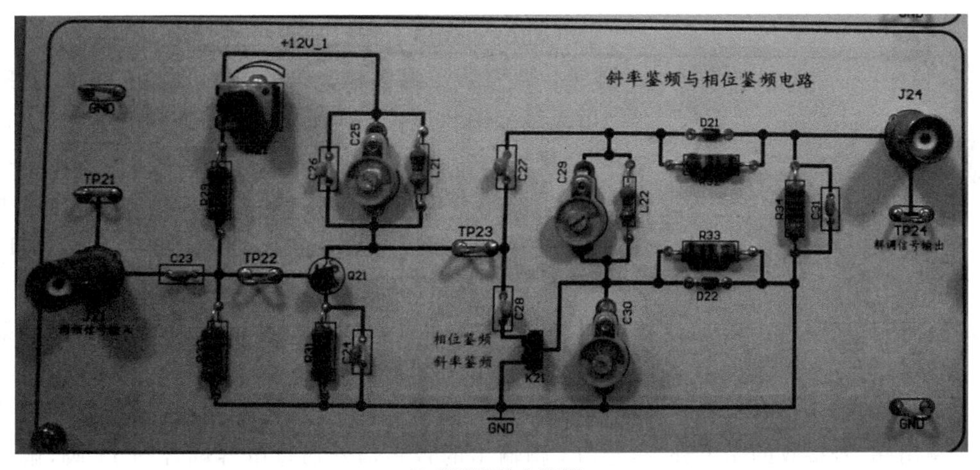

(b) 鉴频实验电路板

图1-81　鉴频实验电路

图1-81中，调频信号从J21接入，解调（鉴频）信号从J24输出；TP21、TP22、TP23、TP24为实验测试点，GND为电路接地点。直流供电接通时，鉴频电路前端放大管Q21获

得直流供电，实现高频选频放大。K21 短路块的不同连接可使电路切换成相位鉴频或斜率鉴频模式。

将 K21 短路块上部连接时构成相位鉴频器，输入的调频信号接入 J21 加到放大器晶体管 Q21 的基极上，放大器的负载是频相转换电路，该电路是通过电容 C30 耦合的双调谐回路，电容 C25、C26 和电感 L21 组成初级回路，电容 C27、C28、C29 和电感 L22 组成次级回路。初级和次级都调谐在中心频率上(如 $f_0=2.5\text{MHz}$)，初级回路电压直接加到次级回路中的串联电容 C27、C28 的中心点上，作为鉴相器的参考电压；同时，初级回路电压又经电容 C30 耦合到次级回路，作为鉴相器的输入电压，此时利用初、次级回路的频相特性实现调频调幅转换，使得等幅调频信号变换为调频调幅波。由二极管 D21 和 D22 构成两个并联二极管检波电路，R32 和 R33 为平衡二极管内阻的外接电阻，检波后的低频信号经电阻 R34 和电容 C31 构成的 RC 低通滤波器输出，由此获得鉴频输出信号，也就是调频波的解调信号。

当把 K21 短路块下部连接时构成斜率鉴频器，此时电容 C28 悬空、C30 被短路均不起作用，初、次级回路对调频信号中心频率失谐，利用谐振回路的幅频特性实现调频调幅转换，再由后续相同的两个并联二极管检波及 RC 低通滤波电路解调输出，获得鉴频信号。

1.7.6 调频接收芯片 MC3362

MC3362 是一种低功耗窄带 FM 单晶硅芯片。该芯片包含 FM 接收器、振荡器、混频器、相移鉴频器、放大器和测量驱动载波检测电路，以及一、二级本振缓冲输出器和一个比较器的 FSK(频率键控)数字信号输出。具有二次变频所有的电路，低供电电压(2.0～6.0V)、低功耗(在 $V_{CC}=3.0\text{V}$，耗电典型值仅为 3.6mA)、极高灵敏度(典型值 $0.6\mu\text{V}$，12dB 信噪比)，还有数据整形比较器和收信场强指示器，广泛应用于语音和通信网络的接收设备中。

图 1-82　MC3362 实物图

MC3362 采用 24 脚双列直插式封装，如图 1-82 所示。1 脚、24 脚为第一混频输入端，射频信号(FM 或 FSK 信号)由天线经输入匹配网络馈至芯片的 1 脚，24 脚通过电容耦合接地。20、21、22、23 脚是第一本振的引脚，第一混频器输出的第一中频信号由 19 脚输出。3、4 脚通常外接晶体和电容构成第二本振电路，17、18 脚输入 10.7MHz 的第一中频信号，第二中频信号由 5 脚输出。7、8、9 脚是限幅放大器的相关引脚。10 脚是电表驱动指示端，可通过电表判断信号强弱。11 脚是第二中频载波检测端。12 脚外接正交相移线圈，第二中频信号和被移相后的第二中频信号共同加给芯片内的乘法器进行移相鉴频，解调出的音频信号由 13 脚输出。14、15 脚是比较器的输入、输出端，若接收的是 FSK 信号，13 脚输出的音频信号通过电容耦合到 14 脚，解调后的数据信号由 15 脚输出。

如图 1-83 所示为由 MC3362 构成的 FM 窄带接收器。天线接收 200MHz 频段以下的射频信号(FM 或 FSK 信号)经匹配网络和耦合电容 C_1 由 1 脚输入，进入第一混频器，21、22 脚外接第一本振振荡回路。

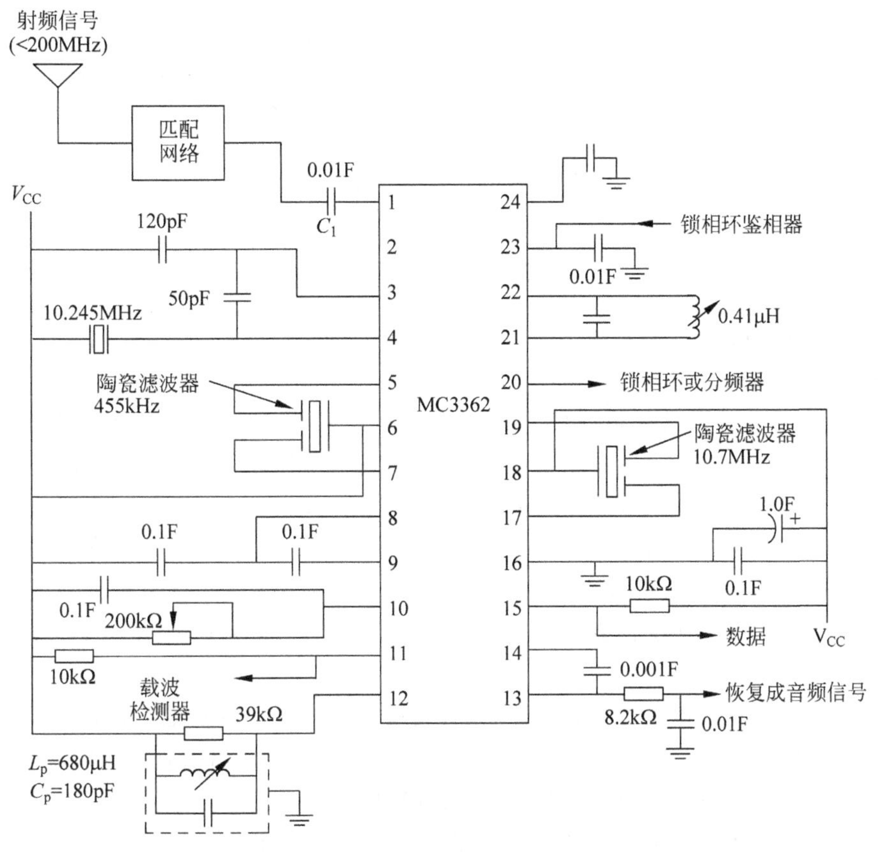

图 1-83　MC3362 构成的 FM 窄带接收器

在图 1-83 中,经第一混频后的中频信号被放大和外接 10.7MHz 陶瓷滤波器的滤波(选频)后,再送回到片内,进行第二混频,与外接的 10.245MHz 第二晶体振荡器信号混频放大后变成第二中频 455kHz 信号,经片外 455kHz 陶瓷滤波器的滤波(选频),由 7 脚送回片内,经放大限幅,再到鉴频器,该鉴频器是典型的相移乘法鉴频电路,片内的小电容与 12 脚外接的电感、电容等组成相移电路。68kΩ 电阻 R2 减小时可提高鉴频线性,但鉴频灵敏度会降低,鉴频后恢复的原调制信号由 13 脚输出。最后倒相,移交检波电路恢复成音频信号(或数字 FSK 信号)输出。第一、第二混频器的增益分别为 18dB 和 21dB。

若接收的是 FSK 信号,则 13 脚的输出信号耦合到 14 脚,回送片内,经比较器等数字整形电路,解调出原调制信号,然后由 15 脚输出,数据处理速率为 2000～35000 波特范围内。10、11 脚可外接显示电路及载波检测电路,20 脚将第一本振的输出信号加至锁相环控制,23 脚也可通过锁相环鉴相器送来的控制信号使得第一本振的频率得以自动控制。

1.7.7 鉴频电路性能测试与问题思考

评价鉴频电路性能优劣的主要技术指标是鉴频特性,所谓鉴频特性是指鉴频器输出电压与输入调频信号瞬时频率之间的关系曲线,也就是 S 曲线,如图 1-84 所示,横坐标频率就是输入调频信号的瞬时频率,纵坐标电压就是鉴频输出的低频电压值。

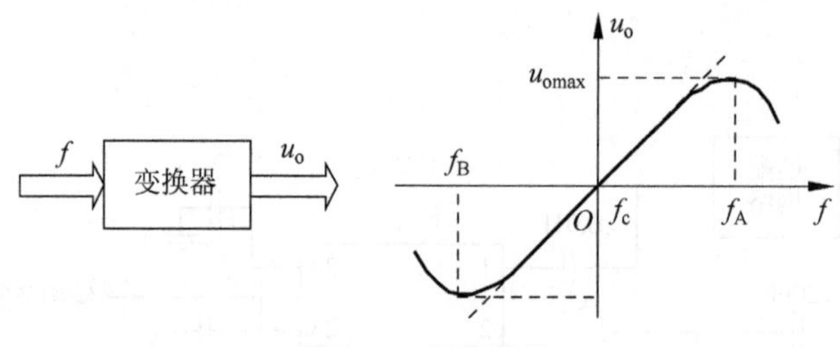

图 1-84　鉴频特性

1. 鉴频特性测试

测试鉴频特性最常用的方法是点测法和扫频法。

点测法可以测试静态鉴频特性，在图 1-81 所示鉴频实验电路中，鉴频器输入端 J21 接入高频信号发生器，将信号发生器输出的正弦波信号维持等幅，一定间隔地改变频率以模拟调频信号的瞬时频率，同时记录鉴频器输出 J24 端相应的直流电压，此时输出的直流电压可以用万用表直流电压挡测量，通过此方法获得的输入载波频率和输出直流电压之间的数组就是静态鉴频特性，将输入载波频率作为横坐标，对应的输出直流电压作为纵坐标，按数组即可绘制静态鉴频特性曲线，显然频率间隔越小，测试值越多，鉴频特性曲线越准确。

扫频法可最为直接地获得鉴频特性曲线，利用扫频仪可很容易地获得任意电路的幅频特性，扫频仪可输出频率自动变化的等幅扫频信号，再将电路输出的对应电压信号送回到扫频仪屏幕上显示，扫频仪上有相应的频率刻度和幅度值显示。

扫频仪的起始频率通常比较高，当需要测试较低频率范围的幅频特性时将受到限制，因此，扫频法的另一种方法是采用具有输出扫频信号功能的信号发生器，再配合包络检波电路和示波器，就可以获得任意电路的幅频特性，此时的频率测试范围取决于信号发生器的扫频信号频率范围。

2. 鉴频功能测试

静态鉴频特性已经说明了电路所具有的鉴频功能，进一步测试鉴频功能就是在输入端接入调频信号，观察比较鉴频电路的输入、输出波形；另外，还可以改变输入信号参数和电路参数，考察不同鉴频方式对输出波形的影响；最后，也可将调频电路模块和斜率/相位鉴频电路模块级联成调频-鉴频系统，考察调频-鉴频过程。

3. 鉴频电路问题思考

(1) 请说说鉴频电路中各器件的主要作用；相位鉴频电路中，初、次级回路电容和耦合电容变化时，鉴频输出波形有什么变化？

(2) 请自行制定实验步骤，调试如图 1-81 所示鉴频实验电路，测试电路静态鉴频特性，考察鉴频电路输出信号及性能指标；

(3) 当输入调频信号跳频变化时，分析说明输出鉴频信号波形将具有怎样的特征？请自行设计实验方法，设置信号参数并实验观察；

(4) 分析或设计实验方法，看看哪些电路参数如何设置将使鉴频信号失真最小并确保鉴频正常输出？

(5) 学习掌握并调试搭建一款调频接收芯片的典型应用。

1.8 锁相环 PLL

锁相环路(PLL)是一种反馈控制系统,它实际上就是一个自动相位误差控制(APC)系统,是将参考信号与输出信号的相位进行比较,通过产生相位误差来调整输出信号的相位,以消除频率误差,达到与参考信号同频的目的。锁相环路是一种以消除频率误差为目的的反馈控制电路。它的基本原理是利用相位误差电压去消除频率误差,所以当电路达到平衡状态之后,虽然有剩余相位误差存在,但频率误差可以降低到零,从而实现无频差的频率跟踪和相位跟踪。锁相环路由鉴相器(Phase Detector,PD)、环路滤波器(Loop Filter,LF)和压控振荡器(Voltage Controlled Oscillator,VCO)三个基本部分组成,如图 1-85 所示。

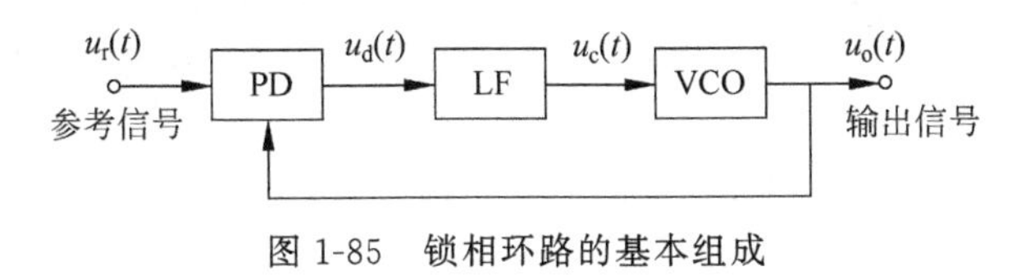

图 1-85 锁相环路的基本组成

PD 就是相位比较器,用来比较参考信号 $u_r(t)$ 与压控振荡器输出信号 $u_o(t)$ 的相位,产生对应于这两个信号相位差的误差电压 $u_d(t)$。LF 的作用是滤除 $u_d(t)$ 中的高频分量及噪声,以保证环路所要求的性能,增加系统的稳定性。VCO 受环路滤波器输出电压 $u_c(t)$ 的控制,使振荡频率向参考信号的频率接近,使两者的频差越来越小,直到两者的频率相等,频差为零,并保持一个较小的剩余相位差为止。

可见,锁相环就是压控振荡器被一个外来基准参考信号控制,使得压控振荡器输出信号的相位和参考信号的相位保持某种特定关系,达到相位同步或相位锁定的目的。

PLL 常用于实现频率合成,称为锁相频率合成。由于这一方法是由一个参考频率源利用锁相技术进行合成的,所以也称为相干间接频率合成法。锁相频率合成克服了直接频率合成的固有缺点,目前已完全取代了模拟直接频率合成,成为现代频率合成技术的主要方法。锁相频率合成器的性能主要取决于锁相环的性能,目前应用广泛的是数字锁相合成器,主要有单环锁相频率合成器、多环锁相频率合成器和小数分频频率合成器等。

1.8.1 锁相环电路及其应用

锁相环、调频与解调实验电路板(见图 1-86(a))包含有变容二极管调频振荡电路、斜率鉴频与相位鉴频电路、频率合成与调频电路、锁相环与解调电路等四个电路模块。本实验板可对通信发送系统中的频率调制、接收系统中的频率解调电路、锁相环应用及频率合成等进行调测实验。实验板的模块电路分布如图 1-86(b)所示。

图 1-86(a)中,将外接电源接入“电源输入电路”的电源输入接口,可为整个实验板供电,利用电源连接线从电源输出接口还可给其他实验板供电。变容二极管调频振荡电路和锁相环调频电路分成两个独立的模块电路,实验板上还有锁相频率合成器、斜率/相位鉴频、锁相环频率解调等电路模块,可通过开关、短路块等方式切换成不同功能的电路。

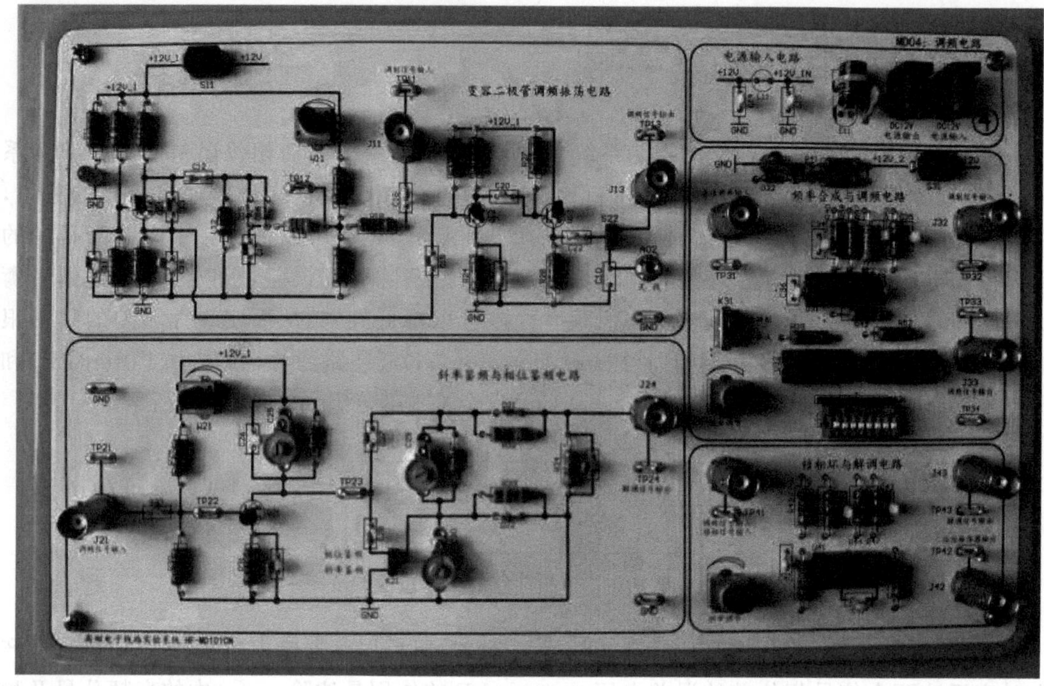

(a) 实验电路板

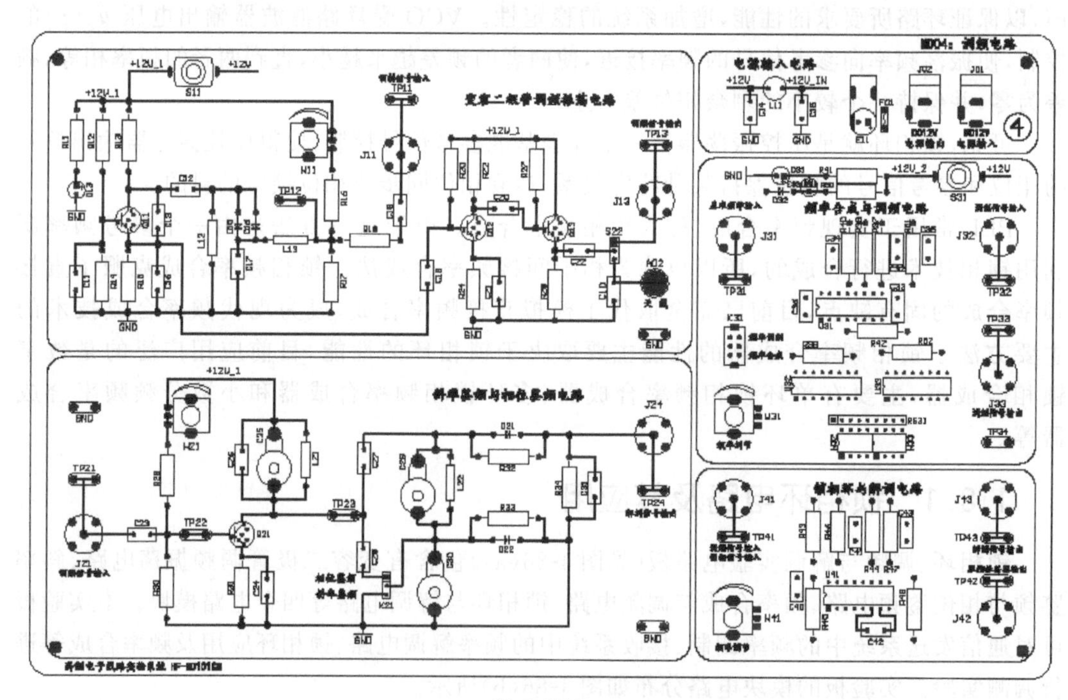

(b) 电路图

图 1-86 锁相环、调频和解调实验电路板及其电路图

1. 频率合成与调频电路

本模块电路中，TP31、TP32、TP33、TP34 为实验测试点，GND 为电路接地点。直流供电由开关 S31 接入，开关接通时，本模块电路集成芯片获得直流供电。

频率合成电路中，参考基准频率信号从J31接入，合成频率从J33输出，分频器由二级计数器CD4522组成，分频系数由拨码开关W32以“8421”码方式设定，根据不同设定，可在输出端获得参考频率整数倍的合成频率(输出频率不超出锁相环VCO的输出频率范围)。

4046锁相环组成的调频实验电路如图1-87所示，音频调制信号从J32接入，R40、C32和R37构成环路滤波器；音频信号通过4046的9脚控制其VCO的振荡频率，由于此时的控制电压为音频信号，因此VCO的振荡频率也会按照音频的规律变化，即达到了调频目的，调频信号从J33输出。

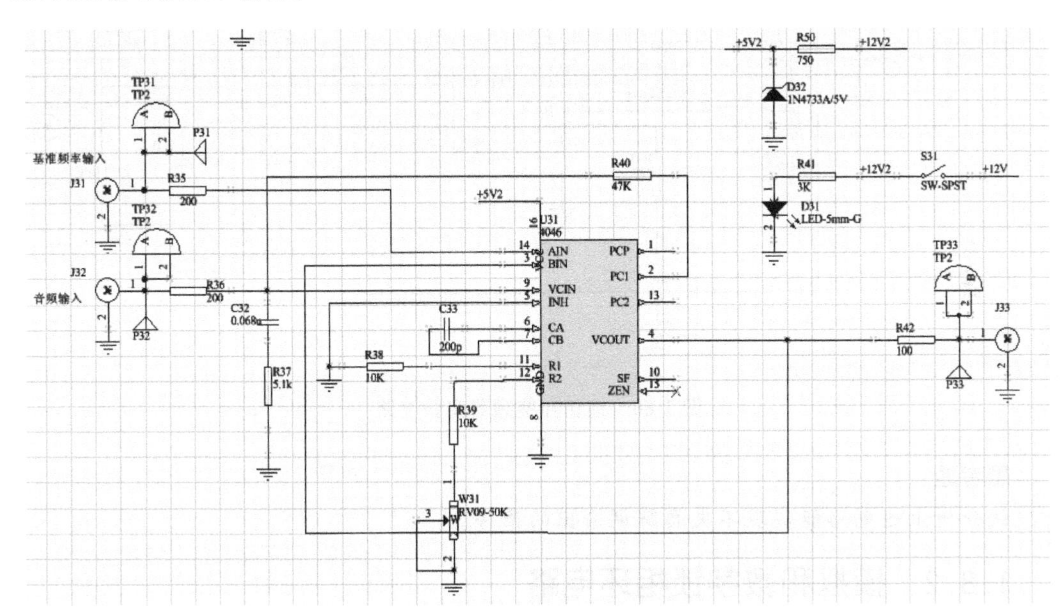

图1-87　锁相调频电路实验参考图

改变W31可以改变压控振荡器的中心频率，由于振荡器输出的是方波，因此本实验输出的是调频非正弦波。

本模块电路中的开关K31可切换锁相调频和锁相频率合成器两种工作模式。

思考题：

(1) 试分析利用锁相环实现调频波中心频率稳定度高的原因；

(2) 分析调频信号的频谱与环路滤波器的截止频率之间的关系。

2. 锁相环与解调电路

锁相环与调频解调电路中，调频信号或锁相环输入信号从J41接入，压控振荡器输出端为J42、C41和R46构成的环路滤波器，调频解调信号从J43输出；TP41、TP42、TP43为实验测试点，GND为电路接地点。直流供电由开关S31接入，开关接通时，本模块电路集成芯片获得直流供电。

4046锁相环鉴频器实验电路如图1-88所示，调整W41可改变VCO的振荡频率。将调频波信号通过J41加到4046的14脚，当锁相环在调频波信号上锁定时，压控振荡器始终跟踪外来调频信号的变化，VCO的输入电压是来自相位检测的经滤波的误差电压，相当于解调输出，即10脚的输出应为解调的低频调制信号。

图1-88所示电路中，测量锁相环捕捉带或同步带时，可将外来载波信号接入J41端，改

变其频率，可从J43端观察并记录锁相环锁定状况。

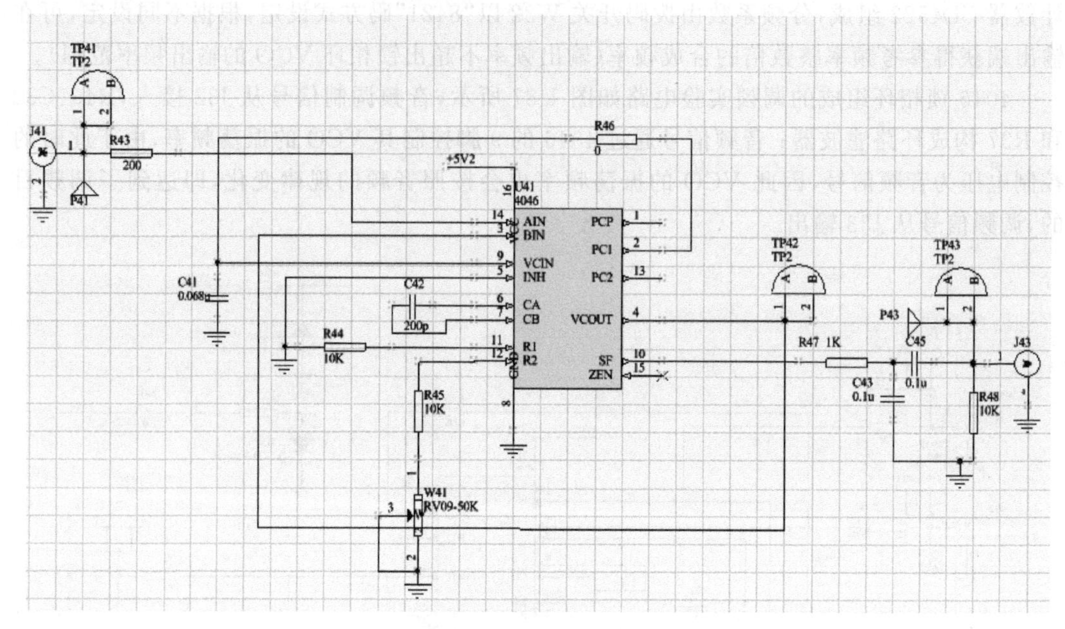

图 1-88　锁相环鉴频器实验电路

思考题：

试分析上述电路能实现不失真解调输出的条件。

1.8.2　模拟和数字锁相环电路

1. 模拟锁相环

模拟乘法器是模拟锁相环最常见的PD，也是模拟锁相环的基础部件。模拟锁相环具有很多优点，但也存在一定的缺点。模拟锁相环产品不能够随着工艺的不断优化在面积、体积上进行缩减，工艺的发展使得模拟锁相环的电源电压降低了，但电压的下降导致模拟锁相环的设计难度更高，导致模拟锁相环电路的抗干扰能力不足，基本器件的饱和点下降，直流零点发生漂移，对周边环境的温湿度的变化反应比较大，对噪声过度敏感，进而晶体管缩小导致边缘效应的发生。模拟锁相环能够根据设备运用的不同要求，进行不同的工作。如在通信的运用中，它能够对频率自动化地进行解制解调，在雷达中运用时能自动地对雷达信号进行追踪，对俯角自动地进行精密化地测量。模拟集成锁相环SL565的结构框图如图1-89所示。

2. 数字锁相环

数字锁相环的环路滤波器一般是采用可逆形式来设计的，再采用数字振荡器对压控振荡器进行设计，振荡器输出的信号不再是模拟信号，而是由数字控制单元进行控制，在很大范围上缩小了锁相环控制器的面积，采用小芯片的模式替代原来的模拟型控制单元，进一步节约了电路设计所需要耗费的成本。数字锁相环路由原来需要A/D与D/A的切换，转变成为了其中心频率和环路带宽可调，给工作带来便利，进一步减少能量的损耗，减少工作故障发生的频率，提高工作稳定性，保证设备安全可靠地运行。数字锁相环技术的运用，使设备的使用更加灵活，相位加法器能够实现相位的检测，乘法器能够对相位信号进行增大或者缩小，滤波器能够高效地进行滤波等，这些都是数字锁相环更加灵活的体现。数字锁相环的噪声性能会比较差，在对它的频率进行调整时，会发生大幅度的振动，这是数字锁相环的缺点，但是相比较其缺点，其优点更占优势。国产数字锁相环 CC4046 的结构框图如图 1-90 所示。

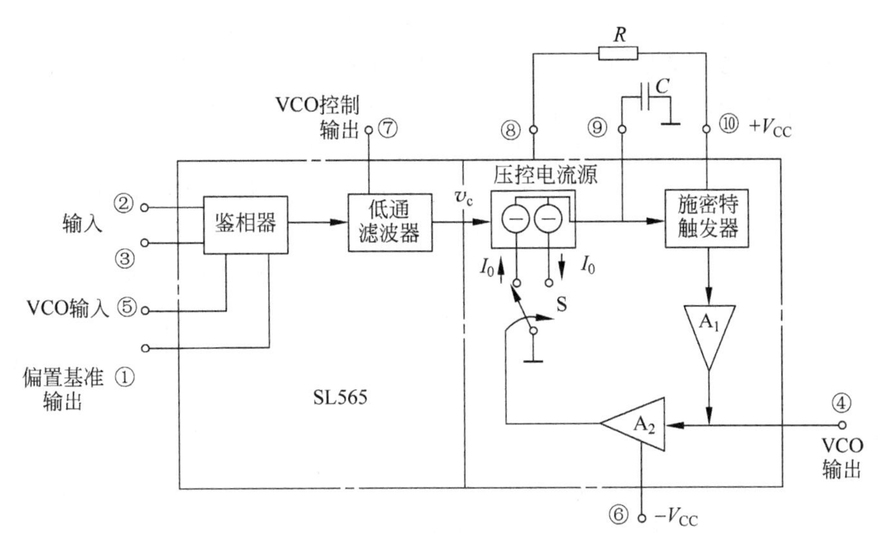

图 1-89　模拟集成锁相环 SL565 的结构框图

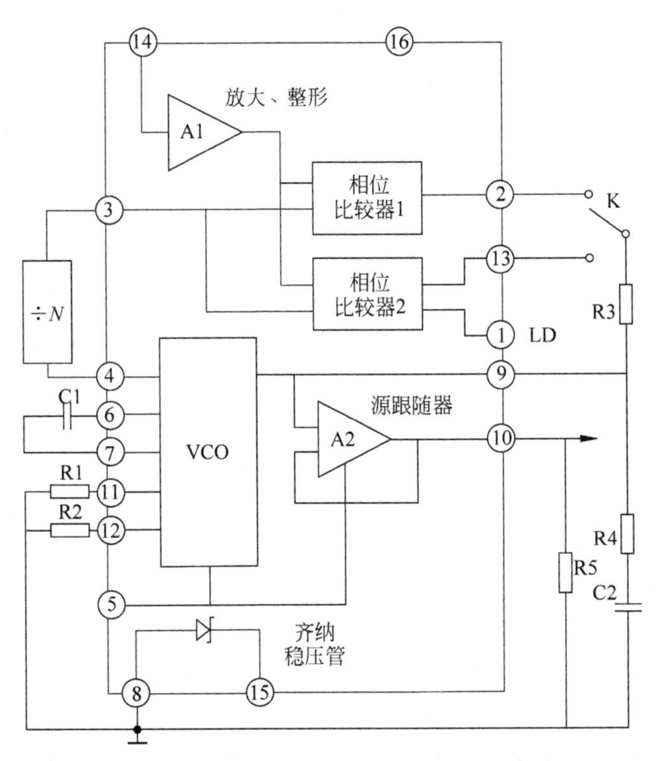

图 1-90　国产数字锁相环 CC4046 的结构框图

1.8.3 锁相环的发展历程

锁相环(Phase Locked Loop,PLL)是自动频率控制和自动相位控制技术的融合。人们对锁相环的最早研究始于20世纪30年代,其数学理论原理在20世纪30年代无线电技术发展的初期就已出现。1930年建立了同步控制理论的基础,1932年法国工程师贝尔赛什(De Bellescize)第一次公开发表了锁相环路的数学描述和同步检波论。锁相技术首先被用在同步接收中,为同步检波提供一个与输入信号载波同频的本地参考信号,使同步检波能够在低信噪比条件下工作,且没有大信号检波时导致失真的缺点,因而受到人们的关注,但由于电路构成复杂以及成本高等原因,当时没有获得广泛应用。

直至20世纪中期,黑白电视机的发明才使锁相环路技术得到普遍的应用,因为黑白电视机需要一个水平同步电路来抑制噪声并改善图像的同步性能。到了1943年锁相环路第一次应用于黑白电视接收机水平同步电路中,它可以抑制外部噪声对同步信号的干扰,从而避免了由于噪声干扰引起的扫描随机触发使画面抖动的现象,使荧光屏上的电视图像稳定清楚。随后,在彩色电视接收机中锁相电路用来同步彩色脉冲串。从此,锁相环路开始得到了应用,并迅速发展。

20世纪50年代,随着空间技术的发展,杰费(Jaffe)和里希廷(Rechtin)研制成功利用锁相环路作为导弹信标的跟踪滤波器,他们第一次发表了含有噪声效应的锁相环路线性理论分析文章,并解决了锁相环路最佳化设计的问题。空间技术的发展促进了人们对锁相环路及其理论的进一步探讨,从而极大地推动了锁相技术的发展。

20世纪60年代初,维特比(Viterbi)研究了无噪声锁相环路的非线性理论问题,并发表了相干通信原理的论文。最初的锁相环都是利用分立元件搭建的,由于技术和成本方面的原因,当时只是用于航天、航空等军事和精密测量等领域。集成电路技术出现后,直到1965年左右,随着半导体技术的发展,第一块锁相环芯片出现之后,锁相环才作为一个低成本的多功能组件开始大量应用于各种领域。最初的锁相环是纯模拟的(APLL),所有的模块都由模拟电路组成,大多由四象限模拟乘法器来构建环路中的鉴相器,环路滤波器为低通滤波器(由电阻R、电容C组成),压控振荡器的结构多种多样。由于APLL在稳定工作时,各模块都可以认为是线性工作的,所以也称为线性锁相环LPLL(Linear Phase Locked Loop)。APLL对正弦特性信号的相位跟踪非常好,它的环路特性主要由鉴相器的特性决定,主要用于对信号的调制。

20世纪70年代,Undsy和Chanes在做了大量实验的基础上进行了有噪声的一阶、二阶及高阶PLL的非线性理论分析。随着对锁相技术的深入广泛的研究,伴随着数字电路的发展,鉴相器部分开始由数字电路代替,其他部分仍为模拟电路,这种锁相环就是最初的数字锁相环(DPLL),准确的名称为数模混合锁相环(Mixed-single PLL)。随着数模混合锁相环技术的不断发展和完善,DPLL成为了锁相环的主流。

现在随着通信对低成本、低功耗、大带宽、高数据传输速率的需求,集成电路不断朝着高集成度、低功耗的方向发展。低功耗、高工作频率、低电压的锁相环设计中,主要的挑战是设计合适的压控振荡器和高频率的分频器,针对这方面的研究,设计师们不断提出新的技术,如压控振荡器和分频器由原来的串接改为堆叠结构、DH-PLL结构等,随着设计人员的不断努力,锁相环的性能不断提高,现在已经有工作频率达50GHz的锁相环,同时锁相环也在通信和航空航天等领域中发挥着越来越重要的作用。

自问世以来，国外的锁相环集成产品在几十年间发展极为迅速，产品种类繁多，工艺日新月异。目前，除某些特殊用途的锁相环路外，锁相环几乎全部集成了，已生产出数百个品种。现在，锁相技术已经成为一门系统的理论科学，它在通信、雷达、航天、精密测量、计算机、红外、激光、原子能、立体声、马达控制以及图像等技术部门获得了广泛的应用。

美国国家半导体(Nation Semiconductor)公司于 2003 年 6 月宣布推出的 LMX243x 系列锁相环芯片，操作频率高达 3GHz 以上，适用于无线局域网、5.8GHz 室内无绳电话、移动电话及基站等应用方案。低功耗、超低的相位噪声(正常化相位噪声可达到－219 dBc/Hz)使它突显优势。

国内的浩凯微电子(上海)有限公司于 2007 年底研发出具有完全自主知识产权的高性能时钟锁相环 IP 系列产品，目前该系列产品已经过 MPW 硅验证。该锁相环系列采用全新的结构，独特的电荷泵和差分 VCO 的设计，可以抑制电源和衬底噪声对 VCO 的影响以确保 PLL 有非常低的噪声，差分 VCO 的独特设计可以输出时钟维持 50% 占空比且与 VCO 同频，由于不需要倍频振荡，VCO 本身的功耗可降为常规设计的四分之一，有效降低了功耗。相比国外而言，我国国内的 IC 设计水平相对比较落后，模拟设计环节更是薄弱，PLL 的技术几乎被国外垄断，国内很少有企业掌握高性能 PLL 核心技术，产品更是少。电荷泵锁相环作为应用最广泛的一种锁相环，虽然它的理论已经比较成熟，但是它的设计与实现涉及信号与系统、集成电子学、版图、半导体工艺和测试等方面，难度比较大。

1.8.4　拓展阅读

北斗导航(如图 1-91 所示)是继美国 GPS、俄罗斯 GLONASS 之后研发的第三个成熟的卫星导航通信系统。北斗卫星导航系统包括三个非常关键的组成部分，分别是空间段、地面段、用户段，可以在全球范围内为各类用户提供高精度、高可靠定位、导航、授时服务，并且提供短报文的通信传输能力，已经初步具备了区域导航、定位和授时能力，测速精度达到了 0.2m/s，定位精度达到了分米，厘米级，授时精度达到了 10ns，因此在交通运输、水文监测、

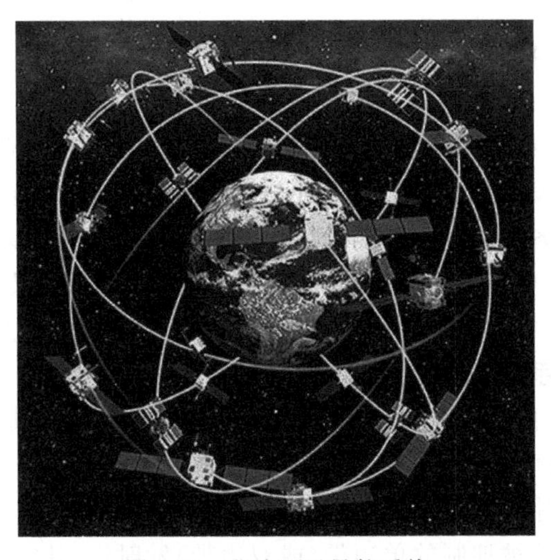

图 1-91　北斗卫星导航系统

森林防火、应急搜救、测绘地理信息、海洋渔业、电力通信、救灾减灾等领域得到广泛应用，已经逐步渗透到了社会的各个方面，为社会发展注入了新的动力。

目前，由于北斗卫星导航应用场景较为复杂，传输信号由于衰减会变弱，因此可以采取频率合成技术，增强信号能力，确保北斗卫星导航的应用成效。频率合成是北斗卫星导航接收机重要应用技术之一，通过多年的研究，已经诞生了直接频率合成、锁相环频率合成等技术，从而实现了具有高稳定性和高精度的同步时钟源。采用锁相环频率合成技术合成北斗的时间频率信号和本地振荡器的频率信号，以使合成频率源同时具有良好的长期稳定度和短期稳定度。

在空间技术中，测速与测距是确定卫星运行的两种重要的技术手段，它们都是依靠地面接收机接收卫星发来的通信信号而实现的。由于卫星距离地面遥远，且发射功率低，所以地面能接收到的卫星信号极其微弱。此外，卫星环绕地球飞行时，由于多普勒效应，地面接收到的信号频率将偏离卫星发射的信号频率，且偏离值的变化范围较大。例如，一般情况下虽然接收信号本身只占有几十赫兹到几百赫兹带宽，而它的频率偏移可能会达到几千赫兹到几十千赫兹，如果采用普通的外差式接收机，中频放大器带宽就要相应地变化更大，宽频带会引起大的噪声功率，导致接收机的输出信噪比严重下降，无法接收有用信号。

锁相接收机(窄带跟踪接收机)的带宽很窄，又能跟踪信号，因此能大大提高接收机的信噪比。

锁相环频率合成利用锁相环路信号同步的原理，利用高精度、高稳定度的晶体振荡器作为频率合成参考，形成一系列的离散频率。北斗导航卫星接收机要求本振频率为一个固定值，因此对于相位噪声具有非常高的要求，也是频率合成的主流选择。

北斗卫星导航系统作为全球性的公共资源，占用的频率非常多，但是这些频率资源又是有限的，同时卫星信号传输存在自身的衰减，因此为了推动卫星导航系统的应用和普及，北斗导航卫星接收机通过频率合成可以有效地将模拟信号转换为数字信号，为用户定位、车辆导航等提供强大的服务支撑，对进一步扩展北斗导航卫星应用领域，具有重要的作用和意义。

1.9 无线广播收发系统

通信电子电路中，无线广播收发的典型系统包含有调幅(AM)收发系统和调频(FM)收发系统。对无线广播收发系统进行组合设计与调试，可进一步掌握完整的通信系统的组成及各部分功能。通过将各个独立的功能模块连接完成信息传递的功能，并根据实际传输的效果，对通信系统的传输质量做出客观、正确的评判，需要设计者及调试者对无线广播收发系统组成有充分的了解，根据各功能电路模块的接口条件进行联机实验。

不论调幅还是调频系统，无线收发系统的评价指标基本相同。无线电发射机的作用是将要传输的基带信号通过调制、放大、变频等处理，最终使得低频基带信号通过天线以高频电磁波的形式发射到空间。无线电发射机的主要技术指标如下：

(1) 输出功率。发射机的输出功率是指载波输出功率，即无调制时发射机馈给测试负载的平均功率。对于载波被抑制的单边带(或双边带)发射机，其输出功率在无调制时为零，此时用峰包功率来衡量，峰包功率是指在等幅双音调制时信号包络的最大值上高频一个周期内的平均功率。根据输出功率的大小，发射机可以分为大功率发射机、中功率发射机和小功率发射机，发射机功率越大，信号传播的距离越远。但盲目增加输出功率不仅会造成浪费，也会增加对其他通信设备的干扰，不利于频谱的有效利用。

(2) 频率范围与频率间隔。频率范围是指发射机的工作频率范围，频率间隔是指相邻两工作频率点之间的频率差值，通常要求在频率范围内的各工作频率点发射机的其他各项指标均能符合要求。

(3) 频率准确度与频率稳定度。频率准确度反映发射机实际工作频率偏离标称频率的程度，一般用相对值表示，即频率差值和标称值之比；由于不同时刻的频率准确度不同，因此对于频率准确度应该说明测试时间。频率稳定度反映发射机载波频率作随机变化的波动情况，和发射机内部振荡源的频稳度相关。

(4) 调制特性。发射机的调制特性包括调制频率特性和调制线性，调制频率特性是发射机的音频响应，是指调制信号的输入电平恒定时，已调波振幅(对于线性调制)、频偏(针对调频)或相位偏移(针对调相)与调制信号频率之间的关系。调制线性是指在规定的调制频率(如 1kHz)下，已调波的振幅、频率或相位随调制信号电平变化的线性度。调制线性好，可以减少发送信号的非线性失真。

(5) 领道功率。邻道功率是指发射机在规定的调制状态下工作时，输出进入相邻信道内的功率，邻道功率的大小主要取决于已调波频带和发射机噪声，也与载波的频谱纯度有关。

(6) 寄生辐射。寄生辐射指有用频率以外其他频率上的辐射，这种辐射可能在很宽的频率范围内干扰其他接收机的正常工作，因此，必须严格限制电台密集地区各种发射机的寄生辐射。

无线电接收机是用于接收无线电信号的设备，由于来自空间的电磁波很微弱，且含大量干扰和噪声，因此无线电接收机必须具有放大信号、选择信号、排除干扰以及对信号进行解调的能力。超外差式接收机的接收性能最好，工作也最稳定，广泛应用于通信、广播和电视接收机中。无线电接收机的主要技术指标有接收机灵敏度和选择性。

(1) 接收机灵敏度。灵敏度指标反映接收机接收微弱信号的能力，灵敏度的定义是在保持接收机输出达到额定信号功率和额定信噪比条件下，天线端所需的信号电压最小值，这个数值越小，表示接收机的灵敏度越高。广播收音机的灵敏度一般为 50～200μV，而通信接收机则要求灵敏度为几个微伏甚至小于 1μV。

影响接收机灵敏度的主要因素是接收机的内部噪声和总增益，接收机内部噪声是影响灵敏度的关键因素，且接收机前端电路的噪声系数决定了接收机整机的噪声系数，因此要提高接收机的灵敏度，就必须采取措施减少接收机前端电路的内部噪声。在选用或设计接收机时，对灵敏度的要求应根据具体情况确定，并不是在任何场合下灵敏度都越高越好。在接收信号比较强、而环境噪声比较大的场合，接收机灵敏度宜选取低一些，如在城市中使用的收音机和电视机等。在接收信号较弱且外部噪声又较小的场合，接收机灵敏度宜选高一些。

(2) 接收机选择性。选择性是指接收机选择接收有用信号的能力，选择性高可以提高接收机抗干扰的能力。由于灵敏度高的接收机也将接收到更多的干扰噪声，因此接收机灵敏度与提高抗干扰能力之间存在矛盾，为解决这个矛盾，必须提高接收机选频电路的选择性,设计选频滤波器的矩形系数接近理想值 1。

1.9.1 6～12MHz 调幅收发实验系统

调幅收发实验系统整机的设计和调试,包含调幅发射实验系统和调幅接收实验系统。

1. 调幅发射实验系统联调

调幅发射实验系统工作过程为:来自信号发生器或其他信息源(如麦克风等)输出的低频语音信号经语音放大电路放大处理(信号足够大时也可不经语音放大),然后送入调幅实验电路中进行幅度调制,再由丙类(C 类)高频功率放大电路放大后经天线发射输出,功率放大的输出信号也可由示波器等相关仪器接收分析。

图 1-92(a)和(b)为调幅发射实验系统调试时的连接框图,可分别用三极管调幅和集成调幅模块进行调制及发射调试,发射系统输出载频为 6～12MHz 可调,即输入调幅实验电路 J12 端或集成调幅电路 J31 端的高频信号载频设置在 6～12MHz 中的任意一个频率,并将电路板上的选频回路谐振频率调谐到所设置的载频上(可通过调整谐振回路上的电容值进行频率调试),在输出端 J16 除连接天线将信号无线发射外,还可接入示波器考察输出调幅波形,也可在输出端接入频谱分析仪考察输出信号频域信息。若输出端不能正常输出,可以将输出观察点从后往前移,逐步检查电路考察信号出现非正常状况的位置,以此判断电路故障或信号参数设置是否合理,反复调试使电路输出正确的信号。

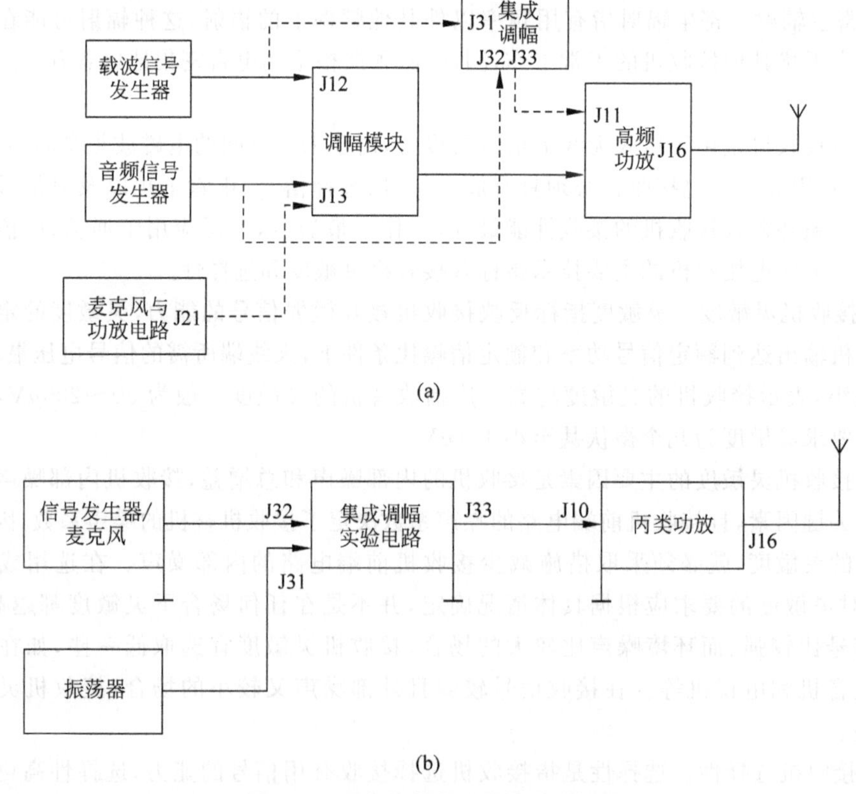

图 1-92　调幅发射实验系统连接框图

2. 调幅接收实验系统联调

调幅接收实验系统工作过程为：从天线接收的调幅信号(或由高频信号发生器提供的调幅信号)接入小信号双调谐放大实验电路，放大后的信号接入混频电路，混频输出的中频已调信号经检波器检波后，可由扬声器播放，或由示波器观察解调波形并分析。

如图 1-93 为调幅接收实验系统调试时的连接框图，从天线接收的调幅信号(或由高频信号发生器提供的调幅信号)接入小信号双调谐放大实验电路中的输入 J21 端，接入的调幅信号载波频率为 6～12MHz，再将经小信号双调谐放大电路放大输出的信号经 J24 接入图 1-69 所示的三极管混频电路输入端 J12(或接入图 1-70 所示集成混频实验电路 J42 端)，本振信号从三极管混频电路的 J11 端接入(或从集成混频电路的 J41 端接入)，本振信号来源可由高频信号发生器或振荡实验电路产生，本振信号频率设置为高出输入调幅载频一个中频的频率，混频器中频设置为典型值 2.5MHz，经混频后的调幅信号载频变成 2.5MHz 的中频，经中放电路放大后，再由幅度解调实验电路解调出音频信号，调幅解调可采用二极管检波实验电路或乘法器同步检波实验电路，解调出的语音信号可接入示波器考察波形并分析，也可接入语音放大电路推动扬声器输出语音信号。

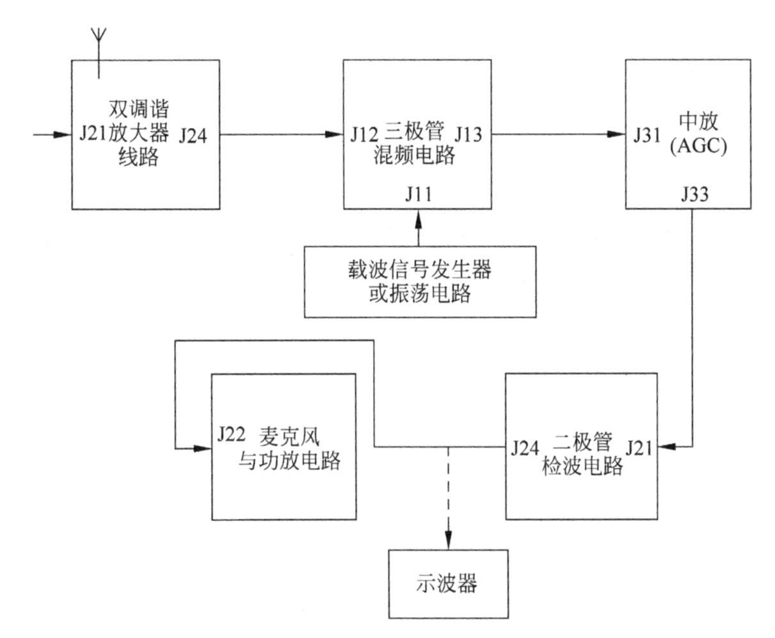

图 1-93　调幅接收实验系统连接框图

在以上发射和接收系统的联调中，也可单独将调幅和解调电路连接成幅度调制解调器，重点考察幅度调制解调通信系统传输模拟语音信号的状况，考察 AM 或 DSB 调制下信号传输效果；由于频谱分析是通信系统中一个十分重要的内容，在观察各点波形的同时，也要充分利用频谱仪分析电路观察各点波形的频谱，加深对调幅信号传输的理解。若输出端不能正常输出，可以将输出观察点从后往前移，逐步检查电路考察信号出现非正常状况的位置，以此判断电路故障或信号参数设置是否合理，反复调试使电路输出正确的信号。

3. 调幅收发整机实验系统联调

根据图 1-92 和图 1-93 系统联机框图，构成一组自发射自接收系统，设置本组无线传输的收发频率；不仅可考察 AM 调制下包络检波的语音信号有线或无线传输效果，也可考察 DSB 调制下同步检波的语音信号传输效果。最终可考察 AM 调制下的单音信号和多音信号有线和无线传输效果。

联调过程中，利用语音单元电路，可考察喇叭中收听到的信号发生器单音频信号、话筒语音信号或外接播放器语音信号的传输效果；本组收发整机联调，可利用发送单元和接收单元，在有线连接和利用天线无线连接两种状态下，完成自发自收信号；做整机实验时，也可和其他实验组联合，将收发频率调到其他实验组的实验频率上，与其他实验组点对点通过天线互发互收语音信号，考察通信距离及喇叭收听效果。

若联调过程中系统不能正常地输出，可以将输出观察点从后往前移，逐步检查电路考察信号出现非正常状况的位置，以此判断电路故障或信号参数设置是否合理，反复调试使系统获得正确的传输信号。

1.9.2 调频收发实验系统

1. 调频发射实验系统联调

调频发射实验系统工作过程为：语音信号经语音放大电路进行放大处理，然后送入调频电路中进行频率调制并经天线发射输出，输出的调频信号也可由示波器或频谱分析仪接收分析。

图 1-94 为调频发射实验系统调试时的连接框图，发射系统输出载频为 6～12MHz 可调(利用加在变容二极管上的直流偏置电压调整)，即如图 1-78 所示变容二极管调频实验电路 J11 端或锁相调频电路 J32 端输入低频调制信号，载频设置为 6～12MHz 中的任意一个频率，在调频电路输出端接入示波器可考察输出调幅波形，也可在输出端接入频谱分析仪考察输出信号频域信息。

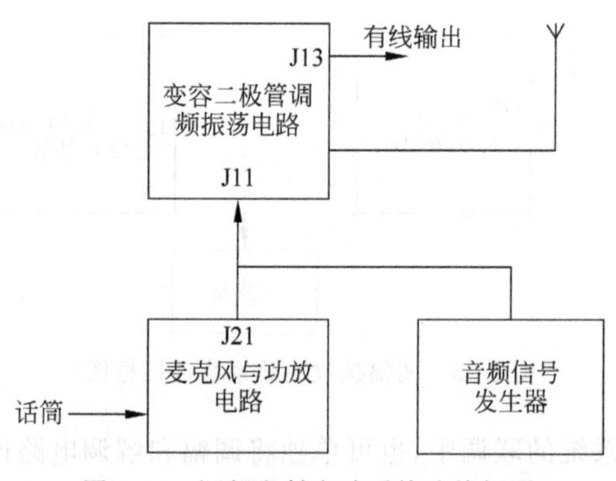

图 1-94 调频发射实验系统连接框图

除用低频信号发生器给出单音调制信号考察调频发送系统工作状况外，还可通过麦克风电路给出多音调制信号考察调频发送系统。

2. 调频接收实验系统联调

调频接收实验系统工作过程为：从天线接收的调频信号或由仪器提供的调频信号进入小信号调谐放大电路中放大(接收信号足够大时也可省略此部分放大)，再由混频电路将调频信号变成 2.5MHz 的中频，经中放电路放大后，再由鉴频电路解调出音频信号，最后可通过语音放大电路推动扬声器输出语音信号，解调出的语音信号也可由示波器接收分析。

如图 1-95 为调频接收实验系统调试时的连接框图，从天线接收的调频信号（或由高频信号发生器提供的调频信号）接入小信号双调谐放大实验电路中的输入端 J21，接入的调频信号载波频率为 6～12MHz，再将经小信号双调谐放大电路放大输出的信号经 J24 端接入图 1-69 所示的三极管混频电路输入端 J12（或接入图 1-70 所示集成混频实验电路 J42 端），本振信号从三极管混频电路的 J11 端接入（或从集成混频电路的 J41 端接入），本振信号可由高频信号发生器或振荡实验电路产生，本振信号频率设置为高出输入调频载频一个中频的频率，混频器中频设置为典型值 2.5MHz，经混频后的调频信号载频变成 2.5MHz 的中频，经中放电路放大后，再由图 1-81 所示的鉴频实验电路（或采用锁相调频解调电路）解调出音频信号，解调出的单音信号可接入示波器考察波形并分析，无论低频调制信号是单音还是多音信号，都可接入语音放大电路推动扬声器输出语音信号，考察调频信号接收效果。

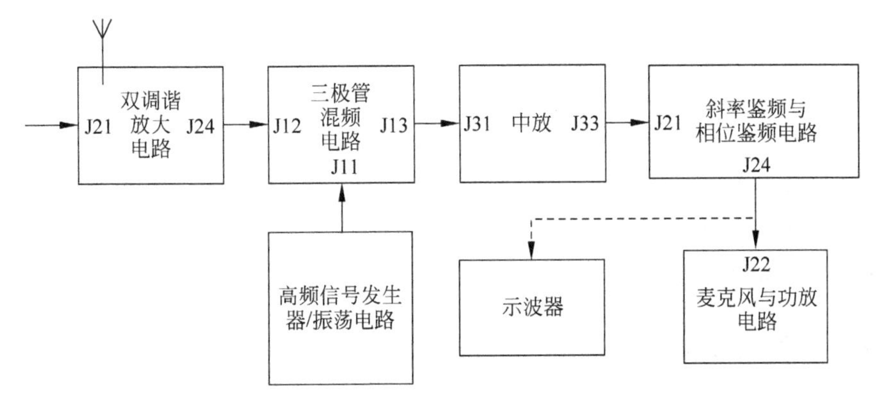

图 1-95　调频接收实验系统连接框图

3. 调频收发整机实验系统联调

对无线调频收发系统进行联调，可通过将各个独立的功能模块连接，完成信息传递的功能，并根据实际传输的效果，对通信系统的传输质量做出客观、正确的评断。由于各功能模块都有自己特殊的接口条件，因此需要实验者先对这些条件有充分了解，再进行联机实验。

根据图 1-94 和图 1-95 系统联机框图，构成一组自发射自接收系统，设置本组无线传输的收发频率，可考察低频单音信号或多音信号在调频时的有线和无线传输效果。

联调过程中，利用语音单元电路，可考察喇叭中收听到的信号发生器单音频信号、话筒语音信号或外接播放器语音信号的传输效果；本组收发整机联调，可利用发送单元和接收单元，在有线连接和利用天线无线连接两种状态下，完成自发自收信号；调试过程中，还可考察通信距离及喇叭收听效果。

频谱分析是通信系统中一个十分重要的内容，建议在观察各点波形的同时，能充分利用频谱分析模块观察各点波形的频谱，加深对调频信号传输的理解。

1.9.3　调频广播发射器

小型调频广播发射器在市场上有许多产品供选择，一般频率覆盖范围为 87～108MHz，无线电爱好者可用它作为自制声源的调频发射装置，并可以和车载调频收音机配合构成调频收发卡拉 OK 音响系统。

某小功率调频立体声发射专用模块如图 1-96 所示，该模块内部包含高保真调频立体声复合信号调制电路、数字频率合成电路、单片机控制电路、开关机控制电路、功率放大电路等，频率范围覆盖调频广播的低频段。该模块外形尺寸小，可直接嵌入式应用，只需接上音源、电源，设置好发射频率即可使用。可应用于车载影音系统和便携式影音系统等。它的主要引脚说明如下：

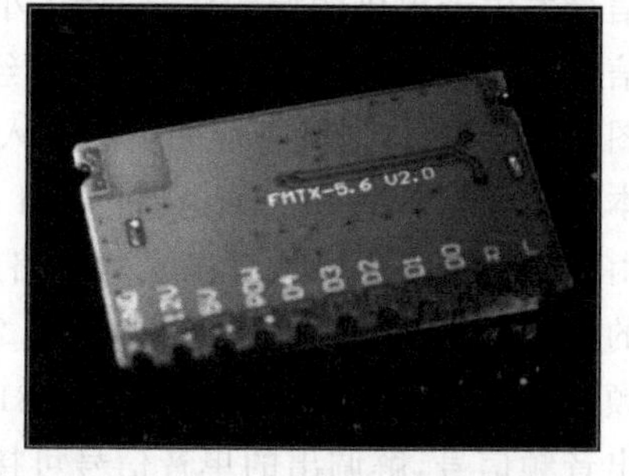

图 1-96 小功率调频立体声发射模块

1 L：左声道输入

2 R：右声道输入

3 DO：发射频率选择，控制电平输入(内部带上拉电阻)悬空为高电平，接地为低电平

6 D3：发射频段选择，控制电平输入(内部带上拉电阻)

8 POW：发射开关控制电平输入，高电平打开发射，低电平关闭发射

9 ＋5VDC：＋5V 电源输入(必须稳压)

10 ＋12VDC：＋12V 电源输入(内部稳压)

11 GND：电源地

12 ANT：天线输出

1.9.4 调幅与调频收音机

1. 超外差式中波段调幅收音机

1) 电路图

中波段调幅收音机的电路形式有很多，由七个晶体三极管组成的中波段调幅收音机电路如图 1-97 所示，直流供电电压为 3V，其中三极管 V1、V2 、V3 和 V4 是高频放大管 9018，V5 是低频放大管 9014，V6 和 V7 是低频功率放大管 9013。电容 C_A 和变压器 T1 耦合回路构成输入选频回路。三极管 V1 电路构成自激式混频电路，集本振、混频和放大为一体，本振是经 T2 互感耦合构成反馈型 LC 振荡器；电容 C_B 所属回路谐振在本振频率，本振频率超出输入信号频率 465kHz，电容 C_A 和电容 C_B 是双联电容，可同步调整输入信号频率和本振信号频率；三极管集电极中频滤波选频由选频中周 T3 实现，中频为 46kHz。三极管 V2 和 V3 构成两级中频放大电路，中频 465kHz 滤波选频由选频中周 T4、T5 实现。三极管 V4 构成检波电路，其中三极管的发射结(作为二极管)、电容 C6、C7 及电阻 R9、电位器 VR 构成大信号检波电路，检波输出信号经隔直电容 C8 耦合到下一级；V4 基极信号也反馈到 V2 基极用来中和三极管内反馈以防止电路自激。检波解调出的信号由 V5 低频放大后，送入由 V6、V7 构成的乙类推挽功放电路，推动扬声器 LB 播放音频信号。开关 K 和电位器 VR 连通，接通开关后可通过调整电位器来调整音量。发光二极管 LED 用作电源指示，开关 K 接通时，LED 灯点亮，CK 是耳机插孔。

2) 电路安装和调试

图 1-98 所示为七管收音机的电路印制板，元器件清单如表 1-1 所示，该套件为 3V 低压全硅管袖珍式七管超外差式收音机，外形尺寸为 124mm×76mm×27mm；四只中周位置不能安装错，红色的是振荡线圈，安装在 T2 位置，黄色的是第一中周(T3)，白色为第二中周(T4)，

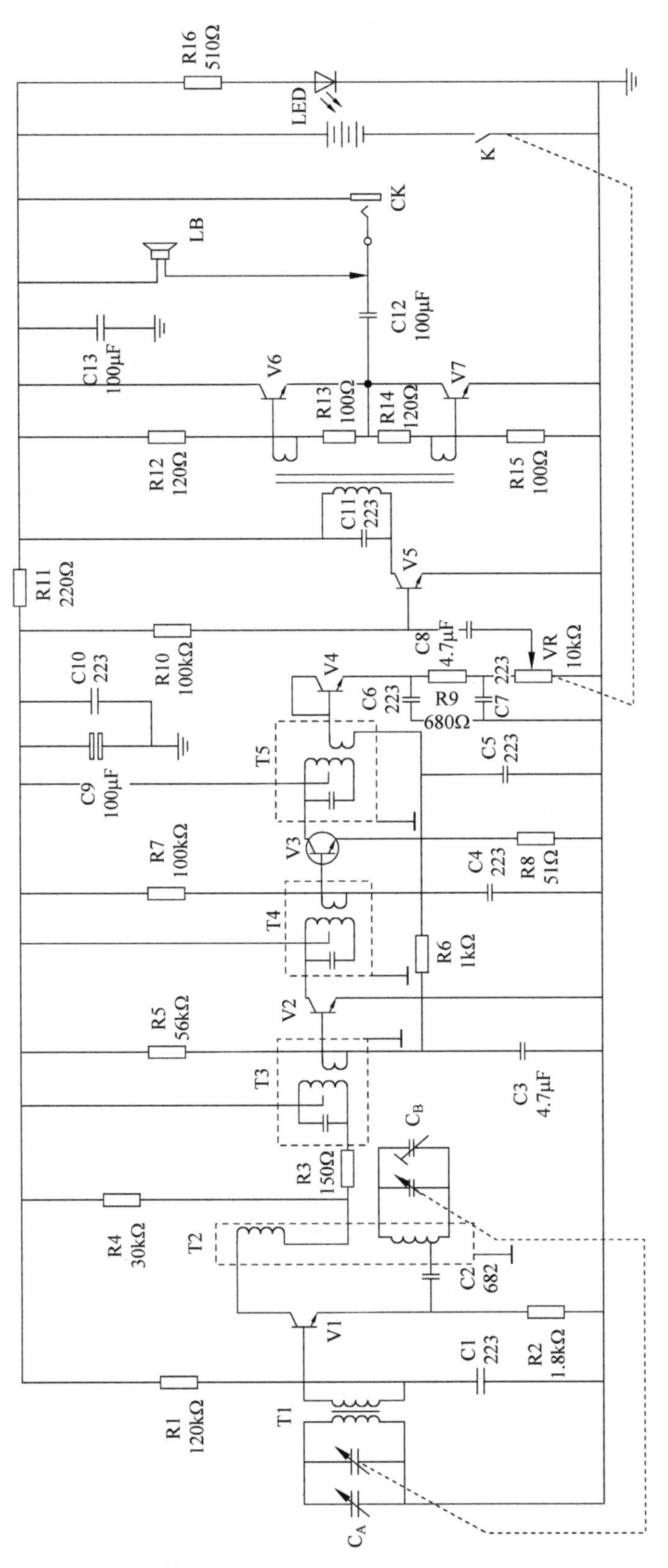

图 1-97　中波段调幅收音机电路图

绿色为第三中周(T5),T6为低频功放的输入变压器,线圈骨架上一般有凸点标记的为初级,印制板上也用圆点作为标记,切勿装反;三极管9013、9014、9018因外形相似,须仔细对照元件装配;电路图中所标各级工作电流为参考值,可根据实际情况调试,以不失真、不啸叫、声音洪亮为标准,整机静态工作电流约为11mA。将所有器件安装焊接并调试后即可用来收听广播节目。

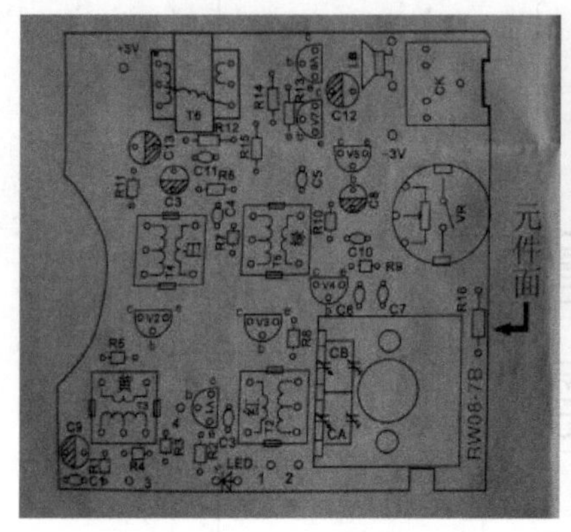

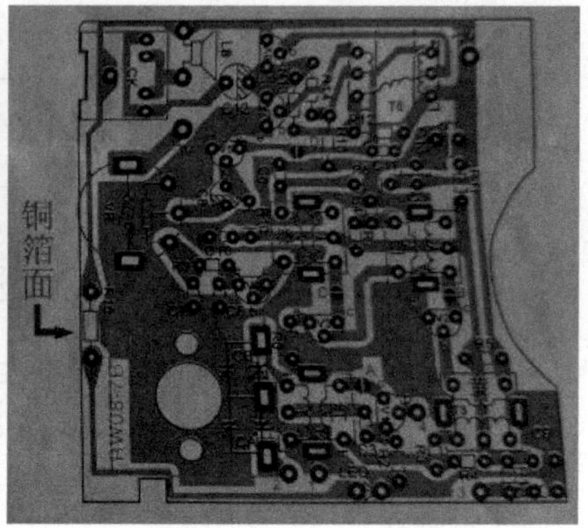

图1-98 七管收音机印制板图

表1-1 七管收音机元件清单

元件	型号	数量	位号	元件	型号	数量	位号
三极管	9013	2只	V6、V7	电阻	30kΩ	1只	R4
三极管	9014	1只	V5	电阻	56kΩ	1只	R5
三极管	9018	4只	V1、V2、V3、V4	电阻	100kΩ	2只	R7、R10
发光二极管	红色	1只	LED	电阻	120kΩ	1只	R1
磁棒及线圈	4mm×8mm×80mm	1套	T1	瓷片电容	103(即0.01μF)	1只	C2
振荡线圈	TF10(红色)	1只	T2	瓷片电容	223(即0.022μF)	7只	C1、C4、C5、C6、C7、C10、C11
中频变压器	TF10(黄色)	1只	T3	电解电容	4.7μF	2只	C3、C8
中频变压器	TF10(白色)	1只	T4	电解电容	100μF	3只	C9、C12、C13
中频变压器	TF10(绿色)	1只	T5	双联电容		1只	CA(CB)
输入变压器	蓝色	1只	T6	耳机插座	3.5mm	1只	CK
扬声器	0.5W 8Ω	1只	LB	电位器拨盘		1只	
电位器	10kΩ	1只	VR	磁棒支架		1只	
电阻	51Ω	1只	R8	刻度面板		1块	
电阻	100Ω	2只	R13、R15	调谐拨盘		1只	
电阻	120Ω	2只	R12、R14	印刷电路板		1块	
电阻	150Ω	1只	R3	电池极片		1套	正负及连片
电阻	220Ω	1只	R11	导线	红、黑、黄	4根	
电阻	510Ω	1只	R16	螺丝		5个	
电阻	680Ω	1只	R9	机壳上盖		1个	
电阻	1kΩ	1只	R6	机壳下盖		1个	
电阻	2kΩ	1只	R2				

（1）安装

装配收音机的基本原则和装配电子产品一样，先安装低矮或耐热的元器件（如电阻、芯片插座），再安装大一点的元器件（如中周、变压器），最后安装怕热的元器件（如晶体管）。

对安装完成的收音机在通电前需进行自检和互检，检查焊接质量是否达到要求，如三极管和二极管的极性是否焊错，各阻值电阻安装位置是否正确，各焊点是否有虚焊等；最后还需要检查电源有无输出电压及引出线的正负极是否正确。

（2）静态测量

收音机接入电源后要进行测量和调试，首先测量整机静态工作的总电流，在收音机开关不打开时，可以将选台频率调到 530kHz 附近的无电台区测量静态总电流，3V 直流电源供电条件下静态总电流参考值一般小于 25mA，若无信号时电流大于 25mA，则说明该机出现短路或局部短路，若无电流则说明电源没接上。

测量静态总电流后，打开收音机开关，再分别测量除检波管 V4 以外的六个晶体管 E、B、C 三个电极对地的电压值（即静态工作点）。

（3）试听

若上述初测结果基本正常，就可以进行试听。将收音机接通电源，慢慢转动调谐盘可听到广播声，否则应重复前面的各项检查，找出故障并排除，注意此时不要调中周及微调电容。收音机经过通电测量检查并正常发出声音后，可进行调试工作，所谓调试主要指频率调节。

（4）频率调节

收音机的频率调节包括调中周频率、接收频率范围及统调，目的就是使得整机性能达到要求。收音机在选择电台时，只要调节双联电容就可使本振与天线调谐两个回路的频率同步变化，从而保证两个回路的频差值固定在 465kHz 中频上，这称为同步或跟踪。实际中，要使波段内每个频率点都同步是很不容易的，为使波段内获得基本同步，在设计本振和天线回路时一般要求在中间频率（如中波 1MHz）处达到同步，并且在波段低频处（如中波 600kHz）通过调节天线线圈在磁棒中的位置，在高频端通过调整天线回路的微调补偿电容值，使得频率低端和高端也达到同步，以期获得波段内各点频率基本同步。所以，超外差式收音机在整个波段内有三点是保证同步跟踪的，故称三点同步或三点统调。

调中周的目的是将各中周的谐振频率都调整到固定中频频率 465kHz，一般情况下，出厂成品的中周频率基本无须调整，但在整机指标调试中还是需要检测的。频率检测需要借助仪器，除了用专业仪器矢量分析仪或扫频仪测量中周幅频特性和谐振频率外，在只有信号发生器和示波器的情况下，将信号发生器调到 465kHz 载波输出频率上，将收音机靠近信号发生器并将调台频率调谐到波段最低频率点 530kHz 附近，按顺序微调中周 T5、T4 和 T3 的磁心使收音机收到的信号最强（示波器显示的中周输出高频信号波形幅度最大）。若出现输出信号平顶，应减小信号发生器输出幅度，微微调整某个中周使输出电压最大，如此反复调整 T5、T4 和 T3 使得收音机的信号最强。确认收音机信号最强的方法也可以用喇叭监听接收的音频信号，由信号发生器输出载波 530kHz、音频调制频率 1kHz 的调幅信号，调整中周时可在收音机喇叭里听到 1kHz 的音频信号，当声音最大、音色最纯正时，就是中周调整到了最佳状态。

中波段调幅收音机接收的频率为 525～1605kHz，频率范围的调整可以从频率低端开始，将信号发生器调至载频 525kHz 的调幅波，收音机调台刻度盘调至 530kHz 频率上并靠近信号发生器，高频调幅信号由收音机天线接收，此时调整振荡线圈 T2，使得收音机信号最强；然后再进行高端频率调整，将信号发生器调到载波 1600kHz 的调幅波输出，收音机调台到 1605kHz 频率点上，调整双联电容中的微调电容，反复上述调整步骤，使收音信号最强为止。

最后的统调可以进一步提高收音机的灵敏度和同步性能，在频率低端调整时，将信号发生器调到载频 600kHz 的调幅波，收音机也调到频率 600kHz 刻度处，调整线圈 T1 在磁棒上的位置使接收信号最强，一般线圈的位置靠近磁棒的右端。调整频率低端时，将信号发生器和收音机频率都调到 1500kHz，再调双联电容使得收音机在频率高端接收的信号最强。以上频率调节和统调完成后，就可用蜡将天线的线圈固定在磁棒上。

2. 调频调幅收音机

CD1691CB 是一块集成度高、所需外围元件少的单片调频、调幅收音机集成电路，芯片内集成有调频接收系统的高放、混频、本振、中放和鉴频等电路，还有调幅接收系统的本振、混频、中放、检波和 AGC 等电路，中周选频电路需外接，音频功放电路共用，并含有调谐指示和稳压电路，其特点如下：

(1) 静态电流小：$V_{CC}=3V$ 时，FM：$I_{CCQ}=5.3mA$，AM：$I_{CCQ}=3.4mA$(典型值)；

(2) 带有 FM/AM 选择开关；

(3) 输出功率大：$V_{CC}=6V$，$R_1=8\Omega$ 时，$P_o=450mW$(典型值)；

(4) 内置(自动频率控制) 可变电容；

(5) 内含射频(自动增益控制)、中频(自动增益控制)；

(6) 调谐 LED 驱动；

(7) 电子音量控制。

由该芯片及外围电路组成的调频调幅收音机电路如图 1-99 所示。

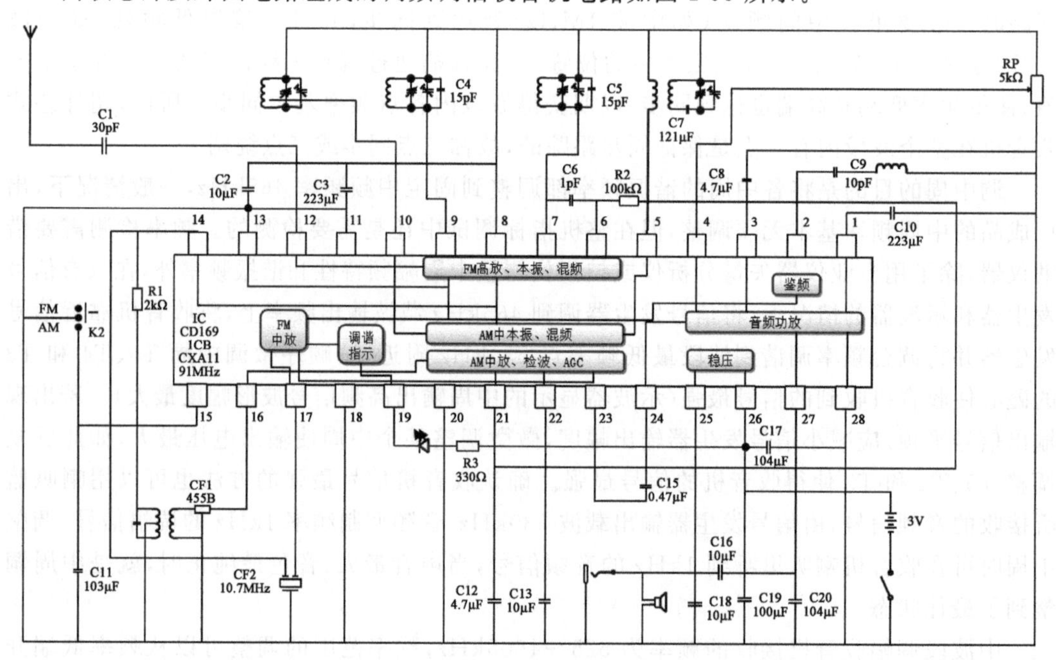

图 1-99 调频调幅收音机电路图

3. DSP 收音机

1）基本概念

以上所涉及的都是传统超外差式收音机，各部分单元电路均为模拟电路，从天线接收广播信号到最终还原出音频信号，都由模拟电路处理，所处理的信号也都是模拟信号。若将传统超外差式收音机由模拟电路转变为数字电路，就需要对接收到的模拟广播信号进行数字化转换并进行数字化处理，即采用数字信号处理(DSP)技术，将 DSP 收音机所需的功能电路集成到一个芯片中，该芯片称为 DSP 收音机芯片，采用这种模式的收音机就是 DSP 收音机了。

DSP 收音机接收芯片的组成框图如图 1-100 所示，其中，高频低噪声放大器(LNA)、混频为模拟电路。混频器输出的中频信号由模数转换器(ADC)转换为数字信号，再接入 DSP 单元；DSP 单元完成电台选择、FM/AM 的中频调制信号解调、立体声信号解码和输成数字音频信号任务，数字音频信号经数模转换器(DAC)转换后还原成模拟音频信号。框图中还包含有 PGA、锁相环、控制接口(interface)等，由此可见，DSP 收音机电路组成结构比普通模拟收音机电路复杂，但随着集成电路制造技术的进步和现代通信技术理论的发展，可以将电路从接收输入信号到输出音频信号的所有功能全部集成到单个芯片上，电路板面积可以大大缩小。

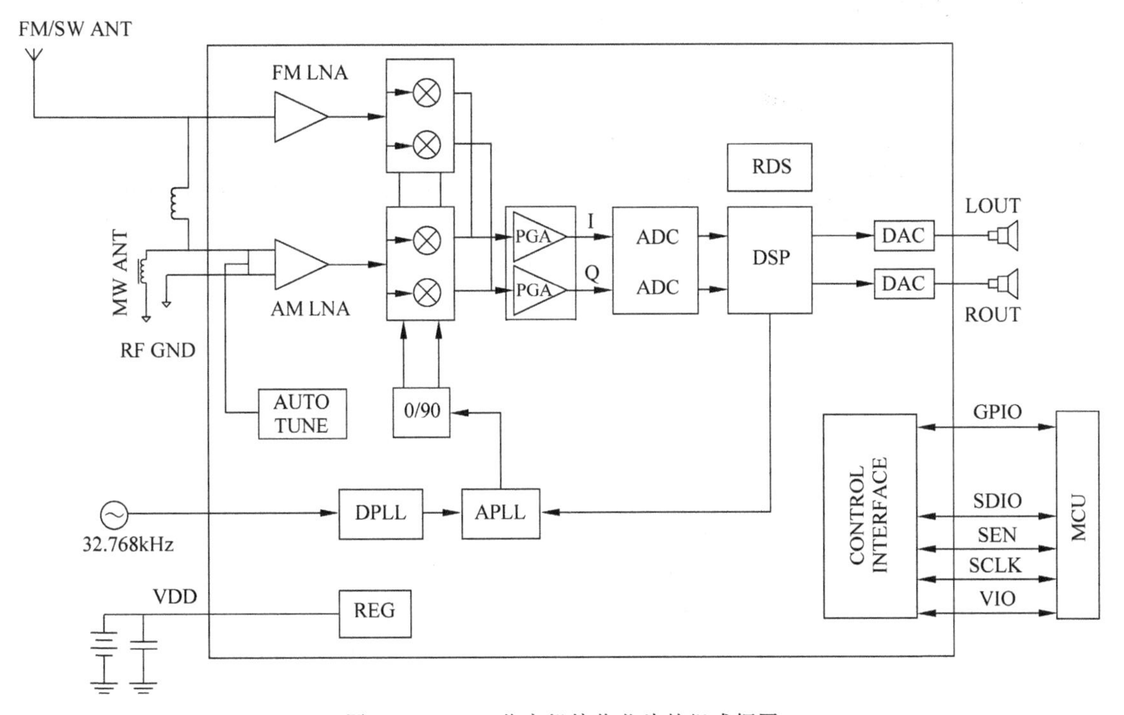

图 1-100　DSP 收音机接收芯片的组成框图

DSP 收音机由于采用了数字处理技术，全部信号处理工作由芯片内部完成，外部无须中频变压器和微调电容，从而实现了免调试，提高了生产效率和可靠性，产品的一致性也很好，所有使用相同芯片的收音机的接收性能几乎没有区别。而传统的收音机一般需要三个阶段的人工调试(中频调试、覆盖范围调整、统调)。此外，DSP 收音机的电台搜索、频段切换、音量控制、读取芯片内部数据等所有功能均由软件控制实现，在硬件电路不变的情况下，只要修改控制软件，就可使收音机功能按需增减。

综上所述，DSP 收音机是建立在 DSP 硬件平台上的，硬件平台由软件编程控制，这种通过软件控制实现无线电接收的技术又称为软件无线电技术（Software Defined Radio，SDR）。因此，SDR 就是在采用 DSP 技术的前提下，在可编程控制的 DSP 硬件平台上，利用软件来定义（控制）实现无线电接收机各部分功能，从高频、中频、基带解调直到控制协议全部由软件编程来完成控制。但要尽可能地在靠近天线的地方使用宽带的模数转换器，在射频级完成信号的数字化，从而使得无线电接收机的功能尽可能地用软件来定义和控制。所以，SDR 是一种基于数字信号处理技术、以软件控制为核心的无线电通信体系结构。

2）微型 DSP 调频收音机

微型 DSP 调频收音机采用 DSP 收音机芯片构成，常用的 DSP 收音机芯片有：北京昆腾微电子技术有限公司生产的 KT091X 系列（AM/FM）、KT0830（FM），博通集成电路（上海）有限公司生产的 BK1079（FM 单声道）、BK1080（FM 立体声）、BK1088（FM 立体声）等。

由 BK1079 构成的收音机电路原理图如图 1-101 所示，其核心元件是 DSP 调频收音机芯片 BK1079，该芯片有 10 个引脚，所需的外围元件较少，适合用来制作微型收音机、玩具或作为个人媒体播放器的收音模块。BK1079 中，5 脚是频段控制端，5 脚接地时，频段为 87.5～108MHz；5 脚拉高时频段为 76～108MHz，可以用来收听校园调频广播。由于 BK1079 是单声道输出，所以两个耳机并联使用（并联后为 16Ω），耳机导线可充当接收天线，BK1079 不需要软件控制，所以采用硬件搜台模式，图中的按键开关 S1 是频率增加搜台键，开机后按动一次 S1，收音机将从频段的下边界向上搜索电台，搜到电台后自动停止，再次按动 S1，将继续向上搜索电台，当搜索到频段的上边界时将返回到频段的下边界循环搜索。S2 是向下搜台键，使用方法和 S1 相同，只是搜台方向相反。S3/S4 是音量升/降控制键，每按动一次 S3/S4 一次，音量升/降一级，当按住 S3/S4 不放，则音量连续升/降，直到声

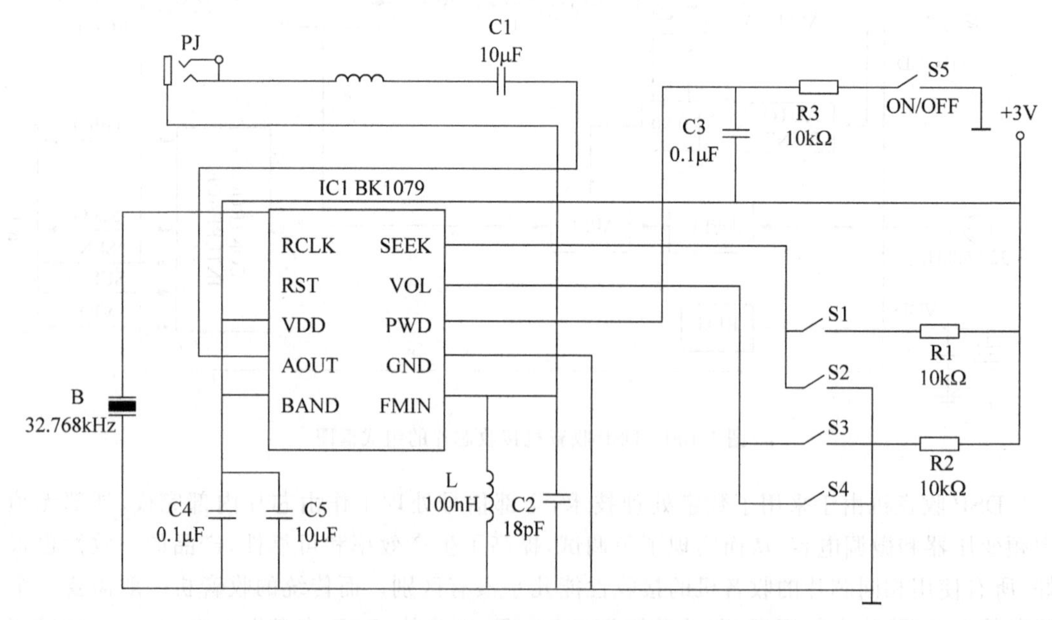

图 1-101 BK1079 构成的微型 DSP 调频收音机电路

音最大/最小，开机时音量默认在中等音量。BK1079 具备软关机功能，上电后处于待机状态，按动一次 S5 后，芯片开始工作，再次按动 S5 后，芯片再次进入待机状态，待机时芯片消耗的电流只有 10μA 左右，可以忽略不计。该机的电阻、电容、电感均选用贴片元件，FB 是贴片磁珠，晶体振荡器 B 选用精度达到或优于 200×10^{-6} 的。将 BK1079 的 1 脚接地可以使芯片工作在免晶体振荡模式，免晶体振荡模式下搜索电台时选频精度不足，去除假台的能力稍差些。

采用 DSP 技术构成的微型收音机频率稳定性很好，搜到电台后不会出现跑台现象，比模拟收音机芯片的工作稳定性好。

1.9.5　无线收发系统问题思考

1. 调频收发系统和调幅收发系统整机联调中，模块电路的构成有什么区别？信号传输效果有什么不同点？

2. 收发系统调试中遇到的主要问题是什么？如何解决的？

3. 整机系统测试时，发送系统和接收系统之间有线连接时，最好用什么线缆连接？为什么？

4. 依据调试步骤，安装调试一款收音机，写出相应调试报告。

1.9.6　拓展阅读

1. 早期无线电收发报机

早期的无线电技术发展迅猛，1888 年，赫兹发现电磁波并制作了检测接收电磁波的电磁环，能够检测的电磁波距离是 10m；1890 年，法国物理学家布兰利发明了“金属屑检波器”，使电磁波的探测距离增加到 140m；1894 年，马可尼在金属屑检波器的基础上试制成功远距离打响电铃的无线电遥控装置，1896 年，他把电铃换成莫尔斯电报，制作了世界上第一台无线电报机，如图 1-102 所示为早期无线电收报机。无线电收报机的出现和快速发展，极大地刺激了广播与收音机技术的发展。

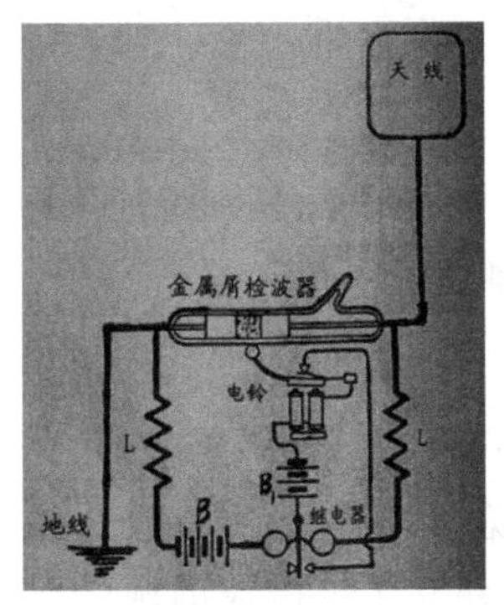

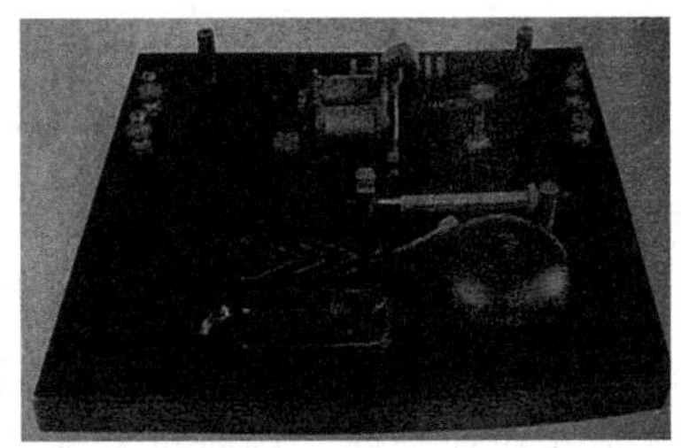

图 1-102　早期电铃式无线电收报机

金属屑检波器收报机的工作原理是，发报机按键接通时产生电磁波并发射出去，经收报机接收天线进入金属屑检波器，检波器中的金属粉末立刻粘连起来变为导体，接通继电器线圈串连的电源，继电器的触点闭合，触发莫尔斯电报机工作。继电器触点闭合的同时，小锤敲击金属屑检波器，使镍粉脱离粘连而停止导电；如电波不断发来，则检波器虽然被敲击，金属屑也不会分离，仍可以导电。当发报机按键抬起后，电磁波中断，接收机继电器复位，电报机停止工作。

金属屑检波器与后来的矿石、电子管、晶体管检波器的作用完全不同。金属屑检波器是将“拣拾”到的无线电信号作为驱动继电器的动力，而不是对电磁波进行处理，因此金属屑检波器又称作“探波器”，矿石、电子管、晶体管等对电磁波进行高频变低频检波处理的检波器则称作“整流器”。硅晶体具有整流作用，可用作无线电检波器，这时的无线电报接收机与后来的收音机已基本相同。

发报机是产生电磁波并将电磁波发射出去的装置，作用与后来的广播电台相似。早期的无线电发报机大多依靠火花发生器产生高频振荡信号，典型的电路及结构示意如图 1-103 所示。火花发生器初级线圈连接电池和电键，电键闭合时，火花发生器次级线圈感应的电流驱动火花隙放电，产生电磁波并通过振荡线圈和天线发射出去。电键闭合时间的长短，组成了点划不同的电码。通常，在初级线圈的电路中还连接着一个机械开关装置，通电的瞬间，线圈中的铁芯产生磁性并吸引开关触点，切断电源；电源切断后磁性消失，簧片带动触点回弹，电路又导通，如此快速地周而复始，将电池的直流变为交流提供给次级线圈产生高压电流，触发火花隙打火，此装置也称“断续式点火线圈”“断续器”或“振动子”。如图 1-103 所示是一台典型的马可尼式火花发报机，机器的年代为 1910 年左右，属于火花隙与激励线圈一体类型，使用 6～12V 直流电源，当时包括轮船在内的很多无线电发报机都采用这种机器。无线电火花发报机通信很快应用于军事，美国在第一次世界大战时将其用在飞机上，飞机上的无线电报发报机将侦查到的敌军方位情报传输到地面，指引地面炮兵开火。

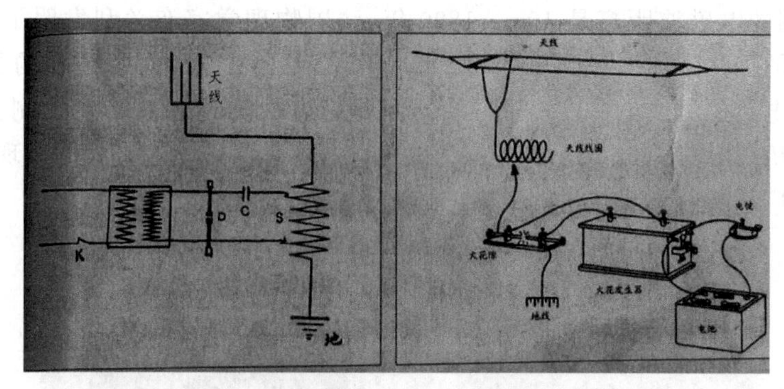

图 1-103　早期火花发报机（资料图）

2. 电磁波接收/发射机调谐电路

很多发明都和著名科学家特斯拉有关，特斯拉原籍克罗地亚，后加入美国籍，他是交流电的发明人。1893 年，他在芝加哥举行的世界博览会上展示了交流电，并用“特斯拉线圈”证明了交流电的优越性和安全性。特斯拉发现并建立了电磁波的调谐理论（也称“调谐线圈”理论）：每个电路都有一定数值的电阻，以及一定数值的振荡频率，主副两个线圈经过适当调配，使两线圈的频率相同后，副线圈输出的能量才会最大，线圈上存在电阻、电感和电容三种元件，无论变更哪一种元件，都可以改变线圈的振荡频率。特斯拉的上述理论和实验，在无线电应用上发挥了巨大作用，后人不论如何演变发展，都离不开这一理论基础。1896 年，特斯拉的“调谐线圈”理论和实验获得美国第 568 和 178 号专利证。电磁波调谐电路大幅提高了接收机的灵敏度和选择性，使无线电信号的发射和接收性能有了质的飞跃，无线电广播事业也开始进入大发展时期，20 世纪初的调谐线圈如图 1-104 所示。

3. 收音机的起源和发展

收音机的起源与发展不但与无线电报有关，还与电话有着密切的关系，电话首先攻克了声电转换技术，才使后来的广播发送接收(收音)成为可能。20 世纪 20 年代前期，专职收听广播电台节目的"收音机"概念还未形成，因此，当时的广播及收音机常被称作"无线电话"或"收话机"，或者称"无线电接收机"更贴切和普遍。那时"无线电话"的使用者除军用外，还有商用和业余无线电爱好者这两类。商用包括交通邮政财经等，而业余无线电爱好者是一支规模庞大的队伍，20 世纪 20 年代，欧美业余无线电爱好者建立的电台数量是军用、邮政电台数量的 3 倍。

图 1-104　20 世纪初的调谐线圈

20 世纪 20—40 年代，美国成为收音机研发的主力，引领着收音机电路设计、制作工艺、外观造型以及材料方面的潮流，其次是德、法、英各国，亚洲相对较弱，只有日本能够独立制造收音机。当时的收音机从器件到电路分为两大类，一是矿石收音机，二是电子管收音机。早期矿石收音机源自矿石无线电接收机，两者结构、电路及元器件都基本相同，无线收报机的"感应线圈""自感线圈"等很多老元件经常被使用。最初的家用矿石机对选择性的要求不高，调谐电路大多采用线圈抽头与分线器配合调感或内外双线圈调感，及线圈触点滑动调感方式，可变电容器使用不多。抽头式线圈调感方式中，线圈有多组抽头，借助分线器调整电感，接收不同频率的广播信号，这种方式简单易行且经久耐用，但由于不是无极调感，调谐不够精细；双线圈调感机型中，利用调整两个线圈之间的距离或角度，改变电感，从而接收不同的电台频率，此类调感属于无极调谐，比较精细，使用也很方便，此类矿石机通常安装在木制机箱中，使用中能很好地保护机器。如图 1-105 所示为一款 20 世纪 20 年代法国生产的壁挂电话矿石机，它采用双回路线圈，两组分线器调谐，挂在墙壁上的机箱就是线圈框。如图 1-106 所示为另一款 20 世纪 30 年代中国天津小作坊制作的双回路抽头线圈矿石收音机，此机外壳为碎花蓝布面硬纸机匣。

图 1-105　20 世纪 20 年代法国壁挂电话矿石机

而滑动调感是当时采用最多的一种方式，调谐频率近似于无极调整，比较精细，形式可以多样，适合各种体积、形状的机型安装，当时一些高档的矿石机也采用滑动线圈调感方式。

图 1-106　20 世纪 30 年代天津矿石收音机

如图 1-107 所示为一款 20 世纪 20 年代美国生产的滑动线圈矿石机。图 1-108 所示为英国生产的书本造型矿石机，图 1-109 所示为 20 世纪 60—70 年代国产滑动线圈式矿石收音机，这款红色塑料机壳的矿石机产量比较高。

图 1-107　20 世纪 20 年代美国滑动线圈矿石机

图 1-108　20 世纪 20 年代英国书本造型矿石机

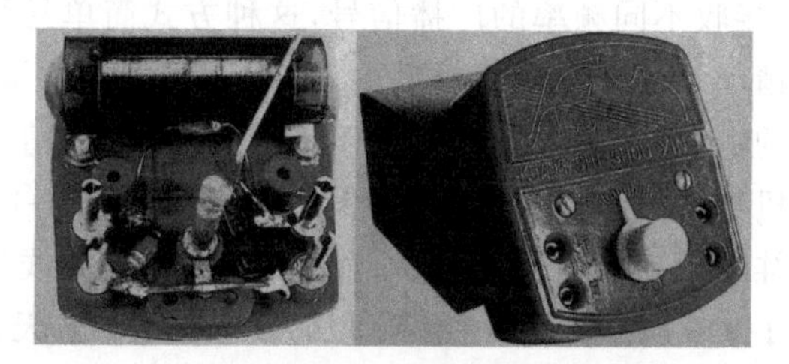

图 1-109　国产滑动线圈式矿石收音机

随着广播电台的不断增加，开始采用调谐线圈加可变电容的调谐电路，以增加收音机的选择性，即使到 20 世纪五六十年代，矿石收音机的电路仍然变化不大。例如，当时我国标准配置的矿石收音机是双回路可调线圈加可变电容器调谐活动矿石加固定矿石。

我国在 20 世纪 60 年代，正是电子管“四三机”普及阶段(见 1.6.5 节)，那时的晶体管收音机还是新鲜事物，拥有一台体积小巧、可放在衣服口袋里的袖珍晶体管收音机更是一般百姓可望而不可即的梦想。1958 年 9 月 28 日，哈尔滨新生开关厂研制成功中国第一部用自制小型元器件装配的中波超外差式袖珍半导体收音机，首批共试制样机 8 台，向 1958 年国庆节献礼，1959 年末定名松花江牌 601 型半导体收音机并投入批量生产，由于当时产量很少，如今已很难见到这款机型了。由公安系统的实验工厂利用国产元件研制的鹦鹉牌 904 型六管机如图 1-110 所示，它最早出现在 1964 年的北京展览馆新技术展览会上，体积为

107mm×62mm×32mm，小巧精美，在展览会上获得好评。1965 年前后，我国市场上还出现了几款技术含量较高的六管袖珍晶体管收音机，如上海无线电四厂的凯歌 4B3、吉林省无线电厂的梅花鹿 JB664 以及北京市实验科学仪器厂的白鹤 S-641 袖珍收音机。其中凯歌 4B3 的体积为 90mm×60mm×26mm，在袖珍机中也是较小的，其元件质量和制作工艺水平都是比较高的，价格 100 元以上，这在当时的中国是名副其实的高档消费品。此外，如图 1-111 所示梅花鹿六管袖珍机的市场占有率很高，其生产厂家吉林省无线电厂成为中国第一家袖珍半导体收音机定点企业。

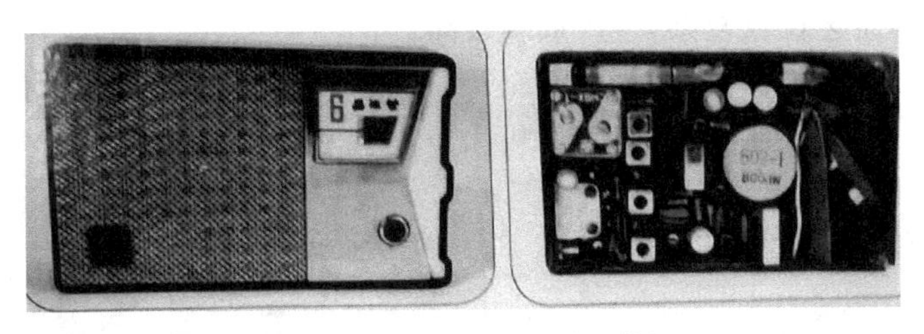

图 1-110　鹦鹉牌 904 型六管机

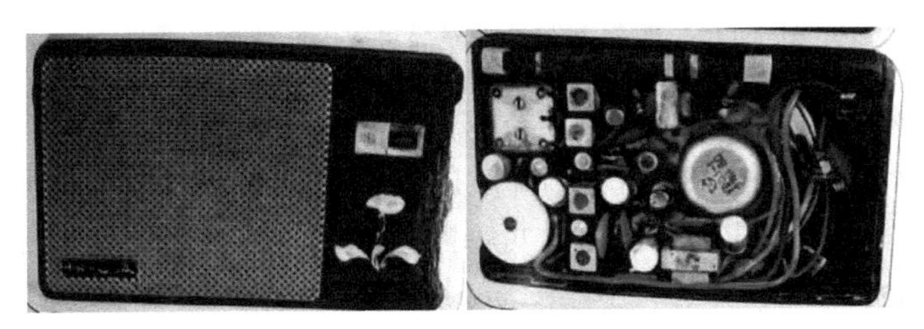

图 1-111　梅花鹿六管袖珍机

从 20 世纪 70 年代开始，国产晶体管袖珍机有了较快的发展，电源大多降为 3V，降低了使用成本，价格也普遍降到 60 元左右，进入大众消费时期，品牌繁多，如辽宁无线电五厂的东风 601 袖珍机，结构坚固、性能优越，所用元件都是当时体积最小的时髦货；无锡无线电五厂推出的咏梅牌系列六管袖珍机比较注重外观设计(见图 1-112)，通过塑料与金属的巧妙搭配，烘托出梅花和灯笼的喜庆氛围，为小小的收音机增色不少；此外，南通无线电厂借助 20 世纪 70 年代初“乒乓外交”的巨大影响，推出的友谊牌“乒乓球”袖珍机受到消费者欢迎，该机的颜色搭配协调醒目，横跨机箱左右的指针式度盘也与众不同，如图 1-113 所示。

图 1-112　咏梅牌六管袖珍收音机

(a) 友谊牌收音机

(b) 友谊牌乒乓球拍造型收音机

图 1-113　友谊牌袖珍机

1973年，南京无线电厂研制出了熊猫H73-2型厚膜集成电路袖珍收音机，如图1-114所示，所谓厚膜电路，是集成电路的一种，是将电阻、电感、电容、半导体元件和导线通过印刷、烧成和焊接等工序，在基板上制成的具有一定功能的电路单元，熊猫H73-2袖珍机共使用了6个后膜单元，相当于六管机的结构。而北京无线电厂自行设计研制的牡丹牌BM311型薄膜集成电路收音机是当时国产体积最小的半导体收音机，薄膜集成电路是在同一个基片上用蒸发、溅射、电镀等薄膜工艺制成网络，并组装上分立的微型元器件再封装而成。与厚膜集成电路相比，薄膜电路所制作的元件参数范围宽、精度高、温度频率特性好，且集成度较高，体积更小，但工艺比较复杂，生产成本较高。

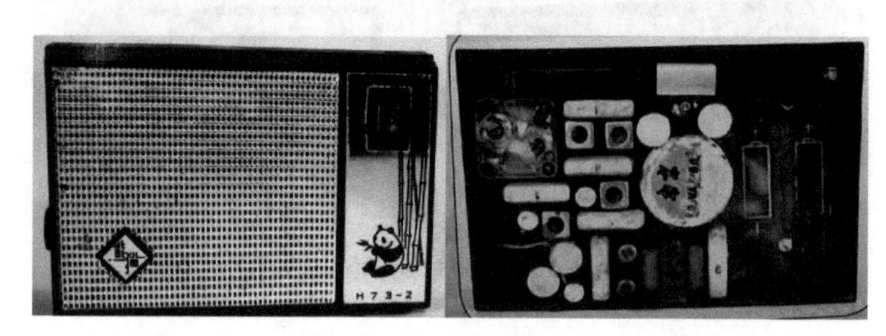

图1-114　熊猫H73-2型厚膜集成电路袖珍收音机

我国在1949年之后的前30年，由于经济发展落后，上述袖珍机一般百姓买不起，廉价的低档收音机占据着市场的大部分份额，那时的大众袖珍机是单管、使用耳塞收听的简易半导体收音机，价格十几元。如上海无线电九厂生产的636、上海市长空元件街道工厂生产的象牌103及黑龙江半导体收音机厂生产的651型等单管袖珍收音机，它们外形小巧玲珑、携带方便，在城市和郊区收听当地电台和中央人民广播电台时，不需外接天线就有一定的灵敏度和选择性，声音清晰悦耳，当然，单管机低廉的售价才是受市场欢迎的主要原因。

随着电子技术和集成电路的发展，现在的很多电子产品都附加有收音机功能，除作为电子爱好者或教学用DIY组装套件外，单纯的收音机在市场上已很少见，过去的老款收音机已成为一些爱好者的收藏，收音机收藏界流传着一句名言："管越少的越值钱，没有管的最值钱"(没有管的是指矿石机)，现在收藏单管机的价格比多管机高出许多倍，重要的一个原因就是那些单管机承载着太多历史的记忆。

1.10　基础性案例实验任务书

基础性案例实验在于巩固和加强通信电子电路理论的学习和知识点的掌握，着重提高学生的基本实验技能，培养学生综合运用所学知识分析问题和解决问题的能力，促进通信电子电路的工程应用。采用本章前述各节介绍的实验模块作为实验平台，根据本节实验任务书完成所有实验。

实验的基本要求如下：

(1) 了解实验平台中各实验模块的基本布局和功能，掌握射频收发系统的工作过程及各功能电路的互相连接组成；

(2) 了解各模块电路的原理图，掌握各模块功能电路的调试方法，解决调试中出现的问题；

(3) 掌握电子电路的分析方法,能画出相应电路系统的功能测试框图;

(4) 掌握实验方法,能设计制定相应的实验步骤并撰写实验预习报告,实验中及时在预习报告中记录实验数据;

(5) 能对实验结果归纳、分析和总结,并能撰写完整的实验分析报告;

(6) 能根据要求组合搭建完整的无线收发系统,并能判断及排除系统的基本故障。

1.10.1　小信号调谐电路实验任务书

1. 撰写实验预习报告

撰写实验预习报告是顺利完成实验的重要保证,在撰写过程中要充分了解实验内容及实验仪器,具体要求如下:

(1) 了解单调谐回路谐振放大器、双调谐回路谐振放大器的工作原理;

(2) 根据实验内容确定实验方案及需用的仪器,在实验方案中标明实验调试点,预测标明各信号调试点的波形、频谱或幅值等参数,根据每项实验内容制定实验步骤及实验手段;

(3) 在预习报告上记录原始实验数据或波形等参数,标明产生各项实验结果的实验条件(如电路状态,所加入信号频率、波形、幅值及信号来源,相应仪器基本状态等);

(4) 记录实验中出现的问题或电路故障及解决办法。

2. 小信号谐振放大器实验内容

小信号谐振放大器是通信接收机的前端电路,主要用于高频小信号或微弱信号的线性放大和选频,其负载可以是单调谐回路,也可以是双调谐回路。实验板如图1-115所示,将外接电源接入"电源输入电路"的电源输入接口,可为整个实验板供电,利用电源连接线从电源输出接口还可给其他实验板供电。实验板中的单调谐回路谐振放大器和双调谐回路谐振放大器是本实验板主要功能模块电路,二极管检波器及串/并联谐振回路特性测试电路是实验辅助电路模块。串/并联谐振回路特性测试电路模块设计了通信电路中最基础的LC谐振回路,由短路块S31和S32连接区分串/并联电路,上半部分由L31和C32组成LC串联电路,下半部分由L33、C33组成LC并联电路,这也是π型电路;电位器W31作为可调负载,C31和C34是输入输出的耦合电容。二极管检波器作为单一检波电路可作为实验检波头使用,当采用扫频信号+示波器测试本实验板其他模块电路的幅频特性时,接入该检波头电路可在示波器上看到高频滤波后的幅频特性包络,观察效果更直观。具体实验内容如下:

1) 单调谐回路谐振放大器

(1) 检查本单元电路工作是否正常(静态工作点、谐振频率的确定),掌握单调谐回路谐振放大器电路的输入输出接口及各测试点分布;

(2) 用点测法或扫频法测试并记录电路幅频特性(幅频特性形状、谐振频率、增益、带宽等);

(3) 考察静态工作点及负载等参数变化对幅频特性或放大性能的影响。

提示:

(1) 本模块电路接通电源后,晶体管基极直流电压为2.5V左右时处于正常放大状态,调节电位器W21可改变放大器静态工作点;注意:万用表可测量直流电压,不可以测量电路输入或输出的高频信号幅度。

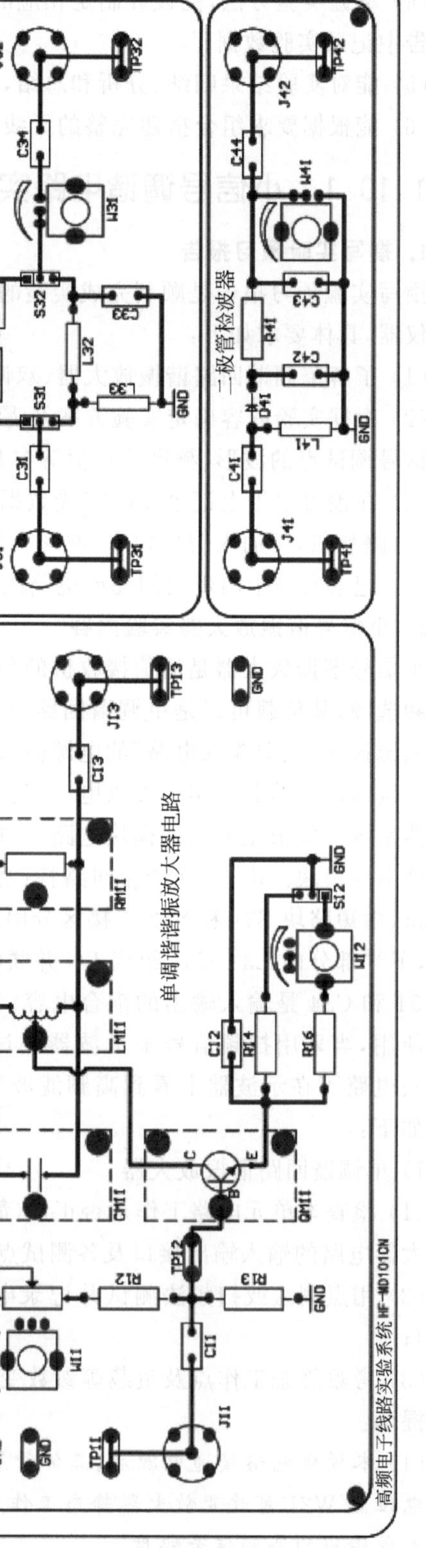

图 1-115 小信号调谐电路实验板

(2) 放大器谐振频率依据所选的电感和可变电容确定，范围为 6～12MHz(中心频率典型值为 10.7MHz)，增益、带宽及幅频特性形状与所选负载电阻相关。

(3) 幅率特性测试方法简介。

① **扫频仪直接测试**：根据扫频仪使用方法直接测试被测电路幅频特性。无扫频仪时，可用其他仪器按“扫频法”或“点测法”完成测试。

② **扫频法**：利用信号发生器的扫频信号输出功能，代替扫频仪中的输出信号，产生任意设定频率段并固定信号幅度的扫频信号，将扫频信号接入被测系统，例如：扫频信号设置，开始频率为 6MHz，终止频率为 12MHz，扫描时间为 10ms，幅度为 100mVpp；将被测系统输出端接入示波器或频谱仪(或将被测系统输出信号经二极管检波后再接入示波器)，代替扫频仪中的输出显示，观察并记录幅频特性状况。

③ **点测法**：信号发生器输出等幅载波信号(如固定 100mVpp)并接入被测系统输入端；被测系统的输出端接示波器或频谱仪；保持输入信号幅度不变，改变输入信号频率，观察并记录输出信号对应频率下的幅度(为使幅度单位统一，被测系统接入前可直接用示波器或频谱仪测量信号发生器输出的信号幅度，作为测量前的基准幅度，并可在此基准上获得被测系统不同频率对应的增益值)，将各频率对应的幅度连接，画出曲线即为幅频特性。

注意：①为了在示波器上观察到幅频特性的轮廓，可将被测系统输出接入检波器后，再将示波器接入检波器输出端即可。②通过连续改变扫频信号起始频率的设置，可在示波器上读出幅频特性各频率点的电压，以此计算带宽、增益等参数。

2) 双调谐回路谐振放大器

(1) 检查本单元电路工作是否正常(静态工作点、谐振频率的确定)，掌握双调谐回路谐振放大器电路的输入输出接口及各测试点分布；

(2) 用扫频法或点测法测试并记录电路幅频特性(幅频特性形状、谐振频率、双峰时的峰值点频率和谷值点频率、增益、带宽等)；

(3) 考察晶体管、静态工作点、耦合电容(如强耦合、临界耦合及弱耦合时)及负载等参数变化对幅频特性或放大性能的影响。

提示：

本模块电路接通电源后，晶体管基极直流电压为 2.5V 左右时处于正常放大状态，调节电位器 W11 可改变放大器静态工作点；电路其他状况与单调谐回路谐振放大器相同。图 1-116 所示为弱耦合时，用扫频法测量时在示波器上观察到的双调谐回路幅频特性曲线。

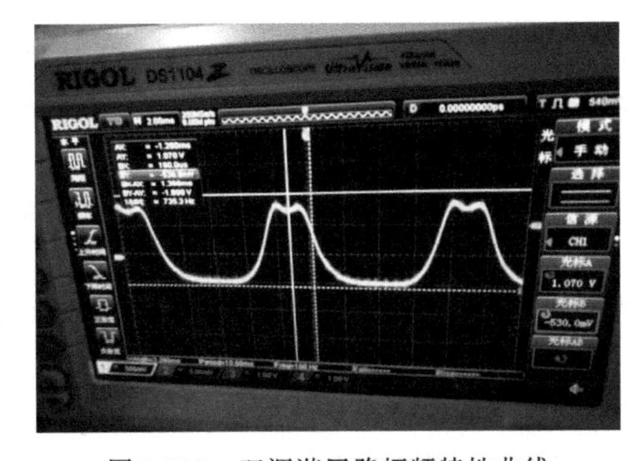

图 1-116　双调谐回路幅频特性曲线

3. 撰写实验分析报告

实验分析报告是对实验结果的归纳、数据图表的整理和综合分析，是对实验结果进行理论思考并得出结论，具体要求如下：

(1) 分析小信号谐振放大器电路的工作原理，说明本实验电路的信号处理过程。

(2) 归纳、整理各实验内容及实验条件下的实验结果，将波形、频谱或图表等重新规范绘制，对实验结果进行分析。

(3) 对实验中出现的问题或电路故障进行分析，说明解决问题的办法并得出相应解释或结论。

(4) 总结实验体会或心得。

4. 思考题

(1) 在实验中，你输入的信号频率值设置为多少？为什么？

(2) 本实验中如何验证选频放大功能？

(3) 实验中的单调谐和临界耦合时的双调谐放大器输出幅频特性形状有何区别？

(4) 实验过程中有何故障？如何解决？

1.10.2 振荡电路实验任务书

1. 撰写实验预习报告

撰写实验预习报告是顺利完成实验的重要保证，在撰写过程中要充分了解实验内容及实验仪器，具体要求如下：

(1) 了解振荡电路的工作原理，熟悉静态工作点、耦合电容、反馈系数等对振荡器振荡幅度和频率的影响。

(2) 根据实验内容确定实验方案及需用的仪器，标明实验测试点，预测标明各信号测试点的波形、频率、幅值或频谱等参数，根据每项实验内容制定实验步骤及实验手段。

(3) 在预习报告上记录原始实验数据或波形等参数，标明产生各项实验结果的实验条件(如电路状态，相应仪器基本状态等)。

(4) 记录实验中出现的问题或电路故障及解决办法。

2. 振荡电路实验内容

振荡电路主要包含有晶体振荡电路、LC振荡器电路和语音放大电路等三个电路模块，实验电路板如图1-117所示，工作频率为6～15MHz，取决于所选取的振荡回路中晶体标称值及电感和电容值。

图1-117中，将外接电源接入“电源输入电路”的电源输入接口，可为整个实验板供电，利用电源连接线从电源输出接口还可给其他实验板供电。LC振荡器和晶体振荡器分成两个独立的功能模块电路，这是本实验板的主要模块电路；麦克风与功放电路中含有麦克风接入口、语音放大输出、低频功放和喇叭，可作为收发系统整机实验所需信源及信宿的辅助模块。

振荡电路实验的目的是掌握起振条件，了解振荡输出频谱及输出信号的稳定性。具体实验内容如下：

1) LC振荡电路

(1) 记录振荡器可正常工作时的静态工作点；

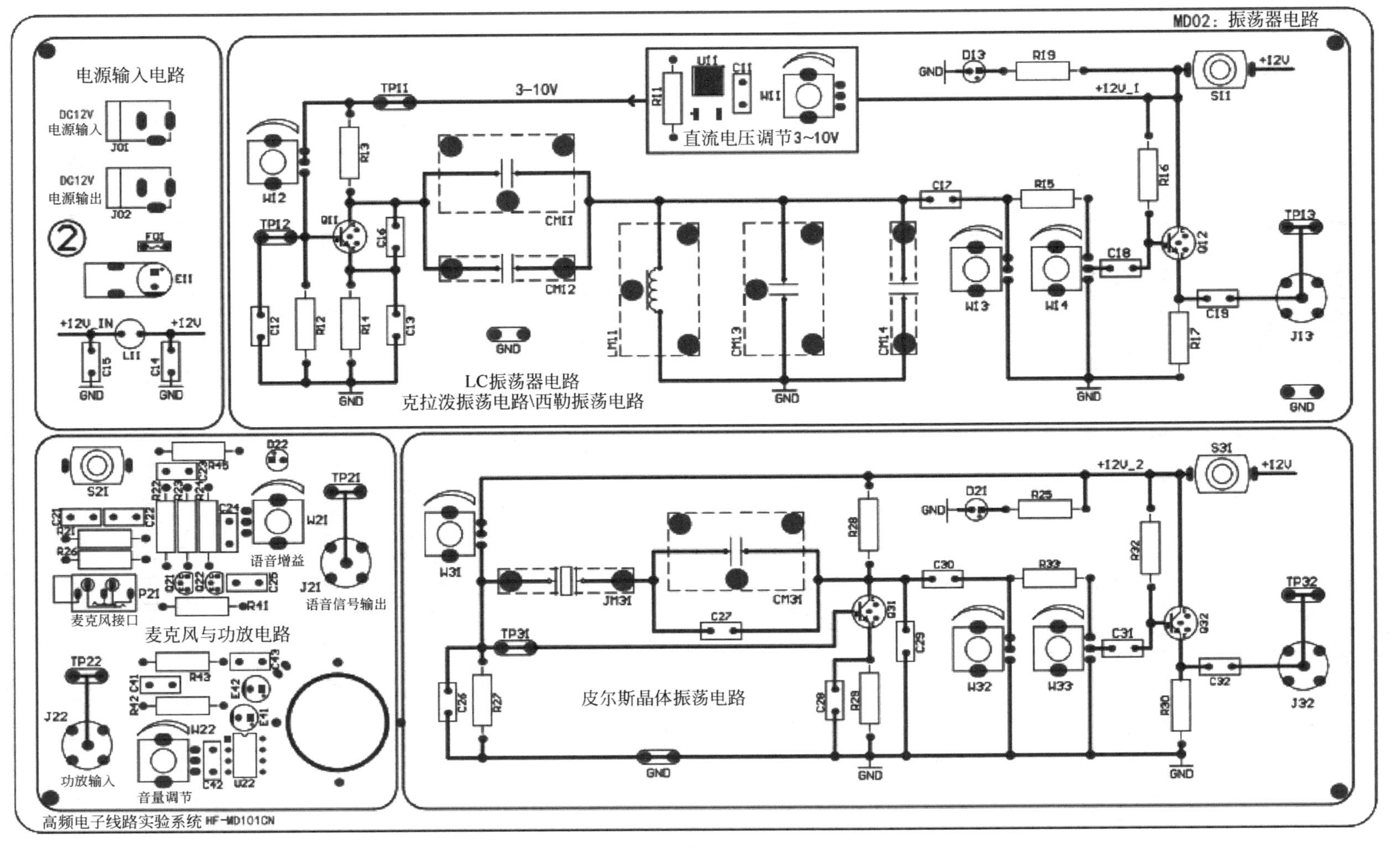

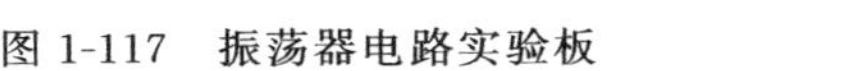
图 1-117　振荡器电路实验板

(2) 记录振荡输出频率、波形、幅度等参数；

(3) 在不同电感值确定的频段下，调试并确定振荡器输出频率范围，当电路分别为克拉泼和西勒振荡器时，比较二者的频率覆盖系数；

(4) 观察振荡频率覆盖范围内的输出信号的幅频特性，制作表格记录或画出幅频特性；

(5) 改变负载、静态工作点等参数时，制作表格，观察记录振荡输出状况。

提示：

(1) 本模块电路接通电源后，晶体管基极直流电压为2.5V左右时处于正常放大状态，调节电位器W11或W12可改变放大器静态工作点；调节W13和W14可改变负载。

注意：万用表可测量直流电压，不可以测量电路输出的高频振荡信号幅度。

(2) 当电感值固定时，连续改变电容值时振荡器输出的最高频率和最低频率之比，即为波段覆盖系数；

(3) 频率计、频谱仪、示波器等仪器均可测试振荡输出信号频率及幅度。

2) 晶体振荡电路

(1) 记录振荡器可正常工作时的静态工作点；

(2) 记录振荡输出频率、波形、幅度等参数；

(3) 改变电容，调试并记录振荡器输出频率范围；

(4) 观察振荡频率覆盖范围内的输出信号的幅频特性，制作表格记录或画出幅频特性；

(5) 改变负载、静态工作点(如在1～3V变化)等参数时，制作表格，观察记录振荡输出状况。

提示：

本模块电路接通电源后，晶体管基极直流电压为2.5V左右时处于正常放大状态，调节电位器W31可改变放大器静态工作点；调节W32和W33可改变负载。

注意：万用表可测量直流电压，不可以测量电路输出的高频振荡信号幅度。

3. 撰写实验分析报告

实验分析报告是对实验结果的归纳、数据图表的整理和综合分析，是对实验结果的理论思考并得出结论，具体要求如下：

(1) 分析振荡电路的工作原理，说明本实验的基本实验过程。

(2) 归纳、整理各实验内容及实验条件下的实验结果，将波形、图表等重新规范绘制，对实验结果进行分析。

(3) 对实验中出现的问题或电路故障进行分析，说明解决问题的办法并得出相应解释或结论。

(4) 总结实验体会或心得。

4. 思考题

(1) 在实验中，哪些参数会影响振荡输出信号的起振？结果如何？

(2) 实验电路中，克拉泼电路和西勒电路在同等器件参数条件下的频率覆盖系数分别是多少？

(3) 实验中的晶体振荡器输出频率可调吗？哪些现象说明晶体振荡器比LC振荡器频稳度高？

(4) 实验调试过程中，主要遇到的问题是什么？实验电路板存在什么故障？如何解决？

1.10.3 调幅与功率放大电路实验任务书

1. 撰写实验预习报告

撰写实验预习报告是顺利完成实验的重要保证，在撰写过程中要充分了解实验内容及实验仪器，具体要求如下：

(1) 了解C(丙)类功放电路、三极管调幅电路、集成模拟乘法器调幅和解调电路、二极管包络检波电路的工作原理。

(2) 根据实验内容确定实验方案及需用的仪器，标明实验调试点，预测标明各信号测试点的频率、波形或频谱或幅值等参数，根据每项实验内容制定实验步骤及实验手段。

(3) 在预习报告上记录原始实验数据或波形等参数，标明产生各项实验结果的实验条件(如电路状态，所加入信号频率、波形、幅值及信号来源，相应仪器基本状态等)。

(4) 记录实验中出现的问题或电路故障及解决办法。

2. 调幅与功率放大电路实验内容

调幅与功率放大电路板包含有丙(C)类功率放大电路/基极调幅电路、二极管检波电路、集成调幅电路和集成解调电路等四个电路模块，丙(C)类功率放大电路与基极调幅电路组合在一起，可通过调制信号是否接入切换或组合这二种电路，实验板的模块电路分布如图1-118所示。

图1-118中，将外接电源接入"电源输入电路"的电源输入接口，可为整个实验板供电，利用电源连接线从电源输出接口还可给其他实验板供电。

调幅与功率放大电路实验的目的是了解C(丙)类高频功放的工作方式、增益和频响；幅度调制电路的实验的目的是掌握AM波、DSB波及SSB波的实现原理，了解电路参数、输入信号参数对调幅输出波形及频谱的影响；幅度解调电路的实验的目的是掌握AM波、DSB波及SSB波的解调原理，了解电路参数、输入信号参数对解调输出波形及频谱的影响，了解幅度调制与解调电路的不同工作方式及功能实现，具体实验内容如下：

1) C(丙)类功率放大电路

(1) 对本模块电路进行检查设置，观察并记录高频功率放大器的调谐特性，使其工作于C(丙)类状态；

(2) 观察并记录功放集电极电流波形，分析电路的工作状态，测试负载变化时三种状态(欠压、临界、过压)的余弦电流波形；

(3) 观察激励电压、集电极电压变化时余弦电流脉冲的变化过程；

(4) 电路工作于临界状态下，测量功放电路的增益和频响。

提示：

(1) 高频功放工作时，要首先调谐，频率设置为6～12MHz(典型值为10.7MHz)，即输入载波频率必须和负载谐振回路中心频率相同，此时可观察到输出信号幅度最大。

(2) 由于集电极和发射极电流波形相同，因此用示波器观察发射极电阻R17上的波形具有同样效果，当输入正弦信号到放大器且工作于C类时，用示波器观察此电流为尖顶余弦脉冲状；调节W11可改变电路直流供给电压，此时需将短路块K11接通到直流电压调节模块上；调节RM11可改变负载。

(3) 实验中，若用频谱仪测量功率，输入端加入信号发生器给出的相应载波频率信号

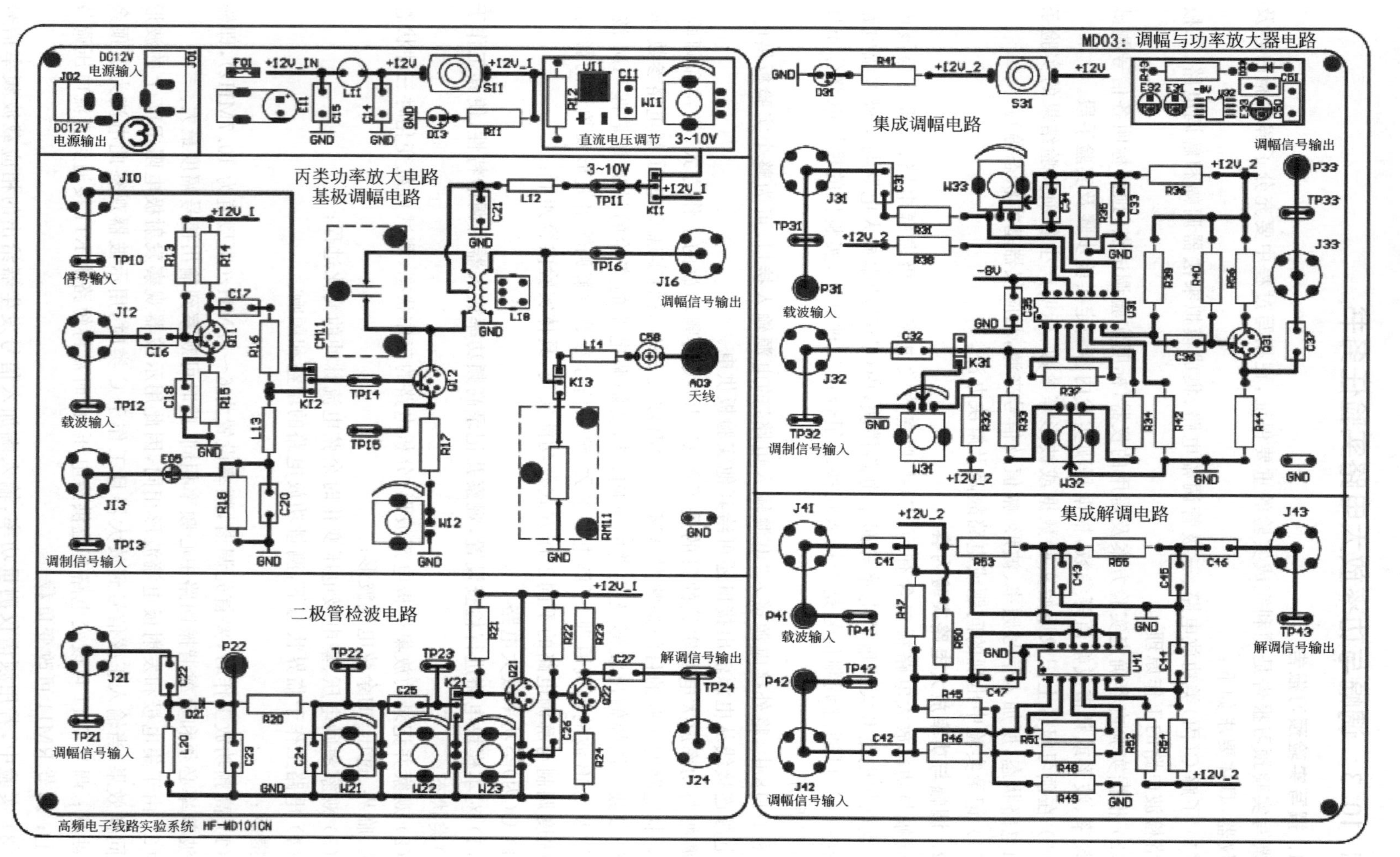

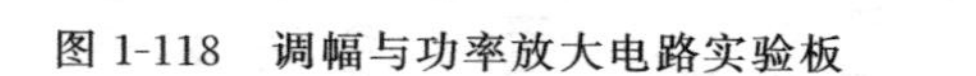
图 1-118 调幅与功率放大电路实验板

(幅度大于 200mVpp)时,可用频谱仪记录输入功率读数 A,而将功放输出功率记录读数 B,则本功放单元电路增益$=B-A$。

(4) 频谱仪是分析谐波最便利的仪器;当然,增益也可用网络仪测量。

2) 基极调幅电路

(1) 对本模块电路进行检查设置,使其工作于基极调幅状态,即功率放大器工作于欠压状态。

(2) 由信号发生器接入音频调制信号(频率为几百 Hz 至几 kHz、幅度为几百 mV 左右),输入载波信号设置频率为 10MHz 左右、幅度为几百 mV 左右,观察并记录输出调幅波形,试计算调幅度。

(3) 改变输入信号或电路参数,观察对输出信号的影响。

提示:调幅度 M_a 的测试。

可以通过直接测量调制包络来测出 M_a,将被测的调幅信号接入到示波器,并同步调节时间旋钮使荧光屏显示几个周期的调幅波形,如图 1-119 所示。根据 M_a 的定义,测出 A、B,即可得到 M_a,即

$$M_a=\frac{A-B}{A+B}\times 100\%$$

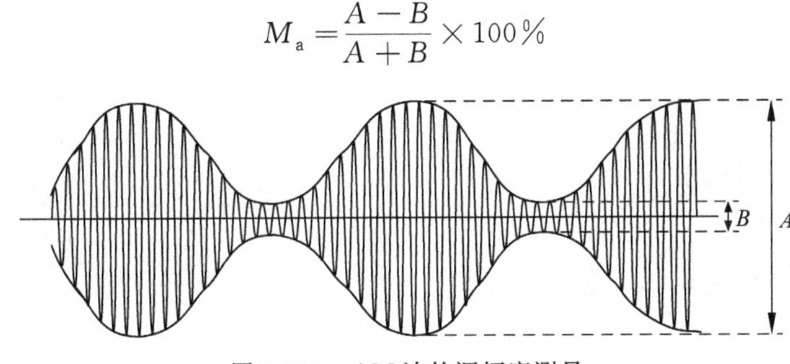

图 1-119　AM 波的调幅度测量

3) 集成调幅电路

(1) 调试乘法器使其工作于理想相乘状态,并实现单音频调制信号的 AM 波、DSB 波,考察记录波形及频谱;

(2) 将调制信号改为方波或三角波,考察输出波形及频谱。

提示:

(1) 单音频正弦调制信号(如频率 1kHz,峰-峰值电压约 300mV)及载波信号(如频率几百 kHz 至几 MHz,峰-峰值电压约 400mV)可由信号发生器提供。

(2) 集成模拟相乘器在使用之前应进行输入失调调零,也就是要进行交流馈通电压的调整,目的是使相乘器调整为平衡状态。因此在调整时 K31 不接,以切断直流电压。交流馈通电压指的是相乘器的一个输入端加上信号电压,而另一个输入端不加信号时的输出电压,这个电压越小越好。

载波输入端输入失调电压调节:把调制信号源输出的音频调制信号加到音频输入端(J32),而载波输入端不加信号。用示波器监测相乘器输出端(TP33)的输出波形,调节电位器 W33,使此时输出端(TP33)的输出信号(称为调制输入端馈通误差)最小。

调制输入端输入失调电压调节:把载波源输出的载波信号加到载波输入端(J31),而音频输入端不加信号。用示波器监测相乘器输出端(TP33)的输出波形。调节电位器 W32 使

此时输出(TP33)的输出信号(称为载波输入端馈通误差)最小。

(3) 为了清楚地观察DSB信号过零点的反相,必须降低载波的频率。例如,可将载波频率降低,幅度仍为400mV。调制信号仍为1kHz(幅度300mV)。增大示波器X轴扫描速率,仔细观察调制信号过零点时刻所对应的DSB信号,过零点时刻的波形应该反相。图1-120所示为DSB调制时,不同状态下的观察效果。

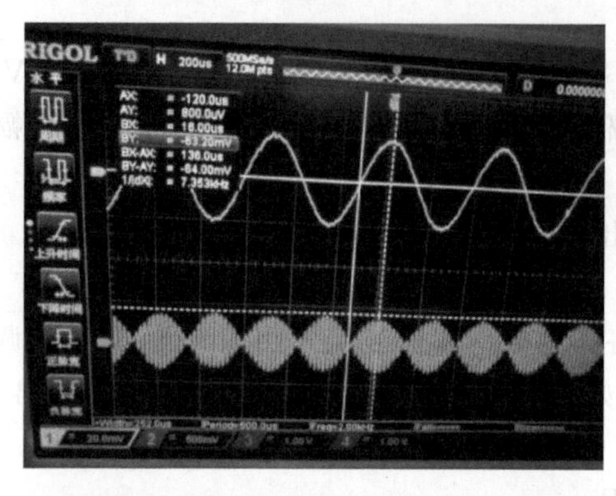

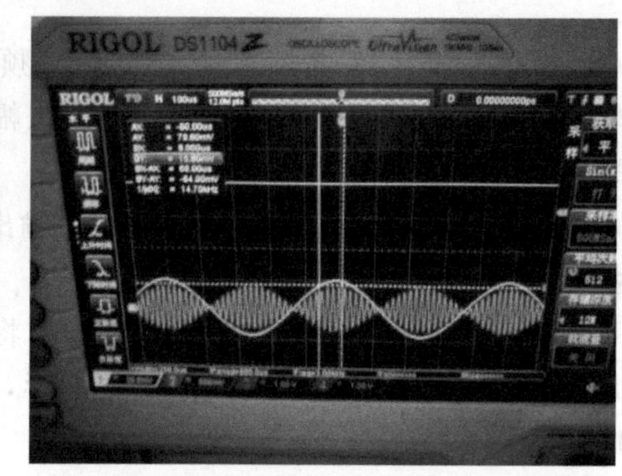

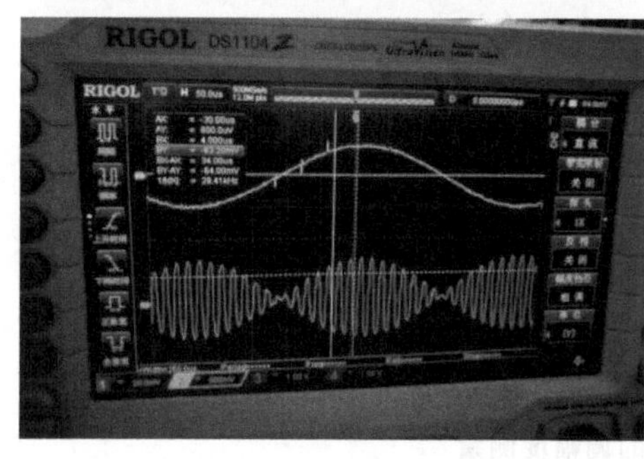

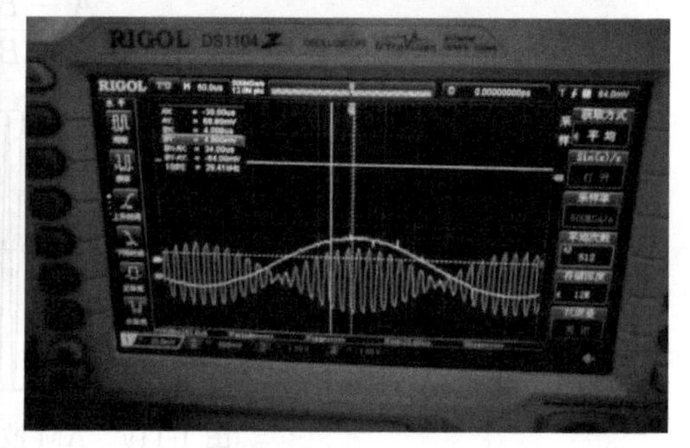

图1-120　DSB调制波形及过零时刻波形观察

(4) 如果观察到的DSB波形不对称,应微调W33电位器;在保持输入失调电压调节的基础上,接通K31,即转为正常调幅状态,调整电位器W31,可以改变调幅波的调制度。增大音频调制信号的幅度,可以观察到过调制时AM波形。

(5) 使用频谱仪观察频谱时,请注意频谱仪中心频率、扫频宽度等参数设置需涵盖信号载波频率。

4) 集成解调电路

(1) 观察记录解调AM或DSB信号时的输出波形及失真状况;

(2) 改变电路状态时,考察并记录电路参数对AM波或DSB波解调的影响。

提示:

AM波或DSB信号可由信号发生器提供,也可由本实验板的幅度调制电路输出提供。

5) 二极管检波电路

(1) 观察记录二极管检波器解调AM波信号时的输出波形及失真状况。

(2) 改变输入调幅信号参数(如输入信号幅度、调制度、频率等)和电路检波参数(如检波负载),考察并记录对检波输出的影响。

(3) 输入大信号DSB波时,观察解调输出波形。

提示：

在进行二极管包络检波时，已调制 AM 信号应设在调制信号音频范围内(实验时设为 1kHz 即可)，载波频率典型值为 2.5MHz，峰-峰值电压 3V 左右。

3. 撰写实验分析报告

实验分析报告是对实验结果的归纳、数据图表的整理和综合分析，是对实验结果的理论思考并得出结论，具体要求如下：

(1) 分析高频功放电路的工作原理，说明实验电路的信号处理过程。

(2) 分析各调幅与解调电路的工作原理，说明实验电路的信号处理过程。

(3) 归纳、整理各实验内容及实验条件下的实验结果，将波形、频谱或图表等重新规范绘制，对实验结果进行分析。

(4) 对实验中出现的问题或电路故障进行分析，说明解决问题的办法并得出相应解释或结论。

(5) 总结实验体会或心得。

4. 思考题

(1) C 类功放实验电路中，功放电路和基极调幅电路的构成有什么区别?

(2) 如何使谐振功放电路转换成倍频电路?

(3) 非正弦波语音信号频谱有什么特点?

(4) 在相同调制信号条件下，AM 波、DSB 波包络检波后的波形与频谱有何区别?

(5) 实验中遇到的主要问题是什么? 实验电路板存在什么故障? 是如何解决的?

1.10.4 锁相环、调频与解调电路实验任务书

1. 撰写实验预习报告

撰写实验预习报告是顺利完成实验的重要保证，在撰写过程中要充分了解实验内容及实验仪器，具体要求如下：

(1) 了解锁相环、锁相调频与解调电路的工作原理，画出功能框图。

(2) 根据实验内容确定实验方案及需用的仪器，在功能框图上标明实验调试点，预测标明各信号调试点的波形、频谱或幅值等参数，根据每项实验内容制定实验步骤及实验手段。

(3) 在预习报告上记录原始实验数据或波形等参数，标明产生各项实验结果的实验条件(如电路状态，所加入信号频率、波形、幅值及信号来源，相应仪器基本状态等)。

(4) 记录实验中出现的问题或电路故障及解决办法。

2. 锁相环、调频与解调电路实验内容

锁相环、调频与解调电路实验板，包含有变容二极管调频振荡电路、斜率鉴频与相位鉴频电路、频率合成与调频电路、锁相环与解调电路等四个电路模块。实验板的模块电路分布如图 1-121 所示。

实验的目的是掌握变容管直接调频电路和相位/斜率鉴频电路原理，掌握锁相环的工作方式及应用，包含锁相调频和解调、频率合成等，具体实验内容如下：

1) 变容二极管调频振荡电路

(1) 分析变容二极管调频振荡实验电路实现频率调制的方法；

(2) 制定静态调制特性的测试方法，测量并记录绘制静态调制特性；

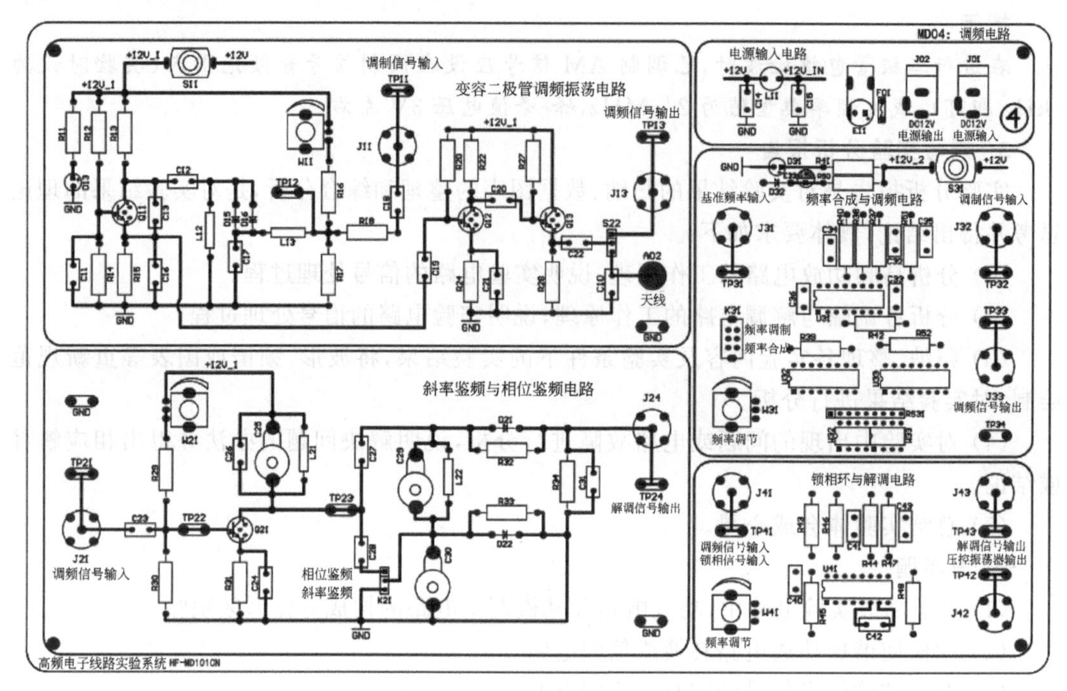

图 1-121 锁相环、调频与解调电路板

(3) 调节确定输出载波频率和音频调制频率，观察并记录调频器输出波形和频谱，考察并记录信号及电路参数改变对调频输出的影响（如最大频偏、边频数、占据频宽等）。

提示：

(1) 所谓静态调制特性，即输入端不接入交变的音频信号，调节 W11 改变直流电压，即变容管上偏置电压（TP12 测试点）变化，使输出频率变化，达到调频目的，此时输出频率随直流电压的变化曲线即为静态特性，建议调节变容管上偏压为 2～9V；

(2) 接入音频调制信号实现调频时，可由信号发生器给出几 kHz、几百 mV 的音频调制信号，高频载波频率可通过调节 W11 改变变容管上偏压获得；改变这些参数，可使输出调频波形及频谱发生变化。

2) 斜率/相位鉴频电路

(1) 掌握实验电路中相位鉴频和斜率鉴频电路的区别，了解工作过程和原理；

(2) 测量并记录二种鉴频方式下的静态鉴频特性，并绘制鉴频特性曲线；

(3) 输入端接入调频信号，分别观察并记录二种鉴频方式下的输入、输出波形；

(4) 改变输入信号参数和电路参数，考察并记录二种鉴频方式对输出波形的影响；

(5) 将二极管调频电路模块和斜率/相位鉴频电路模块级联成调频-鉴频系统，考察调频-鉴频过程。

提示：

(1) 所谓鉴频特性，即输入载波频率变化时，输出直流电压的对应变化值，也就是输出电压随输入频率变化的曲线。

(2) 相位鉴频时，需将初、次级回路都调谐在同一个频率上，如典型值 2.5MHz。单独鉴频实验时，调频信号可从信号发生器获得。

3）锁相环与解调电路

（1）了解实验电路中锁相环及锁相解调的工作过程，说明锁相解调的原理并画出测量方框图；

（2）了解锁相环 4046 的应用方式，不接外来调频信号时，改变 W41，观察并记录锁相环 VCO 输出频率范围（90～300kHz），测量并记录其频率；

（3）测量并记录锁相环的同步带和捕捉带；

（4）由信号发生器输入调频波（也可由本板的调频电路输出调频信号接入），考察并记录输出解调信号波形。

提示：

（1）实现调频波锁相解调时，输入的调频波中心频率必须在锁相环 VCO 的输出频率范围内；

（2）测量捕捉带和同步带时，需在 J41 端接入锁相基准信号，测试点 TP42（J42）接频率计或示波器可观察此频率是否与 J41 点的输入信号频率同步；当环路锁定，改变 J41 基准信号频率时，则 TP42 点的频率计显示同步改变，失锁时，二个频率将不相等。

测量捕捉带和同步带的参考方法：首先调整 W41 电位器，使环路 VCO 输出频率为 250kHz 左右，再调整外加基准频率 f_i，使环路处于锁定状态，即 TP41 与 TP42 的频率一致。然后慢慢减小基准频率，当两个输入信号频率或波形不一致时，表示环路已失锁，此时基准频率 f_i 就是环路同步带的下限频率 f_1'；慢慢增加基准频率 f_i，当发现两个输入信号由不同步变为同步，且 $f_i=f_o$，表示环路已进入到锁定状态。此时 f_i 就是捕捉带的下限频率 f_1，继续增加 f_i，此时压控振荡器 f_o 将随 f_i 而变。但当 f_i 增加到 f_2' 时，f_o 不再随 f_i 而变，这个 f_2' 就是环路同步带的上限频率。然后再逐步降低 f_i，直至环路锁定，此时 f_i 就是捕捉带的最高频率 f_2，如图 1-122 所示，从而可求出：

$$\text{捕捉带 } \Delta f=f_2-f_1 \quad \text{同步带 } \Delta f'=f_2'-f_1'$$

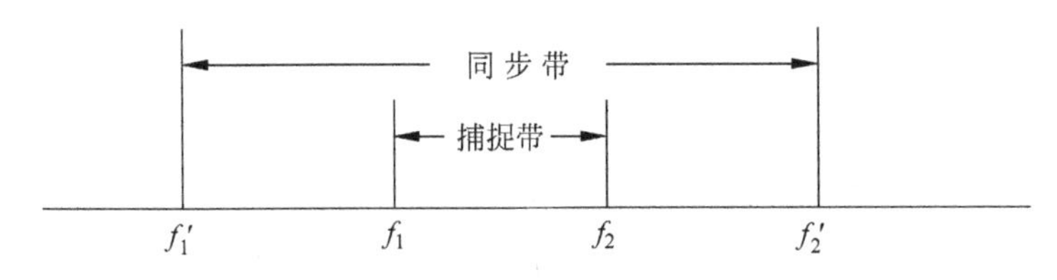

图 1-122　同步带与捕捉带

4）频率合成与锁相调频电路

（1）说明用 4046 锁相环实现频率调制的原理和方法，并画出测量方框图；

（2）不接调制信号时，观察调频器输出波形和频率，调节 W31，测量并记录 VCO 输出频率范围；

（3）输入调制信号分别为正弦波和方波时，观察并记录调频输出波形；

（4）输入调制信号分别为正弦波或方波时，进行锁相调频解调联测，观察记录锁相解调输出的波形；

（5）观察并记录频率合成输出频率范围、频率间隔。

提示：

（1）实现锁相调频时，输入的基准频率作为调频波中心频率必须在锁相环 VCO 的输出频率范围内；

(2) 频率合成时，基准频率可设置成 1kHz 或几 kHz，分频系数从低到高设置，8 位拨码开关的各位设置成 8421 码，向上是 1，向下是 0，右边为最低位，左边为最高位，合成输出频率不能超过 VCO 的输出频率范围(几百 kHz)。

(3) 调制信号为方波时，观察到的锁相调频输出的参考波形如图 1-123 所示。

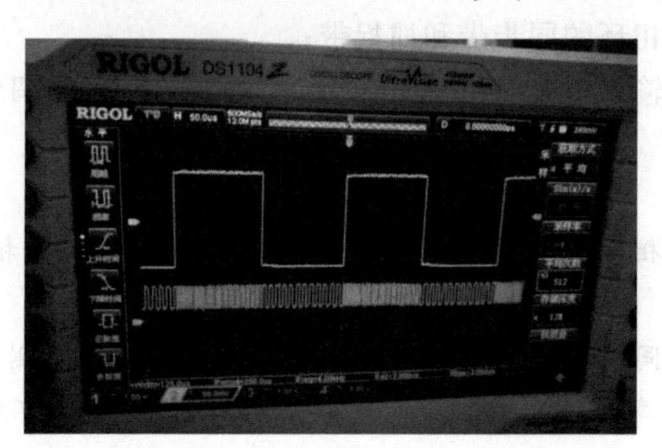

图 1-123 调制信号为方波时的锁相调频输出波形

3. 撰写实验分析报告

实验分析报告是对实验结果的归纳、数据图表的整理和综合分析，是对实验结果进行理论思考并得出结论，具体要求如下：

(1) 分析变容二极管调频电路、相位/斜率鉴频器、锁相环、锁相调频和解调电路、锁相频率合成的工作原理，说明各实验电路的信号处理过程。

(2) 归纳、整理各实验内容及实验条件下的实验结果，将波形、图表等重新规范绘制，对实验结果进行分析。

(3) 对实验中出现的问题或电路故障进行分析，说明解决问题的办法并得出相应解释或结论。

(4) 总结实验体会或心得。

4. 思考题

(1) 为什么 TP12 点测试所得电压值就是变容管上的偏压？

(2) 相位鉴频电路中，初、次级回路电容和耦合电容变化时，鉴频输出波形有什么变化？

(3) 锁相环调频和解调时，为什么载波中心频率必须是在锁相环同步范围内？如何保证锁相调频输出的中心频率的稳定度？

(4) 实验电路中，锁相频率合成的频率间隔取决于什么？

1.10.5 混频电路实验任务书

1. 撰写实验预习报告

撰写实验预习报告是顺利完成实验的重要保证，在撰写过程中要充分了解实验内容及实验仪器，具体要求如下：

(1) 分析实验用三极管混频和模拟乘法器混频电路的工作原理。

(2) 根据实验内容确定实验方案及需用的仪器，在功能框图上标明实验调试点，预测标明各信号调试点的波形、频谱或幅值等参数，根据每项实验内容制定实验步骤及实验手段。

(3) 在预习报告上记录原始实验数据或波形等参数，标明产生各项实验结果的实验条件(如电路状态，所加入信号频率、波形、幅值及信号来源，相应仪器基本状态等)。

(4) 记录实验中出现的问题或电路故障及解决办法。

2. 混频器、中放电路实验内容

混频器、中放电路实验板如图 1-124 所示，包含有三极管混频电路、集成混频电路、中频放大电路和自动增益控制电路四个模块电路。直流供电分别由开关 S11、S41 和 S31 接入，开关接通时，各模块电路获得直流供电。

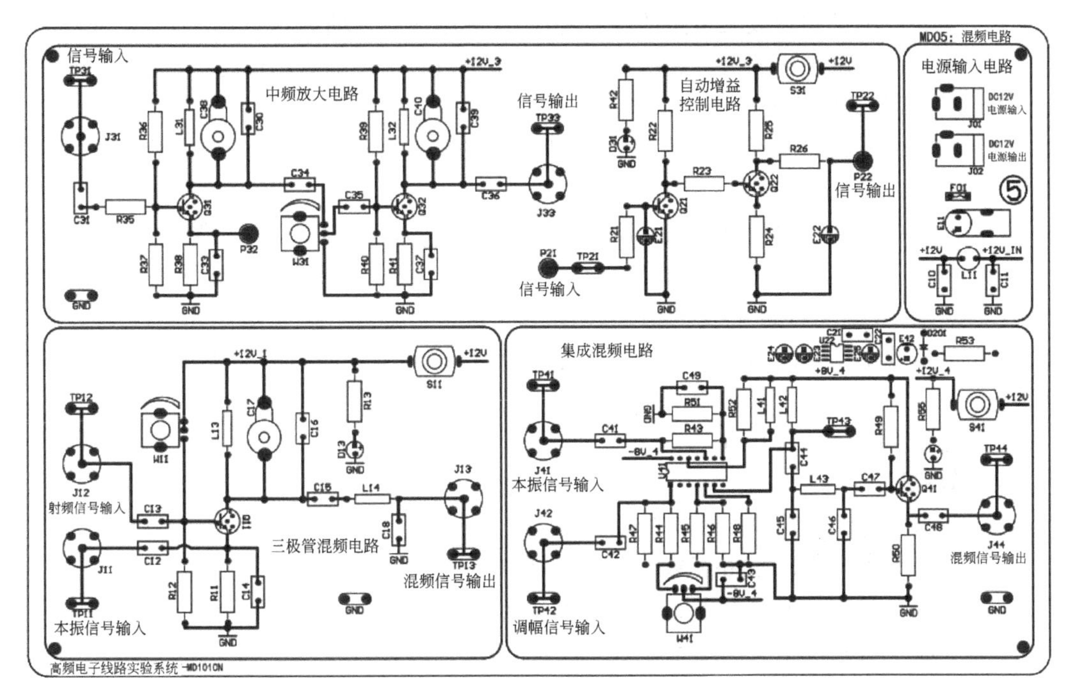

图 1-124　混频器、中放电路实验板

本电路实验的目的是进一步掌握中频放大原理，掌握中频频响特性测试，了解自动增益控制过程，掌握混频功能的实现过程，具体实验内容如下：

1) 三极管混频电路

(1) 调试输出中频回路谐振频率为 2.5MHz 左右，即固定中频为 2.5MHz；

(2) 考察并分析记录射频输入信号电平及本振电平对中频的影响；

(3) 输入等幅信号时，考察混频器变频信号特性并测试混频增益；

(4) 分别输入 AM 波和 FM 波时，考察并记录混频输出波形或频谱；

(5) 测试并分析混频电路的邻道抑制指标；测试并分析混频接收电路的镜频抑制指标(根据实验仪器条件选做)。

提示：

(1) 测试邻道抑制指标时，可选定某载频作为射频输入信号及相应本振为主通道，改变射频频率为邻道频率且本振频率不变时(即只改变信源频道)，观察中频输出波形或频谱的变化规律并分析对邻道的抑制情况。

(2) 测试镜频抑制指标时，可选定某载频作为射频输入信号及相应本振为主通道，改变射频频率为镜频频率，即按照中频步长减小增加射频信号源的输出频率两次，观察记录输出中频输出波形或频谱的变化规律并分析对镜频的抑制情况。

2) 集成混频电路

(1) 调试 1496 使其工作于理想乘法器状态；

(2) 分别输入 AM 波和 FM 波时，考察并记录混频输出波形或频谱。

3) 中频放大电路

(1) 调试并确定中频频率为 2.5MHz；

(2) 考察并测试中频放大电路的幅频特性，绘制幅频特性曲线；

(3) 测试并记录中频放大电路增益，考察电路参数对增益的影响情况。

3. 撰写实验分析报告

实验分析报告是对实验结果的归纳、数据图表的整理和综合分析，是对实验结果进行理论思考并得出结论，具体要求如下：

(1) 分析中放及混频电路的工作原理，说明本实验电路的信号处理过程。

(2) 归纳、整理各实验内容及实验条件下的实验结果，将波形、频谱或图表等重新规范绘制，对实验结果进行分析。

(3) 对实验中出现的问题或电路故障进行分析，说明解决问题的办法并得出相应解释或结论。

(4) 总结实验体会或心得。

4. 思考题

(1) 中放的幅频特性可以用哪些方法测试？为什么？

(2) 输入分别为 AM 波和 FM 波时，混频输出有何不同？

(3) 混频输出信号的失真主要受哪些因素影响？

(4) 实验中遇到的主要问题是什么？是如何解决的？

1.10.6 调幅收发系统实验任务书

对无线调幅收发系统进行整机实验，目的是强化无线通信系统概念，进一步掌握完整的通信系统的组成及各部分功能。通过将各个独立的功能模块连接，完成信息传递的功能，并根据实际传输的效果，对通信系统的传输质量做出客观、正确的评判。

本实验可充分发挥实验者的创造性，由于各功能模块都有自己的接口条件，因此需要实验者在对这些条件有充分了解的基础上再进行联机实验。

1. 撰写实验预习报告

撰写实验预习报告是顺利完成实验的重要保证，在撰写过程中要充分了解实验内容及实验仪器，具体要求如下：

(1) 了解调幅收发系统整机电路的工作原理，画出功能框图，标明所需用的实验电路模块。

(2) 根据实验内容确定实验方案及需用的仪器，在功能框图上标明实验调试点，预测标明各信号调试点的波形、频谱或幅值等参数，根据每项实验内容制定实验步骤及实验手段。

(3) 在预习报告上记录原始实验数据或波形等参数，标明产生各项实验结果的实验条件(如电路状态，所加入信号频率、波形、幅值及信号来源，相应仪器基本状态等)。

(4) 记录实验中出现的问题或电路故障及解决办法。

2. 调幅收发系统实验内容

调幅收发系统实验的目的是了解幅度调制解调通信系统传输模拟语音信号的状况,考察 AM 或 DSB 调制下信号传输效果;波形或频谱分析是通信系统中一个十分重要的内容,建议在观察各点波形的同时,能充分利用频谱仪分析模块,观察各点波形的频谱,加深对调幅信号传输的理解。具体实验内容如下:

1) 无线调幅发送系统

(1) 画出实验时的系统联机框图,选取相应的模块电路进行连接实验;

(2) 确定并调试记录无线传输的发送频率;

(3) 考察并记录 AM 调制下包络检波的语音信号有线或无线传输效果;

(4) 考察并记录 DSB 调制下同步检波的语音信号传输效果。

2) 无线调幅接收系统

(1) 画出实验时的系统联机框图,选取相应的模块电路进行连接实验;

(2) 确定并调试记录无线传输的接收频率;

(3) 考察并记录 AM 调制下包络检波的语音信号有线或无线接收效果;

(4) 将发送系统与接收系统联机,考察并记录 AM 调制下的单音信号和多音信号有线和无线传输效果。

提示:

(1) 利用振荡器电路实验板中的语音单元电路,可考察喇叭中收听到的信号发生器单音频信号、话筒语音信号或外接播放器语音信号的传输效果;

(2) 系统整机实验,可利用发送单元和接收单元,在有线连接和利用天线无线连接两种状态下,完成自发自收信号,记录喇叭收听效果;

(3) 系统整机实验也可和其他实验组联合,将收发频率调到其他实验组的实验频率上,与其他实验组点对点通过天线互发互收语音信号,记录通信距离及喇叭收听效果。

3. 撰写实验分析报告

实验分析报告是对实验结果的归纳、数据图表的整理和综合分析,是对实验结果的理论思考并得出结论,具体要求如下:

(1) 分析调幅收发系统整机电路的工作原理,画出功能框图,说明本实验电路的信号处理过程。

(2) 归纳、整理各实验内容及实验条件下的实验结果,对实验结果进行分析。

(3) 对实验中出现的问题或电路故障进行分析,说明解决问题的办法并得出相应解释或结论。

(4) 总结实验体会或心得。

4. 思考题

(1) 将单音频调制信号在 DSB 调制下,分别经包络检波和同步检波后,从喇叭中收听到的信号有什么区别? 为什么?

(2) 整机系统测试时,发送系统和接收系统之间有线连接时,最好用什么线缆连接? 为什么?

(3) 实验中遇到的主要问题是什么? 是如何解决的?

1.10.7 无线调频收发系统实验任务书

1. 撰写实验预习报告

撰写实验预习报告是顺利完成实验的重要保证，在撰写过程中要充分了解实验内容及实验仪器，具体要求如下：

(1) 了解无线调频收发系统整机电路的工作原理，画出功能框图。

(2) 根据实验内容确定实验方案及需用的仪器，在功能框图上标明实验调试点，预测标明各信号调试点的波形、频谱或幅值等参数，根据每项实验内容制定实验步骤及实验手段。

(3) 在预习报告上记录原始实验数据或波形等参数，标明产生各项实验结果的实验条件(如电路状态，所加入信号频率、波形、幅值及信号来源，相应仪器基本状态等)。

(4) 记录实验中出现的问题或电路故障及解决办法。

2. 无线调频收发系统实验内容

对无线调频收发系统进行整机实验，目的是强化无线通信系统概念，进一步掌握完整的通信系统的组成及各部分功能。通过将各个独立的功能模块连接，完成信息传递的功能，并根据实际传输的效果，对通信系统的传输质量做出客观、正确的评断。

本实验可充分发挥实验者的创造性，由于各功能模块都有自己特殊的接口条件，因此需要实验者在对这些条件有充分了解的基础上再进行联机实验。

频谱分析是通信系统中一个十分重要的内容，建议在观察各点波形的同时，能充分利用频谱分析模块观察各点波形的频谱，加深对调频信号传输的理解。具体实验内容如下：

1) 无线调频发送系统

(1) 画出实验时的系统联机框图，选取相应的模块电路进行连接实验，确定发送频率；

(2) 考察测试单音或多音调频发送系统。

2) 无线调频接收系统

(1) 画出实验时的系统联机框图，选取相应的模块电路进行连接实验，确定接收频率。

(2) 考察测试模拟语音调频接收系统。

(3) 将发送系统与接收系统联机，考察并记录单音信号和多音信号的有线和无线传输效果，记录喇叭收听效果。

提示：

(1) 系统整机实验，可利用发送单元和接收单元，在有线连接和利用天线无线连接两种状态下，完成自发自收信号，记录喇叭收听效果；

(2) 整机实验也可和其他实验组联合，将收发频率调到其他实验组的实验频率上，与其他实验组点对点通过天线互发互收语音信号，记录通信距离及喇叭收听效果。

3. 撰写实验分析报告

实验分析报告是对实验结果的归纳、数据图表的整理和综合分析，是对实验结果的理论思考并得出结论，具体要求如下：

(1) 分析无线调频收发系统整机电路的工作原理，画出功能框图，说明本实验电路的信号处理过程。

(2) 归纳、整理各实验内容及实验条件下的实验结果，将波形、频谱或图表等重新规范绘制，对实验结果进行分析。

(3) 对实验中出现的问题或电路故障进行分析，说明解决问题的办法并得出相应解释或结论。

(4) 总结实验体会或心得。

4. 思考题

(1) 调频收发系统和调幅收发系统整机实验中，模块电路的构成有什么区别？信号传输效果有什么不同点？

(2) 实验中遇到的主要问题是什么？是如何解决的？

1.10.8 无线收发系统考试答题机

无线收发系统考试答题机把基础性案例实验中的模块分功能集成在一个大底板上，并可连接成无线调幅收发系统。每个模块电路均设置若干故障，包括频率、工作点、幅度、放大等各类故障。在考试答题机屏幕上可看到有几个故障需排除、是否排除正确、操作次数、剩余时间、参考成绩等信息，时间用尽则不能操作，考试自动终止，排查故障后可提前提交考试结果，也可连接成整机实现无线收发，考试答题机如图 1-125 所示。考试答题机状态由出题机无线发送设置，包括考试时间、故障等设置，出题机上也能看到各考试答题机的实验操作状态。

图 1-125　考试答题机

考试答题机分练习和考试两个功能，“练习”由系统内置程序自动出题供平时练习使用；“考试”由出题机出题供正式考试使用。

答题机分控制及显示、LC 本地振荡器电路、基极调幅与丙类功放电路、小信号调谐放大器电路、二极管检波电路、混频输出电路、中频放大器电路等七个功能区域。

1. 控制及显示

控制及显示区域包含液晶显示、无线接收模块、蜂鸣器、电源指示、控制功能键等，左侧开关控制“练习”与“考试”两种状态。

(1) 出题机完成故障数及考试时间设置并发送后，答题机按下“开始考试”按键，系统开始倒计时。

(2)“提交试卷”：考试结束后，需要按此键提交试卷。

(3)“上移”：光标的上行移动，配合“确认”键完成选择。

(4)“下移”：光标的下行移动，配合“确认”键完成选择。

(5)“确认”：每种选择操作后需按此键确定，如排除电路故障时，在相应故障按键后再“确认”。

(6)“返回”：返回上一级功能。

2. LC本地振荡器

本地振荡器的振荡频率为8.8MHz，本电路有两个故障题目：

“振荡器不起振”被设置时，振荡器将没有振荡信号输出。

“振荡频率偏移”被设置时，振荡器的输出频率偏离8.8MHz，无法微调到正确频率值。

本电路故障可用频率计测量，或用示波器辅助测量获得信息，确定是否有故障。

3. 基极调幅与丙类功放

基极调幅与丙类功放的接收载波频率为6.3MHz，本电路设有三个故障题目：

“放大器静态工作点偏置故障”被设置时，丙类功放级在TP203处测量应有一个小的负偏压电压或零电压。

“选频回路谐振故障”被设置时，谐振频率偏离6.3MHz，且无法微调到正确谐振频率值。

“信号匹配发射故障”被设置时，天线端无信号输出。

4. 小信号调谐放大器

小信号调谐放大器谐振频率为6.3MHz，通频带500kHz左右(不同考试机会稍有差别)，本电路设有三个故障题目：

“放大器静态工作点偏置故障”被设置时，测量点TP101没有正常偏置电压。

“有载、空载品质因数性能故障”被设置时，在回路中加入电阻R106，使增益和带宽都达不到要求。

“谐振耦合程度故障”被设置时，耦合电容C113和C114不同电容的电容接入，会使带宽达不到要求。

5. 二极管检波

二极管检波电路可输入3V左右的调幅波信号，载波频率2.5MHz、调制深度为40%左右，本电路设有两个故障题目：

“RC参数故障(惰性失真)”被设置时，有惰性失真现象。

“直流负载故障(负峰切割失真)”被设置时，有负峰切割失真现象，可增加调制深度观察。

6. 三极管混频

三极管混频电路的本振信号为8.8MHz，射频信号载波为6.3MHz，本电路设有三个故障题目：

“本振信号输入故障”被设置时，本振输入端接入本振信号，但TP501点不能获得本振信号。

“射频信号输入故障”被设置时，射频输入端接入射频信号，但TP502点不能获得射频

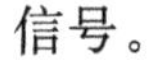

信号。

“混频信号输出故障”被设置时，输出不能获得正确的混频信号。

7. 中频放大器

中频放大器输入信号幅度约200mV、载波频率2.5MHz，每级的放大倍数(5～10倍)(注：此放大倍数为参考数值，建议在练习状态下对考试机提前进行测试，找到自己考试所用机子的正确倍数)。此电路设有三个故障题目：

“放大器偏置故障”被设置时，TP402无输出。

“前级放大器故障”被设置时，不能达到相应的放大倍数。

“后级放大器故障”被设置时，不能达到相应的放大倍数。

8. 操作流程

1)“练习”功能操作

(1) 打开电源，电源指示灯亮；

(2) 控制及显示区域左侧开关拨到“练习”挡位；

(3) 按下“开始考试”按键；

(4) 按练习顺序对各功能电路中的故障点进行测量；

(5) 判断出具体故障后，按下对应的故障按键，若确定就按“确认”键确认，如果不确定可按“返回”键返回；

(6) 答题结束后按“提交试卷”+“确认”键提交，考试练习结束。

2)“考试”功能操作

(1) 打开电源，电源指示灯亮；

(2) 控制及显示区域左侧开关拨到“考试”挡位；

(3) 开机等待，液晶屏上接收到正确的故障数及考试时间信息后，考试机进入等待考试状态；

(4) 按下“开始考试”键进行考试；

(5) 若中途意外断电，可再次开机，按照断电前的状态答题；

(6) 判断出具体故障后，按下故障所对应的按键，若确定就按“确认”键确认，如果不确定可按“返回”键返回；

(7) 答题结束后按“提交试卷”+“确认”键提交，考试结束。

第 2 章 CHAPTER 2 通信电子电路收发系统扩展性案例

2.1 无线对讲机——无线呼叫系统

无线对讲机是一种双向移动通信设备，在不需要任何网络支持的情况下就可以进行通话，主要包括模拟对讲机、数字对讲机和 IP 对讲机三类。

1936 年美国摩托罗拉公司研制出第一台移动无线电通信产品——“巡警牌”调幅车用无线电接收机。1940 年，摩托罗拉公司为美国陆军通信兵研制出第一台重量为 2.2kg 的手持式双向无线电调幅对讲机，通信距离为 1.6km。1962 年，摩托罗拉公司又推出了第一台仅重 935.5g 的手持式无线对讲机 HT200，其外形被称为“砖头”，大小和早期的“大哥大”手机差不多。

通常将工作在超短波频段（VHF 30～300MHz、UHF 300～3000MHz）的无线电通信设备统称为无线电对讲机，根据中国无线电管理委员会规定，对讲机频率一般做如下划分：专业对讲机用 V 段 136～174MHz，U 段 400～470MHz；武警公安用 350MHz，海岸用 220MHz；业余用 433MHz；集群用 800MHz；手机用 900MHz/1800MHz；公众对讲机（民用对讲机）用 409～410MHz。

模拟对讲机系统主要由音频电路、射频收发系统、系统控制电路和其他附加电路组成，系统结构如图 2-1 所示。

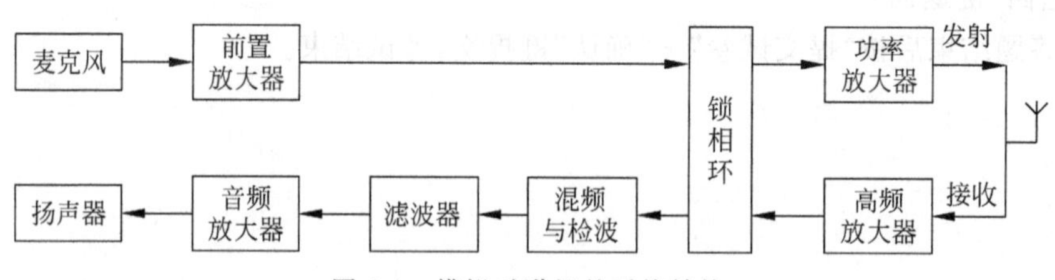

图 2-1　模拟对讲机的系统结构

模拟对讲机系统的工作流程如下：信号发射端，首先将麦克风产生的语音输入信号搭载在由锁相环和压控振荡器产生的射频载波信号上，然后经过功率放大电路进行放大，以达到额定的射频功率，最后将已调信号通过天线发射出去。信号接收端，将从天线获取的已调信号进行射频放大，放大后的射频信号与锁相环频率合成电路的本振信号进行混频，依次产生第一中频信号和第二中频信号。其中，第二中频信号通过一个陶瓷滤波器滤除干扰信号，将滤波得到的信号进行放大和鉴频获得音频信号，然后该音频信号将通过音频放大电路放大后送往扬声器进行播放。

模拟对讲机系统实现简单,但存在许多缺点,如:

(1) 语音质量差。模拟对讲机在无线通信时极易受到通信系统内部和外界噪声的影响,且一旦受到噪声的影响,噪声和语音信号将难以分开,无法保证通信时的语音质量。

(2) 保密性差。传统模拟对讲机中只将语音信号进行简单的调制,因此只需获知语音通信信道,即可窃听通话内容。

(3) 频谱利用率低。模拟对讲机中,某一频段某一时刻只能有一台处于语音发送状态,如果存在一台以上的设备处于语音发送状态,则会互相干扰影响通话。

数字对讲机首先将语音信号转化为数字信号,再将其编码后进行传输。数字对讲机系统主要由模数转换模块、音频编码模块、微控器、无线收发模块等构成,系统结构如图 2-2 所示。

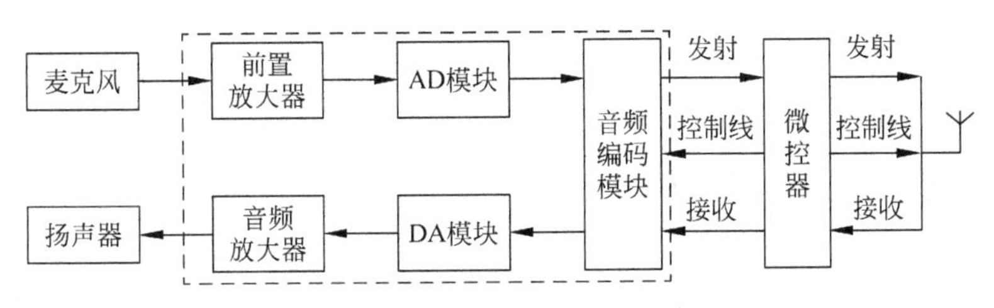

图 2-2 数字对讲机的系统结构

数字对讲机系统的基本工作原理是:在音频发送端,声音通过麦克风产生模拟信号,模拟信号经过 A/D(模/数)转换后变为数字信号,该数字信号通过音频编码模块进行语音编码,形成低速率的语音编码信号。语音编码信号在微控器的控制下通过微控器与音频编码模块的接口送往微控器,同时微控器将获得的语音编码信号通过天线发送出去。在接收端,天线获得的语音编码信号在微控器的控制下通过它们之间的接口送往微控器,同时微控器将获得的语音编码信号送往音频解码模块进行解码。解码后的数字信号通过 D/A(数/模)转换变为模拟信号送往扬声器进行播放。

数字对讲机相对模拟对讲机具有以下优点:

(1) 语音质量提高。由于数字通信技术具有纠错功能,且系统能对接收到的语音数据进行数字信号处理,因此能够较好地解决噪声干扰、音频丢失等问题,使得语音更加清晰。

(2) 保密性佳。数字对讲机中传输的是数字信号,数字信号在发送之前可以通过加密技术进行加密,保证通话内容的隐蔽性。

(3) 频谱利用率高。一条信道上可以装载多个用户,提高了频谱的利用率。

(4) 可全双工通信。在数字对讲机中可以利用时分双工(TDD)或频分双工(FDD)的方式实现全双工通信。

2.1.1 基于 2.4G 射频芯片的无线对讲系统实例

图 2-3 所示对讲系统基于 Cortex-M0 处理器的音频 SOC 芯片 ISD9160、2.4G 射频芯片 nRF24L01 及其他外围电路构成。

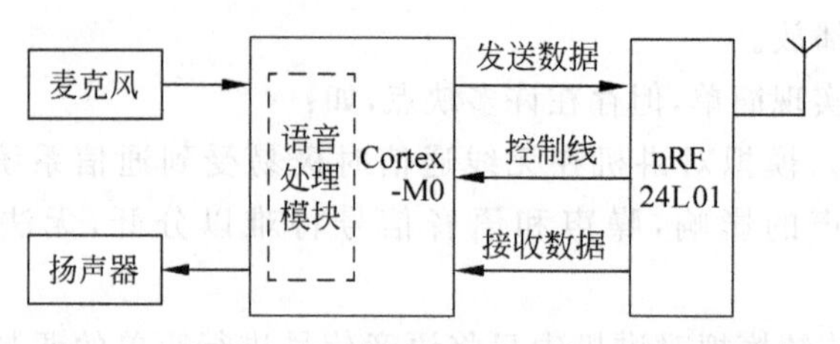

图 2-3　基于 2.4G 射频芯片的无线对讲系统结构

图 2-3 所示的数字对讲机系统的工作原理为：在音频发送端，声音通过麦克风产生的模拟信号经过 ISD9160 提供的 A/D 转换器转换为数字信号，该数字信号通过数字信号处理及语音编码处理后，形成了语音编码信号。语音编码信号在 ISD9160 的控制下通过 nRF24L01 发送出去。接收端的 nRF24L01 收到语音编码信号后，在 ISD9160 的控制下通过它们之间的接口送往 ISD9160 进行数字信号处理和语音解码。解码后的数字信号通过 D/A 转换变为模拟信号送往扬声器进行播放。

系统所用 ISD9160 是基于 Cortex-M0 的 32 位 ARM 处理器，内置一个 16 位的高精度 Sigma-Delta A/D 转换器和两个滤波器（Sinc 滤波器和 Biquad 滤波器），并内置一个 D 类功放（DPWM），该功放可提供 1W 的输出功率（5V 的电压，8Ω 的喇叭），因此无需外置音频放大电路。

系统应用 2.4G 无线射频芯片 nRF24L01 实现数据传输，芯片内部结构和外部接口如图 2-4 所示。片内无线收发器包括：频率发生器、增强型“ShockBurst”模式控制器、功率放大器、晶体振荡器、调制器和解调器。

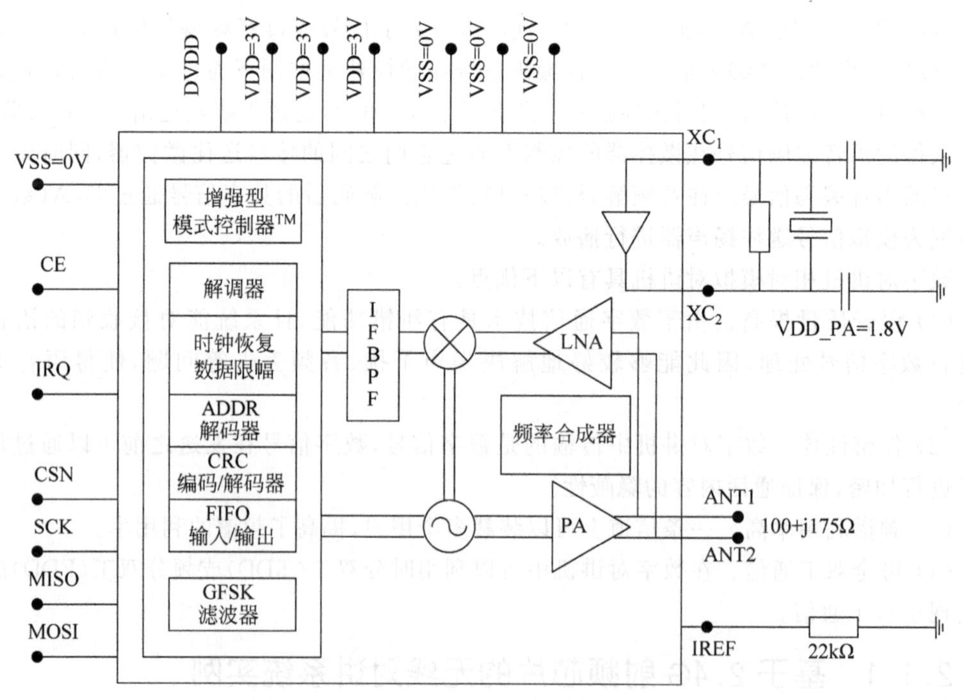

图 2-4　nRF24L01 芯片内部结构和外部接口图

2.1.2 摩托罗拉 SMP818 型对讲机实例

摩托罗拉生产的 SMP818 型对讲机如图 2-5 所示。该对讲机为调频对讲机，射频输出功率为 4W/1W；频率范围为 400～470MHz；信道间隔具有宽带和窄带两种模式，宽带为 25kHz，窄带为 12.5kHz，共 128 组记忆信道。

图 2-5 摩托罗拉 SMP818 型对讲机

2.1.3 工程实训

设计并实现无线对讲机，可实现简单的对讲功能。参考芯片可选择 D1800、D2822。D1800 为单片 FM/AM 收音机电路，FM 部分包括混频、本振中放、鉴频、静噪、低通滤波器等；AM 部分包括高放、检波，此外还有音频驱动级和功放电路，电路工作电源电压范围为 2.5～5V。D2822 用于便携式录音机和收音机的音频功率放大器。

2.2 手机

手机是生活中常用的一种便携式通信设备，借助于无线和有线网络实现电话和数据互通，其中，移动设备和基站之间通过移动通信收发天线发射和接收无线电磁波实现信息的传递。手机的通信方式主要有三种：频分多址传输方式（Frequency Division Multiple Access，FDMA）、时分多址传输方式（Time Division Multiple Access，TDMA）和码分多址传输方式（Code Division Multiple Access，CDMA）。

数字手机的信号传输框图如图 2-6 所示。在发送状态下，声音经话筒转变为原始的电信号，之后经 A/D 转换器转变成数字信号，然后进行数字编码。为了进行误码校正，要采取交叉交织及数据转换等处理过程。帧处理是电路对信号采用 TDMA 或 CDMA 等信号处理方式。帧处理后，再进行数字编码和数字调制处理，完成 D/A 转换和正交转换，最后经数字调制的信号经功率放大后由天线发射。

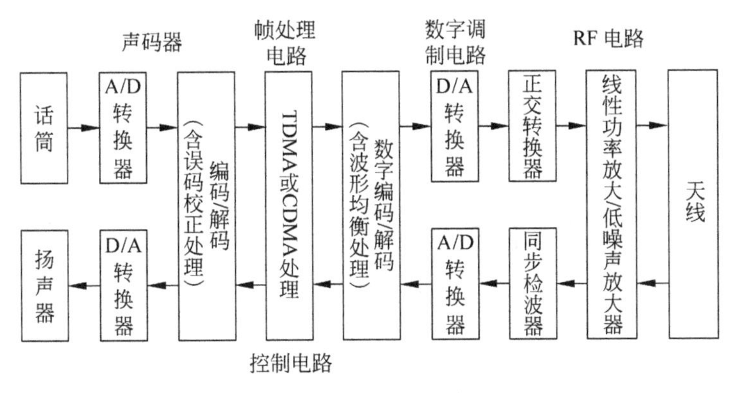

图 2-6 数字手机的信号传输框图

接收状态下，天线接收到的信号首先进行低噪声放大，再进行同步检波、A/D 转换，转换为数字信号后进行数据解码与 TDMA 或 CDMA 处理，还原出语音数字信号，同时进行误码校正处理(即去交织交叉处理)，最后经 D/A 转换为模拟音频信号驱动扬声器。

2.2.1 CDMA 移动通信系统

CDMA 技术能够满足市场对移动通信容量和品质的要求，具有频谱利用率高、话音质量好、保密性强、掉话率低、电磁辐射小、容量大、覆盖广等特点，并且由于 CDMA 带宽的扩展，也使手机可以用来传输影像等多媒体资源。CDMA 采用码分多址技术，系统中每一个移动用户终端都被分配一个独立的随机码序列。

CDMA 发送系统的结构框图如图 2-7 所示，首先将话音信号经声码器转换成数字音频信号，同时与辅助数据信号一起送入编码器进行数字编码，之后将编码的数字信号进行交叉交织处理，以便在接收端进行误码和漏码检测及纠错处理。发送前的处理主要是为了提高可靠性和抗干扰性，还包括维特比变换、仿真噪声编码和数据增强随机化电路等，最后进行信号合成，再调制到射频载波上由天线发射出去。

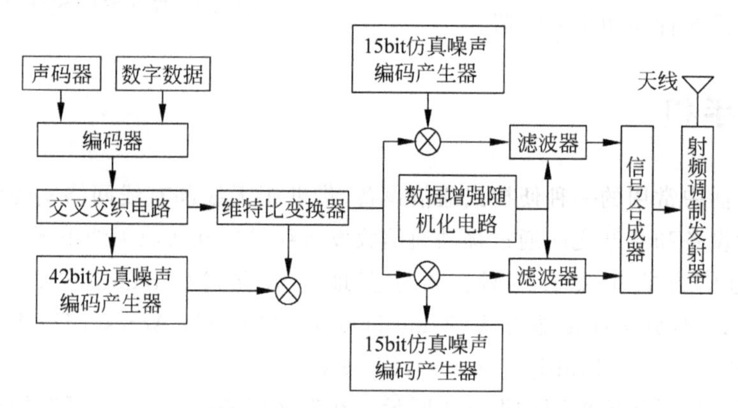

图 2-7 CDMA 手机发射系统框图

CDMA 接收系统的结构框图如图 2-8 所示，天线接收到基站转发的信号，将信号送到高频解调器，高频解调器由低噪声放大器、滤波器、混频器等电路构成，将数字信号从射频载

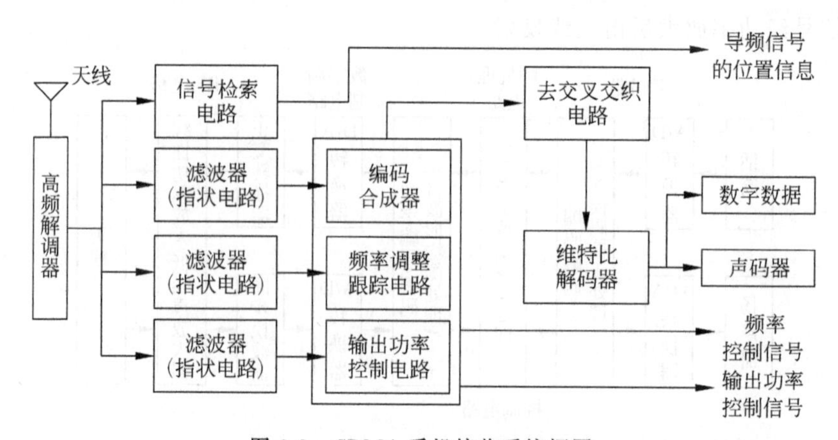

图 2-8 CDMA 手机接收系统框图

波上解调出来,然后再对解调出来的信号进行解码处理。信号经滤波器分别提取数字信息,并经去交叉交织处理、维特比解码恢复出发射端的数字信号。再经声码器、D/A 转换器输出话音信号。接收电路中,还包括频率调谐和频率跟踪电路,以保证接收的信号频率准确无误。输出功率控制电路是产生频率控制信号和输出功率控制信号的电路,该电路通过对频率和功率的检测形成自动控制电压,在环境因素变化的情况下也能保证整个电路稳定工作。信号检索电路产生导频信号的位置信息为微处理器提供参考信息。

2.2.2 手机电路结构

手机的电路结构框图如图 2-9 所示。手机的天线接收到基站天线发射的电磁波,感生出电流送入天线开关。接收信号频率为 900MHz 和 1800MHz 频段,接收到的信号分别经两个高频带通滤波器滤除干扰和噪声,然后进行低噪声放大(LNA),将微弱的信号放大到足够的强度,再送入混频电路中进行混频。一本振作为外差信号与接收到的信号混频后取差频,之后进行中频滤波。中频信号携带的话音信息内容在这个变频过程中没有变化,再经中频放大器放大,然后送入中频解调电路进行解调处理,从中频载波中解调出基带信号,并从信号电路中检测出场强信号。将基带信号送到数字信号处理电路中进行解调、均衡、解密和去交织处理后,再进行信道解码,还原出源编码。该信号再进行语音解码,恢复出原脉冲编码的音频信号(PCM),最后进行 PC 解码,即音频信号的 D/A 转换器。最后将数字音频信号还原成模拟音频信号,经音频放大后驱动扬声器(听筒)工作。

发射信号的过程如图 2-9 所示,用户的声音由话筒变换成原始的电信号,经音频放大后进行 A/D 转换,得到 PCM 信号。经信道编码后的数字信号再进行交织处理,以便进行纠错,防止传输错误。同时为了通信安全进行加密处理,然后进行数字调制(GMSK 调制),之后将数字调制后的信号送到中频调制电路调制到中频载波(二本振信号)。中频调制信号送入混频电路与一本振信号进行混频,得到射频已调信号(载波 900MHz 和 1800MHz 左右的信号)。对射频已调信号进行射频放大和功率放大,之后经双路滤波器和频带耦合器送到天线开关,最后驱动天线工作,发射出去。

微处理器是手机工作中的指挥中心,它接收用户的按键指令信号,根据程序对各个电路进行控制,存储器存储手机的工作程序和数据。

2.2.3 电路实例

智能手机电路是智能手机的核心,包括射频电路、音频电路、处理器及存储器电路、电源及充电电路、操作及屏显电路、接口电路,以及蓝牙、无线等其他功能电路。其中射频电路主要用来接收、发射射频信号,主要包括射频发射和射频接收电路,其中射频接收电路完成接收信号的滤波、信号放大、解调等功能,射频发射电路完成语音基带信号的调制、变频、功率放大等功能。

以诺基亚智能手机为例,其射频收发电路如图 2-10 所示。

图 2-10 中,X7406 和 X7408 为智能手机的射频天线,芯片 Z7513 为射频收发电路,芯片 N7510 为射频功率放大器,芯片 N7509 为电源控制芯片,芯片 N7512 为射频信号处理电路,Z7518 为滤波器,B7500 为 38.4MHz 晶振。

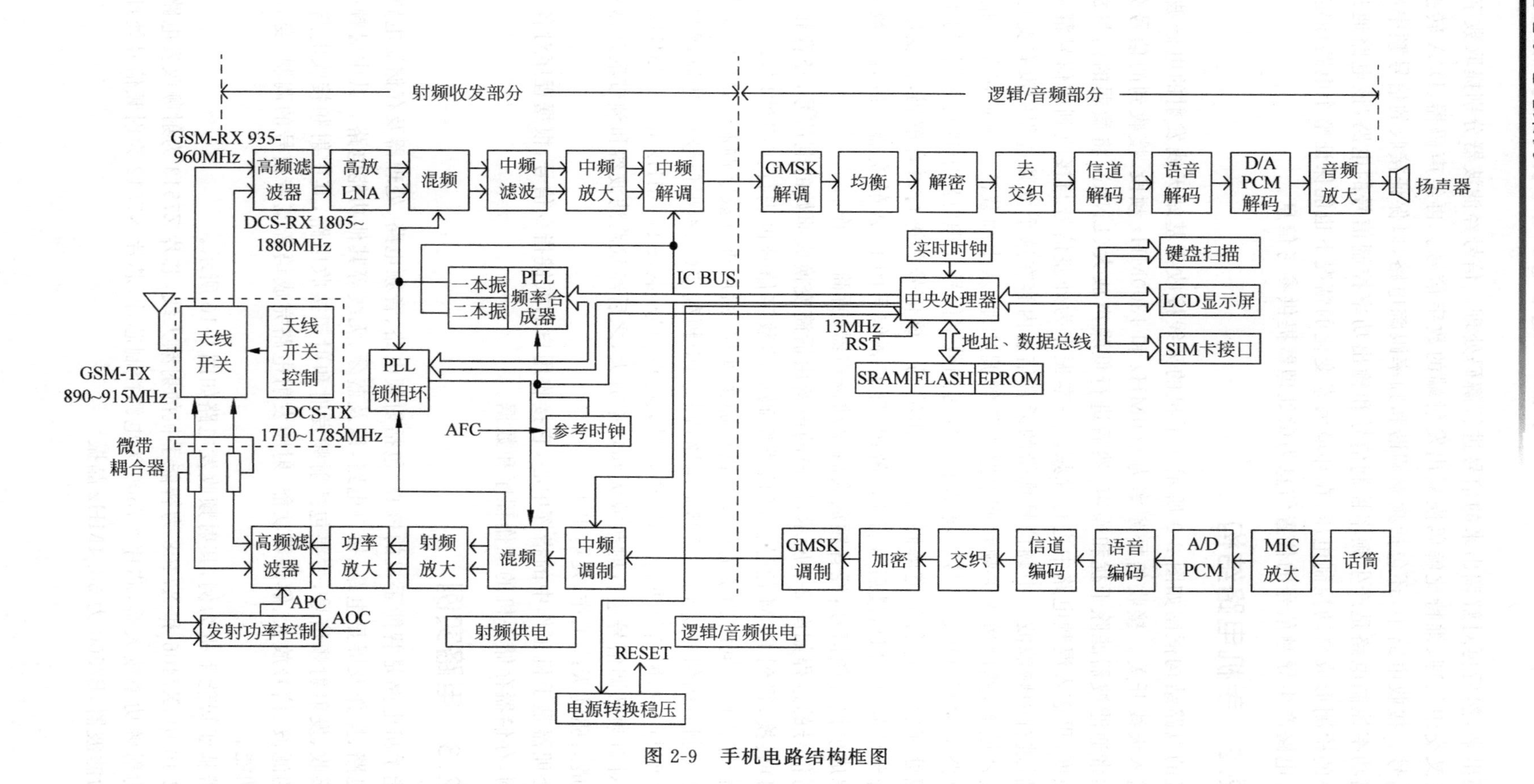

图 2-9 手机电路结构框图

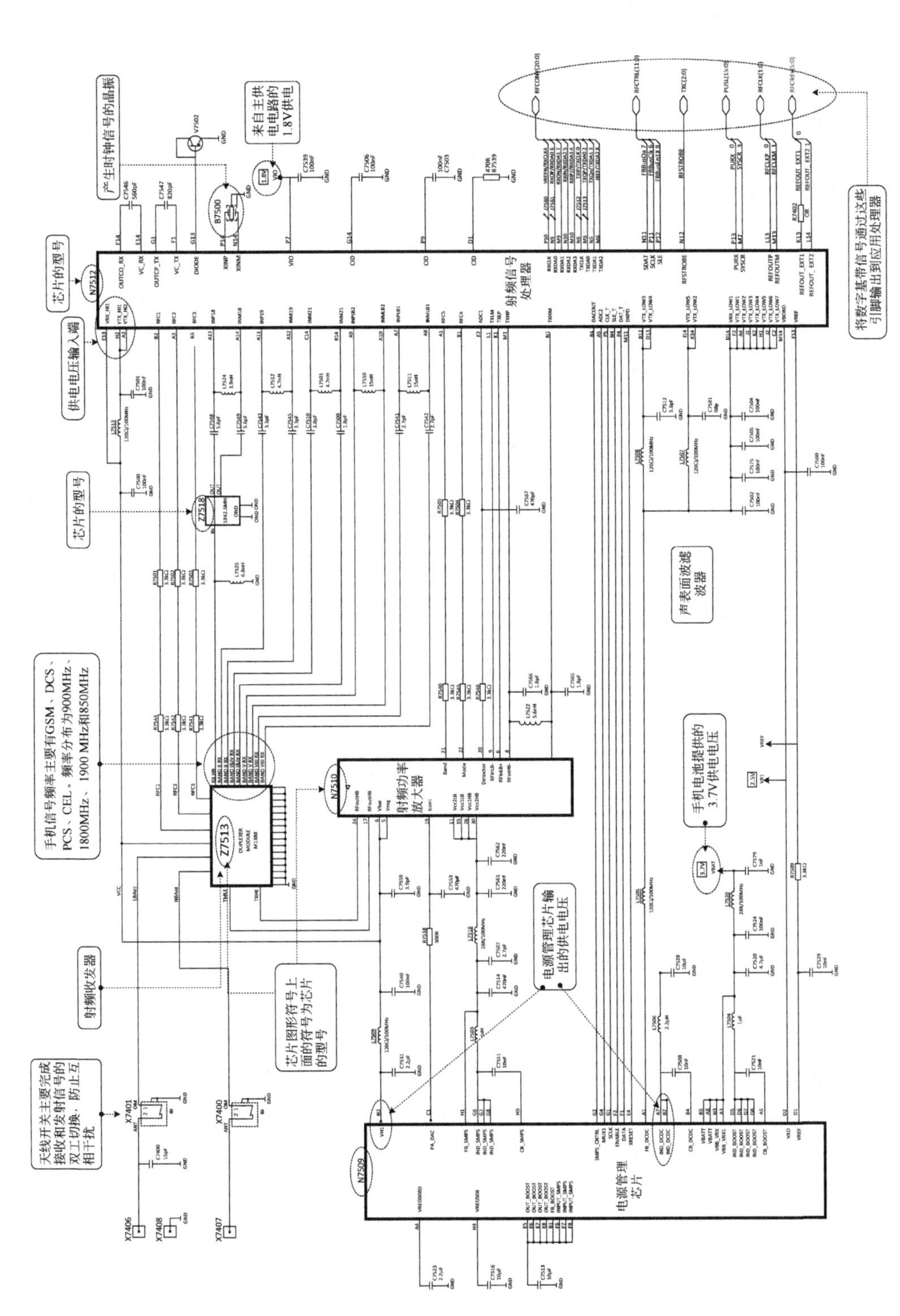

图 2-10　诺基亚智能手机射频收发电路

1. 信号接收电路

射频电路的信号接收电路包括射频天线、射频收发电路、声表面波滤波器和射频信号处理器。当接收信号时，由高、低频段射频天线 X7406、X7408 接收的手机信号送入射频收发电路 Z7513 中进行切换处理，之后输出接收的射频信号 RX，即 RX_HB（信号频率为 1800MHz）、BAND_Ⅱ_RX（信号频率为 1900MHz）、BAND_Ⅰ&Ⅳ_RX（信号频率为 1700/2100MHz）、BAND_Ⅴ_RX（信号频率为 850MHz）、BAND_Ⅷ_RX（信号频率为 900MHz）。

1800MHz 的射频信号 RX_HB 经过 1842.5MHz 的声表面波滤波器 Z7518 和耦合电容 C7548、C7549 耦合后，送入射频信号处理器 N7512 的 A13 和 A14 引脚。其他四路的射频信号直接经耦合电容器后，送入射频信号处理器 N7512 的 A11、A12、C14、B14、A9、A10、A7、A8 引脚。接收的射频信号在射频信号处理器 N7512 中进行频率变换（降频）和解调处理后，由 P10、N9、M9、N10、M10 引脚输出所接收的数据信号（RXCLK、RXDA0～RXDA3），送往微处理器和数据处理电路进一步处理。

2. 信号发射电路

射频电路的信号发射电路主要由射频信号处理器、功率放大器、射频信号收发电路和射频天线组成。

当智能手机发射信号时，发射的数字模拟基带信号从微处理器中的 CPU 核心输送至射频信号处理器 N7512 的 N6、M5、N5、M6 引脚，数字模拟基带信号在 N7512 内部进行调制、上变频，低频段的发射信号从射频信号处理器的 L1、K1 引脚输出，送至功率放大器射频信号处理器 N7510 的 9、8 引脚，高频段的发射信号从射频信号处理器 N7512 的 M1、N1 引脚输出，送至功率放大器 N7510 的 3、2 引脚。

射频信号在功率放大器 N7510 内部进行放大后，其中低频段的信号从 N7510 的 17 引脚输出，高频段的信号从 N7510 的 24 引脚输出，送至射频收发电路 Z7513，然后从射频天线发射出去。功率放大器 N7510 的 21 引脚为频段控制，受射频信号处理器 N7512 的 A1 引脚控制，功率放大器 N7510 的 22 引脚为模式切换，受射频信号处理器 N7512 的 B1 引脚控制。功率放大器 N7510 的 20 引脚为功率检测，受射频信号处理器 N7512 的 E2 引脚控制。

2.3 Wi-Fi

目前，无线通信在人们的生活中扮演着重要的角色，Wi-Fi（无线局域网 802.11）是目前使用较广泛的短距离无线通信技术之一。无线局域网标准主要包括 IEEE 的 802.11、802.15、802.16 和 802.20 标准，其中以基于 802.11 协议的无线局域网接入技术为主，也就是无线保真技术 Wi-Fi（Wireless Fidelity）。

Wi-Fi 是一种能够将个人计算机、手持设备（智能手机等）等终端设备以无线方式互相连接的技术，工作频段为 2.4GHz 和 5GHz 两个频段。Wi-Fi 由 AP（Access Point）和无线网卡组成无线网络。AP 为接入点，是传统的有线局域网与无线局域网络之间的桥梁，其工作原理相当于一个内置无线发射器的 Hub 或路由；无线网卡则是负责接收 AP 所发射信号的客户端设备。

2.3.1 短距离无线传输系统

短距离无线传输系统的典型结构如图 2-11 所示。系统由发射端、发射天线、信道、接收天线和接收端构成。信号从发射端天线到接收端天线受到乘性噪声的影响，接收机内部产生的热噪声和外界电子设备产生的干扰为加性噪声。

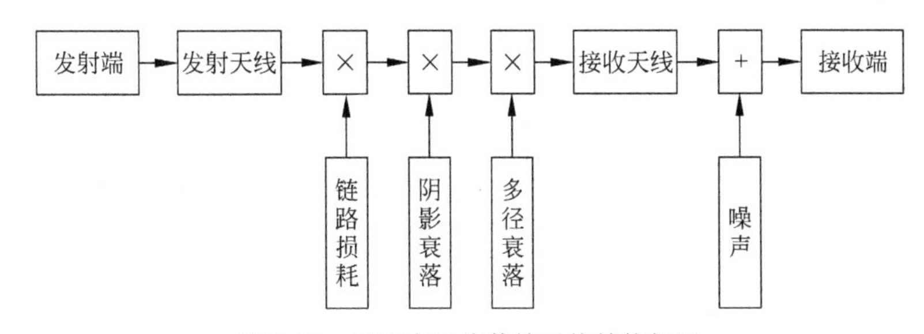

图 2-11 短距离无线传输系统结构框图

短距离无线通信中，无线电波仍然经由反射、折射和散射等传播机制到达接收端，但由于传输距离的限制还受到环境的布局、物体的陈设、天线的位置、物体材料多样性等环境因素的影响。

2.3.2 Wi-Fi 的物理层传输过程

IEEE 802.11 的物理层与其他网络的物理层一样，都为系统设备提供无线通信链路，从而解决设备之间无线通信数据的传输问题。Wi-Fi 的物理层传输过程如图 2-12 所示。

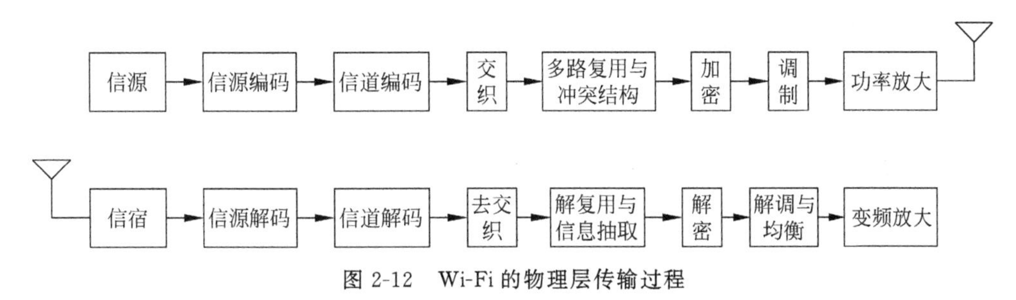

图 2-12 Wi-Fi 的物理层传输过程

Wi-Fi 标准中定义的无线射频传输方式采用了扩频技术，由于系统本身的复杂性，IEEE 802.11 在扩频技术的基础上提高了抗干扰能力并降低了发射功率。

2.3.3 Wi-Fi 信号传输的射频单元电路设计实例

Wi-Fi 技术是移动网络的有效补充，大部分移动终端都继承了 Wi-Fi 功能。随着无线局域网的发展，各大芯片供应商纷纷推出自己的 Wi-Fi 芯片解决方案，其中使用较为广泛的有：TI、Marvell（美满公司）、Atheros（原创锐讯公司）、Atmel（爱特美尔公司）等。

以 Marvell 的 88W8787 芯片为例设计 Wi-Fi 射频通信模块。图 2-13 所示为 Wi-Fi 和蓝牙共存系统的框架，其中包括主控器 Host Controller、Wi-Fi 芯片、蓝牙芯片、Wi-Fi 功率放大器、收发切换开关、2.4GHz 带通滤波器、天线、电源和晶体振荡电路。

主控器可以是各种移动便携终端，如智能手机、笔记本电脑和车载设备等。主控器通过

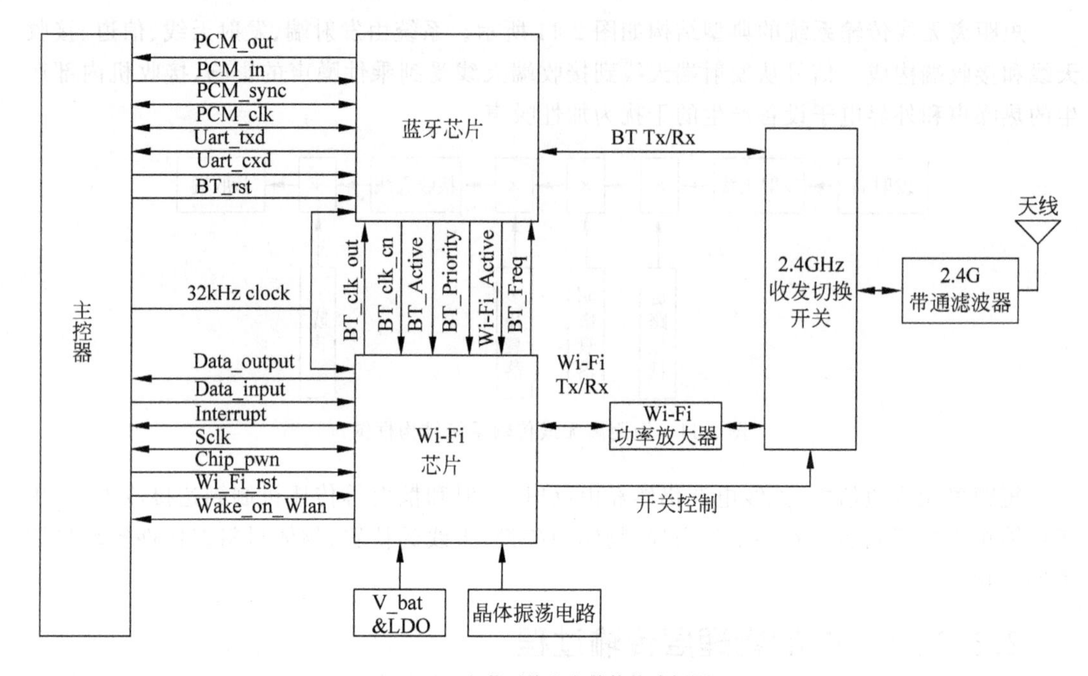

(a) Wi-Fi和蓝牙的分立芯片构成框图

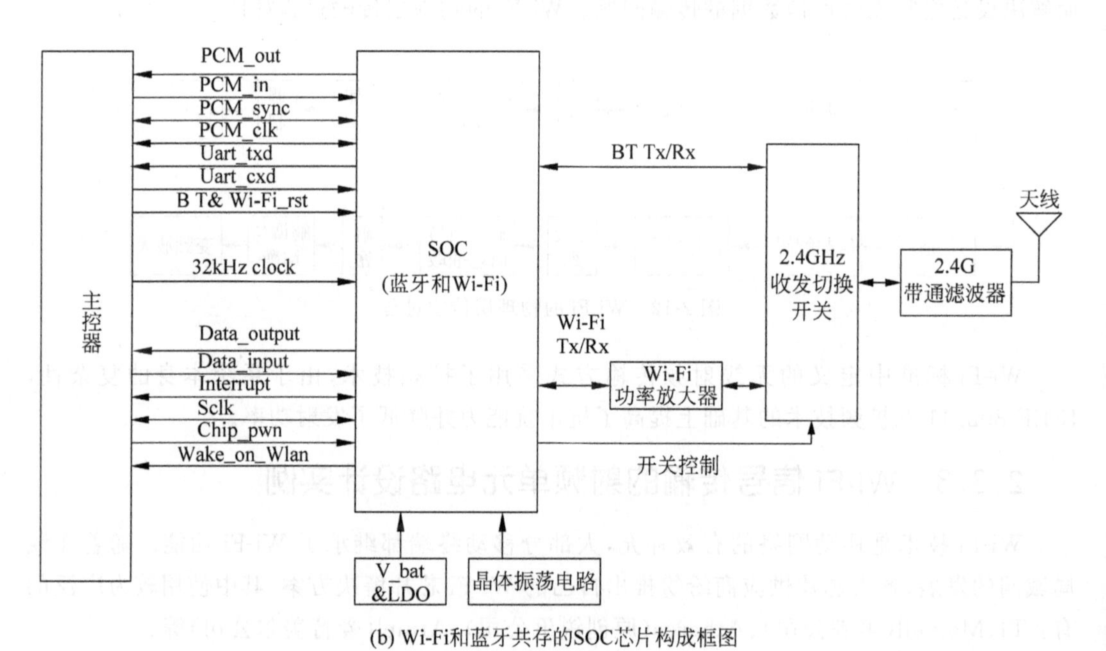

(b) Wi-Fi和蓝牙共存的SOC芯片构成框图

图 2-13 Wi-Fi 和蓝牙共存系统的框架

各种接口控制 Wi-Fi 和蓝牙的各种状态,并完成语音和数据传输。

蓝牙芯片包括蓝牙的物理层和 MAC 层模块,具体分为基带、射频、存储系统、电源管理系统等。

Wi-Fi 芯片包括 Wi-Fi 物理层和 MAC 层模块,具体分为基带、射频、存储系统、电源管理系统等。Wi-Fi 规范要求最大输出功率为 20dBm,需要外加功率放大器。

2.4GHz 带通滤波器用于滤除带外信号,防止干扰其他频段,或被其他频段干扰;天线用于发射和接收 Wi-Fi 或蓝牙射频信号;切换开关用来控制 Wi-Fi 与蓝牙收发通路的选通;晶体振荡器电路为 Wi-Fi 和蓝牙提供系统时钟信号;电源系统则为整个系统提供各种幅度的电压,保证系统正常运行。

图 2-13(b)中 Wi-Fi 和蓝牙二合一系统芯片可选 Marvell 88W8787。Marvell 88W8787 为高集成度的单芯片 SOC(System On Chip,系统芯片),集成了 Wi-Fi、蓝牙等功能。Wi-Fi 支持 802.11 a、b、g、n 等主流的协议,其中 802.11n 支持最高数据速率为 72Mb/s(20MHz 信道带宽)和 150Mb/s(40MHz 信道带宽);支持多种安全认证标准,包括中国拥有自主知识产权的无线局域网鉴别和保密基础结构(WAPI);支持网际漫游和发射功率控制功能;支持 QoS(Quality of Service)模块响应功能;支持 Ad-Hoc 和 Infrastructure 组网模式等。

88W8787 内部功能框图如图 2-14 所示,包括 Wi-Fi 模块、蓝牙模块、FM 收发模块、微

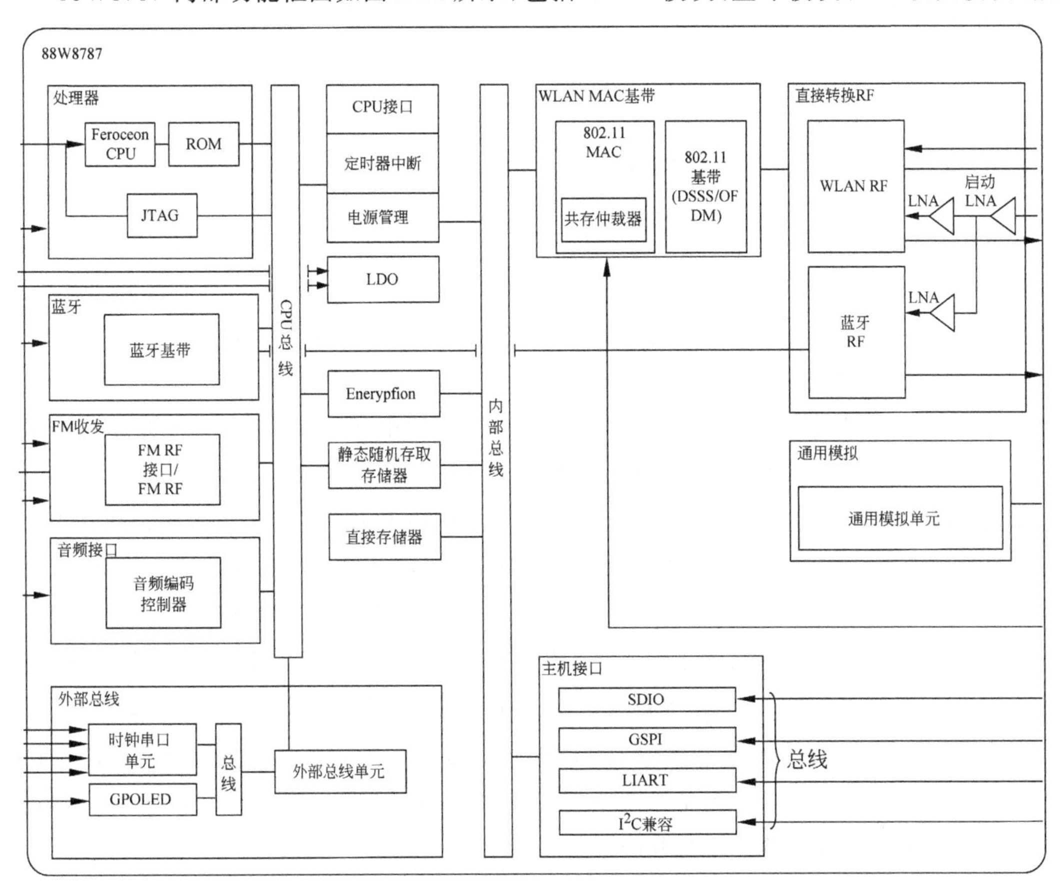

图 2-14　88W8787 内部功能框图

处理器单元(MCU)、内置 RAM 和 ROM、电源管理单元(PMU)、外围总线接口单元、主控制器接口单元(HCI)。

88W8787 芯片中 Wi-Fi 的射频部分采取直接变频的调制方式,结构简单,容易集成,如图 2-15 所示。

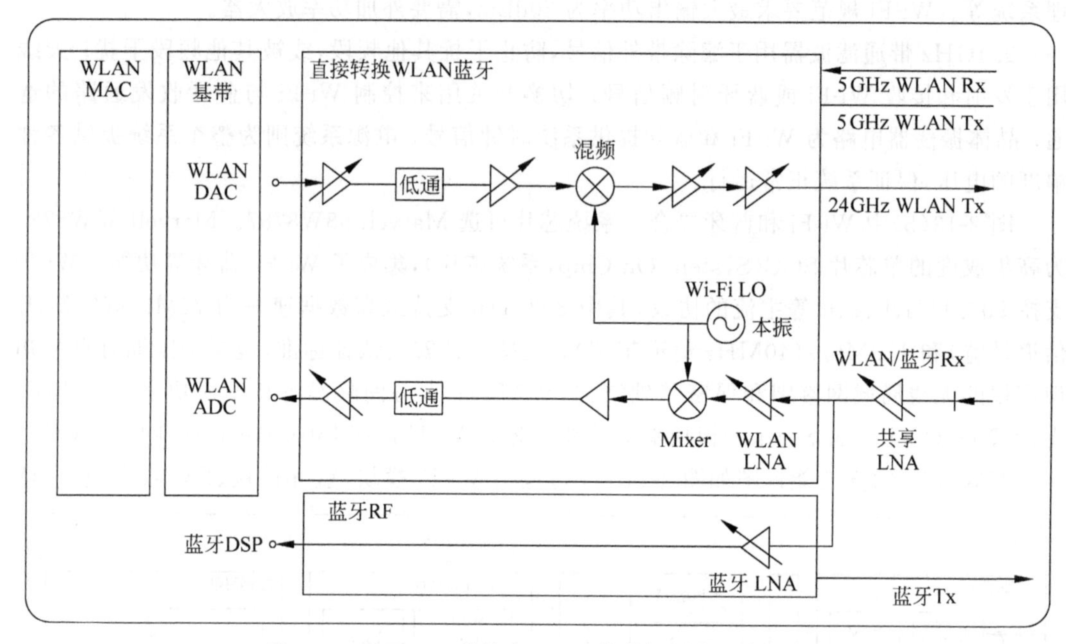

图 2-15 88W8787 芯片中 Wi-Fi 的射频部分电路框图

发射通路上,Wi-Fi 基带信号先进行信源编码、信道编码、数字信号调制、加密后,通过数模转换变成模拟信号;然后经过可编程增益放大器进行小信号放大,再通过低通滤波器进行频带滤波,接下来和本振信号在混频器内混频,直接上变频至 2.4GHz 射频信号;射频信号通过可编程电压放大器和功率放大器进行信号放大直至输出。88W8787 输出射频信号功率为 10dBm,如果对距离没有特殊要求,可以直接输出到天线;如果需要长距离传输,可外加功率放大器对射频信号进行放大后再输出到天线。

接收回路过程基本和发射相反,最大的特点是 Wi-Fi 和蓝牙的部分接收路径是共用的,可以最大限度地节约成本。从天线接收来的射频信号,先通过共享低噪声放大器进行小信号放大,再分成两路分别到 Wi-Fi 和蓝牙的接收模块。其中 Wi-Fi 射频信号通过可编程增益放大器进行信号放大后,与本振信号在混频器内混频直接下变频成基带信号,然后通过低噪声放大器、低通滤波器、可编程增益放大器进行一系列放大和滤波,最后送给基带处理器进行数字信号处理、信号解调。因为没有中频,因此省去了中频信号放大和滤波电路,简化了收发结构,节约了成本。在整个接收通路上,采用增益可编程低噪声放大器能够实现高精度增益控制,达到最小的噪声系数和高的动态范围。

为了保证射频收发通道电路的正常工作,主芯片 88W8787 还需要外接功率放大器、收发切换开关、带通滤波器和晶体振荡器等。

系统总体框图如图 2-16 所示，其中 Wi-Fi 功率放大器为 SE2568。SE2568 供电电压为 2.3～4.8V，可以直接采用电源供电。工作频段为 2.4GHz，集成了两级功放，功率最大能输出 20dBm。射频输入输出引脚进行了 50Ω 阻抗匹配，片内框图如图 2-17 所示。SE2568 外电路连接如图 2-18 所示，在功放的输入、输出端各连接一个 LC 匹配电路，其中输入为 4.3nH 和 1.0pF，而输出为 1.5nH 和 0.5pF。需要特别注意的是，功放输入、输出电路的阻抗特性必须为 50Ω，以保证它们与功放内部电路阻抗匹配，达到最少的回波损耗和最大的功率输出。另外，SE2568 有功率检测引脚，能够耦合部分输出功率反馈给 88W8787，用来检测输出功率是否饱和，从而可以动态调整输出功率，保证 Wi-Fi 输出性能最优。

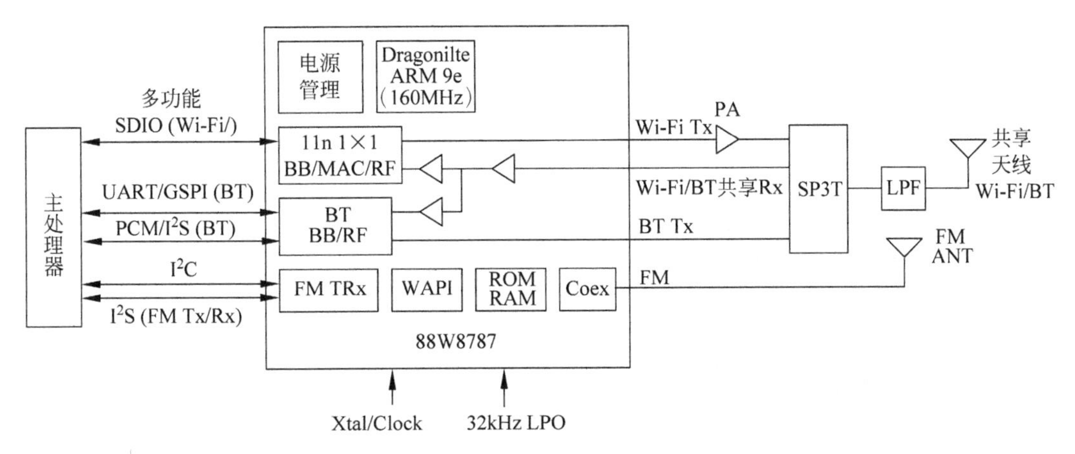

图 2-16 基于 88W8787 芯片的 Wi-Fi 与蓝牙共存系统框图

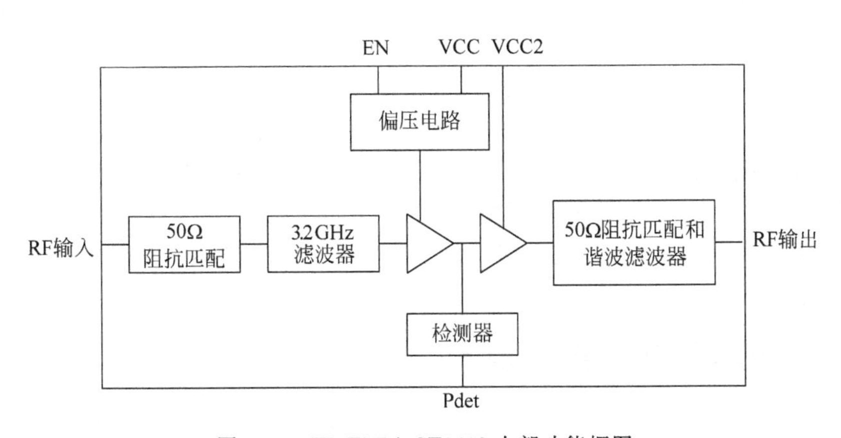

图 2-17 Wi-Fi PA SE2568 内部功能框图

带通滤波器选用乾坤科技(CYNTEC)公司的 TBF1608245R2，其带内插入损耗最大为 2.4dB，带内波动为 0.5dB，而对带外干扰有 20dB 以上的抑制，能够有效地滤除 2.4GHz 频段以外的干扰信号。

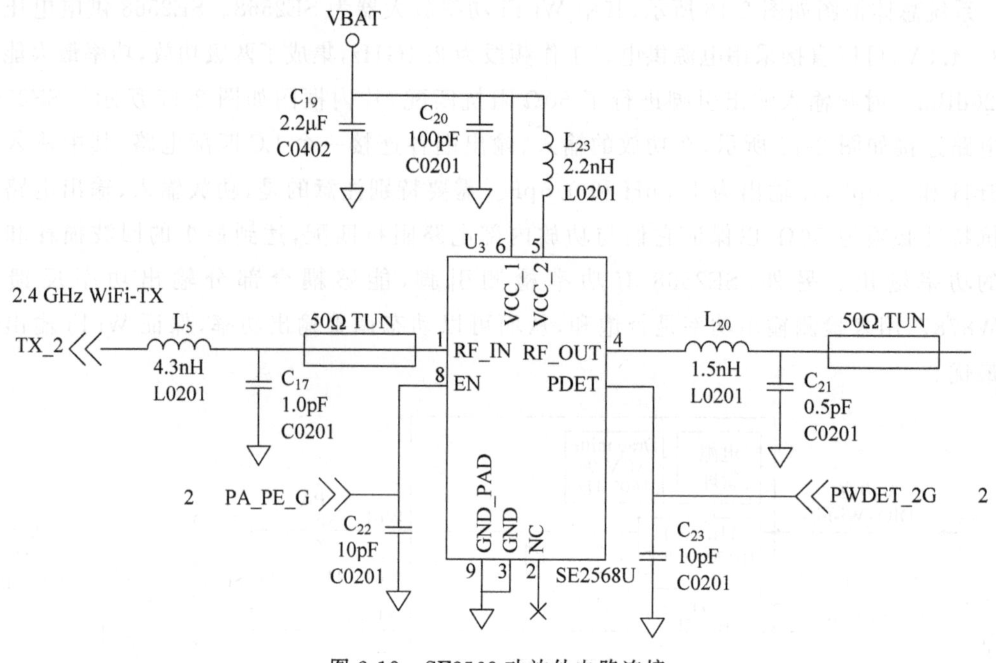

图 2-18　SE2568 功放外电路连接

2.4　无线传感器

传感器技术是物联网体系中的基础和核心，传感器是物联网的“电子感官”，是物联网的基石。无线传感器的组成模块封装在一个外壳内，工作时由电池或振动发电机提供电源，构成无线传感器网络节点，由随机分布的集成传感器、数据处理单元和通信模块的微型节点，通过自组织的方式构成网络。传感器节点可以看成非常小型的计算机，其中的通信设备一般是无线电收发器或光学通信设备等。传感器采集的信息接入物联网通常采用的无线数据传输技术包括近距离无线通信技术、借助运营商网络(GPRS、3G/4G)等方式，而传感器采集信息经常采用射频识别(Radio Frequency Identification，RFID)技术。短距离无线通信方式、移动互联网通信方式和 RFID 都是无线通信的形式，都离不开射频前端技术。

2.4.1　物联网中的射频技术

物联网中，信息的采集和传输离不开无线传输方式。信息的采集可以采用射频识别等方式，以电子标签来识别某个物体，并通过无线电波传送物体的信息。信息的传输可以采用短距离无线通信或移动通信方式，将传感器采集到的信息接入互联网。

1. 射频识别

RFID 即应用一定的识别装置，通过被识别物品接近识别装置，自动获取、自动识读被识别物品的相关信息，并提供给计算机网络来完成后续相关处理的一种技术。RFID 采用无线射频技术，先由读写器发射一个特定的无线询问信号，电子标签感应到这个询问信号后，即给出应答信号，在这个过程中数据交换都是通过无线电波实现，RFID 通信系统模型如图 2-19 所示。

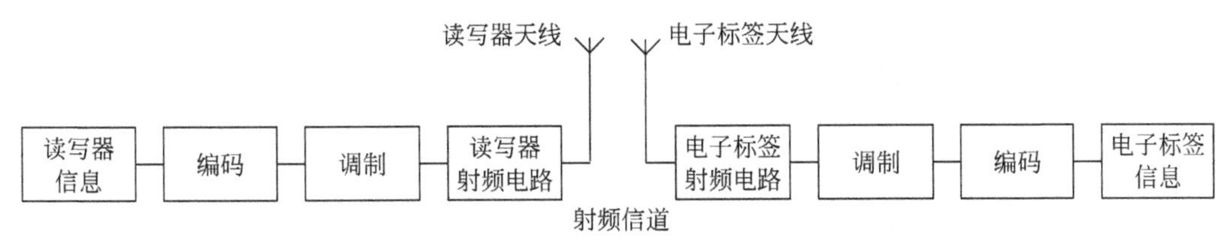

图 2-19 RFID 通信系统模型

由图 2-19 可见，读写器发出的信息经编码和调制后，由读写器的射频电路传递给读写器天线，之后经由自由空间电波传送到电子标签侧。其中的射频电路将发射信号的频率提高到可在自由空间传播的频段，接收信号的时候将信号频率降低便于解调。

2. 短距离无线通信技术

无线传感器通常使用的短距离无线通信方式包括 Wi-Fi、蓝牙、ZigBee 及 RF433 等。其中 Wi-Fi 技术覆盖范围广、数据传输速率快，但存在传输安全性不好、稳定性差等缺点。下面简要介绍 ZigBee 和 RF433 两种短距离射频通信技术。

1) ZigBee 技术

ZigBee 技术基于 IEEE 802.15.4，是一种低传输速率、短时延、低功耗的无线局域网协议，当前有三个工作频段：868MHz、915MHz 和 2.4GHz。其中 2.4GHz 为 ZigBee 全球通用频段，我国的 ZigBee 产品也工作在该频段。

ZigBee 技术具有构造简单、能耗较低等多方面的优势，覆盖范围在 10～75m 灵活确定，由于该技术具备数据的检查和甄别能力并采用了先进复杂的加密算法，因此安全性很高。ZigBee 是一种便宜、低功耗、自组网的短距离无线通信技术，其技术特性决定它是无线传感器网络的最好选择，广泛用于物联网、自动控制和监视等诸多领域。比较常用的 ZigBee 芯片如 CC2530，片内框图如图 2-20 所示，片内集成了射频收发部分。为保证发射功率，发射通道可外接功率放大器；为提高接收灵敏度，可在接收通道外接低噪声放大器。CC2530 具备一个 IEEE 802.15.4 兼容无线收发器，其中的 RF 内核控制模拟无线模块，另外还提供一个连接外部设备的端口，从而可以发出命令和读取状态，操纵各执行电路的时间顺序。

2) RF433

RF433 无线收发采用射频技术，所采用的 433MHz 频段是我国无须许可认证、免费的专用收发的频段，射频通信具有传输距离远、穿透性强、低功耗、低成本等优势，是目前我国较为主流的无线通信技术之一。

CC1020 是根据 Chipcon 公司的 SmartRF 技术制造的一种理想的超高频单片收发通信芯片。具有低电压、极低的功耗、可编程输出功率、高灵敏度、封装小、集成位同步等特点。其内部电路结构框图如图 2-21 所示。电路可设定在 315、433、868、915MHz 频率波段。射频收发器集成了一个高度可配置的调制解调器，并支持不同的调制格式。CC1020 用作一个低中频接收器，接收的射频信号通过低噪声放大器(LNA 和 LNA2)放大，放大后翻转进入混频器，通过混频器混频产生中频信号，接着做数字化处理，最后进行解调。CC1020 的发送通道基于射频直接频率合成，频率合成器为片内 LC 压控振荡器，生成的射频信号由功率放大器放大后送到天线发射。

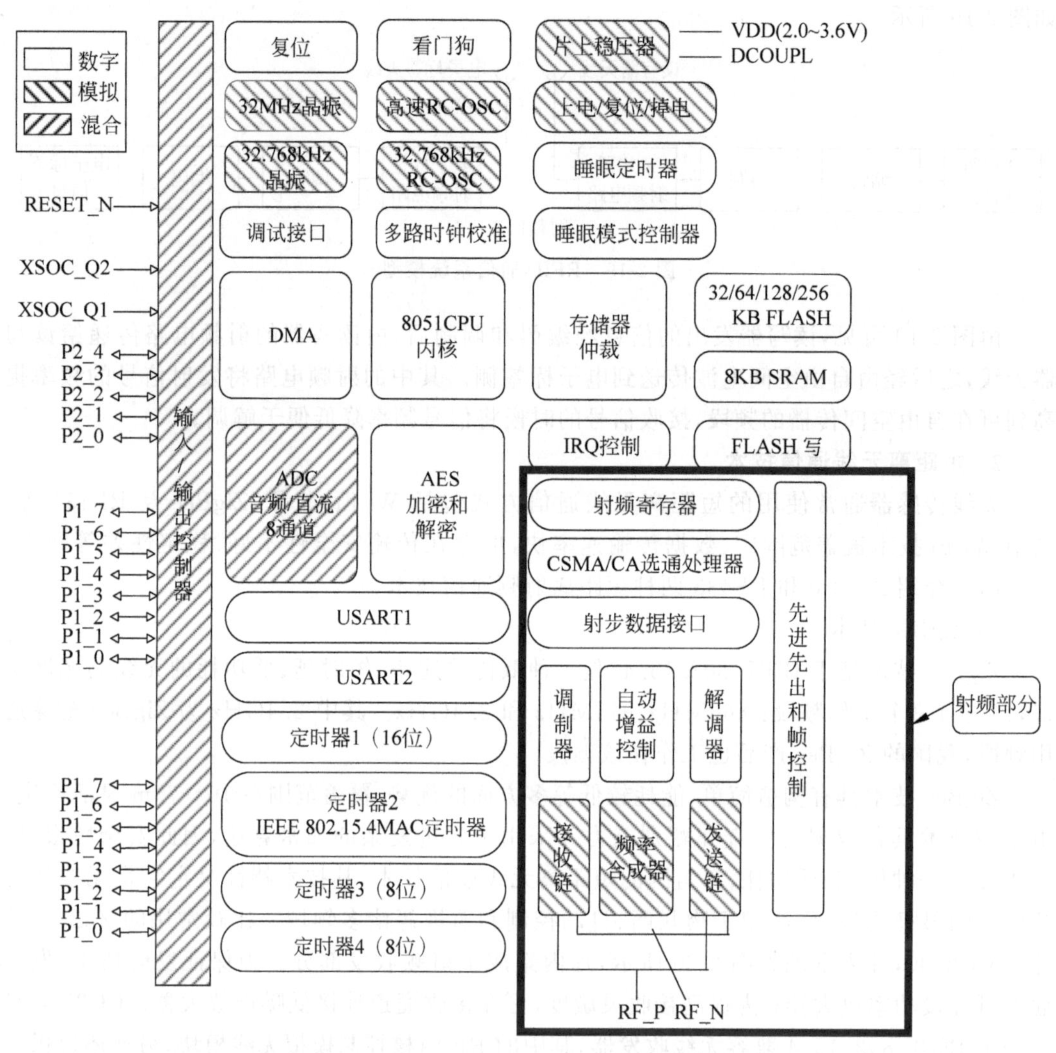

图 2-20 CC2530 片内框图

2.4.2 无线传感器射频通信模块的设计实例

以一个智能家居远程监控系统为例，介绍其中无线传感器节点的射频通信模块设计。射频通信模块采用 CC1110 芯片，芯片内部框图如图 2-22 所示。其中，发射通道基于射频频率直接合成，频率合成器包括片上电感电容、压控振荡器和一个 90 度移相器，用来产生同相信号、正交信号和本地振荡信号。片内 26MHz 的晶振作为频率合成器参考频率，同时为数字部分和 ADC 提供时钟脉冲。CC1110 芯片内部的射频收发模块包含调制解调单元，除了具备高灵敏度的配置功能外还支持多种调制方式，并且具有非常高的数据传输速率。CC1110 收发器主要工作在 315/433/868/915MHz 的 ISM（开放给工业、科学、医学三个主要机构使用的频段）和 SRD（短距离通信频段）频段，考虑通信的复杂度和成本，本系统采用 433MHz 作为无线通信模块节点设备的工作频率。

图 2-23 为 C1110 硬件电路的一种典型设计方案，主要包括 CC1110 芯片、射频匹配电

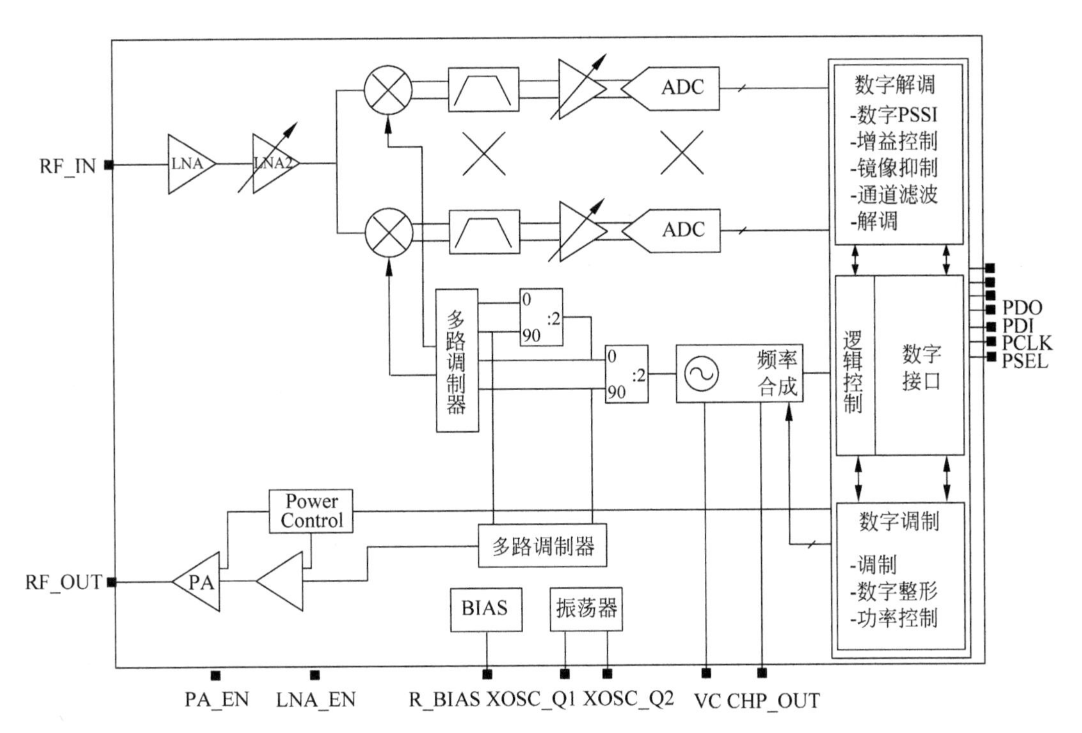

图 2-21　CC1020 内部电路框图

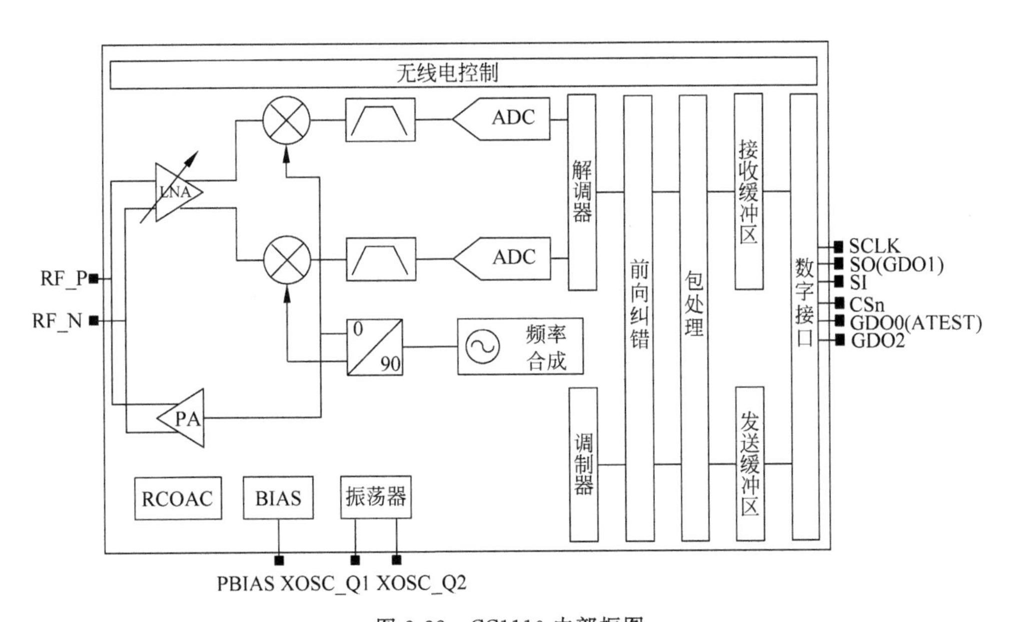

图 2-22　CC1110 内部框图

路和相关外围元器件。图 2-23 中 Y_1 为 26MHz 晶振，为系统提供时钟频率。射频匹配电路主要用于匹配射频模块的输入/输出阻抗，使射频模块的输入/输出阻抗为 50Ω，从而可以为 CC1110 芯片内的低噪声放大器及功率放大器提供所需要的直流偏置电压。L_5、L_6、C_{10} 和 C_{11} 为阻抗匹配电路，系统射频信号采用差分信号传输方式。

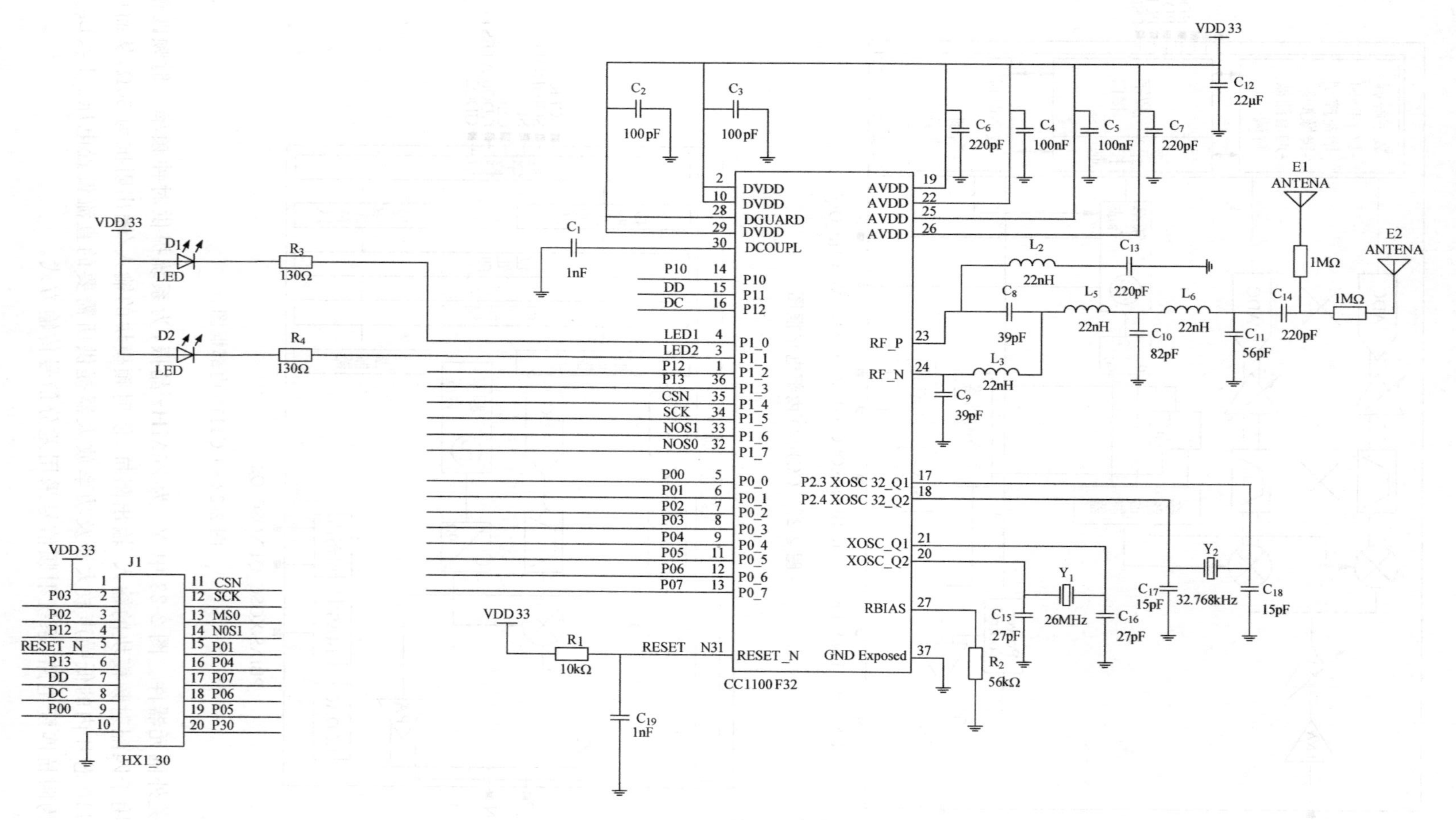

图 2-23 CC1110 射频模块的硬件电路

2.5　无线基站

通信基站是移动通信网络中最关键的基础设施，是移动通信系统为用户提供接入服务的系统终端设备。广义的基站是基站子系统(Base Station Subsystem，BSS)的简称，主要包括基站控制器(Base Station Controller，BSC)和基站收发信机(Base Transceiver Station，BTS)两部分。BSC属于控制端，能控制各种信息的收发和处理，相当于大脑中枢；BTS类似于肢体，完成各种信号的收发，基站中安装的主要是BTS部分。基站也可以看成是无线电台的一种形式，是指在一定的无线电覆盖区域中，通过移动通信交换中心，与移动电话终端之间进行信息传递的无线电收发信电台。

一个完整的基站收发台包括无线发射/接收设备、天线和所有无线接口特有的信号处理部分。基站收发台可看作一个无线调制解调器，负责移动信号的接收、发送处理。

2.5.1　基站射频系统的构成

射频模块是通信基站的基本构成之一，其下行链路对基带模块的已调制发射信号进行可变放大，并将频率变换至发射频率，同时进行信道滤波、抑制带外干扰等；上行链路中，对天线接收到的信号进行滤波，抑制带外干扰，将信号放大到需要的等级，将频率变换到中频等。

移动通信基站由接收机和发射机组成，系统框图如图2-24所示。

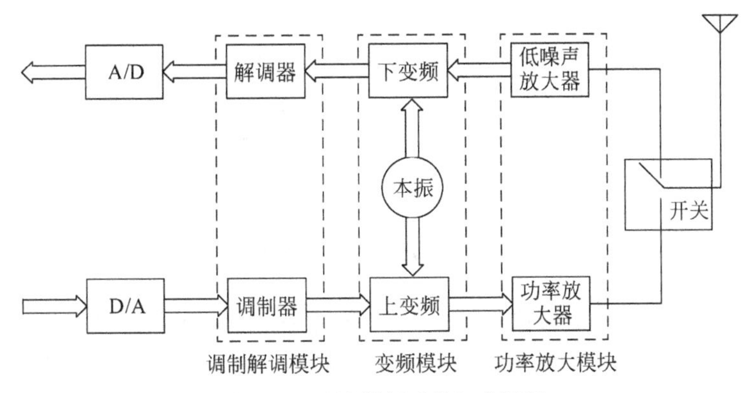

图2-24　基站射频系统组成框图

基站中发射机的基本结构包括双中频上变换混频结构，单中频上变换混频结构，零中频四象限上变换混频结构，四象限中频信号一次上变换混频结构等；接收机的基本结构包括超外差结构、零中频结构等。由图2-24可以看出，发射子模块包括调制器、上变频器、功率放大器；接收子模块主要包括低噪声放大器、下变频器、解调器；本振为收发系统共用。除此之外，衰减器、滤波器、匹配网络等无源电路也是射频系统正常工作必不可少的环节。

接收信号时，信号经远距离传输到基站时比较微弱，并且有一定的信道干扰，所以首先要经预选滤波和放大，之后进行双重变频、中频放大和解调。接收系统一般采用二次变频，输入的高频信号经放大后送入第一变频器，由变频器提供的第一本机振荡信号频率为766.9125～791.8875MHz，下变频后，产生123.1MHz的第一中频信号。第一中频信号经放大、滤波、混频后，产生第二中频信号(21.3875MHz)，第二中频信号经过放大、滤波后送到中频集成模块。由中频集成模块(包含第二中频信号放大器、限幅器和鉴频器)产生的音频输出信号和接收信号强度指示信号(RSSI)送到音频信号控制板。

发射信号时,发射机首先把由频率合成器提供的频率为766.9125～791.8875MHz的载频信号与168.1MHz的已调信号,分别经滤波进入双平衡变频器,并获得频率为935.0125～959.9875MHz的射频信号,此射频信号再经滤波和放大后进入驱动级,驱动级的输出功率约2.4W,然后进入功率放大器模块,最后经天线辐射。功率放大器模块的作用是把信号放大到10W,不过依据实际情况,如果小区发射信号半径较大,也可采用25W或40W的功放模块,以增强信号的发送半径。

2.5.2 TD-SCDMA基站射频单元设计实例

以TD-SCDMA移动通信基站为例介绍其射频电路实现的关键技术。射频工作频率为2010～2025MHz,模拟变频模块的结构框图如图2-25所示。

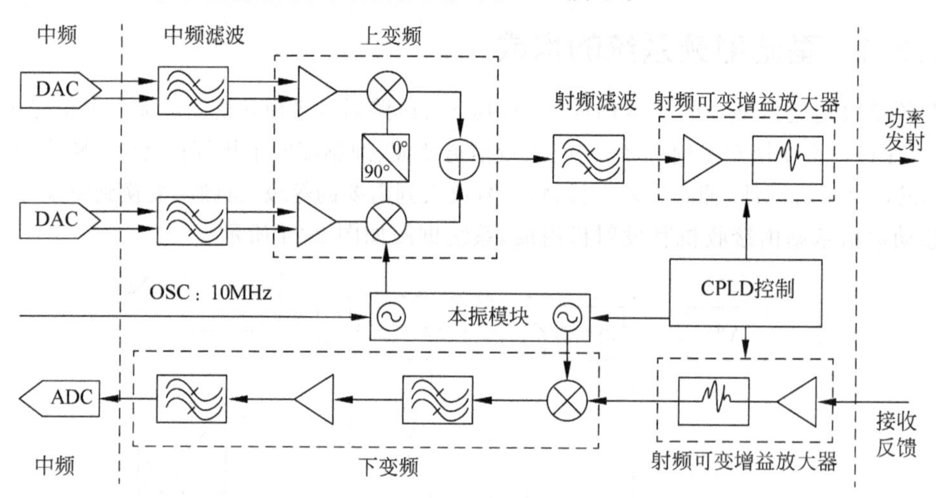

图2-25 TD-SCDMA基站模拟变频模块的结构框图

由图2-25可见,模拟变频模块包括中频滤波,射频滤波,本振信号产生,射频信号的上变频、下变频等模块,其中上变频采用四象限中频信号一次上变换混频结构,而下变频采用一次下变频转换中频结构。下面分别介绍其中的关键环节。

1. 中频滤波

中频滤波的功能为对数字中频产生的信号做低通滤波,去除带外干扰,后级连接正交调制器。由于数字信号处理部分的数字中频产生采用Analog Devices(ADI,亚德诺)公司的AD9779芯片,该信号输出是基于电流传输的方式,而调制芯片采用ADL5372,其输入方式为电压输入,同时考虑到差分信号的传输,设计的滤波电路需要对电路两端做偏压电路匹配。滤波电路采用7阶巴特沃斯低通滤波电路,电路连接如图2-26所示。滤波电路通带内保证了中心频率为122.88MHz,带宽为100MHz的信号无损通过,并且为有效抑制镜像频率,在245.76MHz达到20dB以上的抑制。

2. 上变频

上变频是射频发射的重要组成部分,通过内部的正交调制器对完成滤波的中频信号上变频到射频。上变频芯片采用ADI公司的ADL5372芯片,其频率调制范围为1500～

2500MHz,3dB 调制带宽为 500MHz,满足 TD-SCDMA 系统中心频率要求,本振输入频率为 1898.62MHz,输出射频信号为 2017.5MHz。芯片外围电路连接如图 2-27 所示,表 2-1 列出了芯片关键引脚。

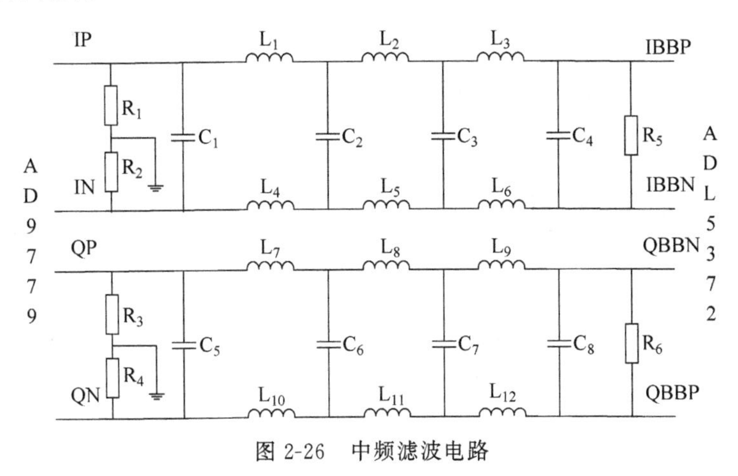

图 2-26　中频滤波电路

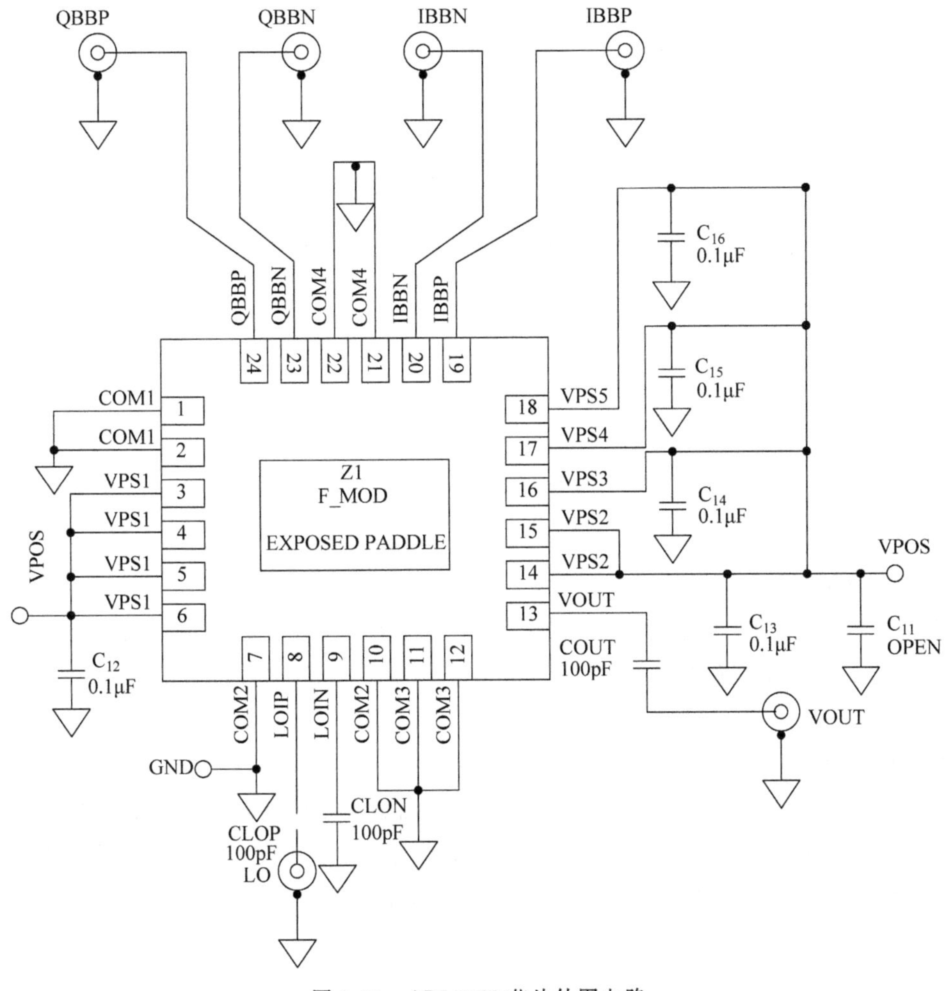

图 2-27　ADL5372 芯片外围电路

表 2-1 ADL5372 引脚连接

引脚名称	接口说明	引脚名称	接口说明
LOIP	本振差分输入 P 路	IBBN	中频 I 路输入 N 路
LOIN	本振差分输入 N 路	QBBP	中频 Q 路输入 P 路
VOUT	射频信号输出	QBBN	中频 Q 路输入 N 路
IBBP	中频 I 路输入 P 路		

3. 射频滤波

射频滤波模块的作用是滤除射频信号的带外干扰。射频信号的通带频率为 1967.5～2067.5MHz，中心频率为 2017.5MHz。由于频率已经达到 2GHz 以上，分立电感元件的寄生效应已影响到滤波器的性能，所以使用微带线与电容实现射频滤波器，如图 2-28 所示。该电路在本振频率 1898.62MHz 的抑制大于 15.0dB，可较好地抑制本振频率的泄露。

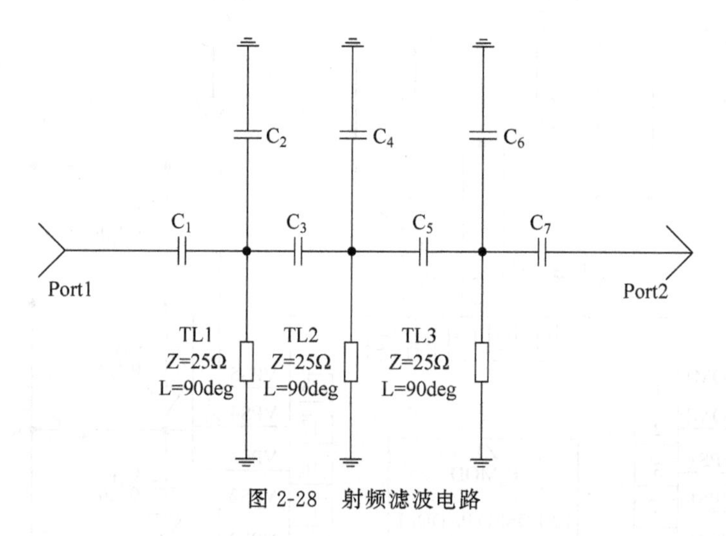

图 2-28 射频滤波电路

4. 下变频模块

下变频模块在接收通道中实现射频信号到中频信号的频率变换，可采用 Linear(凌特)公司生产的 LTM9003 芯片，芯片上同时集成了 ADC(Analog-to-Digital Converter，模/数转换)模块。

5. 功放模块

为将射频信号经天线辐射出去，发射机末级还需要功率放大模块。系统采用两级功放，选用 MW4IC2230 芯片作为推动级功放，其原理电路如图 2-29 所示。经调试，电路在输出功率 30dBm 的情况下，可保证 30dB 的信号增益，满足系统的需求。

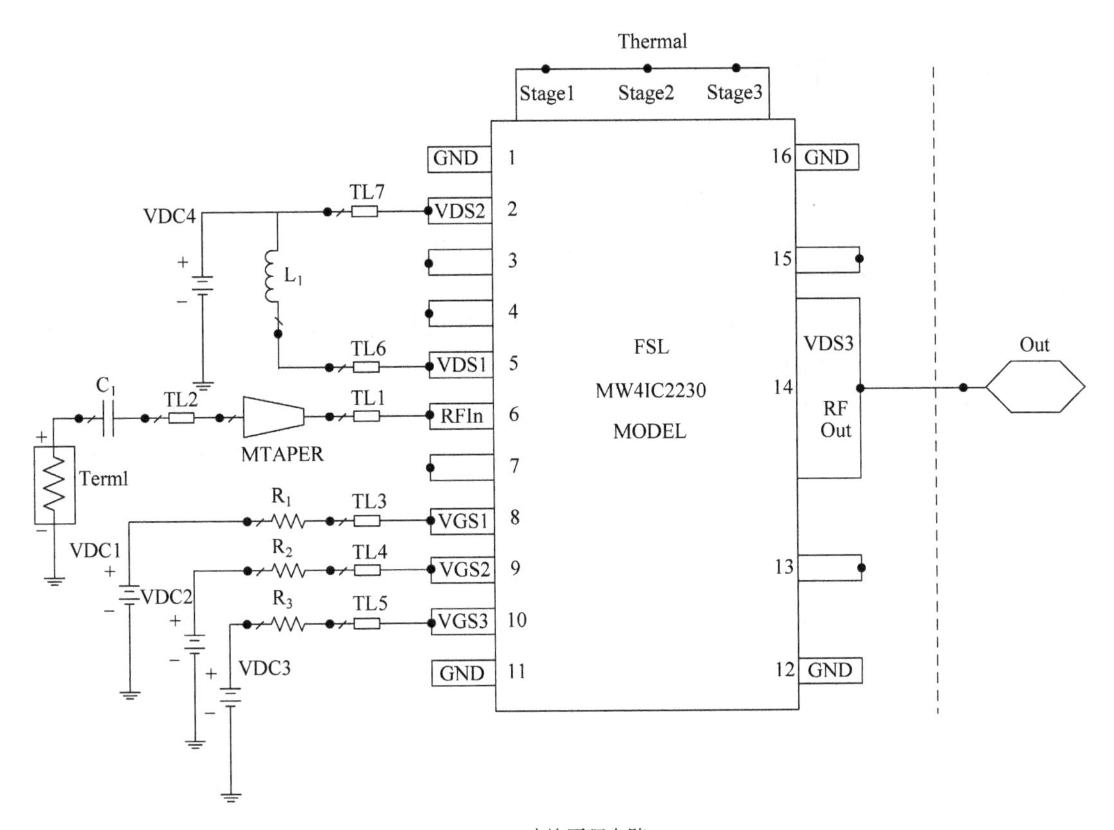

(a) 功放原理电路

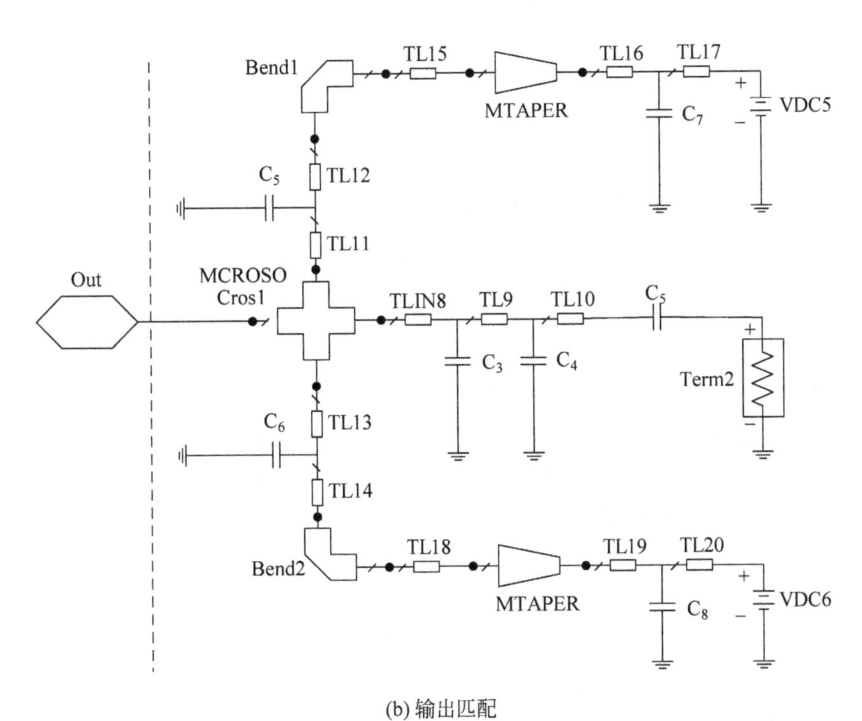

(b) 输出匹配

图 2-29 MW4IC2230 功放原理电路及其匹配网络

2.6 无人机数传

无人驾驶飞行器(Unmanned Aerial Vehicle,UAV)简称无人机,自诞生至今已有100多年历史,目前在军用领域、科学研究领域、工商业领域和民用领域都得到大力发展和应用。为确保地面对于无人机和空域的控制,无线通信是无人机系统的重要组成部分。通常,无人机数据链系统一部分装在无人机上,称为机载数据链系统;另一部分装在控制站上,称为地面控制站系统。机载部分由天线、收发信机和终端处理机等组成,用于接收地面控制站发来的遥控指令,往地面控制站发送遥测数据和任务载荷传感器信息。地面测控站分为地面数据终端和地面控制站。地面数据终端完成数据的发送和接收,以及无线电视距内的跟踪定位。地面控制站也称指挥控制站或任务规划控制站,用于实现所有的任务规划、飞行控制、航迹记录与显示、链路控制等相关功能。因此空地数据链系统由机载设备、数据链设备、地面监控系统三部分组成,系统框图如图2-30所示。

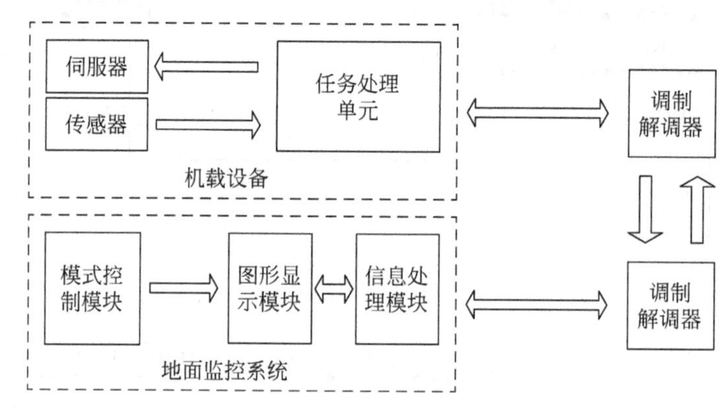

图2-30 无人机空地数据链系统框图

2.6.1 无人机射频通信系统模型

无人机射频通信系统为双工通信系统,包括机载数据终端和地面数据终端,其中任何一端都同时兼作发送和接收端。

1. 机载数据终端

机载数据终端如图2-31所示。由图2-31可见,机载数据终端主要由天线、机载双工器、上变频组件、下变频组件、本振、中频调制解调器(FM/QPSK)、分/复接器及电源组成。上变频组件主要完成下行中频到射频的转换;下变频组件主要完成上行射频到中频的转换,转换过程中统一采用锁相环(PLL)控制电路,使内外信号同步。天线完成射频的辐射及接收,通信利用QPSK调制解调方式。

机载数据终端通过无线链路接收地面站发送的遥控信息,选择一路遥控数据输出给飞控计算机,完成对飞机平台及机载任务设备的遥控数据的传输;同时接收飞控计算机发送过来的平台与任务遥测信号,将信号调制、放大并发射给地面数据终端。

2. 地面数据终端

地面数据终端如图2-32所示。由图2-32可见,地面数据终端的组成模块和机载数据

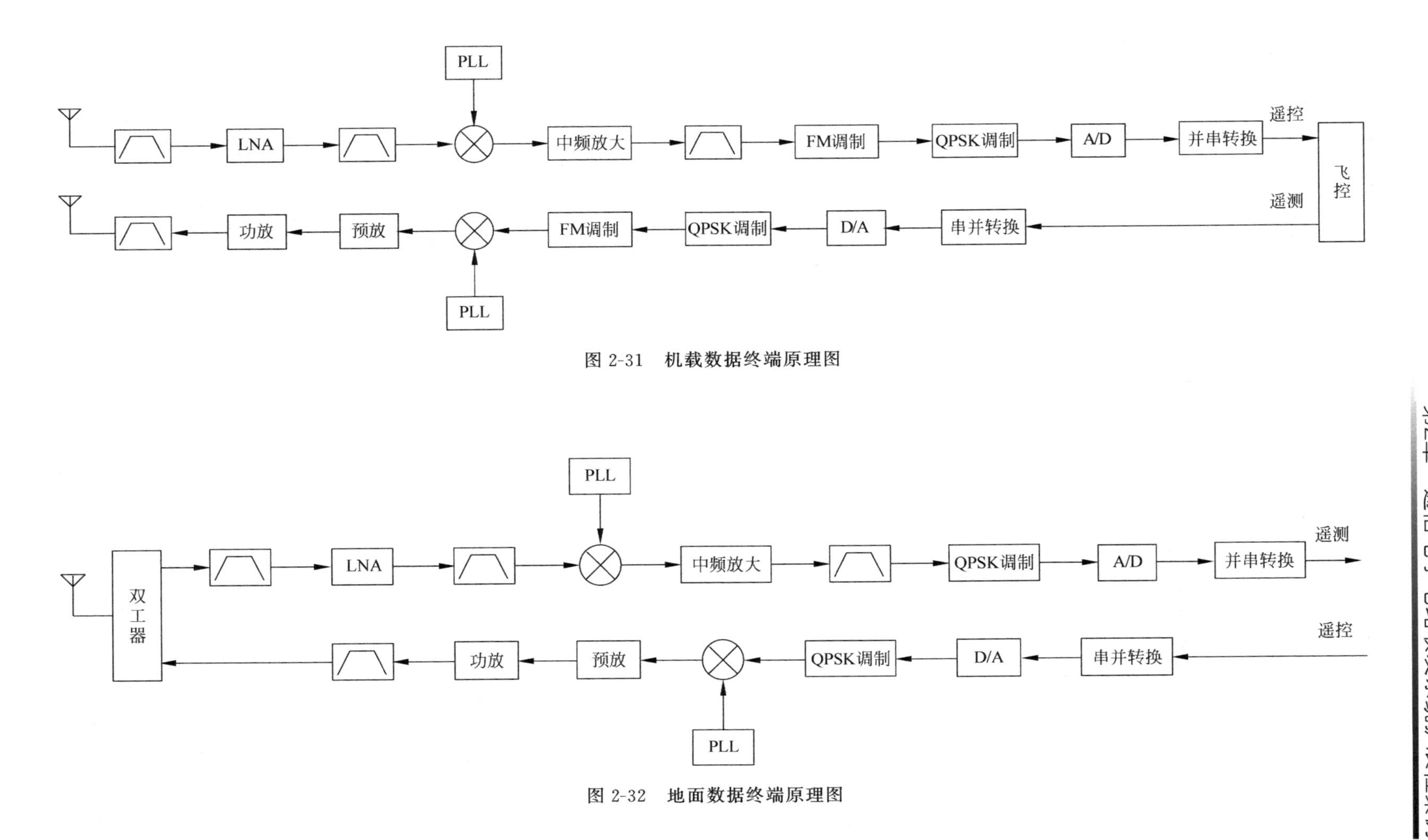

图 2-31　机载数据终端原理图

图 2-32　地面数据终端原理图

终端基本相同，主要完成遥控数据的编码、组帧、调制解调（QPSK）、发射及遥测数据的接收及输出等功能。地面数据终端配有某固定波段的上、下行全双工收发链路，采用直接序列扩频抗干扰传输体制。地面数据终端天线采用固定波段定向喇叭天线和全向天线切换模式，定向天线主要用于完成远距离（100km）的信息传输；全向天线主要用于近场无人机的起降回收。

2.6.2 无人机无线数传电台设计实例

无线通信系统在无人机系统中占有非常重要的地位，是实现无人机和地面站之间信息传输的纽带，无线数传电台是无人机系统中空间通信广泛使用的方案之一。

无线数传电台主要是指工作频段在 VHF、UHF，发射功率在数瓦与数十瓦之间，传输速率在 300～38400bps 之间，覆盖距离在数十千米的数据传输电台。我国无线电管理部门将专用无线数据传输业务主要分配到 220～240MHz 频段（另外还有 800MHz、2.4GHz 等频段）。常规的数传电台价格在数百元与数千元之间，传输距离在数十千米，占用的频率带宽为 25kHz，采用的调制方式为 FSK、BPSK、2CPFSK 等，该类电台在 20 世纪末之前，一直由国外的一些生产厂商垄断市场，在产品的结构中，只有 MDS、PCC 等高端数传电台是将数据的调制解调部分与电台作为一体化设计的。以日本的日立、日精及新西兰的大吉为代表的数传电台是将数据调制解调和电台分开设计，数据的调制解调部分一般由用户或中间环节实现。这种类型的电台严格意义上说是可进行数据传输、工作在数据传输频段、专门为数据传输设计的电台。20 世纪 90 年代末，以友讯达和天立通为代表的国内无线企业生产出了符合中国国情的无线数传电台，该类电台虽然采用传统的电台方案，但将数据的调制解调部分集成在电台之中，形成一体化的无线数传电台，同时采用标准的 RS-232 或 RS-485 接口极大地降低了用户的使用难度，促进了国内数传电台的广泛应用。

无人机系统中，数传电台主要负责双向数据的无线收发功能，接收无人机在飞行过程中实时采集到的数据、采集的指令和控制信号，同时负责上传地面站的安控指令给机载安控设备。数传电台工作于半双工状态，在保证无遮挡、无同频干扰的条件下，单台数传电台能可靠接收 15km 内机载安控设备信息。

数传电台接收通道电路方框图如图 2-33 所示，采用两级超外差式混频，以提高接收灵敏度。接收信号经过选频放大后，进入高放模块，然后进行第一次混频，本振信号通过压控振荡器产生。第一中频的频率为 45MHz，再经过中频滤波器放大后，进行二次混频得到中频 455kHz，经过限幅放大模块后，中频信号分成两路，一路经 LC 调谐回路相移 90°后，送入鉴频器，另一路进入直接正交鉴频器完成正交鉴频。最后通过低频放大器得到包括数字和语音的输出信号，输出信号的一部分进入静噪电路，静噪电路起到射频检测的作用。

数传电台发射通道方框图如图 2-34 所示。发送数据时，CPU 控制锁相环，VCO 协调系统时序，发射速率为 19200bps。调制后的数字信号信息进入激励级，激励级主要起到推动后一级的作用，末级功率放大器采用 5W 功放模块，在功率检测电路检测下将功率稳定在 5W 之上，然后将数据上传到机载安控设备。

目前市场上专用的数传电台主要有 ND88XA 系列和 MDS2710 系列，两种数传电台各有优缺点，ND88XA 系列在输出功率、体积、二次开发接口及价格上有优势，而 MDS2710 系列在数据传输速率、灵敏度、邻道选择性、收发转换时间上性能更好。

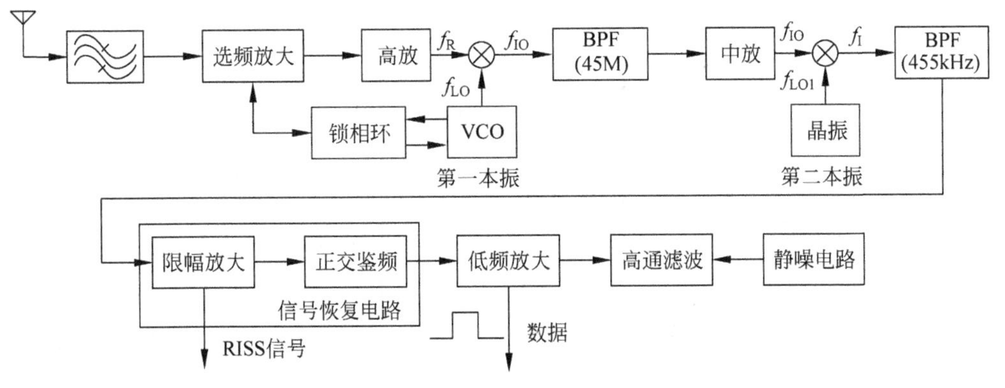

图 2-33 数传电台接收通道电路方框图

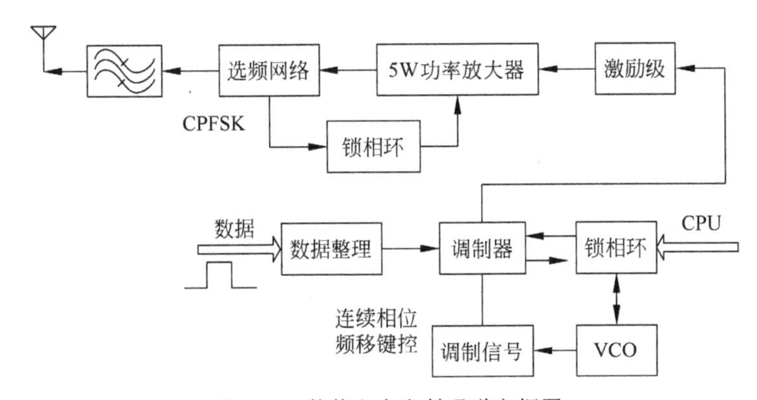

图 2-34 数传电台发射通道方框图

2.6.3 无人机无线数据传输常用芯片实例

无人机无线数据传输系统也可采用射频收发芯片实现，由于芯片内集成了全部的高频部分电路，设计者完全无须进行高频电路设计。射频收发芯片可采用 TI 公司的 TRF6903，该芯片是一款可用作低成本多频带 FSK 或 OOK 收发器的集成电路，可用于建立频率可编程的半双工双向射频链接。多通道收发器可用于北美和欧洲的数字调制应用，ISM 频带为 315MHz、433MHz、868MHz 以及 915MHz。单芯片收发器的工作电压可低至 2.2V，非常适用于低功耗应用。频率合成器的典型通道间距大于 200kHz，并采用全面集成的 VCO。只有锁相环路滤波器位于器件外部。芯片的内部结构如图 2-35 所示。

1. 发射机

发射机由集成 VCO 储能电路、完整的整数合成器以及功率放大器构成。分压除法器及参考振荡器只需添加一个外部晶振与环路滤波器，即可组成一个完整的锁相环，通常其频率分辨率高于 200kHz。通常情况下，输出功率约为 8dBm，因此对于大多数应用都不必添加额外的外部射频功率放大器。

2. 接收机

集成接收机可用作单转换 FSK/OOK 接收机。它包括低噪声放大器、混频器、限制器、带外部 LC 储能电路或陶瓷谐振器的 FM/FSK 解调器、LPF 放大器以及数据限幅器，可实

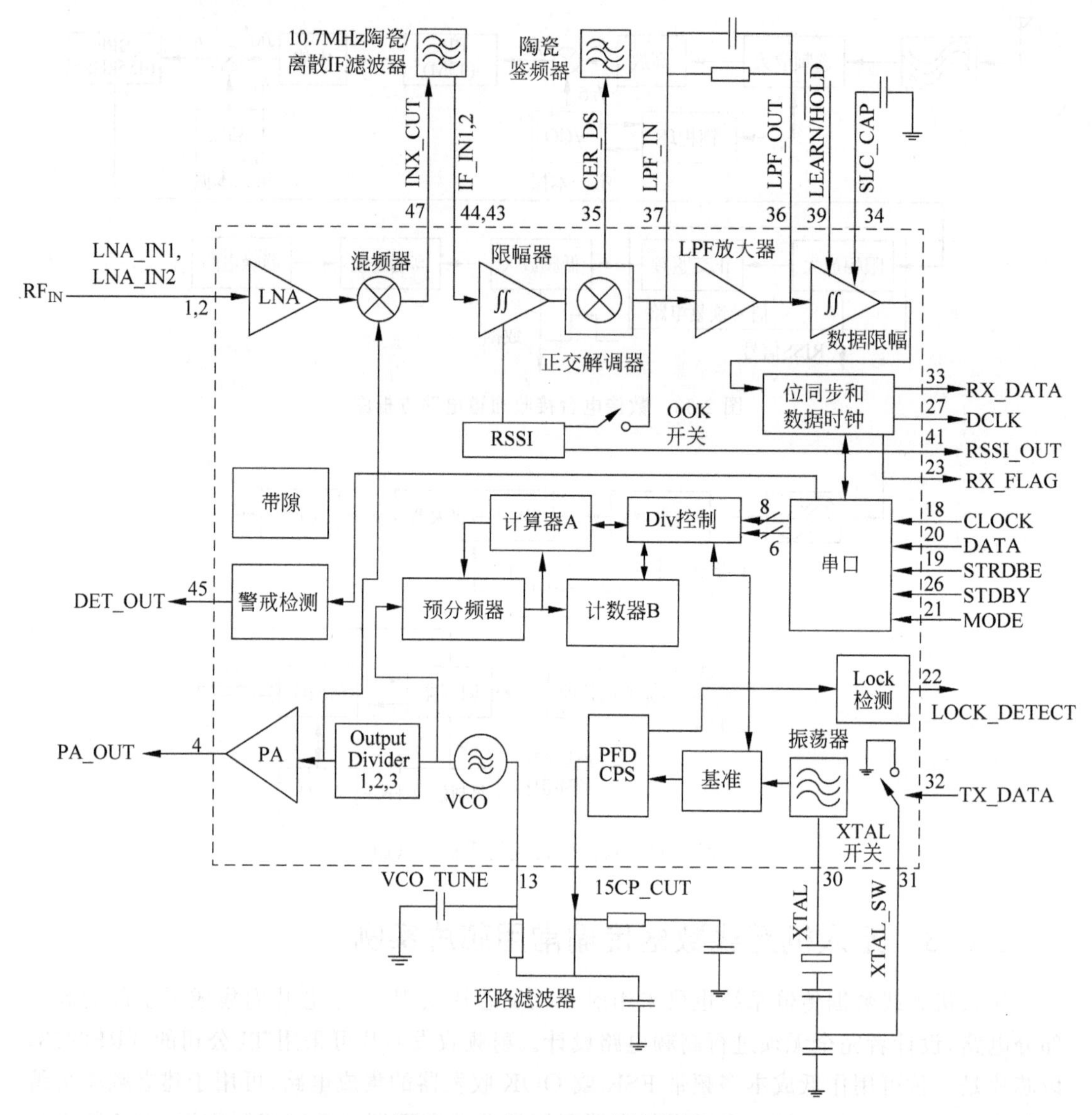

图 2-35 TRF6903 内部结构图

现时钟恢复,并提供集成的数据同步器。接收信号强度指标也可用于快速载波感应开关键控或幅移键控解调器。

无人机无线数据通信的芯片也可选用 AD9361,该芯片支持软件可配置,射频工作频点为 70MHz～6GHz,并且芯片内部各种参数可通过软件完全自定义,信号输出带宽可达 56MHz。射频收发器 AD9361 主要面对基站应用,具有高度的集成性和稳定性,在蜂窝基站、Wi-Fi、ISM、军用/航空航天、公共安全、智能电网等领域都有广泛的应用。芯片内部架构如图 2-36 所示,在单个芯片内部集成了收发器所必需的 RF、ADC、DAC、数字滤波器、模拟滤波器和数字模块,强大的可编程能力使该芯片可用于目前所有的移动通信标准。芯片内部集成 12 位高速数模转换和模数转换的射频 2×2 收发器;支持可配置的工作频段为 70MHz～6.0GHz,覆盖 L 频段、S 频段和部分 C 频段;支持的可调谐通道带宽为 200kHz～56MHz。

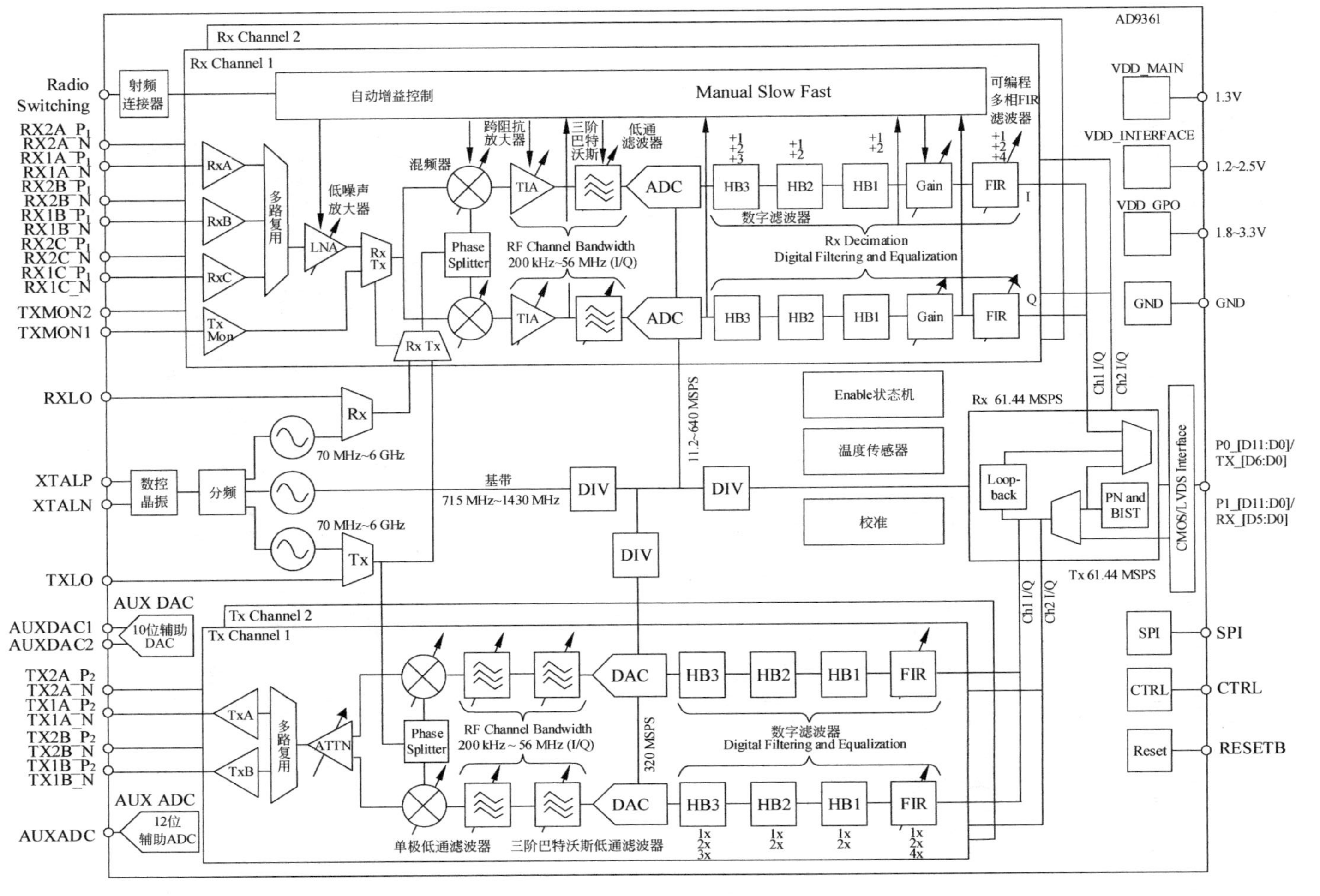

图 2-36 AD9361 芯片内部架构图

2.7 拓展阅读——移动通信设备的百年演变

今天，手机已经成为许多电子产品的集大成者。人们可以用手机照明、听音乐、看视频、录音、照相、玩游戏等，一台手机可以当作电灯、收音机、电视机、录音机、数码相机、电子游戏机等产品来使用。手机的基础形态——手持式无线通信机，已经成为手机诸多功能中不起眼的一项。如果没有手机，现代人的日常生活将会黯然失色。这一切都要从第一部步话机的问世开始。

二战期间，摩托罗拉的 SCR 系列步话机（如图 2-37 所示）在战场上屡建功勋，向全世界展示了无线通话的神奇魅力，也激起了人们将其应用于民用市场的渴望。

图 2-37 SCR-300 系列步话机

战争结束后，1946 年，美国 AT&T 公司将无线收发机与公共交换电话网(PSTN)相连，正式推出了面向民用的 MTS(Mobile Telephone Service)移动电话服务，如图 2-38 所示。在 MTS 中，如果用户想要拨打电话，必须先手动搜索一个未使用的无线频道，然后与运营商接线员进行通话，请求对方通过公共交换电话网 PSTN 网络进行二次接续。整个通话采用半双工的方式，也就是说，同一时间只能有一方说话。说话时，用户必须按下电话上的“push-to-talk(按下通话)”开关。MTS 的计费方式也十分原始。接线员会全程旁听双方之间的通话，并在通话结束后手动计算费用，确认账单。尽管 MTS 现在看来非常另类，但它确实是有史以来人类第一套商用移动电话系统。但 MTS 并不是手机，而是移动车载电话(Mobile Vehicle Telephone)。更准确来说，是车载半双工手动对讲机。当时的“基站”也非常庞大，有点像广播电视塔，一座城市只有一个，位于市中心，覆盖方圆 40km，功率极高。

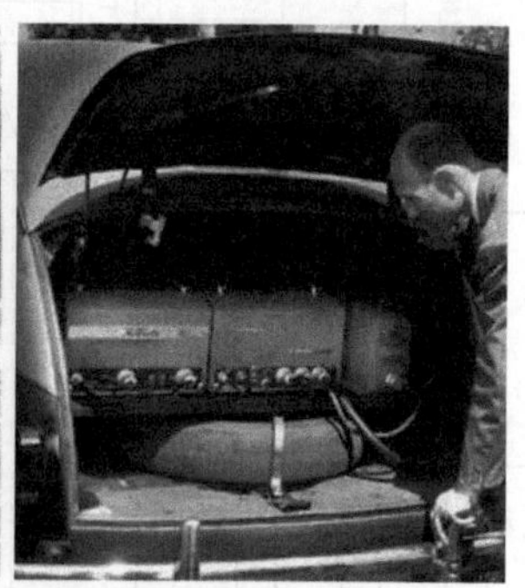

图 2-38 MTS 系统和汽车后备厢庞大的信号收发装置

1947 年 12 月，贝尔实验室的研究人员道格拉斯·H. 瑞因(Douglas H. Ring)，率先提出了“蜂窝(cellular)”的构想。他认为，与其一味地提升信号发射功率，不如限制信号传输的范围，将信号控制在一个有限的区域(小区)内。蜂窝通信的设想虽然很好，但是，同样受限于当时的电子技术(尤其是切换技术)，无法实现。贝尔实验室只能将该设想束之高阁。

到了20世纪50年代，陆续有更多的国家开始建设车载电话网络。例如，1952年，西德（联邦德国）推出的A-Netz。1961年，苏联工程师列昂尼德·库普里亚诺维奇（Leonid Kupriyanovich）发明了ЛК-1型移动电话，同样是安装在汽车上使用的，如图2-39所示。后来，苏联推出了Altai汽车电话系统，覆盖了本国30多个城市。

1969年，美国推出了改进型的MTS车载电话系统，称为IMTS（Improved MTS），如图2-40所示。IMTS支持全双工、自动拨号和自动频道搜索，可以提供11个频道（后来为12个），相比MTS有了质的飞跃。

图2-39 ЛК-1型便携移动电话

图2-40 IMTS移动电话（摩托罗拉）

1971年，芬兰推出了公共移动电话网络ARP（Auto Radio Puhelin，Puhelin是芬兰语电话的意思），工作在150MHz频段，仍然是手动切换，主要为汽车电话服务。

不管是Altai，还是IMTS或ARP，后来都被称为“0G”或“Pre-1G（准1G）”移动通信技术。

20世纪70年代后，随着半导体工艺的发展，手机的诞生条件终于成熟。1973年，摩托罗拉的工程师马丁·库珀（Martin Cooper）和约翰·米切尔（John F. Mitchell）终于书写了历史，发明了世界上第一款真正意义上的手机（手持式个人移动电话），如图2-41所示。

图2-41 马丁·库珀（右）、约翰·米切尔（左）和第一代DynaTAC

这款手机被命名为DynaTAC（Dynamic Adaptive Total Area Coverage），高度22cm，重量1.28kg，可以持续通话20min，拥有一根醒目的天线。

1974年，美国联邦通信委员会（FCC）批准了部分无线电频谱用于蜂窝网络的试验。然而，试验一直拖到 1977 年才正式开始。当时参与试验的是 AT&T 和摩托罗拉公司。AT&T 公司在 1964 年被美国国会“剥夺”了卫星通信商业使用权。无奈之下，他们在贝尔实验室组建了移动通信部门，寻找新的机会。1964—1974 年期间，贝尔实验室开发了一种叫作 HCMTS(大容量移动式电话系统)的模拟系统。该系统的信令和话音信道均采用 30kHz 带宽的 FM 调制，信令速率为 10kbps。由于当时并没有无线移动系统的标准化组织，AT&T 公司就给 HCMTS 制定了自己的标准。后来，美国电子工业协会(EIA)将这个系统命名为暂定标准 3(Interim Standard 3，IS-3)。

1976 年，HCMTS 换了一个新名字——AMPS(Advanced Mobile Phone Service，先进移动电话服务)。AT&T 公司采用 AMPS 技术，在芝加哥和纽瓦克进行了 FCC 的试验。

在早期的时候，摩托罗拉公司研发了一个 RCCs(无线电公共载波)技术，因此，他们一直极力反对 FCC 给蜂窝通信发放频谱，以免影响自己的 RCCs 市场。但与此同时，他们也在竭力研发蜂窝通信技术，进行技术储备，这才有了 DynaTAC 的诞生。

FCC 发放频谱后，摩托罗拉公司基于 DynaTAC，在华盛顿进行试验。与此同时，其他国家也在开展这方面技术的研究。

1979 年，日本电报电话公司(Nippon Telegraph and Telephone，NTT)在东京大都会地区推出了世界首个商用自动化蜂窝通信系统。这个系统后来被认为是全球第一个 1G 商用网络。当时，该系统拥有 88 个基站，支持不同小区站点之间的全自动呼叫切换，不需要人工干预。系统采用 FDMA 技术，信道带宽 25kHz，处于 800MHz 频段，双工信道总数为 600 个。

两年后，1981 年，北欧国家挪威和瑞典建立了欧洲的首个 1G 移动网络——NMT(Nordic Mobile Telephones，北欧移动电话)，如图 2-42 所示。不久之后，丹麦和芬兰也加入了他们。NMT 成为全球第一个具有国际漫游功能的移动电话网络。再后来，沙特阿拉伯、俄罗斯、其他一些波罗的海国家和亚洲国家也引入了 NMT。

1983 年 9 月，摩托罗拉公司发布了全球第一部商用手机——DynaTAC 8000X，如图 2-43 所示，这部手机重量 1kg，长 33cm，可以存储 30 个电话号码，持续通话可达 30min，充满电需要 10h，售价却高达 3995 美元。在美元还未像今天这样贬值的 20 世纪 80 年代初，它的价格可以抵得上当时中国任何大城市中心地段的一栋住宅。

图 2-42 爱立信公司研制的 NMT 电话

图 2-43 DynaTAC 8000X 手机

从第一部手机问世到手机商业化应用大概花费了10年时间，这10年主要是为了手机无线通信系统的建造。手机与无线对讲机的区别在于，手机和手机之间不能直接联系，必须通过基站来交换信息。除了传输语音外，手机请求加入通信网的信号、通信网对手机的控制指令，都要通过基站与手机之间的联系来实现。看起来采用基站是绕了一个大弯子，实际上，对于像手机这样的小功率无线通信机，只有将其放在一个由基站的无线信号覆盖的环境中，才能实现无论相距多远的两台手机之间都可以收发信号。基站和基站之间通过有线通信网连接，因此，手机通信的实质是短途无线通信和中长有线通信网的结合。

与复杂的基站网络相比，手机自身的电路结构比较简单。第一代(1G)手机为采用模拟信号的手机，其电路就是以固定频率接收、发送无线信号的一台收音机和一台发射机的结合。

1983年10月13日，Ameritech移动通信公司(来自AT&T)基于先进的移动电话系统(Advanced Mobile Phone System，AMPS)AMPS技术，在芝加哥推出了全美第一个1G网络。这个网络既可以使用车载电话，也可以使用DynaTAC 8000X。

FCC在800MHz频段为AMPS分配了40MHz带宽。借助这些带宽，AMPS承载了666个双工信道，单个上行或下行信道的带宽为30kHz。后来，FCC又追加分配了10MHz带宽。因此，AMPS的双工信道总数变为832个。

商用第一年，Ameritech移动通信公司卖出了大约1200部DynaTAC 8000X手机，累积了20万用户。五年后，用户数量变成200万。迅猛增长的用户数量远远超过了AMPS网络的承受能力。后来，为了提升容量，摩托罗拉推出了窄带版AMPS技术，即NAMPS。NAMPS将30kHz语音信道分成三个10kHz信道(信道总数变成2496个)，以此节约频谱，扩充容量。除了NMT和AMPS之外，另一个被广泛应用的1G标准是全接入通信系统TACS(Total Access Communication Systems)，首发于英国。

1983年2月，英国政府宣布，BT(英国电信)和Racal Millicom(沃达丰的前身)这两家公司将以AMPS技术为基础，建设TACS移动通信网络。1985年1月1日，沃达丰从爱立信购买设备正式推出TACS服务，当时只有10个基站，覆盖整个伦敦地区。

TACS的单个信道带宽是25kHz，上行使用890～905MHz，下行935～950MHz，一共有600个信道用于传输语音和控制信号。TACS主要是由摩托罗拉公司开发出来的，实际上是AMPS的修改版本。两者之间除了频段、频道间隔、频偏和信令速率不同，其他完全一致。和北欧的NMT相比，TACS的性能特点有明显的不同。NMT适合北欧国家(斯堪的纳维亚半岛)人口稀少的农村环境，采用的是450MHz(后来改成800MHz)的频率，小区范围更大。而TACS的优势是容量，而非覆盖距离。TACS的发射机功率较小，适合英国这样人口密度高、城市面积大的国家。随着用户数量的增加，TACS后来补充了一些频段(10MHz)，变成ETACS(Extended TACS)。日本NTT公司在TACS基础上实现了JTACS技术。

20世纪80年代中期，香港采用了正在欧美国家推广的模拟信号手机网络，这成为了中国推广手机的切入点。1987年，中国引进了相关设备，采用TACS技术，与摩托罗拉公司合作在邻近香港的广州开通了国内第一个手机通信网络，以900MHz的信号频率经营模拟信号手机通信业务，此后，国内陆续建成上海、北京、深圳等城市的模拟信号手机通信网，这些开通了手机业务的城市和地区都联入全国互联网络运行，实现了国内漫游。

20世纪90年代，手机通信的序幕已经在中国民众生活的舞台上开演，此时，第二代(2G)手机刚开始在欧洲投入市场化应用，随着手机用户数量的稳步增长，模拟信号手机的缺点逐步显现出来，最明显的隐患是保密性差，信号易受干扰，最大的缺陷是网络用户容量有限，不能满足长远发展的需求，在这样的背景下，数字信号手机即第二代手机出现了，国际通用的数字手机通信制式是GSM。

图2-44所示为摩托罗拉International 3200型GSM制数字信号手机。当年，一台这样的手机重达500多克，通常包括24V电源、充电座、1～2块沉重的镍镉电池等套件，套件的体积、重量都和手机本身不相上下。

手机开始出现在我国人民视野中的前10年，也是我国深化改革开放，“下海”，“经商”等新兴词汇充斥耳畔的一段岁月，在这样的背景下，International 3200这样的手机被赋予了一个极富时代感又与其硕大体积相配的昵称——“大哥大”。在进入手机时代的前几年里，摩托罗拉公司是行业的领头者，那时的“大哥大”手机也就成为了摩托罗拉手机的代名词。

在成功运营模拟信号网络的基础上，中国于1993年在浙江嘉兴向公众开放了一个采用GSM制式的数字信号试验网络，由1个交换中心和6个基站组成(最终容量可达10万用户)，在试验成功后首先在珠江三角洲的广州、深圳、珠海等多个城市建立了GSM网络。

除摩托罗拉公司外，爱立信(Ericsson)公司生产的GH337型数字信号手机如图2-45所示，与International 3200型手机相比较，这款手机大大缩小了体积、减轻了重量，同时具有信号稳定、通信清晰度高、抗干扰能力强、保密性能佳等诸多优点。

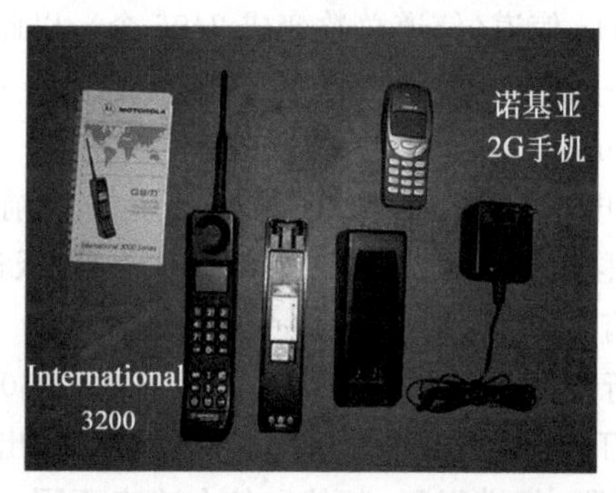

图2-44 摩托罗拉International 3200型数字信号手机

图2-45 爱立信GH 337型手机

随后，衍生出了一种新的无线通信业务——短信息(SMS，Small Message Service)。曾经在我国流行一时的寻呼机，就是一种在无线数字信号网络中单向接收信号的短信接收机。

图2-46 NEC的G68C型手机

此时，世界上还没有采用中文显示界面的手机，直到20世纪90年代中期，NEC公司推出的一款G68C型手机(如图2-46所示)在开机欢迎界面上首次显示“欢迎使用GSM网络汉中王”几个汉字。G68C型手机的操作菜单所用语言可以在简体中文、繁体中文和英文之间选择，但还是没有存储联系人中文人名的功能，而且也不能阅读或编辑中文短信。1998年，摩托罗拉公司推出全中文GSM手机

CD928+(如图 2-47 所示),弥补了 G68C 型手机的问题。该手机集成了一个包含数千汉字的字库芯片,由此实现了中文人名和中文短信的编辑功能。

同时,芬兰的诺基亚(Nokia)公司在生产的 6110 型手机(如图 2-48 所示)中加入了名为"贪吃蛇"的小游戏,突破了手机仅仅能打电话或发短信的功能。几年后,诺基亚公司推出了 3300 型手机,如图 2-49 所示,外形如掌中游戏机,代表了当时诺基亚公司在手机功能开发方面的大胆创新。

图 2-47 摩托罗拉 CD928+型全中文手机

图 2-48 诺基亚 6110 型娱乐手机

20 世纪最后的几年,美国、欧洲、日本的众多品牌各有特色,难分伯仲。其他手机厂商也效仿诺基亚公司在手机中加入游戏,同时全中文支持也成为标配。

21 世纪初,采用触摸屏的手机、配备全键盘的手机纷纷出现,各大手机制造商争先恐后地将数码相机、数字媒体播放器等功能添加到手机上。2005 年,一台标配的手机会拥有一个足够大的彩色液晶屏,内置若干款小游戏,数码相机等功能,智能手机(Smart Phone)已初具形态。

图 2-49 诺基亚 3300 型娱乐手机

2007 年,苹果公司发布第一代智能手机 iPhone,之后,手机就以简洁的外观配合全面的功能颠覆了公众心目中手机必须带有键盘的形象。苹果公司的锐意创新促使触摸屏成为了一项对手机发展影响深远的技术,其意义在于:它允许人们将需要激活的功能或选择的项目和自己的触摸联系到一起,实现了电子产品功能操控的高度精简化。

智能手机公认的定义是:像个人电脑一样安装有操作系统,可以由用户自行安装软件、游戏等第三方服务商提供的程序,并能在无线互联网中实现移动接入的一类手机。三星、诺基亚、苹果等亚欧美三大洲著名手机制造商生产的智能手机占有了大部分市场,中国台湾的 HTC 等公司也推出了自己的智能手机投入中外市场。

智能手机采用 LED 照明灯产生液晶显示屏的背光,并在暗处对采用数百万像素的 CCD 提供闪光灯。手机主板上装有 DSP 收音机用以接收调频波段的广播,也有依靠软件结合智能手机自身的话筒和信号处理电路来实现录放功能的录音机。播放视频也是现代智能手机的必备功能,而在手机中存储和播放视频,需要经过和音频信号的模数转换类似的过程。这样,智能手机几乎组合了所有电子产品的功能。

百余年来,移动通信设备经历了最初的"步话机"到"大哥大",再到如今的智能手机的发展历程，设备的体积在逐渐减小而集成的功能种类在逐步增多，之前需要多种电子设备才能实现的收音、电视、录音、拍照、游戏和拨打电话等功能都集成在一部一掌可握的智能手机中。未来电子产品的发展趋势是在功能齐全的基础上变得更加便携，如可随意弯曲的柔性显示膜和电路膜等。长远来看，人类社会科技进步的趋势是无可阻挡的，科技的发展必将使我们的生活更美好！

第3章 通信电子电路综合创新案例

CHAPTER 3

3.1 智能交通系统

3.1.1 智能交通系统概述

智能交通系统(Intelligent Transport System 或 Intelligent Transportation System, ITS)是将先进的物联网、大数据、云计算、人工智能、数据通信、信息技术、传感技术、控制技术以及计算机技术等有效地集成运用于整个交通运输管理体系,而建立起的一种在大范围内、全方位发挥作用的,实时、准确、高效的综合的运输和管理系统。它通过人、车、路的和谐、密切配合提高交通运输效率,缓解交通阻塞,提高路网通过能力,减少交通事故,降低能源消耗,减轻环境污染。

随着城镇化、机动化的快速发展,中国城市面临拥堵、污染等一系列严峻挑战;另一方面,由于生活水平的不断提高,人民对美好生活的需求日益增长,交通供求关系不平衡的矛盾日益尖锐。而道路基础设施和城市空间资源的有限性,决定了仅仅依靠新建交通基础设施、提高供给能力难以解决当前面临的严峻的交通问题。智能交通技术的应用能有效提高现有基础设施的使用效率和服务水平,在破解城市交通问题中扮演着不可或缺的重要角色。

智能交通自 1973 年大力发展以来,早期因受限于通信手段,发展速度比较缓慢。1995—2000 年,随着数据传输速度突飞猛进的增长和位置服务技术、通信技术的突破,智能交通发展的速度明显加快,通信技术已经不再成为限制因素,此时智能交通系统发展主要受限于计算能力。2000—2010 年,智能交通技术全面推进,高清视频、智能分析研判等技术在城市交通领域得到全面应用。2010 年至今,随着大数据、机器学习等技术的不断发展,基于人工智能的车路协同、自动驾驶、智能出行等将会成为智能交通系统下一阶段技术发展的关键方向。

智能交通起源于通过信息技术如仿真,实时控制以及通信网络来解决未来城市交通阻塞问题所做的尝试。交通阻塞已成为由于城市化和机动化所带来的世界性问题,并造成交通设施的低效率,大气污染及燃油消耗增加。智能交通的突出特点是以信息的收集、处理、发布、交换、分析、利用为主线,为交通参与者和管理者提供多样性的服务。

早在 1991 年,美国的联合运输地面运输效率法案 ISTEA 开始成立联邦项目研究开发和测试智能交通系统,并付诸推广实施。2006 年 5 月,美国交通部下属机构研究和创新技术管理局成为美国 ITS 管理委员会的主管部门,并成立 ITS 战略规划组。随后美国交通部于2009年12月8日发布美国ITS战略研究计划(2010—2014),该计划预计在未来5年中达成美国国内综合地面运输体系的愿景,其特征为将车辆、基础设施和交通参与者联结起来,以推动使安全、机动性和环境效能最大化的技术。

美国ITS研究的核心是车联网研究(connected vehicle),旨在建立安全的、可互操作的车-车(V2V),车-路(V2I)以及和交通参与者间的(包括个人通信设备的)网络化的无线通信。

ITS是目前交通发展的主要方向之一。交通系统涉及广泛,在交通领域应用计算机信息通信技术,主要是将传感器技术、数据信息通信技术应用于系统中,从而建立更加安全、高效的交通运输系统。智能交通系统在我国目前还处于实施阶段,并未完全实现,但是这一模式的实现具有可行性。最先提出这一模式的是美国,目前美国智能交通同样处于发展之中,在实现相关技术的同时必须要通过人工辅助来完成。为了满足我国交通快速发展的需求,在政府支持下,经过部门努力,通过技术研发实现了智能化交通系统的应用。交通信息系统的作用是不可忽视的,要真正实现交通系统的智能化,首先要根据需求建立信息通信系统,显然,在这一方面,我国的交通管理和设计上还存在一定的发展空间。我国的交通系统管理不完善,车辆过多,车流量大。在我国交通压力巨大的今天,我国应提高对交通系统管理问题的重视程度以及提高交通系统管理部门的水平,加大对交通信息管理领域的投资力度,以此来保证我国交通系统的完整运行。为交通系统管理领域注入新鲜血液,让它迸发时代活力,其中最值得注意的应当是如何利用无线通信技术建设智能交通系统,并把无线通信技术充分运用其中。

ITS是解决目前经济发展所带来的交通问题的理想方案。智能交通是提高交通运输系统效率、服务品质、安全水平和环保节能的关键,是建设交通强国、实现中国交通世界领先目标的重要抓手。为实现交通强国的战略目标,智能交通技术必将实现快速发展,智能化水平必将显著提高。未来智能交通发展的重点将是构建城市交通大数据共享平台、打造先进实用的城市"交通大脑"、构建世界领先的城市智能交通系统、高水平实现车路协同、提升客货运输服务的智能化水平、实现综合运输的智能化、借助于高度的智能化破解交通拥堵、提高安全水平、实现绿色交通主导。

3.1.2 智能交通关键技术

交通大数据平台及其应用、视频数据提取技术、综合分析研判技术、交通控制优化技术、车路协同技术、城市交通大脑、无感技术等技术是智能交通领域的关键技术,现分别介绍如下。

1. 交通大数据技术

交通大数据具有多源异构、时空跨度大、动态多变、异质性、高度随机性、局部性和生命周期较短等特征,如何有效地采集和利用交通大数据,满足高时效性的交通组织控制、交通信息服务、交通状况预警、交通行政监管、交通执法管理、交通企业经营管理、交通市民服务等应用需求,是城市交通和智慧城市面临的机遇和挑战。

2. 视频技术

在智能化发展的背景下,深度学习和大数据为视频识别技术提供了前进的方向。AI智能视频识别算法提出了一种新的基于图(graph)的视频建模方法,实现了可帧级解读视频。

为提升智能视频识别技术的应用性，使得智能视频识别产品真正市场化，在完善核心算法的同时，视频识别技术必然将向以下方向发展：一是视频结构化；二是人工智能；三是适应更为复杂和多变的场景；四是更低的成本。

3. 分析研判技术

交通大数据为系统全面分析研判提供了前所未有的信息支撑。应用大数据、云计算、特征识别、数据库分析、大数据挖掘分析、建模仿真、数据可视化等新技术进行交通深度分析研判，有望实现更全面的需求预测、更精准的态势分析、更精细的预报预警、更高效的规律发现、更科学的决策支撑。应用重点体现在交通运行态势分析研判与预警、多尺度交通安全风险分析、警力等资源配置优化与智能执法管理、交通监管与综合服务等方面。

交通信息分析研判是通过对各类交通数据信息的采集整理、融合、挖掘分析，为交通相关部门提供辅助决策支持，达到分析精准、效率提升、决策科学、管理精细的目的。传统的交通信息分析研判主要是在交通流、交通事故等结构化数据的基础上展开纵向、横向分析，找出变化规律和发展趋势，进而提供辅助决策依据，研判分析的准确性、精准性不高。

4. 优化控制技术

未来交通信号优化控制技术将在以下 6 方面实现突破。

①交通信息采集与融合；②控制方案优化；③交通信号控制等信息交互方式的改进；④信号控制优化效果的评价；⑤控制与诱导的协同将带来基础设施使用效率的显著提高；⑥交通流信息与气象信息、大范围的交通状况信息融合使用，能够实现更加安全、更加高效的交通组织与指挥。

5. 车路协同技术

车路协同系统是基于先进的传感和无线通信等技术，实现车辆和道路基础设施之间以及车车之间的智能协同与配合，从而保障在复杂交通环境下车辆行驶安全、实现道路交通主动控制、提高路网运行效率的新一代智能道路交通系统。

在技术方面，车路协同主要包含 3 类技术：车-车/车-路通信技术、交通安全技术、交通控制技术。通信技术方面，应用于车路协同的 3G/4G、DSRC（dedicated short-range-communications）、Wi-Fi 等技术均已有相应的理论与模型。

车路协同技术经过世界各国的大量研究和探索，已经取得了阶段性成果。目前已经建立了车路协同体系框架和各种相关测试平台，突破了车-车/车-路通信、车辆安全控制及信息技术共享等关键技术，小规模展开了道路演示，但仍存在如下问题和不足。

(1) 通信标准：国外车-路协同通信普遍采用 802.11p 协议，中国希望独立制定自己的协议，国家层面的通信标准仍在制定之中。

(2) 技术推进缓慢：车-路协同系统的核心技术目前在世界范围内仍普遍处于基础理论研究、实验测验和小范围商业应用阶段，并未广泛进入民用环节。

(3) 信息安全问题：由于车-路协同可以掌握全体用户的出行状态及目的地等信息，广泛推进车路协同技术可能在发达国家和更为关注隐私的地区引起公众不同程度的质疑。

通过实现“聪明的车”与“智能的路”之间的实时交互，并在全时空动态交通信息采集与融合的基础上，开展车辆主动控制和道路协同管理，充分实现人-车-路的有效协同，最终达成提高交通效率、保证交通安全的目的——这是车路协同背后隐藏的巨大价值，也成为各国智慧交通规划下的共识。

将如此庞大的车流与路侧基础设施连接起来，自然可以大幅提升交通效率与交通安全，但这也极大地提高了车端、路侧端与通信端各端口间协同部署、协同决策的技术难度。

6. 城市交通大脑

城市交通大脑就是在大数据、云计算、人工智能等新一代信息和智能技术快速发展的大背景下，通过类人大脑的感知、认知、协调、学习、控制、决策、反馈、创新创造等综合智能，对城市及城市交通相关信息进行全面获取、深度分析、综合研判、智能生成对策方案、精准决策、系统应用、循环优化，从而更好地实现对城市交通的治理和服务，破解城市交通的问题并提供系统的综合服务的城市智能交通系统的核心中枢。

一个良好的城市交通大脑，能够助力实现数据驱动的交通管理模式和服务模式的形成，提供更好的分析研判和决策实施的智能支撑。主要包括以下 10 项关键技术。

(1) 通过迭代优化的智能算法，优化路口、关联路段、功能组团等之间的交通连接，基于交通事件、道路流量等实时感知体系和交通大数据综合平台的分析能力，智能地形成交通组织、管理、控制的优化方案，形成不断进化的交通优化区域，提高道路通行效率。

(2) 梳理全区域、路口、路段等交通在线实时数据，研发精准刻画道路交通演变的算法模型，包括交通视频分析处理算法、数据整合算法、信号优化算法、交通评价算法、态势研判算法等，为交通信号控制优化提供支撑，实现对交通流状态的精准刻画。

(3) 创新建立面向未来交通的交通治理模型，提升当前交通管理目标层级，实现对道路网络上交通运行健康状态的精准感知，通过当前状态和历史状态对比及趋势预判，找出影响交通拥堵和安全的关键因子，确定面向未来交通治理的模型。

(4) 以数据驱动实现交通规划管理一体化。改变原有的交通系统建设(交通信号控制、非现场执法系统、交通流信息采集系统、交通视频监控系统、交通诱导系统、道路交通设施建设等)和应用相对割裂的局面，消除路口交通设备间数据不共享的状况，以数据分析为基础实现交通管理的科学化和智能化。

(5) 推进数据治堵的深入应用。通过交通大数据研究交通拥堵的成因，以先进的智能算法指导交通排堵保畅策略。交通控制设备实时在线，以实时的交通数据推进区域交通控制策略的形成和实施，形成良性的交通运行机制，保障交通畅通有序。

(6) 构建安全有序的交通环境。准确把握交通事故的特点和规律，提升以识别风险、管控风险为主要内容的安全防控能力，建立健全“预测、预警、预防”机制，加强交通安全风险等级研判体系建设。

(7) 辅助道路网络优化改造决策。基于城市交通大数据分析结果，精准掌握交通需求特性、交通供给特性和交通供求关系特性，为城区道路交通系统改造提供决策支持，实现道路网络建设综合优化。

(8) 详细分析公共交通运行状况、供求特性、交通方式的衔接特性，不断提高公共交通的服务质量，不断提高交通分担率，建立以公共交通方式为主导的综合交通系统。

(9) 动态分析末端交通状况，不断提高综合交通一体化、一站式服务能力，促进共享单车等绿色交通出行的发展。

(10) 动态分析行人需求特性，不断完善行人步行空间，指导形成安全、连续、温馨的步行道路系统。

交通大脑的建设要以需求为依据，以功能实现为衡量标准，要遵循交通工程原理和交通发展规律,注重实际效果。有无实际功能效果是评价交通大脑的第一标准,同时系统要具有优化反馈、智能水平不断自我优化提高的机制(自我进化机制),即智能进化机制是交通大脑的基本属性要求。

7. 无感技术

无感技术是指通过大数据等新技术手段,简化传统交通流程,使出行者在某些特定环节(如收费、验票等)中实现无干扰通过,提高效率和舒适度。目前,无感技术主要应用于识别、支付等,分别衍生出了刷脸识别、无感支付等应用。

未来无感技术将会广泛应用,除人脸识别、车牌识别和无感支付之外,还有一系列物联网技术将在交通领域深度应用。从现有技术来看,人脸识别相对较为成熟,但也面临一系列需要解决的问题。

(1) 光照问题:光照投射出的阴影,会加强或减弱原有的人脸特征。

(2) 表情姿态问题:当发生俯仰或者左右侧面的情况下,人脸识别算法的识别率也将急剧下降。

(3) 遮挡问题:当被采集出来的人脸图像不完整时,会影响之后的特征提取与识别。

(4) 年龄变化:对于不同的年龄段,人脸识别算法的识别率也不同。

(5) 唯一性识别问题。在不同个体之间人脸的区别不大,所有人脸的结构都相似,甚至人脸器官的结构外形都很相似。

(6) 图像质量:对于分辨率低、噪声大、质量差的人脸图像难以识别。

(7) 样本缺乏:如何解决小样本下的统计学习问题有待进一步地研究。

(8) 海量数据:传统人脸识别方法如主成分分析方法(Principal Component Analysis, PCA)、线性判别分析(Linear Discriminant Analysis, LDA)等在海量数据中难以进行,甚至有可能崩溃。

(9) 大规模人脸识别:随着数据库规模的增长,人脸算法的性能将呈现下降趋势。

在无感支付领域,未来随着城市交通管理的精细化、智能化,基于车辆轨迹的交通收费和基于识别的停车收费等诸多无感收费技术将会得到不断发展,北斗作为全场景的应用技术将有更加广阔的应用前景。

3.1.3 智能交通系统中的无线通信技术

无线通信技术为城市道路交通自动化、信息化与智能化的发展开创了新前景,智能交通系统采用无线通信技术将移动中的车辆与调度控制中心紧密连接起来,保证了不间断的通信网络。

1. ZigBee 技术

ZigBee 是一种双向无线通信技术,具有相当的优势,如实现了短距离传输,能耗小、成本低等。这一技术最初应用于工业领域,取得了不错的效果,随着科技的发展,交通行业也开始采用这一技术。通过这一技术,可以实现对交通的合理调度,并且提高智能交通的管理效率。近年来,这一技术已经在交通系统得到了广泛的应用,它主要是以信息传输传感器为核心技术,并与移动通信技术结合,主要用于公交车位置的检测以及车辆调度。结合 ZigBee 技术的特点,可以建立基于无线网络的信息传输和检测平台,解决公交车到站和离站时的自动报站问题。具体的实施方案为:首先在各个站台安装站台监控,之后将具有

ZigBee 功能的无线识别器安装于公交车内，且站台监控器中需要包含具有 ZigBee 功能的网络协调器与 GSM/GPRS 模块。通过该模块的建立，就可以接收到车内的无线通信信号，并将其应用于车辆识别。另外，对于企业而言，随着科技的发展，公交车可以根据所收到的标识来识别进行自动报站，目前的城市公交系统已经实现了这一技术，并且信息的发射强度适中。当信号强度小于某一临界值时，可以判断公交车已经开离此站。随着科技的发展，未来移动通信技术和信息通信系统在智能化交通中的运用将更加广泛，效果将更加明显。

2. 无线局域网

现阶段，城市轨道交通中对无线局域网的运用，主要是在遵从无线局域网发展和应用的标准上，将通信系统中的子系统广泛地接入到城市轨道交通系统中，实现对轨道交通工具的监控。而由于无线局域网在使用中的容量可能受到一定程度上的限制，导致它在城市轨道交通中的作用无法充分体现出来，因此在城市轨道交通中运用无线局域网时，应加强对无线局域网现实使用能力的考虑，明确它在城市轨道交通工具中的合理性应用，最终促进城市轨道交通的发展。

3. IVC 技术

车间通信(Inter-Vehicle Communications，IVC)是指对行驶中车辆的移动通信，它可传输以下 4 类实时信息：①旅行信息，例如交通情况、拥塞信息、交通规则等，调度中心用广播方式将旅行信息发送到每辆行驶车辆，这在旅行信息系统(Advanced Traveler Information System，ATIS)内已广泛应用。②车辆监控与管理信息，它从车队或运输部门那里以命令方式传送到所属的车辆和驾驶员，起到有效调度和管理作用。③驾驶员信息，它属于驾驶员之间的个人信息，例如各种礼貌用语、提示信息等，在公安巡逻或特种车队(消防、油罐、危险品、运钞车)中应用。④车辆安全信息，例如车况、车位、车速、加速等信息对保证车辆安全行驶非常重要，主要用于车辆控制系统(Advanced Vehicle Control System，AVCS)内。

IVC 技术主要是实现信息交互实时性的车辆无线信息通信技术。通常情况下，IVC 技术主要展现在以下三个方面。第一，车辆信息。IVC 技术主要涉及的是车辆管理信息，比如车牌号码、驾驶证、行驶证等相关登记部门注册信息。同时，IVC 技术也包括了车辆的安全信息，比如能够让车辆的使用者更加明确和清晰地看到使用时长、剩余油量、各方面性能等事关行车安全和驾驶者人身安全的信息。第二，路面信息。IVC 技术主要是对同一个阶段时间内的车流量进行重点分析和研究，能够明确地展现出交通堵塞状况信息，前方道路积水、施工、深坑等影响驾驶因素信息等。该技术的运用会通过实时监测和反馈的形式保障交通的智能性。第三，通信协议。从技术角度出发，IVC 技术主要是通过信息双向发展的趋势进行。比如，在实际运用 IVC 技术的过程中，通过激光的传递模式，压缩信息存储于传递单位，进而保证在传递的过程中能够更加完善地保存信息，实现信息的完整性和精准性。

随着车辆(或驾驶员)间交换数据的需求日益增多，IVC 的通信能力需要增强。例如：①对于驾驶员间的个人信息，通常可用移动电话呼叫和通信，IVC 的传输范围应该覆盖所有调度控制中心所属的道路和车辆。②对于交通事故信息，例如追尾、碰撞等信息则要求车辆在最短时间内自动发送，虽然它的可能发生率很低，但对行驶安全来说非常重要，信息是采用广播方式传送，覆盖范围为 100～200m。③对于协同驾驶信息，它是 IVC 的主要功能，采用数据传输，例如在超车或避让时车辆间要保持双向数据传送，信息的传输距离要求在

100m 左右,并且在短时间内重复传输,重复间隔为 0.17~0.14μs,通信周期为 50ms。又如在车队行驶时要保持车间距离,因此需要提供调整空挡信息的单向数据,其通信周期很短,一般为 10ms。由此可见,IVC 主要用于行驶中的车队管理和指挥,并保持队形和足够的间距,以防止意外事故发生。

对于车辆无线通信来说,在技术上必须考虑以下几个问题:①选择通信信道。由于 IVC 的通信功能要求短距离和强方向性,因此采用毫米波或激光比较合适。传输速率可达 1.544Mb/s。车头摄像机接收机与车尾发射机之间保持规定的间距,并可以辅助控制调整。②通信方式。单向或双向数据传输,它们可加以转换,每帧周期为 20ms,帧内共分 29 个时隙,同步信号在移动通信过程中形成,并由领头的车辆主发,其他车辆定时接收。③通信协议。由于呼叫频率比较低,故可以采用 ALOHA 移动通信协议,但因在 AVCS 中要进行数据交换,因此应在通信协议中增加选择(polling)、识别(identifying)等功能,以便及时取得联系,并防止干扰。前一辆车在任一时隙内发出选择信号,并通过识别装置,后续车辆接收后反馈给前者特定的响应信息。经试验,日本的 IVC 通信数据误码率小于 10^{-6},方向角为 ±10°,能够满足防止追尾、碰撞等需求,但下一步要采取新的防干扰措施,以加强通信系统的可靠性。另外,尚需进一步开发专用 IVC 移动通信协议,并能与其他通信系统相兼容。

4. 移动通信技术

移动通信中的 GPRS 技术,是使用频率较高且更新速度很快的一种技术。GPRS 是一种通用分组的无线业务类型,是通过增加相应的功能实体对需要技术更新的基站进行改造即可投入使用的一种技术,因此,这种技术在应用中所耗费的整体成本不高,但却可以满足高速准确传播的要求。另外,在交通信息的传输中,除了交通实况信息的传播,还需要对一些报文和图片进行传输。这时,GPRS 技术的作用就可以充分发挥了。因为这种技术可以通过用户端对用户端的方式或者语音广播的传输方式,将信息直接传输给运行中的车辆。一般这种信息在传输播放时,有多次重复播放的要求,因此,在播放方式的选择上可选用单通道播放的方式,避免给行车途中的司机造成过大的干扰,而且,单通道的传播方式,也有利于节约网络资源。

5. 数传电台

电台包括 AM、FM、DAB(Digital Audio Broadcasting)、DVB(Digital Video Broadcasting)等。由传统模拟广播发展而来的 DAB 是第三代广播技术,与之前的技术相比,DAB 在抗噪声、抗干扰、抗电波传播衰落、高速移动接收等方面都具有很大的优势。无线电通信虽然受其技术特点限制,对于大部分车联网应用来说并不适用,但是却又有它的不可替代性,特别是在交通安全信息播报,紧急信息播报等方面。

6. 射频识别

采用射频识别技术时,识别系统与特定目标间无须发生直接接触,而是通过无线电信号识别特定目标并读写相关数据,在使用频率比较高的日常应用上,射频识别有其特定的优势。例如,基于 RFID 的车辆门禁管理系统、ETC(Electronic Toll Collection)不停车收费系统、车辆电子环保标识等。

3.1.4 车联网

车联网(Internet of Vehicles,IoV)技术是以车内网、车际网和车载移动互联网为基础,按照约定的通信协议和数据交互标准，在车＋X(车、路、行人及互联网等)之间，进行无线通信和信息交换的大系统网络。车联网以人为本，同时依靠云计算平台，连接保险行业、4S或车行行业、政府企业车队等，构建智能交通与智慧城市，通过对云计算大数据提供的详细信息进行分析，为客户制订合理的服务和应用。其中包括UBI保费计算、查勤理赔、增值服务、咨询发布、智能交通管理、车管业务、环保监测管理等。

车联网技术是物联网与智能化汽车两大领域的重要交集，是物联网技术在交通系统领域的典型应用。车联网实现了智能化交通管理、智能动态信息服务和车辆智能化控制的一体化。未来的车联网发展是打造一个智慧交通，并对传统交通进行颠覆式的创新，开创区别于传统的新模式，建立技术标准，打造开放平台。

车联网是物联网(Internet of Things，IoT)的一种。车联网是指通过多种无线通信技术，实现所有车辆的状态信息(包括属性信息和静、动态信息等)与道路交通环境信息(包括道路基础设施信息、交通路况、服务信息等)的信息共享，并根据不同的功能需求对所有车辆的运行状态进行有效的监管和综合服务。车联网可以实现车与车、车与路、车与人之间的信息交换，可以帮助实现车、路、人之间的"对话"。就像互联网把每个单台的电脑连接起来，车联网能够把独立的汽车连接起来。

近年来，汽车电子技术、计算机处理技术和数据通信传输技术得到了迅猛的发展，三者之间的相互渗透和融合奠定了通信网络技术的应用，推动了社会信息化的发展。车辆的爆发式增长和无处不在的信息需求也日益将通信网络和车辆紧密结合起来，推动了以车为节点的智能交通信息系统——车联网的建立。

我国目前车联网发展的基本目标是实现在信息网络平台上对所有车辆的属性信息和静、动态信息进行提取和有效利用，并根据不同的功能需求对所有车辆的运行状态进行有效的监管和提供综合服务的一种无线网络。

国家"十二五"规划已明确提出，要发展宽带融合安全的下一代国家基础设施，推进物联网的应用，而在物联网的分支中，车联网是最容易形成系统标准、最具备产业潜力的应用之一。车联网是继承了互联网文化的技术产物，它强调对现有技术和未来技术的融合，体现了技术的多样性和包容性。在车路协同系统(CVIS)中，导航数据也是多种数据源(GPS、DGPS、加速度传感器、惯性导航、里程表等)的数据融合。车联网所交换的数据例如气象数据既可以来自车载设备，车内传感器，甚至雨刮器的状态，也可以来自路侧设备所配置的传感器，或者是气象台站提供的数据。

1. 车联网中的无线通信技术

无线通信技术与车联网需求的对应关系，如表3-1所示。

表3-1 车联网应用及其所需求的通信手段

	移动通信网	短距离无线通信	数传电台	射频识别
语音服务	√			
定位服务	√			
导航服务	√			
TSC连接服务	√	√	√	
移动互联网接入	√	√		
信息广播			√	

续表

	移动通信网	短距离无线通信	数传电台	射频识别
数据管理		√		√
车辆信息管理		√		√
车辆紧急救援	√		√	

此外车联网中使用的无线通信技术还包括 V2X(X 代表 everything,任何事物)技术。随着整个世界向连接和数据共享发展,汽车行业也不例外。今天的汽车可以轻松地与其他车辆(V2V),设备(V2D)和基础设施(V2I)等交换信息。

V2X 允许汽车收集信息并与影响它的环境中的任何事物共享信息。值得注意的是,V2X 技术结合了所有其他类型的车载通信。因此,V2X 技术显示关于车辆周围环境的最准确信息。通过 V2X,高级驾驶辅助系统(Advanced Driver Assistance System,ADAS)可以获知路上可能发生的任何事情。美国运输部表示,合并后,V2V 和 V2I 通信有可能将非受损性碰撞减少 80%。与激光雷达相比,V2X 传感器具有更大的传输距离和全物体环绕角度观察功能。V2X 技术结合了联网汽车的所有优势。它提高了道路安全性和移动性,改善了交通流量。最重要的是,V2X 技术有助于管理能源,有利于保护环境。

V2X 技术主要包括以下几种:

(1) V2V:车与车(Vehicle to Vehicle)

V2V 通信是车联网最典型的应用场景,也是当前物联网技术在车联网领域的具体应用。目前 V2V 通信主要有短程通信(Dedicated Short Range Communications,DSRC)技术、Ad Hoc 技术、C-V2V 技术,其中 5G-V2V 技术是未来的发展趋势。

V2V 通信需要一个无线网络,在这个网络中汽车之间互相传送信息,告诉对方自己在做什么,这些信息包括速度、位置、驾驶方向、刹车等。V2V 技术使用的是专用 DSRC 技术,有相应的标准。有时 DSRC 会被描述成 Wi-Fi 网络,因为可能使用到的一个频率是 5.9GHz,这也是 Wi-Fi 使用的频率。更准确地说,DSRC 是类 Wi-Fi 网络,它的覆盖范围最高达 300m。V2V 主要包含以下几个技术要点:V2V 节点通信技术,V2V 组播技术,V2V 屏幕显示技术,V2V 视联技术。

V2V 的应用开辟了"物-物"通信的典范,从商业价值上来说,是个逐步演进的过程,它提高了汽车消费者使用车辆的安全性、节省了通行时间。从减少事故发生概率、降低社会保险成本、减少车辆维修费用、减少经济损失、提高交通管理效率等方面综合来看,投入是比较经济的,而且 V2V 也是实现无人驾驶的技术基础。

(2) V2P:车与行人(Vehicle to Pedestrian)

V2P 技术可以有效减少交通事故。通过智能手机和可穿戴设备中的 V2P 技术,行人可以与汽车共享数据。除了共享位置信息外,行人的设备还可以提醒驾驶员,例如,行人需要更多时间过马路。这项技术将保护道路上一些最脆弱的人——老年人和儿童。

(3) V2R:车与路(Vehicle to Road)

V2R 通信有助于获取实时道路交通信息,降低网络的时延,提高网络的传输能力,即 V2R 通信对于提高网络的可靠性、安全性及用户的舒适度具有重要意义。

V2R 通信属于移动车辆与固定 RSU 间的通信,车辆与 RSU 间可以通过单跳或多跳的方式进行通信：当车辆位于RSU覆盖范围内时，车辆可以直接与固定的RSU通信，从而通过RSU接入网络；当车辆离开RSU覆盖范围时，车辆进入RSU信号覆盖盲区，该源车辆可以将它覆盖范围内的车辆当作中继车辆，通过多跳通信保持与RSU的连接。V2R通信的主要特点为：路侧单元只在其覆盖范围内进行广播；车辆与路侧单元间只需进行一跳便可完成数据传输，减少消息转发次数，并简化消息确认机制，起到了增加网络吞吐量的作用；路侧单元可以快速、准确地探测道路状况、车辆与交通灯状况，并对这些信息进行过滤、处理、排序、预测，再发送给其他车辆。

但V2R通信仍面临很多挑战，如路侧单元的选择和切换、数据分发、安全信息实时传输、网络安全与隐私以及网络性能的评估等问题。

(4) V2I：车与基础设施(Vehicle to Infrastructure)

V2I技术允许车辆与道路基础设施进行通信。V2I传感器收集有关交通的信息，利用交通灯通信状态，雷达设备，摄像机和其他道路信号作为共享节点工作，以最大化基础设施吞吐量。对于自动驾驶(AD)，该信息是至关重要的，因为车辆可能依赖于专门针对某些道路事件的静止物体的数据，同时接近工作区的车辆可以收到通知并降低速度。

通过V2I和AD的预过滤可以增加密度(汽车将彼此靠近并且留出更少的间隙)，这将使当前的基础设施容量翻两番，将道路事故保持在零水平并提高交通速度。

(5) V2N：车与网络(Vehicle to Network)

V2N是指车辆与互联网进行信息交换。V2N通信技术将车辆连接到云服务和蜂窝基础设施。通过使用V2N，汽车可以交换有关交通，路线和道路状况的实时信息。

此外，车联网是现在5G最重要的一个应用场景。基于蜂窝技术的V2X(C-V2X)是基于4G/5G等蜂窝网通信技术演进形成的车用无线通信技术，包含LTE-V2X和5G-V2X。2016年9月，3GPP(3rd Generation Partnership Project，第三代合作伙伴计划)就在R14版本里完成了对LTE-V2X标准的制定。C-V2X支持全部4类V2X应用，V2I/V/P均可通过C-V2X的公众网络通信及直连通信(PC5)两种方式实现。蜂窝移动通信也就是我们使用的手机通信，具有通信距离长的优势。C-V2X技术从应用场景、技术性能上均优于DSRC技术。C-V2X相比DSRC提供了更高的带宽、更高的传输速率和更大的覆盖范围；可支持授权频段及非授权频段的信息传输；依托现有基站，无须投入新的路边设施建设，成本更低；技术标准可演进，可平滑发展到5G；借助蜂窝网络生态，应用更丰富。而DSRC只工作在5.9GHz专用非授权频段，支持广播通信、支持低时延，但在密集场景下时延无保障。

针对C-V2X，5G汽车协会(5GAA)为它的大规模部署提供了一个预测路线图，预计在未来十年将分三个阶段实施。

第一阶段：2020—2023年，汽车制造商将依靠4G LTE-V2X技术实现基本的安全功能，如左转辅助和紧急电子刹车灯功能，增强已经通过蜂窝网络共享的道路危险和交通信息。

第二阶段：从2024年开始，将大规模引入基于5G的自动驾驶技术，这些技术依赖于车辆和基础设施之间的通信。

第三个阶段：将于2026年开始，5GAA预计届时所有新型自动驾驶汽车都将标配5G-V2X，从而开启一个多传感器数据通信的时代。

2. 车联网系统架构

车联网的系统架构如图 3-1 所示

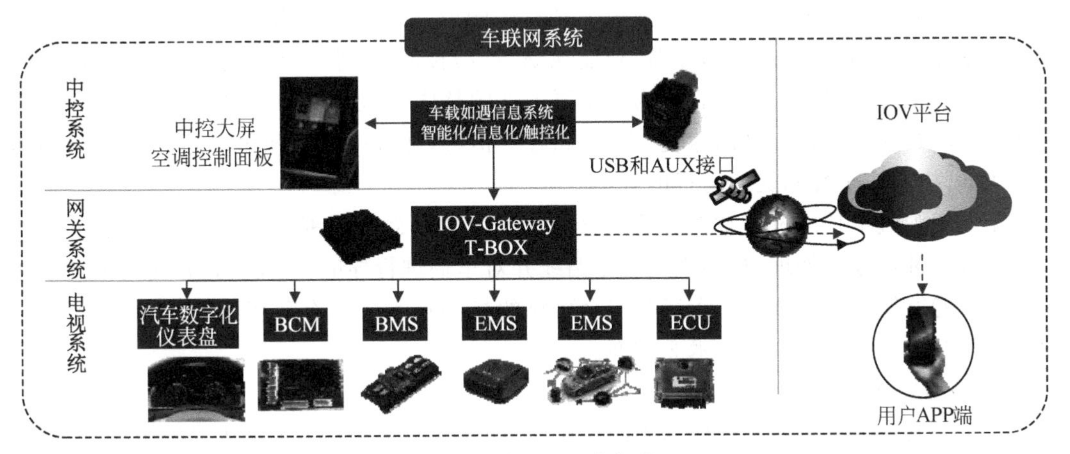

图 3-1　车联网系统架构

车联网技术的关键功能是驾驶者，驾驶者可以通过移动设备远程控制汽车、监控汽车的安全性，因此，车、车联网平台以及用户 APP 端组成一个完整的车联网系统。

每一辆车辆作为一个独立的个体连入车联网系统当中，车辆的中控系统、网关系统以及电控系统是车联网的重要硬件基础，中控系统、网关系统以及电控系统主要组成如下：

(1) 中控系统：空调控制系统、车载娱乐信息系统、车载导航定位系统；

(2) 网关系统：T-Box 车载智能终端(Telematics box)(主要包括 GPS/AGPS、SIM 卡，部分自带电源的低功耗 GPS)；

(3) 电控系统：汽车数字化仪表、车身控制模块(BCM)、电池管理系统(BMS)、行车电脑(ECU)、发动机管理系统(EMS)等。

车联网平台的主要功能有车辆信息管理、车辆监控、车辆控制以及车辆数据统计分析。其中车辆信息管理包括车型、T-Box、电池、传感器、SIM 卡等；车辆监控包括位置、故障、CAN(Controller Area Network)数据等；车辆控制包括车锁、车门、车灯、车窗等控制；车辆数据统计包括车速、电量、里程、故障等。

用户 APP 可以直接与车联网平台数据交互，或者通过第三方业务平台中转数据至车联网平台，用户 APP 主要功能是车辆控制，包括对车锁、车门、车灯、车窗等车身系统进行控制。

3.1.5　无人驾驶技术

无人驾驶车辆技术是集人工智能、计算机视觉、组合导航、信息融合、自动控制和机械电子等众多技术于一体的车辆自动驾驶技术。它利用车载激光、视觉、超声波、红外线等传感器感知周围环境，并与全球导航系统相结合，基于感知所处的位置、车辆信息、障碍物信息，并通过车载计算机的高性能计算，得出车辆的启停、速度、转向等控制指令，从而自主控制车辆实现自动的安全、可靠行驶。基于以上特点，无人驾驶车辆在减轻驾驶人员劳动强度、改善车辆安全驾驶性能、降低交通事故发生率，在恶劣条件和极限条件下作业等方面具有普通车辆无可比拟的优点。

无人驾驶技术从应用的角度可分为无人驾驶汽车、无人驾驶飞机、无人艇和无人潜航器。无人驾驶技术是衡量一个国家交通领域的科技水平与工业制造水平的重要标志之一，同时在国防和未来智能社会发展与建设中具有广阔前景。基于无人驾驶技术，可实现对位置和视觉环境感知、自主避障与导航、智能规划、自动控制、网络云计算等技术的融合发展，从而将环境信息与车身信息融合成为一个系统性的整体，实现全新方式的信息融合，使无人驾驶设备清楚地“知道”自己的速度、方向、路径等信息，并进一步提升和改善交通运行环境，降低成本，提高安全性和交通运行的效率。

无人驾驶汽车是通过车载传感系统感知汽车行驶过程中周围的道路环境状况，同时对获取的信息进行分析处理，自动规划行车路线并对车辆进行导航，从而到达预定目的地的智能汽车。能够保障无人驾驶汽车行驶安全可靠的核心技术主要有环境感知技术、高精度地图技术以及路径规划与决策技术 3 方面。

1. 环境感知技术

作为无人驾驶汽车系统中最基础的模块，环境感知技术的功能如同人类的眼和耳一样，主要由激光雷达、视觉摄像头、毫米波雷达等设备组成，用来获取无人驾驶汽车周围详细的环境信息，为车辆正确的行为决策提供必要的信息支持，从而达到无人驾驶。

(1) 激光雷达：利用激光技术、GPS 系统以及惯性测量装置获得相关数据，并自动生成高精确度的模型，输送给车载电脑。无人驾驶汽车中的激光雷达有 2 个核心功能：其一是 3D 建模进行环境感知，通过激光扫描得到汽车周围环境的 3D 模型，运用相关算法比对上一帧和下一帧环境的变化，探测出周围的车辆和行人；其二是同步建图加强定位，通过将实时得到的全局地图和高精度地图中的特征物进行比对，加强车辆导航与定位的精准度。

(2) 视觉摄像头具有人工智能中的图像识别功能，实现对驾驶员状态、障碍物以及行人的检测和对交通标志、路标的识别等功能。

(3) 毫米波雷达是无人驾驶里极其重要的传感器，是智能汽车高级驾驶辅助系统的标配传感器。雷达采用的毫米波的波长为 1～10mm，其频率为 30～300GHz，具有非常强的穿透力。毫米波雷达与超声波雷达以及激光、红外线等光学传感器相比，具有体积小、质量轻以及全天候全天时的特点，而且其空间分辨率高、穿透障碍物的能力强，极大提高了信息感知的准确性。

2. 高精度地图技术

高精度地图和动态交通信息是无人驾驶汽车的重要信息资源，在辅助感知、路径规划、辅助决策中起到了重要作用。高精度地图是无人驾驶汽车的重要辅助技术，能够提前使车辆获知车辆行驶前方的方向和路况。动态交通信息通过互联网和 GPS 系统能够获取实时的交通信息状况，并传递给行驶车辆，同时车载电脑对信息进行分析处理，来判断道路拥堵的程度，并选择最佳行驶路径对车辆进行导航。

3. 路径规划与决策技术

路径规划是决策技术的初级环节，其中涉及的是路径搜索算法，并结合提供的实时动态交通信息，在传统静态路径规划基础上，实时动态调整及修改车载电脑最初对车辆所规划好的行驶路径，最终寻找出到达目的地的最优路径。决策技术的高级环节便是机器学习中的深度学习，在前两个核心技术对无人驾驶汽车提供的实时环境数据和交通大数据的基础上，深度学习能够不断对无人驾驶系统进行改进完善，使无人驾驶汽车在面对复杂交通状况和交通环境的时候，系统可作出智能、合理的判断，并进行最优处理。这也是目前无人驾驶整个环节中最核心的技术。

对于无人驾驶汽车来说，车辆对环境信息的识别将直接影响车辆对行驶状态的判断及控制，车联网技术的发展，将促进无人驾驶汽车的发展，主要表现在以下两方面。

1. 车辆与道路基础设施之间的信息交换

将无线数字传输模块植入到当前的道路交通信号系统中，无线数字传输模块可向途经的汽车发放数字化交通灯信息、指示信息、路况信息，并接受联网汽车的信息查询及导航请求，然后可将有关信息反馈给相关联网汽车。将无线数字传输模块植入到联网汽车中，可令联网汽车接收来自交通信号系统的数字化信息，并将信息在联网汽车内显示，同时还将信息与车内的自动驾驶系统相连接，作为汽车自动驾驶的控制信号。

联网汽车的显示终端同时作为城市道路交通导航系统来使用，在这个车联网系统中，卫星导航将不再需要，导航信息将直接来自更快、更新、更全且具有导航功能的数字化交通系统；联网汽车的无线数字传输模块包含联网汽车的身份代码信息，即“数字车牌”信息，这是车联网对汽车进行通信、监测、收费及管理的依据。

2. 车辆与车辆之间的信息交换

将无线数字传输模块植入到联网汽车中，无线数字传输模块可以向周边联网汽车提供数字化灯信号信息及状态信息，并且数字化信息与传统灯信号信息是同步发送的。联网汽车中的无线数字传输模块可同步接收来自其他联网汽车的数字化信息并在汽车内进行显示，同时将信息与车内的自动驾驶系统相连，为联网汽车的安全行驶提供依据。

根据接收到的其他联网汽车发送的数字信息，联网汽车即可知道周边联网汽车的状况，包括位置、距离、相对速度及加速度等，并在紧急刹车情况下，可令随后的联网汽车同步减速，有效防止汽车追尾事故的发生。

车联网的实现面对最大的问题是信息安全问题，包括位置定位的隐私安全以及车辆控制信息的安全。大部分车联网服务都和位置相关，而位置和个人通信产品一样，也是重要的隐私之一，因此需要国家立法才能确保车联网的顺利实施。同互联网信息安全一样，车联网的信息安全也极其重要，篡改网络信息数据将造成难以想象的交通灾难。

无人驾驶汽车依赖于汽车身上的多个传感器、雷达以及车内的计算机软件系统来实现汽车的无人驾驶功能。无人驾驶汽车道路环境信息的提取技术主要包括机器视觉技术、雷达探测技术、超声波探测技术、车间通信技术等。其中，机器视觉技术是目前最有效的感知方式之一，因为该技术获取的信息量丰富、成本低廉且便于后续决策处理；而雷达探测技术因为能够快速准确地获取空间中的位置信息且受光照条件影响较小也被广为使用。视觉传感器、雷达传感器和超声波传感器等在无人驾驶汽车的环境感知系统中占据非常重要的地位，车身上的各种传感器帮助系统认知汽车运行的周围环境，传感器感知的信息有：天气情况（雨、雪、能见度等）、行驶道路路面状况、车辆自身位置、车辆运行状态和周围障碍物信息等；车内的软件系统利用这些信息，通过各种算法，规划出实时的行车路线、合适的车速和转向角度，达到无人驾驶的目的。

2018年10月18日，苏州召开“一带一路”能源部长会议暨2018年国际能源变革论坛，期间，“三合一”电子公路、同里综合能源服务中心建成并投入运营。“三合一”电子公路也即“三合一”智慧公路，在世界上首次实现了对光伏公路、无线充电和无人驾驶三项技术的融合应用(如图 3-2 所示),汽车在电子公路行驶期间可实现无线充电和无人驾驶,这些功能的实现很多都依赖于射频通信电路的支持。

图 3-2 “三合一”电子公路图片

3.1.6 智能交通系统实训实例

实训 1 智能交通系统的信号控制采集层设计实训实例

智能交通的发展离不开物联网技术,而 ITS 能有效利用物联网感知层各种传感器采集的物理信息离不开短距离无线通信技术,同时依赖于射频通信电路的保障。图 3-3 为 ITS 系统的一种信号控制机构采集层的设计实例框图,该控制机构可以采集交叉路口车流量数据并且传输给交通管理中心,交通管理中心可以实时监控路口的交通状况并远程控制交通信号灯的相关参数和控制方式。采集层中的 ZigBee 节点包含 ZigBee 基本单元和相应的功能模块,其中 ZigBee 基本单元的主要功能是收发数据。该实例中的 ZigBee 基本单元选用 TI 公司的 CC2530 芯片,片内框图见 2.4 节,电路连接图如图 3-4 所示。

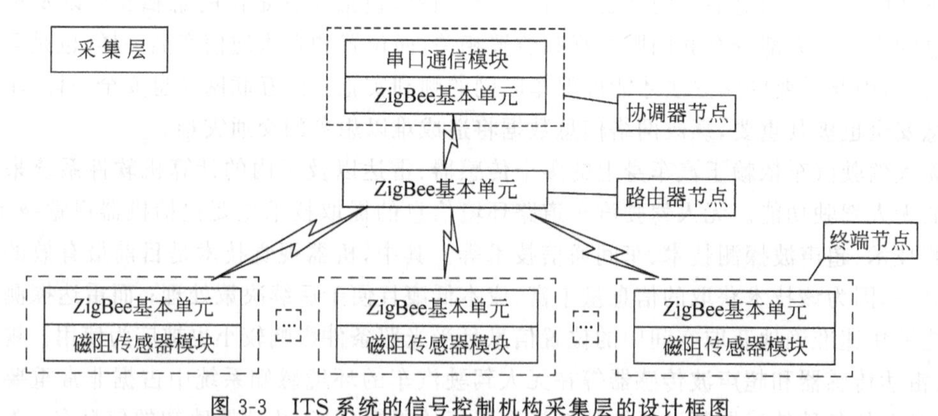

图 3-3 ITS 系统的信号控制机构采集层的设计框图

图 3-4 中 CC2530 芯片 25 引脚 RF_P 和 26 引脚 RF_N 收发差分信号,这两个引脚之间连接天线匹配电路,电路中的 SMA 是杆状天线接口,这部分电路的功能是实现 CC2530 芯片的差分信号与天线单端射频信号的相互转化。

实训 2 舵机转向四轮智能小车通信控制实训实例

舵机转向四轮智能小车整体呈赛车状,如图 3-5 所示。采用模块化设计,共分为三层电路板,即底板、控制板、电源板。底层 PCB 板主要包括红外传感器、2 个直流减速电机、RFID

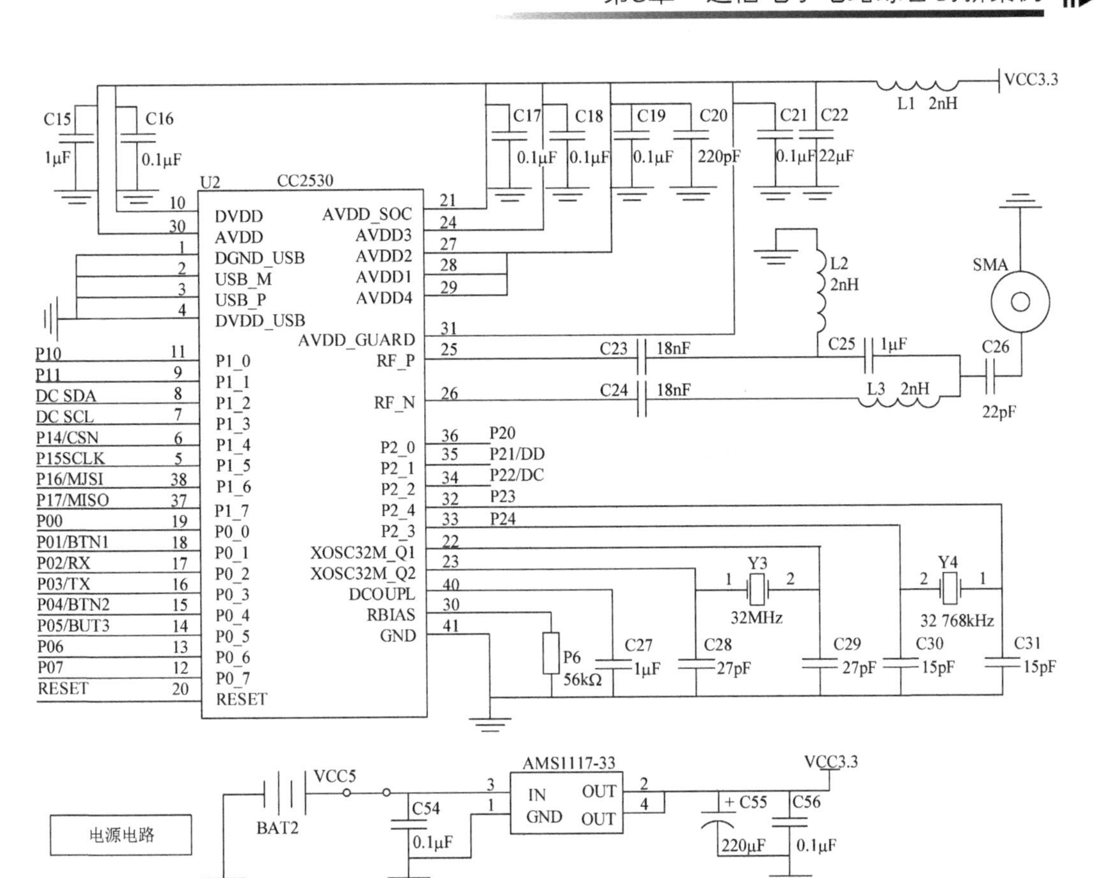

图 3-4　ZigBee 基本单元电路图

读卡模块、温湿度传感器、舵机模块。控制板主要包括主 MCU、按键控制、超声波模块、CCD 模块、OBD 模块、Wi-Fi 模块、GPS 模块、显示屏等，并且还为小车预留了扩展接口，为小车的功能扩展提供了无限可能。电源板包括电源、电源转换电路、语音模块等。控制板采用 STM32F407 芯片作为主控制器，配备 3.5 寸分辨率为 320×480 像素带触摸的液晶显示屏；采用 GPS/北斗模块、ZigBee 模块、蓝牙模块、Wi-Fi 模块等无线通信技术，模块均采用可插拔可更换的设计方式；包含超声波传感器和高频 RFID 模块；包含语音播放功能。

该智能小车可和控制端实现 Wi-Fi 通信，其中的 Wi-Fi 模块原理图如图 3-6 所示。

烧录程序后，计算机连接上小车的 Wi-Fi，在计算机端安装并打开 Wi-Fi 上位机软件，单击参数设置，进行网络配置，当出现连接成功的提示后，单击“方向控制”，然后单击图标，就可以通过 Wi-Fi 对小车进行控制了。

该智能小车亦可和控制端实现蓝牙通信，其中的蓝牙模块原理图如图 3-7 所示。

图 3-5　舵机转向四轮智能小车

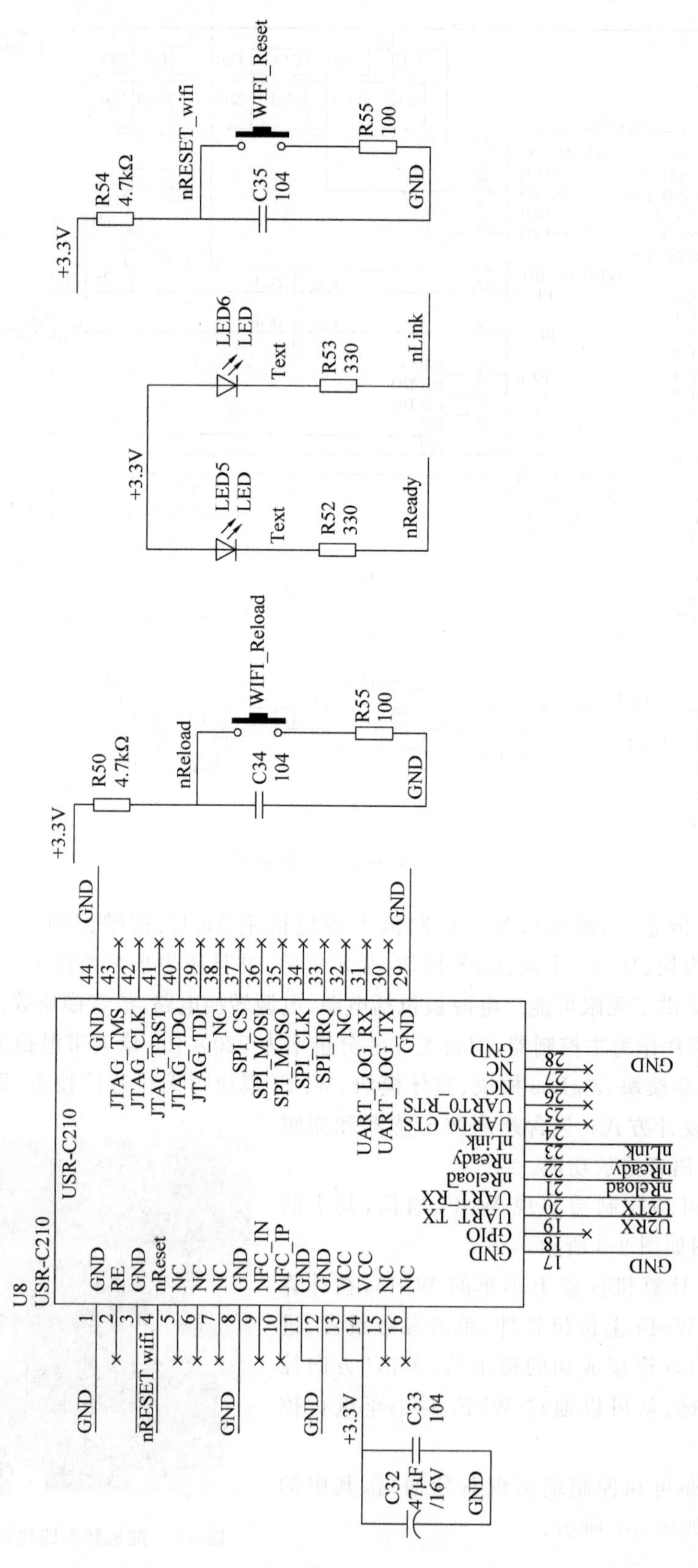

图 3-6 智能小车 Wi-Fi 模块原理图

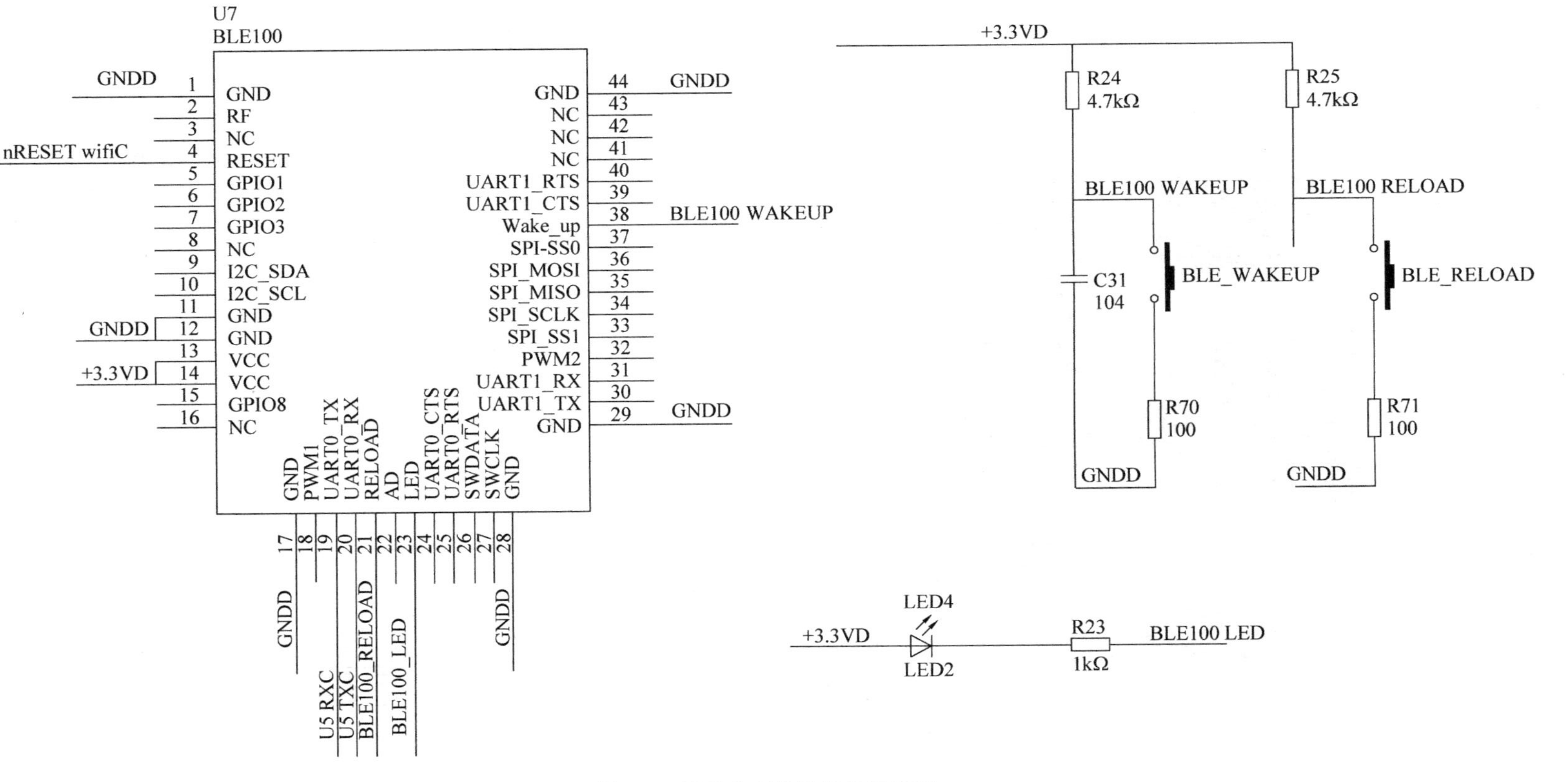

图 3-7 智能小车蓝牙模块原理图

将蓝牙模块插入小车的蓝牙接口，如图 3-8 所示。烧录程序后，即可以通过蓝牙连接对小车进行控制。

图 3-8 智能小车蓝牙模块实物图

该智能小车亦可和控制端实现 ZigBee 通信，ZigBee 模块原理图如图 3-9 所示。将 ZigBee 模块插入图 3-8 所示小车的蓝牙接口，烧录程序后，即可以通过 ZigBee 连接实现智能小车间的通信。

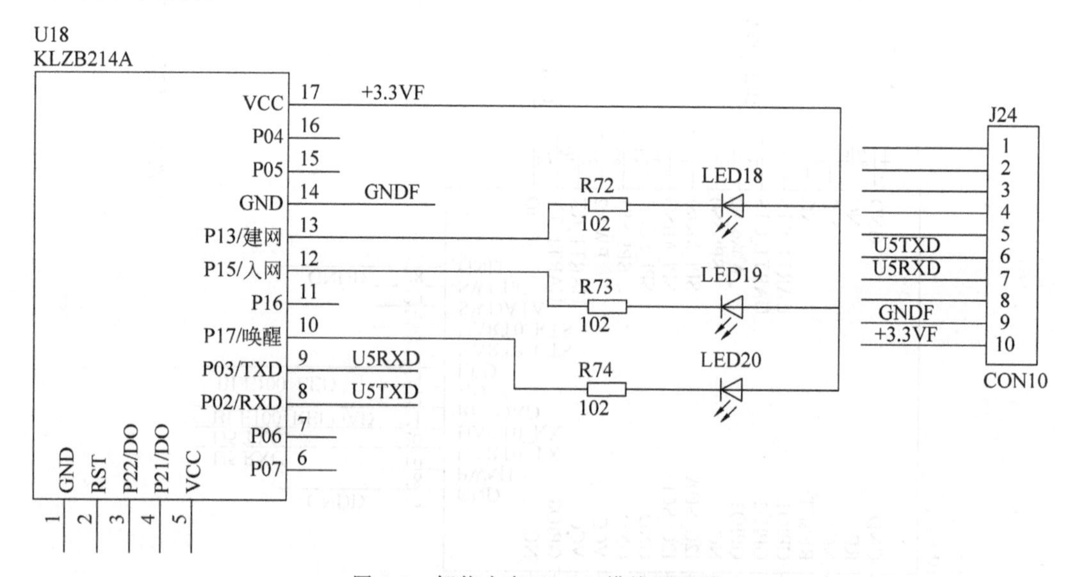

图 3-9 智能小车 ZigBee 模块原理图

将 OBD 模块插入两辆小车的 OBD 接口插座上，OBD 模块原理图如图 3-10 所示。其中一辆小车的液晶屏可显示另一辆小车的状态信息，如图 3-11 所示。

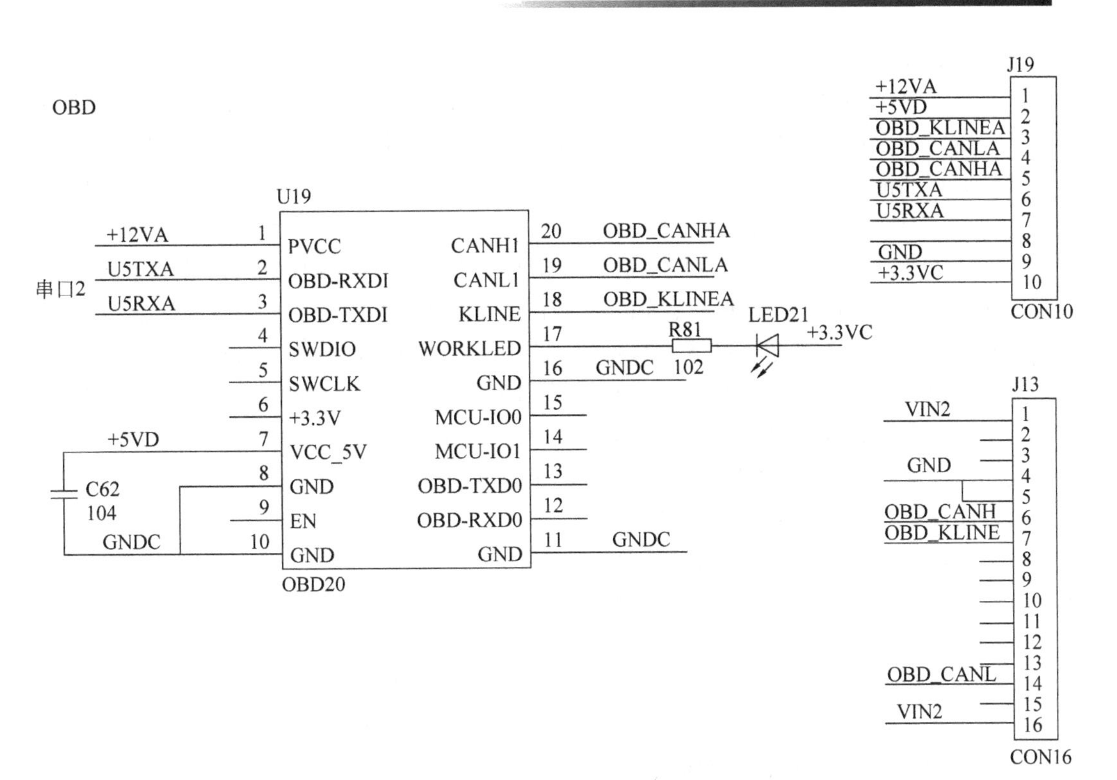

图 3-10　智能小车 OBD 模块原理图

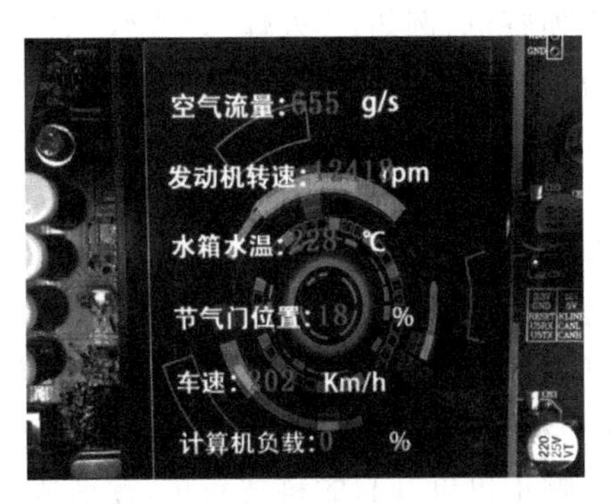

图 3-11　通过车联网显示另一辆智能小车状态信息

3.2　无人机系统

3.2.1　无人机系统概述

无人机(Unmanned Aerial Vehicle,UAV)是一种由无线遥控设备或由程序控制操纵的无人驾驶飞行器,它不需要飞行员在机舱内进行驾驶,飞行过程由电子设备控制自动进行。飞机上不用安装任何与飞行员有关的设备,这样就可以有效地节省和利用空间装载应用设备以完成赋予它的各种任务。无人机与有人驾驶飞机的最大区别是,单纯依靠无人机本身是不能完成任何任务的,它需要一套严密的控制系统和根据任务需要搭载的应用设备,所以无人机也称为无人机系统。

以超级计算、大数据和云技术为核心的计算机技术，在科学技术快速发展的时代里同样实现了跨越式的发展，不仅拥有了更加稳定的性能，计算效率更高，而且计算机的信息交互能力和数据存储能力也得到全面提高，推进了智能化和信息化的时代。在新兴科技的引领下，无人机作为综合数据分析技术、自动化技术和电子信息技术于一体的科技类产品，逐渐成为信息技术的新宠，无人机的发展也进入了新的阶段，不仅滞空时间更长，效率更高，可以快速地部署，其飞行速度也更快。无人机是一个全面的集成模块，它把数据链接交换系统、自动导航，自动驾驶，人工智能技术和数据管理等诸多功能集合到同一个设备上。它适用于许多领域，例如全天候数据监视，城市分布统计和土地资源调查。在军事和太空探索领域，人们使用无人机执行高强度，高风险的操作，最大限度地保障人员安全，并促进飞行器向无人领域发展。简言之，无人机是一种流行的设备，人们使用无线电对它进行远程控制，它是一种半智能飞机，在科研和国防领域得到了广泛的应用，在世界各国的很多领域也发挥了不可或缺的作用，受到了各国科技部门的关注。

世界范围内的无人机研究始于20世纪初期，英国飞机设计师于1917年研发成功了世界上第一架无人驾驶飞机，距离现在已经有近百年的发展历史，当时由于许多技术问题，导致测试失败。最终，在1930年代初，无线电遥控无人机研制成功。在20世纪四五十年代，无人机逐渐被人们熟知并得到了广泛的使用。进入20世纪60年代以后，因为冷战时期的需要，美国着重对无人机在侦察方面的应用进行了深入研究。从越南战争开始，无人机才被真正地投入战斗使用，当时的无人机主要用来对战场进行侦察。自20世纪五六十年代以来，美国开发了许多战略无人侦察机，例如："火蜂"、"先锋"、"猎"、"捕食者"以及"全球鹰"等，它们先后在越南战争、海湾战争、科索沃战争期间以及对阿富汗的军事行动中大显身手。在海湾战争期间，美国使用无人机技术进行信息侦察、军事训练和对敌作战。当然，无人机也广泛应用于欧美国家的民用领域。与传统的人力相比，无人机的效果更为显著。比如，2016年3月在法国首都巴黎发生的无人机救援劫持人质的事件，效果就非常显著。目前，世界上有数百种无人机，总数超过50万架。21世纪初，世界上所有的国家都大力促进多功能无人机的研制和生产，包括火力调查、设备部署、敌人情况监控、导弹军事、民用航空、灾害监测、国土资源调查、农业安全和反恐都需要无人机的参与，甚至还有很多其他的领域也需要无人机参与，无人机作为一颗正冉冉升起的科技新星，逐渐成为了世界各国科技领域广泛关注的焦点。

虽然我国无人机系统的研究和应用在技术水平上相对欠缺，但也取得了较为突出的成果。20世纪50年代，中国开始研究无人机，并研发了高空侦察机，高空无人机等，逐步改进了一系列形成的靶机和其他产品，积累了不少的经验。直到20世纪60年代，无人机在研究领域才取得了巨大的进展。其中，那个时代研制出的大型喷气式遥控高亚音速飞机"长空一号"不仅成为了中国无人机的先驱，后来还发展成为了核试验取样器，并于1977年成功完成了运通核试验取样工作。目前，无人机技术在我国的各个领域得到了广泛的应用。2008年5月12日的汶川大地震中，无人机率先飞到救援部队无法到达的地方，采集图像、数据和信息，并将这些重要的信息迅速提供给后方前来救援的大部队，为抗震救灾赢得了宝贵的救援时间。现在，从无人机的研究、设计到无人机的生产、应用，中国已经逐步完善并且形成了一条产业链。

无人机的快速发展和广泛运用是在海湾战争以后。以美国为首的西方国家充分认识到无人机在战争中的作用，竞相把高新技术应用到无人机的研制与发展上。轻型材料的使用和新的设计大大增加了无人机的续航时间；先进的信号处理与通信技术提高了无人机的图像传递速度；自动驾驶仪能使无人机自动改变高度和航向飞往目标，地面操纵员可以通过计算机根据需要改变无人机的飞行数据。在阿富汗战争中，无人机已经能够攻击地面目标，它在军事领域的重要价值越来越清晰地展现在人类面前。

3.2.2　无人机应用领域及分类

1. 无人机应用领域

当前，无人机在应急救援、农业植保、警用执法、地质勘探、环境监测、影视娱乐等行业应用领域需求旺盛；在偏远地区物流、森林防火、基础设施巡检等超远距离乃至超视距作业场景应用下也有着较好的应用远景；无人机运营模式从大空间内少数量、低频次作业向小范围、高密度持续作业转变，国内快递行业也已开展无人机物流的探索和实践。

在一些特殊场景中，无人机具有一定优势。例如，在云南鲁甸地震灾后救援中，无人机第一时间获取灾区 30 平方千米的高分辨率影像，拍摄的数千张影像为三维震区图的绘制奠定了基础。

2014 年，中国航空器拥有者及驾驶员协会(中国 AOPA)也发布了首批民用无人机训练机构牌照。此举标志着民用无人机进入“持证飞行”的时代，这表明无人机终将飞入寻常百姓家。民用无人机牌照的发布，归根结底，是无人机走向大众化的必然结果。无人机的应用领域广泛，主要应用介绍如下。

1) 街景拍摄、监控巡察

利用携带摄像机装置的无人机，开展大规模航拍，实现空中俯瞰的效果。

2) 电力巡检

采用传统的人工电力巡线方式，条件艰苦、效率低，利用装配有高清数码摄像机和照相机以及 GPS 定位系统的无人机，可沿电网进行定位自主巡航，实时传送拍摄影像，监控人员可在电脑上同步收看与操控。无人机实现了电子化、信息化、智能化巡检，提高了电力线路巡检的工作效率、应急抢险水平和供电可靠率。而在山洪暴发、地震灾害等紧急情况下，无人机可对线路的潜在危险，诸如塔基陷落等问题进行勘测与紧急排查，无人机不受路面状况影响，对于迅速恢复供电有很大帮助。

3) 交通监视

无人机参与城市交通管理能够发挥自己的专长和优势，帮助城市公安交管部门共同解决大中城市交通顽疾，不仅可以从宏观上确保城市交通发展规划贯彻落实，而且可以从微观上进行实况监视、调控交通流，构建水-陆-空立体交管，实现区域管控，确保交通畅通，应对突发交通事件，实施紧急救援。

4) 环保领域

无人机在环保领域的应用，大致可分为三种类型。①环境监测：观测空气、土壤、植被和水质状况，也可以实时快速跟踪和监测突发环境污染事件的发展；②环境执法：环监部利用搭载了采集与分析设备的无人机在特定区域巡航，监测企业工厂的废气与废水排放，寻找污染源；③环境治理：利用携带了催化剂和气象探测设备的柔翼无人机在空中进行喷撒,在一定区域内消除雾霾。

5) 灾后救援

无人机动作迅速,起飞至降落仅需 7 分钟,即可完成 100 000m^2 的航拍,利用搭载了高清拍摄装置的无人机对受灾地区进行航拍,提供最新的影像。

2. 无人机分类

无人机系统可按照飞行器尺寸、类型、质量、任务范围、高度、航程等进行分类。按照飞行器构型可分为固定翼、扑翼、旋翼和组合结构型等,下面分别进行介绍。

1) 固定翼无人机

固定翼无人机的范围很广,尺寸可从微型无人机(Micro Air Vehicle,MAV)到几乎可以超过任何已有常规飞行器的无人机。固定翼 MAV 的典型实例是美国航空环境公司的"黄蜂"(Wasp),它是翼展 41cm、重量 275g 的电动飞翼 MAV。

与小尺寸的固定翼无人机相对应,波音公司的"太阳鹰"如图 3-12 所示,由于其机翼上覆盖了太阳能电池以及对机体制造的超严格限制带来的极轻重量,该无人机可连续 24 小时不间断飞行一周时间。

图 3-12 "太阳鹰"固定翼无人机

2) 扑翼无人机

扑翼飞行器(ornithopter),指像鸟一样通过机翼主动运动产生升力和前行力的飞行器,又称振翼机。其特征是: 机翼主动运动; 靠机翼拍打空气的反力作为升力及前行力; 通过机翼及尾翼的位置改变进行机动飞行。扑翼无人机在特定的图像识别任务中非常有用,可模仿鸟或昆虫,并且得益于新型材料和微制造技术实现了微型化。

3) 旋翼无人机

与固定翼无人机的局限性和扑翼无人机的复杂性相比,旋翼无人机由其旋翼构型提供的悬停能力而著称,保证了图像拍摄的清晰度。主要包括四旋翼、六旋翼、八旋翼以及各种共轴多旋翼的组合。增加旋翼数量可提高安全性,如果一个电机坏了,其他电机可以立即补偿校正。

4) 可转换无人机

多旋翼在户外多风条件下难以发挥作用,因此一些无人机设计结合固定翼和旋翼构型的优点形成了可转换无人机。设计策略主要包括两种: 从飞机构型开始进行修改以实现垂直飞行；从旋翼飞行器构型开始进行修改以实现水平飞行。

当前还涌现出许多新型无人机，无论在森林还是在城市环境中的地面附近飞行，执行识别任务的无人机难免遇到各类不可预测的障碍：树木、电线、天线、烟囱和屋顶等。此外一些识别任务可能要侵入建筑物，需要进入非常狭窄的走廊或隧道，在这些任务中是无法避免障碍的，使用常规的地面车辆可能也会受限。而且许多情况下在任务执行过程中可能需要让无人机降落。混合无人机就是结合空中飞行器和地面车辆的能力，通过增加一个外部防撞结构（如一组碳棒），虽然重量增加，但可为无人机增添新的功能，如可在地面滚动或悬挂在天花板。

3.2.3 无人机的系统构成

典型的无人机系统由飞行器平台、动力装置、导航系统、飞行控制系统、控制站、电气系统、数据链路、任务载荷以及其他部件等组成。

数据链路是无人机系统的重要组成部分，是无人机与地面系统联系的纽带，其主要任务是建立一个空地双向数据传输通道，用于完成地面控制站对无人机的远距离遥控、遥测和任务信息传输。数据链路设备包括遥控设备、遥测设备、跟踪测量设备、任务信息传输设备和数据中继设备等。遥控设备用于实现对无人机和任务设备的远距离操作，遥测设备用于实现对无人机状态的监测，任务信息传输设备则通过下行无线信道向测控站传送由机载任务传感器所获取的视频、图像等信息。

无人机的数据链路按照传输方向可分为上行链路和下行链路。上行链路主要完成地面站到无人机遥控指令的发送和接收，下行链路主要完成无人机到地面站的遥测数据以及红外或电视图像的发送和接收，并根据定位信息的传输利用上下行链路进行测距。

无人机按飞行平台构型的不同可分为固定翼无人机、无人直升机、多旋翼无人机、伞翼无人机、扑翼无人机和无人飞艇等。无人机系统主要是指无人机动力系统、控制站、飞行控制系统、通信导航系统、任务载荷系统和发射回收系统等，它们的功能简介如下。

（1）动力系统：用以提供无人机飞行所需要的动力，使无人机能够安全进行各项飞行活动。

（2）控制站：用以监测和控制无人机的飞行全过程、全部载荷、通信链路等，并能检测故障及时报警，再采取相应的诊断处理措施。

（3）飞行控制系统：用以作为无人机系统的“大脑”部分，对无人机姿态稳定和控制、无人机任务设备管理和应急控制等都有重要影响，对飞行性能起决定性的作用。

（4）通信导航系统：用以保证遥控指令能够准确传输，以及无人机能够及时、可靠、准确地接收、发送信息，以保证信息反馈的可靠性、精确度、实时性及有效性。

（5）任务载荷系统：用以实现无人机飞行要完成的特定任务。

（6）发射回收系统：用以保证无人机顺利升空，达到安全的高度和速度飞行，并在执行完成任务后从天空安全回落到地面。

3.2.4 无人机的通信方式

Wi-Fi 或蓝牙的通信距离非常有限，为了提高无人机的飞行距离，提出了网联无人机，即利用蜂窝通信网络连接和控制无人机。传统 Wi-Fi 为点对点通信，地面部分只有遥控器和手机，能力非常有限。而网联无人机，可以提供强大的平台支撑，结合云计算，网联无人机的地面平台可以提供更大容量的数据存储，更强的计算能力。

无人机与地面的通信，主要包括三种：图像传输、数据传输和遥控。图像传输对无人机通信能力的要求最高，如果使用 Wi-Fi 点对点通信，通信距离一般不超过 500 米，传输能力可以达到 1080p(1920×1080 像素，属于超清)，每秒 30 帧。如果采用网联无人机，4G LTE 蜂窝通信技术，当网络基站覆盖到位时，理论上可以说通信是不受距离限制的，传输能力可以达到 720p(1280×720 像素)。

在定位方面，现有 4G 网络在空域的定位精度为几十米(如果采用 GPS 定位，精度大约在米级)，在一些需要更高定位精度的应用方面(例如园区物流配送、复杂地形导航等)，必须考虑增加基站提供辅助，才能实现。

在覆盖空域方面，4G 网络只能覆盖空域 120 米以下的范围应用。在 120 米以上(一些高空需求，例如高空测绘、干线物流等)，无人机容易出现失联状况。

总而言之，目前 4G 网络和 Wi-Fi 网络下的无人机，应用场景限制太多，用户受众规模太小，导致它在消费市场难以得到普及，也制约它的长远发展和价值发挥。

针对这些问题提出了 5G+无人机技术，基于 5G"大带宽、低时延、高可靠"的特性，将无人机的飞行轨迹、数据通过 5G 网络实时回传至运营商的 5G 网联无人机管理运营平台，从而可实时监控无人机的飞行状态。

3.2.5 5G+无人机技术

2018 年 9 月 28 日，中国信通院发布《5G 无人机应用白皮书》，提出了 5G 网联无人机整体解决方案，相比较 4G 网络，5G 网络能力满足了绝大部分无人机应用场景的通信需求。

5G 提供更高的速度(高达 10Gbps)、更低的延迟(与 4G 的 50ms 相比低至 1ms)，以及更宽的频率范围，允许支持更多设备，同时可降低来自其他信道的干扰。对于无人机而言，跨协议移动通信的最重要的技术是无人机的重连能力，这样无人机每次到达新网络区域时需要停机。

5G 的理论带宽可以达到 20Gbps 以上，目前已建设的实验网络中，也普遍达到了 1Gbps 的速率，是 4G LTE 的十倍以上。在这个速率的支持下，可实现 4K 甚至 8K 的超高清视频传输。无人机结合 5G 技术，将实现动态、高纬度的超高清广角俯视效果。

相比于传统无人机只能用单镜头相机拍摄，在 5G 的支持下，无人机可以吊装 360°全景相机，进行多维度拍摄。地面人员可以通过 VR 眼镜自由地进行全方位多角度观看，使无人机真正成为"天眼"。

5G 网络还具有超低时延的特性，能够提供毫秒级的传输时延(低于 20ms，甚至达到 1ms，4G LTE 是 50ms 以上)，这将使无人机响应地面命令更快，对无人机的操控更加精确。5G 还可以提供厘米级定位精度，远超 4G LTE 的十米级和 GPS 的米级，可以满足诸如城区复杂地形环境的飞行需求。

5G 所采用的 Massive MIMO 大规模天线阵列，以及波束赋形技术，可以灵活自动地调节各个天线水平方向和垂直方向发射信号的相位，有利于一定高度目标的信号覆盖，满足国家对 500 米以下低空空域监管要求，和未来城市多高楼环境下无人机 120 米以上的飞行需求。

在无人机的飞行数据安全保障方面，相比 4G 或 Wi-Fi，5G 也有明显的优势。5G 的数据传输过程更加安全可靠,无线信道不容易被干扰或入侵。5G 除了解决无人机和基站之间通信能力的问题之外,在无人机系统支撑平台上,还有很大的改进提升。凭借 5G 的海量连接特性,5G 网络可以接入的无人机数量几乎达到无限(每平方千米可以接入 100 万个终端)。同时可以在 5G 基站附近设置边缘计算中心,无人机采集的相关数据,可以在边缘计算中心完成计算,而不用送往更远的云计算中心,从而保证了低时延,未来可服务于无人机的自动驾驶。5G 所提供 D2D(Device to Device)通信能力,可以让无人机与无人机之间实现直接通信,更好地服务于自动驾驶和机群协同。

综上所述,5G 所赋予的高带宽、低时延、高精度、宽空域、高安全,可以使无人机适用更多的应用场景,满足更多的用户需求。

3.2.6 多旋翼无人机

多旋翼无人机,是一种具有三个及以上旋翼轴的特殊的无人驾驶直升机。它通过每个轴上的电动机转动,带动旋翼,从而产生升推力。旋翼的总距固定,而不像一般直升机那样可变。通过改变不同旋翼之间的相对转速,可以改变单轴推进力的大小,从而控制飞行器的运行轨迹。

1907 年,法国 Breguet 兄弟制造了第一架四旋翼式直升机——“Gyroplane”并进行了试飞,如图 3-13 所示,这次飞行中没有用到任何控制,所以飞行稳定性很差。

随着微系统、传感器、控制理论、多旋翼垂直起降等技术的发展,近年来多旋翼无人机成为各国学者的研究热点。

应用比较成熟的多旋翼飞行器大多是遥控航模多旋翼飞行器。遥控航模多旋翼飞行器的典型代表包括德国的 Microdrones MD4-200,美国的 Draganflyer Ⅲ,法国 AR. DRONE 以及国内的 XAircraft 和大疆精灵系列。

Microdrones MD4-200 多旋翼飞行器具有垂直起降微型自动驾驶无人飞行器系统,如图 3-14 所示。mdCockpit 地面站软件集成了飞行规划、飞行监控、飞行数据分析等多种功能,能够实时显示飞行状态和相关数据。2006 年在德国上市以来,MD4-200 多旋翼飞行器系统已用于航空摄影、空中监视、消防救灾、警察行业、特种部队和军队等众多不同行业领域。

图 3-13 Breguet 兄弟制造的第一架四旋翼式直升机

图 3-14 MD4-200 多旋翼飞行器

法国派诺特(Parrot)公司开发的 AR. DRONE 无人机是一个具备 Wi-Fi 功能的遥控多旋翼飞行器,如图 3-15 所示。该机配置了重力感应、陀螺仪、机械控制芯片等装置,还可进行两人模拟空战,能够实现在空中悬停,同时在微风状态下也能够平衡。

大疆的精灵系列多旋翼飞行器是目前国产航模产品中国际知名的一个，如图 3-16 所示，该飞行器采用了整体外壳设计，空载能够飞行二十分钟，并可以配套增稳云台。采用 MEMS 飞控系统和 GPS，使得该飞行器可以完成自主航线飞行，其功能已经比较接近于一套小型的无人机。

图 3-15　AR. DRONE 多旋翼飞行器　　　　图 3-16　大疆精灵 2 多旋翼飞行器

多旋翼飞行器一般以旋翼的排列形式来进行分类，从数量上有 3 旋翼，4 旋翼，6 旋翼，8 旋翼，12 旋翼等，从分布位置有＋型、X 型和 H 型等，还有平面分布和上下分布两种布局形式，下面选几种常见的型号介绍它们的特点。

1. ＋4、＋6 型

＋型多旋翼飞行器如图 3-17 所示，因为其前后左右飞行的控制比较直观，只需要改变少量的电机就可以实现，便于飞控算法的开发。但是由于飞机正前方有螺旋桨，在航拍的时候螺旋桨会经常进入图像造成不便，所以随着飞控技术的成熟，正在逐渐被 X 型取代。

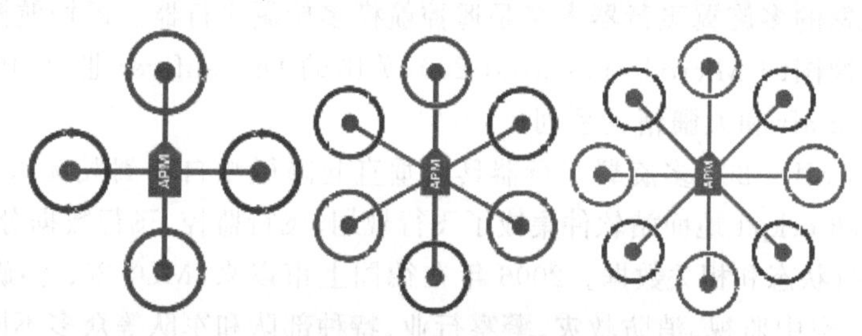

图 3-17　＋型飞行器

2. X 型

X 型多旋翼飞行器是目前最常见的类型，如图 3-18 所示，其中 X4 型以其结构简单著称。但是因为电机的功率受到限制，X4 型在载重量方面不如 X6 型与 X8 型，所以大型的航模和航拍无人机较多采用后两种形式。另外 X8 型多旋翼飞行器的动力系统拥有冗余能

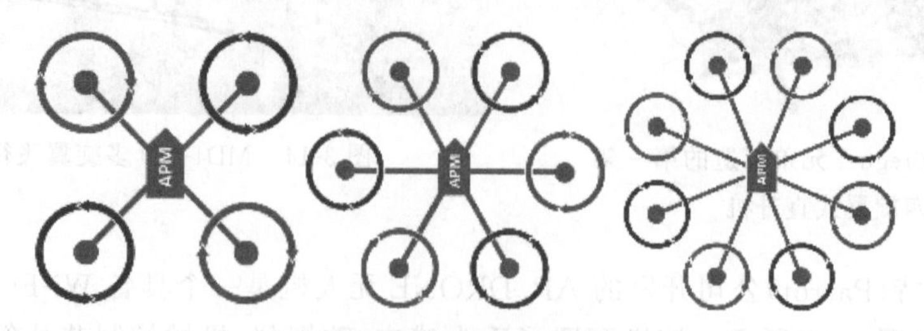

图 3-18　X 型飞行器

力，即在一个电机损坏的情况下可以继续航行，这是优于其他排列形式的功能，所以大型多旋翼飞行器较常采用这种形式。

3. 上下分布型

上下分布的形式多用于体积受到限制，但是对载重量又有较大需求的场合，如图 3-19 所示。使用 3 旋翼或 4 旋翼的尺寸可以做到 6 旋翼和 8 旋翼的载重量。理论上，上下对转的双旋翼可以增加飞行效率，但是实际情况却因为螺旋桨和电机难以精确匹配，反而造成效率有所下降。另外，上下旋翼布局的飞行器吊挂载荷不是很方便，所以一般只在载荷较小或飞行器较大的时候采用这样的设计。

4. Y3 与 H4 型

这两种多旋翼飞行器类型是比较特殊的，目前常见于玩具与航模当中，其他场合比较少使用这两种布局形式。

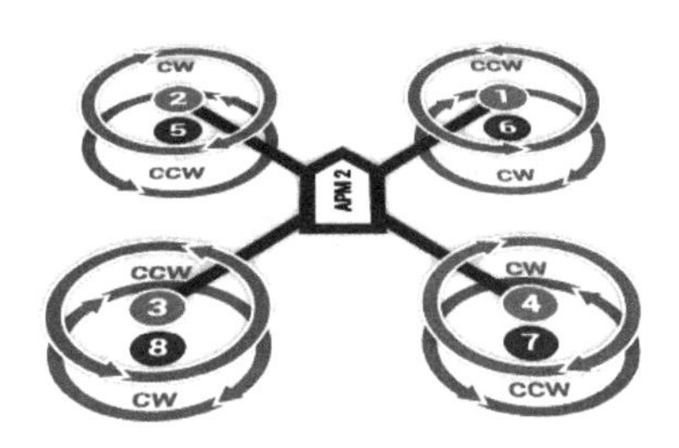

图 3-19　上下分布型多旋翼

Y3 型多旋翼飞行器的优点在于使用的旋翼较少，所以成本方面会比较有优势，但是尾旋翼上需要使用一个舵机用于平衡扭矩，这会增加机械复杂性和控制难度，如图 3-20 所示。

而 H4 型多旋翼飞行器的优点在于比较易于折叠收起，又拥有与 X4 型相当的特点，结构简单，控制方便，如图 3-21 所示。

图 3-20　Y3 型多旋翼

图 3-21　H 型多旋翼及折叠状态

5. 其他类型

其他类型多旋翼大多有特殊用途和功能，一般多见于功能性的无人机产品，如图 3-22 所示。

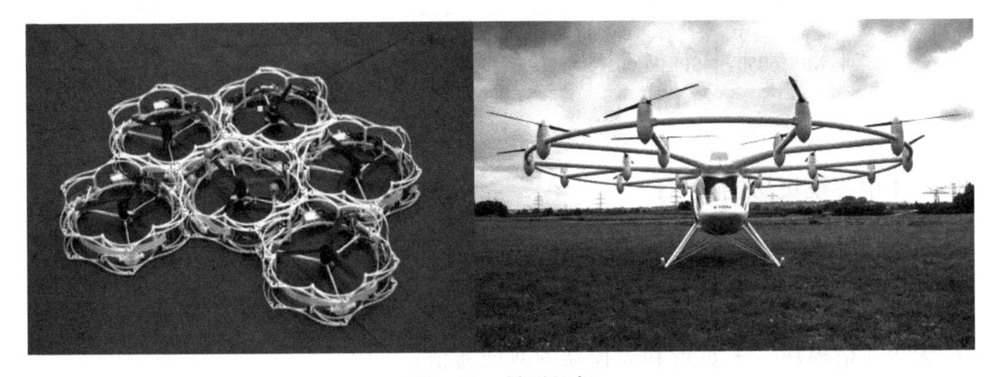
图 3-22　异形机架

3.2.7 多旋翼无人机实训案例

以中科浩电科技有限公司开发的“翼计划”F150 型多旋翼无人机飞控平台为例介绍其系统构成和功能。

“翼计划”无人机飞控开发平台硬件组成包括飞控核心、扩展底板、F150 机架以及遥控器。扩展底板将飞控核心的功能以及引脚全部引出，方便用户进行调试和外扩模块的搭建；飞控核心既可以安装在 F150 机架上组成 F150 无人机实际飞行，也可以安装在扩展底板上组装成调试平台方便调试，如图 3-23 所示。

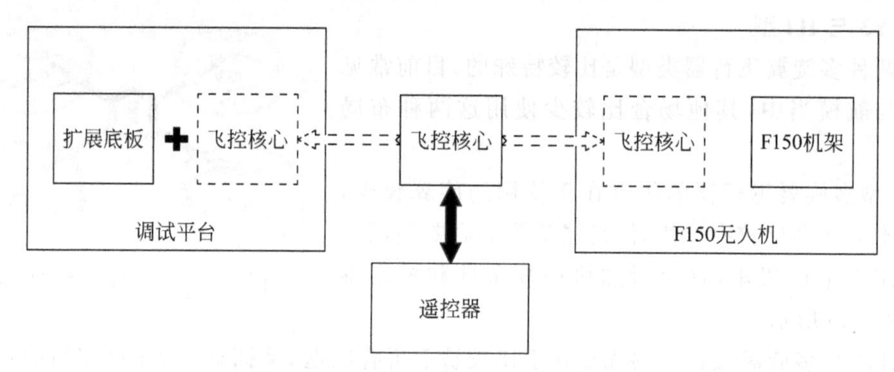

图 3-23 无人机飞控开发平台硬件组成

飞控核心主要由中央处理器、电机驱动、电源管理、无线通信模块、姿态传感器以及气压计组成，如图 3-24 所示。

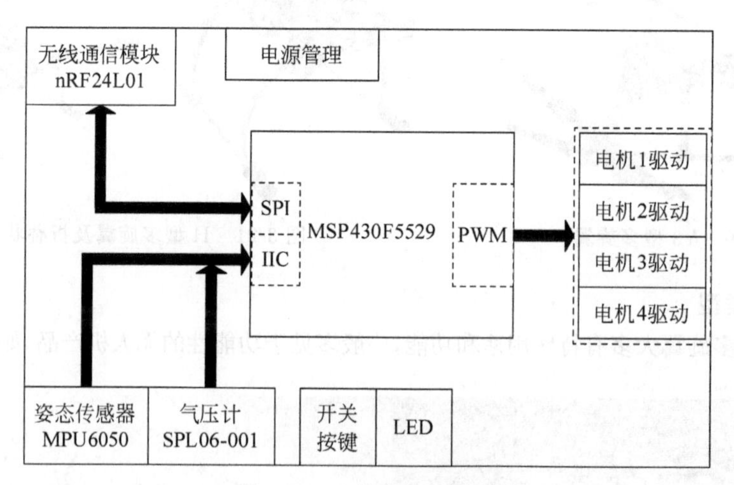

图 3-24 飞控核心结构图

图 3-24 中各模块功能如下：

- MSP430F5529——中央处理器，控制核心；
- 电机驱动——直流无刷电机的驱动单元；
- 电源管理——电压变换以及电池充放电管理；
- 无线通信模块——负责和遥控器的双向通信；
- 姿态传感器——包括陀螺仪以及加速度计，输出无人机的姿态；

• 气压计——高度计，输出无人机的飞行高度。

图 3-25 和图 3-26 分别为飞控核心的顶层及底层器件布局图。

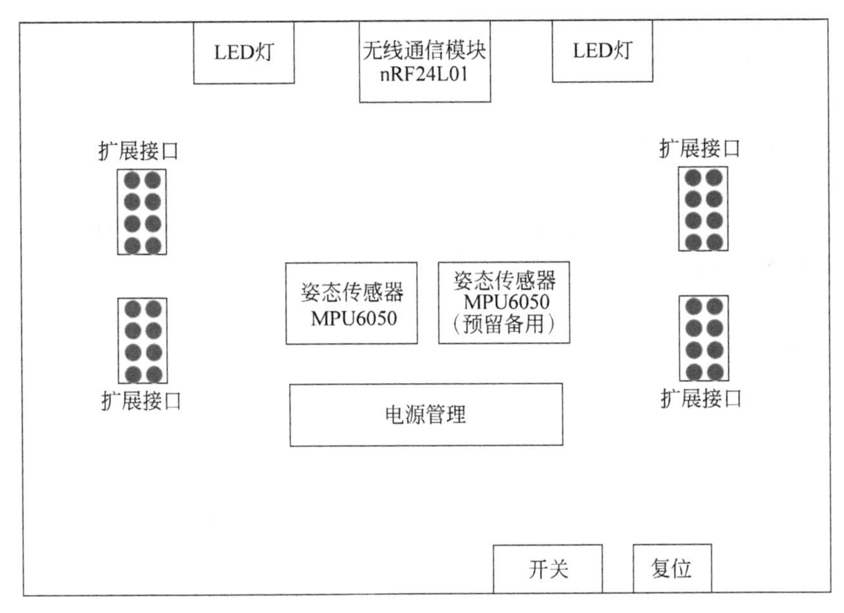

图 3-25　飞控核心器件布局(顶层)

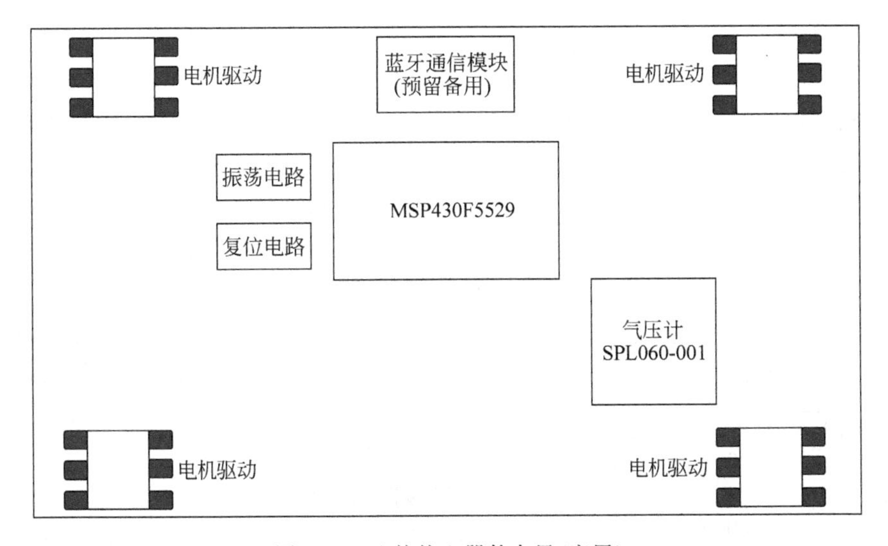

图 3-26　飞控核心器件布局(底层)

系统包括遥控模块、无线通信模块和传感器模块等，现分别介绍如下。

1. 遥控模块

无人机的遥控器和电视机遥控器、空调遥控器一样可以不用接触到被控设备，而通过一个手持器件，使用无线电与被控设备进行通信，从而达到对设备的控制。遥控器达到与无人机通信的功能需要有两部分配合完成。即：发射器与接收机。遥控器上的控制杆操作指令被转为无线电波发送给接收机，而接收机通过接收无线电波，读取遥控器上控制杆指令，并转为数字信号发送到无人机的控制器中。

一般来说，无人机遥控器具有以下典型功能：

(1) 能平滑输出飞行器所需的控制量；

(2) 功耗低，可长时间使用；

(3) 具有信息回馈输出；

(4) 可与飞行器通信；

(5) 较强的信号发射功率；

(6) 遥控距离超过 100m。

无人机飞控开发平台配套的遥控器主要由 STM32F103 处理器、摇杆、开关量输入、无线通信模块以及电源管理组成，如图 3-27 所示。

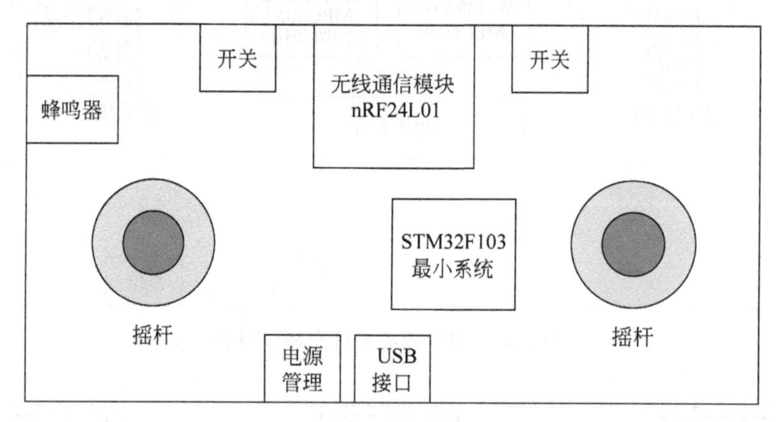

图 3-27 遥控器器件布局图

无人机飞控开发平台的飞控核心及遥控器板载了由 NORDIC 公司生产的 nRF24L01 通信模块进行无线传输，通过 SPI 总线读取遥控器数据并传输给无人机，由于直接采用了整体模块，因此只需接入 SPI 总线即可，电路原理图如图 3-28 所示。其中 CSN 为芯片的片选线；SCK 为芯片控制的时钟线；MISO 和 MOSI 为芯片控制数据线；IRQ 为中断信号，无线通信过程中 MCU 主要是通过 IRQ 与 nRF24L01 进行通信；CE 为芯片的模式控制线，在 CSN 为低电平的情况下，CE 协同 nRF24L01 的 CONFIG 寄存器共同决定 nRF24L01 的状态。

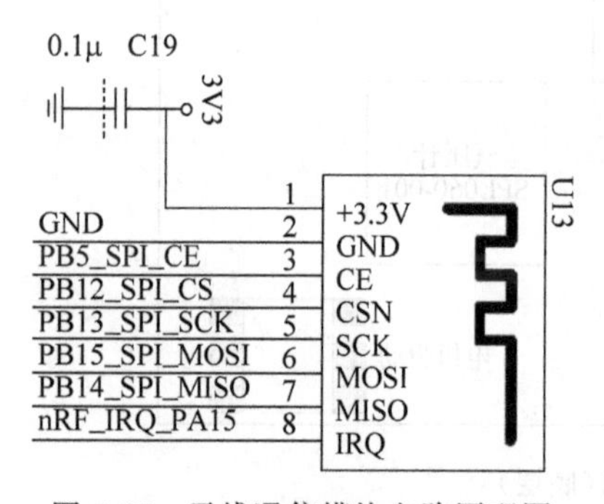

图 3-28 无线通信模块电路原理图

2. 无线通信模块

目前用于无人机遥控器主流的无线电频率是 2.4GHz，这样的无线电波的波长更长，可以通信的距离较远，普通 2.4GHz 遥控器与接收机的通信距离在空旷的地方大约为 1km。2.4GHz 无线技术如今已经成为无线产品的主流传输技术。所谓的 2.4GHz 指的是一个工作频段即 2400～2483MHz 范围，这个频段全世界可免申请使用。常见的 Wi-Fi、蓝牙、ZigBee 使用的都是 2.4GHz 频段。只不过它们采用的协议不同，导致传输速率不同，所以运用的范围不同。同样是采用 2.4GHz 频率作为载波，但不同的通信协议衍生出的通信方式会有着天壤之别，仅仅在传输数据量上就有着从 1Mb/s 到 100Mb/s

的差别。

因为无线电波在传输过程中可能出现受到干扰或数据丢失等问题，当接收机无法接收到发射器的数据时，通常会进入保护状态，也就是仍旧向无人机发送控制信号，此时的信号就是接收机收到遥控器发射的最后一次有效数据。这种因为信号丢失而发送的保护数据通常称为 failsafe 数据。

关于遥控器与无人机的通信协议也有很多种，常见的通信协议如下：

(1) PWM 脉宽调制(Pulse Width Modulation)：需要在接收机上接入全部 PWM 输出通道，每一个通道就要接一组线，解析程序需要根据每一个通道的 PWM 高电平时长计算通道数值。

(2) PPM 脉冲位置调制(Pulse Position Modulation)：按固定周期发送所有通道 PWM 脉宽的数据格式，一组接线在一个周期内发送所有通道的 PWM 值，解析程序需要自行区分每一个通道的 PWM 时长。

(3) SBUS(Serial Bus)串行总线：每 11 个 bit 位表示一个通道数值的协议，串口通信，但是 SBUS 的接收机通常是反向电平，连接到无人机时需要接电平反向器，大部分支持 SBUS 的飞行控制板已经集成了反向器，直接连接到飞行控制器即可。

(4) XBUS：常规通信协议，支持 18 个通道，数据包较大，串口通信有两种模式，可以在遥控器的配置选项中配置。接收机无须做特殊配置。

平台采用的 nRF24L01 是 NORDIC 公司生产的一款无线通信芯片，采用 FSK 调制，内部集成 NORDIC 自己的 Enhanced Short Burst 协议，可以实现点对点或是 1 对 6 的无线通信，无线通信速率可以达到 2Mb/s。芯片框图如图 3-29 所示。

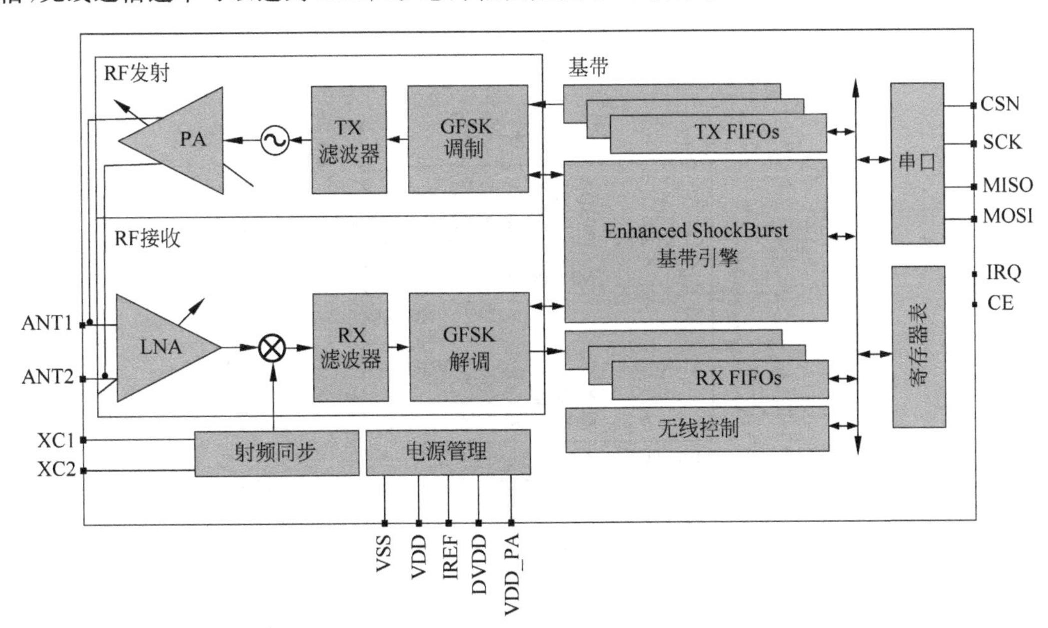

图 3-29　nRF24L01 功能框图

无人机飞控开发平台的遥控器以及飞控核心都基于 nRF24L01 设计了双向无线通信电路，如图 3-30 所示。

飞控核心无线通信模块电路原理图如图 3-31 所示。在飞控核心与遥控器的通信中，采用一发一收的模型。遥控器每隔固定时间发送遥控器的相关控制量，飞控核心负责接收遥控器发出的数据。

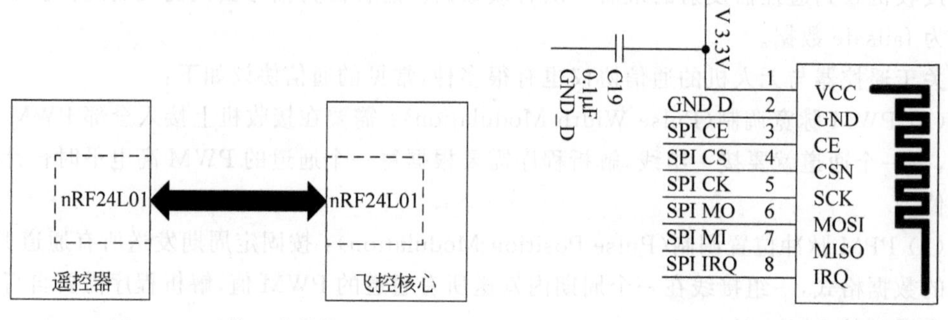

图 3-30　无线通信结构图　　　图 3-31　飞控核心无线通信电路原理图

3. 传感器模块

1）姿态传感器

飞控核心上板载了一块 TDK 公司出产的 MPU6050 姿态传感器，用以采集飞行过程中的姿态，并实时控制电机转速。传感器 MPU6050 是一个结构非常精密的芯片，内部包含超微小的陀螺仪，采用陀螺仪测量角速度，同时用加速度计测量加速度。初始化 MPU6050 时，设置成主 IIC 总线与从 IIC 总线直通，主控器可以直接通过主 IIC 总线访问从 IIC 总线，从而读取其数据，如图 3-32 所示。

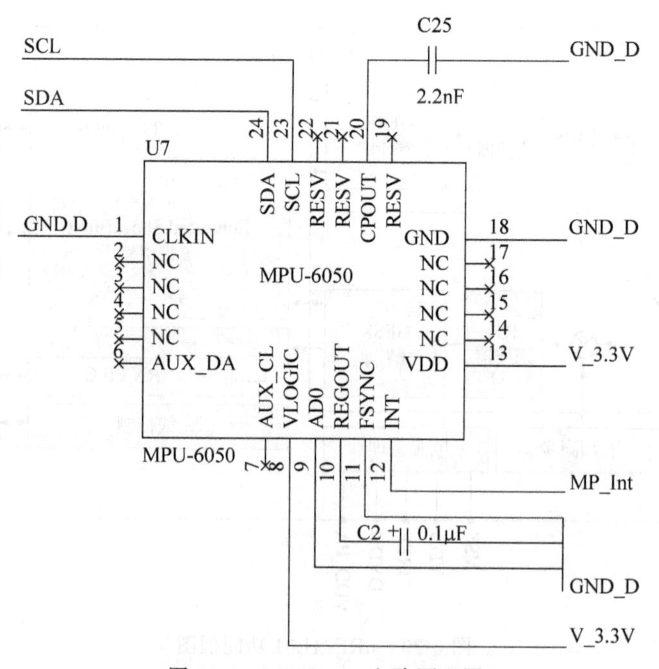

图 3-32　MPU6050 电路原理图

图 3-33 所示为 F150 无人机姿态解算流程图，由初始化部分和姿态解算部分组成。主要完成的功能是对 MPU6050 传感器获取的数据进行解算，并最终以欧拉角的形式输出姿态。

2）压力传感器

平台采用歌尔声学股份有限公司研制的超小型数字气压计压力传感器 SPL06-001，它拥有超高精度及超低功耗。SPL06-001 片内集成了压力传感器以及温度传感器，压力传感器采用电容传感技术，保证了温度变化时的精度。图 3-34 所示为气压计引脚图，各引脚定义如表 3-2 所示。SPL06-001 同时支持 IIC 和 SPI 协议进行数据传输。

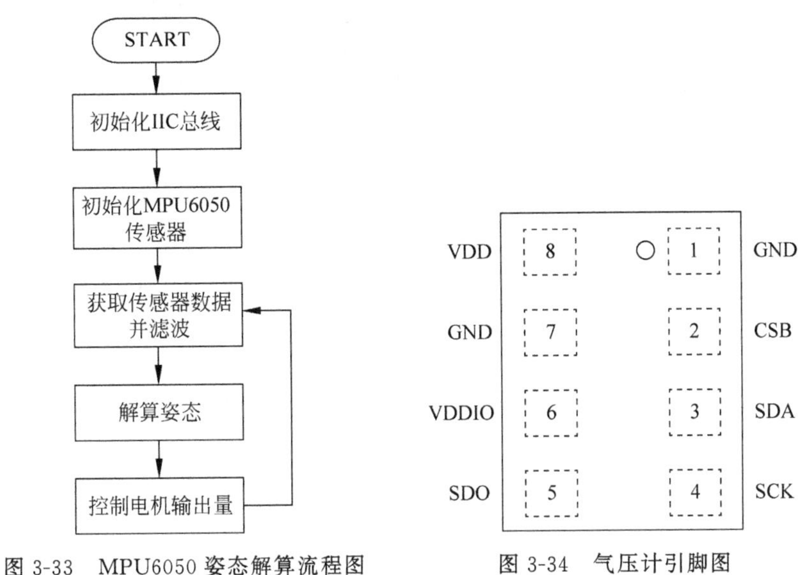

图 3-33　MPU6050 姿态解算流程图

图 3-34　气压计引脚图

表 3-2　SPL06-001 的引脚定义

引　　脚	名　　称	功能描述(IIC 接口模式)
1	GND	接地
2	CSB	未用
3	SDA	串行数据 in/out
4	SCK	串行时钟
5	SDO	中断(有新测量数据或者 FIFO 满)
6	VDDIO	接数字电源
7	GND	接地
8	VDD	接模拟电源

SPL06-001 压力传感器和温度传感器输出为 24bit，同时每个压力传感器都经过针对性地校准，并将校准系数写入内部寄存器中，方便用户把传感器测量结果转换为真实的压力及温度值。压力传感器可检测 300～1200hPa(百帕)范围的压强，根据采集的气压值转换为飞行高度。

SPL06-001 压力传感器内部集成了 FIFO，最多存储 32 个采集结果。通过使用 FIFO，处理器以较长的时间间隔读取数据，使处理器处于睡眠模式而不必经常唤醒，可降低系统的功耗。

SPL06-001 的内部结构原理图如图 3-35 所示。

SPL06-001 外围器件简单，只需要少量电容即可实现。本案例使用 IIC 总线连接单片机，SPL06-001 气压计的外围硬件电路如图 3-36 所示。

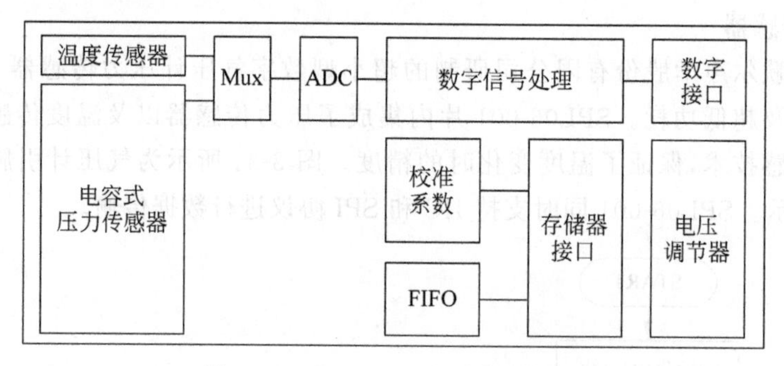

图 3-35 SPL06-001 的内部结构图

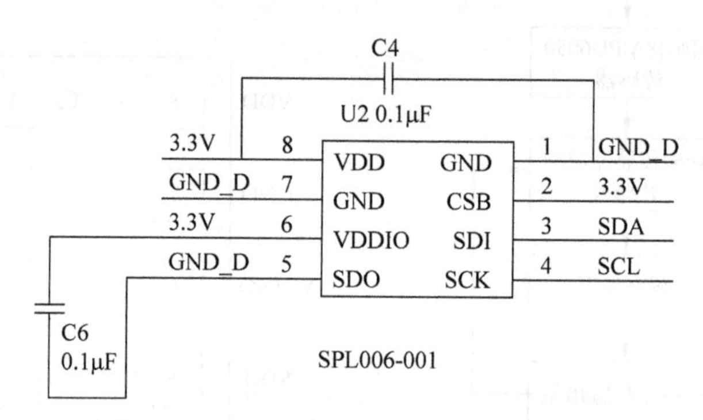

图 3-36 SPL06-001 外围硬件电路原理图

根据气压值获取飞行高度数据的流程如图 3-37 所示。

4. F150 无线通信实训实例

配置 F150 遥控器的发送硬件并使用 F150 遥控器发送一个固定信息到 F150 的飞机上，飞机会对该信息做出反应，图 3-38 给出了配置流程。

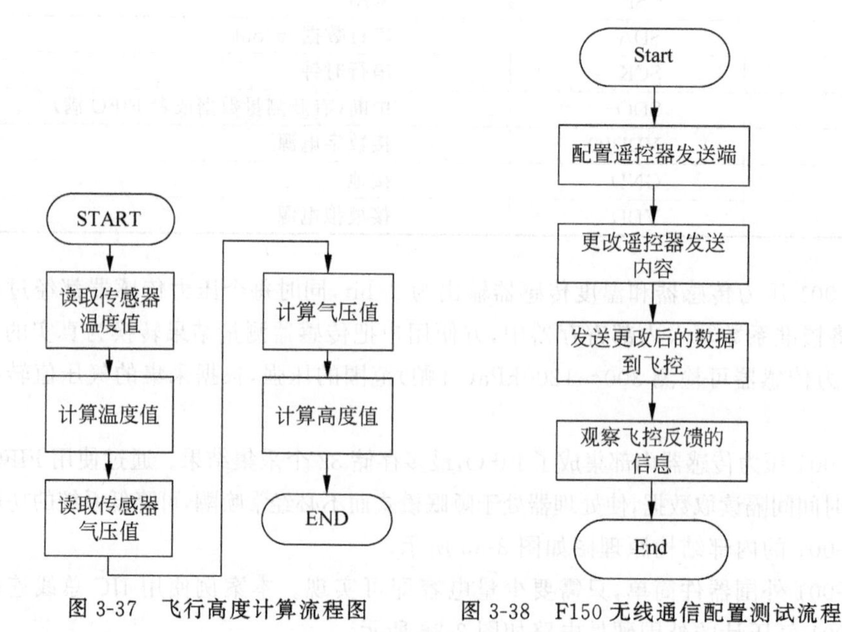

图 3-37 飞行高度计算流程图

图 3-38 F150 无线通信配置测试流程

拨动如图3-39所示遥控器左上角二段开关时，飞控和底板上共有6个LED指示灯随之亮灭，移动摇杆电机会随之转动，如图3-40所示，则表示已经接收到当前遥控器发出的信息，通信成功。

图3-39　遥控器实物图

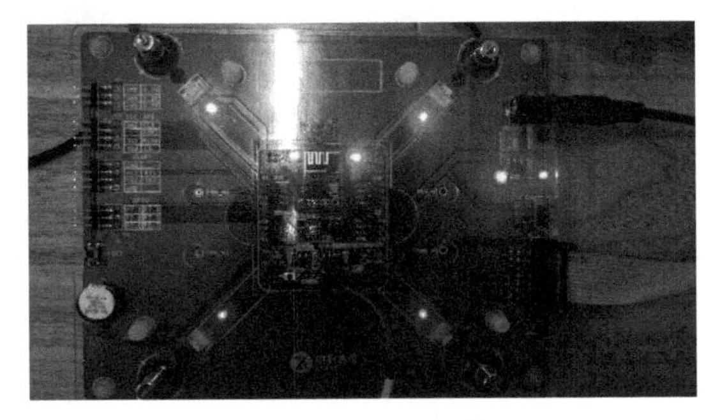

图3-40　F150无线通信测试现象

3.3　无线抄表

3.3.1　无线抄表概述

随着居民生活水平的不断提高，现代化、智能化、舒适化的智能小区建设得到了蓬勃发展，水、电、气、热等智能表得到了大量应用。由于数据量越来越大，就迫切需要建立响应速度快、工作效率高、安全可靠性强的智能抄表系统，各种集抄系统也应运而生。

小区三表集抄系统一般由集中器和采集器(采集终端)以及通信信道与抄表软件组成，其中，集中器到抄表中心为上行信道，集中器至采集器(采集终端)为下行信道，上行信道是远程数据传输，一般有电话拨号，GPRS(GSM或CDMA)等，传输可靠性与技术难度已不是抄表中的主要问题。小区抄表关键在于下行信道，这也是抄表中最难的地方。目前应用的电力载波、RS485总线、以太网、有线电视等网络都各有缺陷和局限性，为此，一种新的既可靠，又经济，方便安装的抄表方式CFDA(Cellular Fixed-wireless Digital Access，微蜂窝式固定无线数据接入平台)诞生了。CFDA每个分布节点既是数据接入点，同时也是中继点，它是一种全路由的网络状的无线数据传输系统。它最大的特点是全路由的无线接入，最大路由可达三级。它主要应用于远程数据采集系统及小区安防报警系统，用无线的方式实现最后一千米内的分布信息点的数据接入，具有典型SCADA(数据采集与监视控制系统)特征，小区之间为蜂窝结构。

CFDA系统是由一个个的蜂窝组成，其中每个蜂窝是由中心节点(CAC)和分布节点(DAU)组成。一个CAC下面最多可挂接1023个DAU。多蜂窝结构一般为系统比较庞大的情况，在大多数情况下采用的是单个的蜂窝，即一个中心节点，及其下面的若干个分布节点。每个分布节点根据其485的驱动能力，可挂接32台电/水/气表。远程抄表系统的网络拓扑图如图3-41所示。

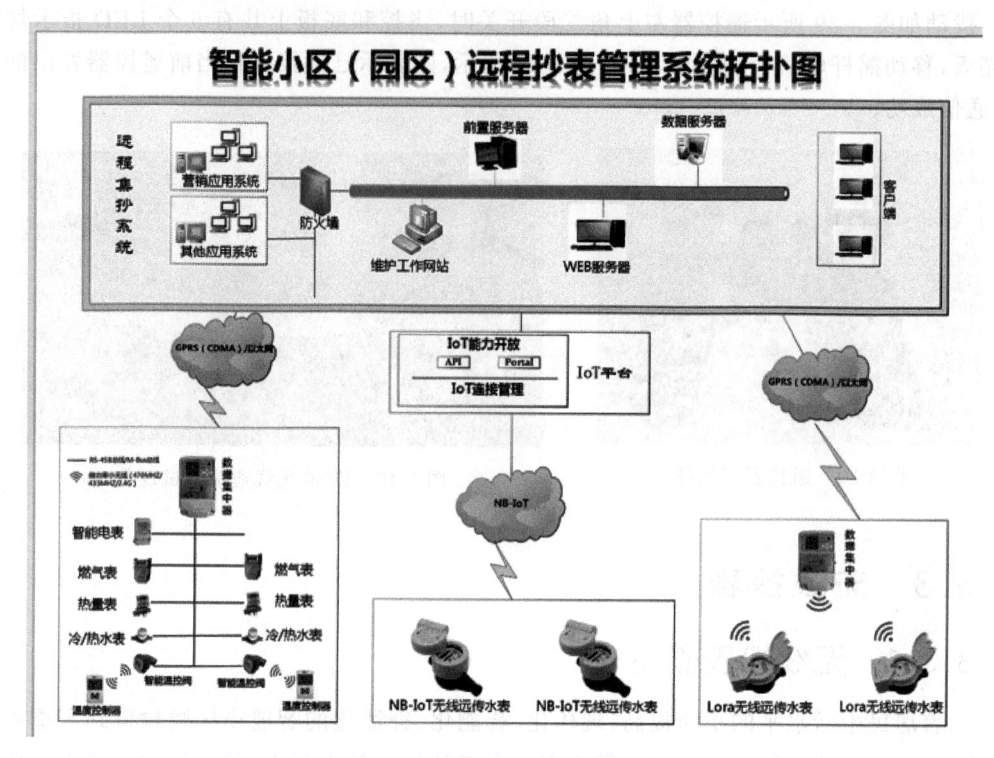

图 3-41 远程抄表系统的网络拓扑图

3.3.2 应用案例

1. 电力无线抄表

进入 21 世纪以来，电力工业得到了飞速发展，智能电网得到了大规模的建设，为了适应智能配电网的管理模式，欧美国家率先开展了智能抄表系统相关标准、规范的制定和研究，并逐步应用于实际工程设计、建设和施工中，取得了良好的效果。

进入新世纪以来，我国经济得到了高速发展，在经济实力的带动之下，电网规模和技术也实现了空前的发展。为了规范智能抄表系统的建设及应用，提高系统规范化及标准化管理，国家电网公司在 2009 年 9 月发布了《电力用户用电信息采集系统》技术标准，对智能抄表系统的功能规范、技术规范、型式规范、检验规范、安全规范、设计导则、管理规范等 8 类 24 个标准进行了说明。随着国家电网公司在 2014 年提出"全覆盖、全采集、全费控"的目标，智能抄表系统的建设得到了进一步的发展。

国家电网公司对用户用电信息的处理投入了巨大的人力、财力和物力，建立了 SG186 系统，电力营销业务也逐步朝着自动化、信息化、智能化、网络化的模式不断发展。常用的无线抄表技术主要包括微功率无线通信技术、无线公网通信技术、ZigBee 通信技术等。

1）微功率无线通信技术

微功率无线通信技术是指利用微功率来传输各类信号和数据的技术，该通信方式下无须建设专用的通信载体。其基本原理是将需要传输的数据或者信息转换为微功率信号，然后利用微功率接收器接收来自信号源的微功率信号，通过对微功率信号进行解码实现信息的传输。微功率无线通信的传输速率高，且信号不易受到其他信号的干扰，无须建设专用的通信网络，在一定条件下，节点数越多，传输可靠性越高，功率损耗越小，在短距离传输中具有极强的优势。但是由于功率较小，所以传输距离较短，不适合远距离的大数据传输。

2）无线公网通信技术

所谓无线公网通信技术就是指利用 GPRS、CDMA 等公共移动通信网络实现数据和信息传输的技术，该技术的基本原理是在智能终端设备上集成 GPRS、CDMA 等通信模块，通过公网 SIM 卡为智能终端设备分配地址编号，智能终端设备将自身采集到的数据以 GPRS、CDMA 数据的形式向主站传输，实现信息的交互。在数据传输过程中可通过设置虚拟网关 VPN 或进行 IP 绑定的方式来保证数据传输的安全性。该方式具有传输速率快、传输容量大、覆盖能力强，传输距离远、无须维护等诸多优势，且随着 5G 技术和泛在物联网的不断发展和推广应用，该通信方式的优势将进一步显现。但是由于目前的无线公网核心技术普遍掌握在移动、联通、电信等通信巨头手中，国家电网公司需要向它们支付租借费用才可投入使用，因此对外界的依赖程度较大。

3）ZigBee 通信技术

ZigBee 通信技术是根据蜜蜂对蜜源的识别和传递舞蹈而得出的一种无线通信技术，当蜜蜂发现蜜源之后，会通过特殊的肢体语言来告知同伴蜜源的位置等信息，然后同伴再以同样的方式传递给其他蜜蜂，通过在蜜蜂种群中的不断传播，实现蜜源信息的共享和交互，ZigBee 通信技术就是根据蜜蜂传递信息的行为而定义的一种无线通信技术。其基本原理是通过无线数传模块组成一个无线数传网络平台，在 ZigBee 网络范围内，不同的 ZigBee 网络数传模块可进行数据的交互和共享。ZigBee 无线通信技术类似于 CDMA 和 GSM 通信技术，都具有可靠性高，传输速率快，容量大，功率损耗小，使用方便，维护简单等特点。相比 CDMA 和 GSM 通信技术，ZigBee 无线通信技术的基站造价极低，投资成本较小。但是由于 ZigBee 无线通信技术属于微功率通信技术的范畴，因此其传输距离较短，一般为几十米到几百米之间。

典型的电力无线抄表组网方案如图 3-42 所示。

分布较为集中的带 ZigBee 功能的智能电表通过 ZigBee 无线网络将数据上传至 ZigBee 采集器，然后再通过 ZigBee 无线网络将若干采集器汇总的数据上传至 ZigBee 集中器，数据经过 4G 通信模块转换之后，通过 4G 无线公网上传至主站层，完成抄表数据的采集。形成“主站＋4G 无线公网＋ZigBee 集中器＋ZigBee 无线网络＋ZigBee 采集器＋ZigBee 无线网络＋ZigBee 电能表”的网络形式。

ZigBee 模块主要用于实现集中器与采集器之间的 ZigBee 通信，产品有 TI 公司生产设计的 CC2530 芯片等，该芯片能够很好地适用于 ZigBee 标准，具有 RF 收发器的良好性能，只需花费极低的成本便可搭建规模庞大的 ZigBee 节点网络。ZigBee 模块如图 3-43 所示。

2. 水表智能抄表技术应用

1）LoRa 智能抄表系统

LoRa(Long Range，远程)是一种采用扩频技术的无线传输方案，具有远距离传输、抗干扰能力强、低功耗等特点，更适合于智能水表抄表系统，最远的传输距离可以达到 5km。

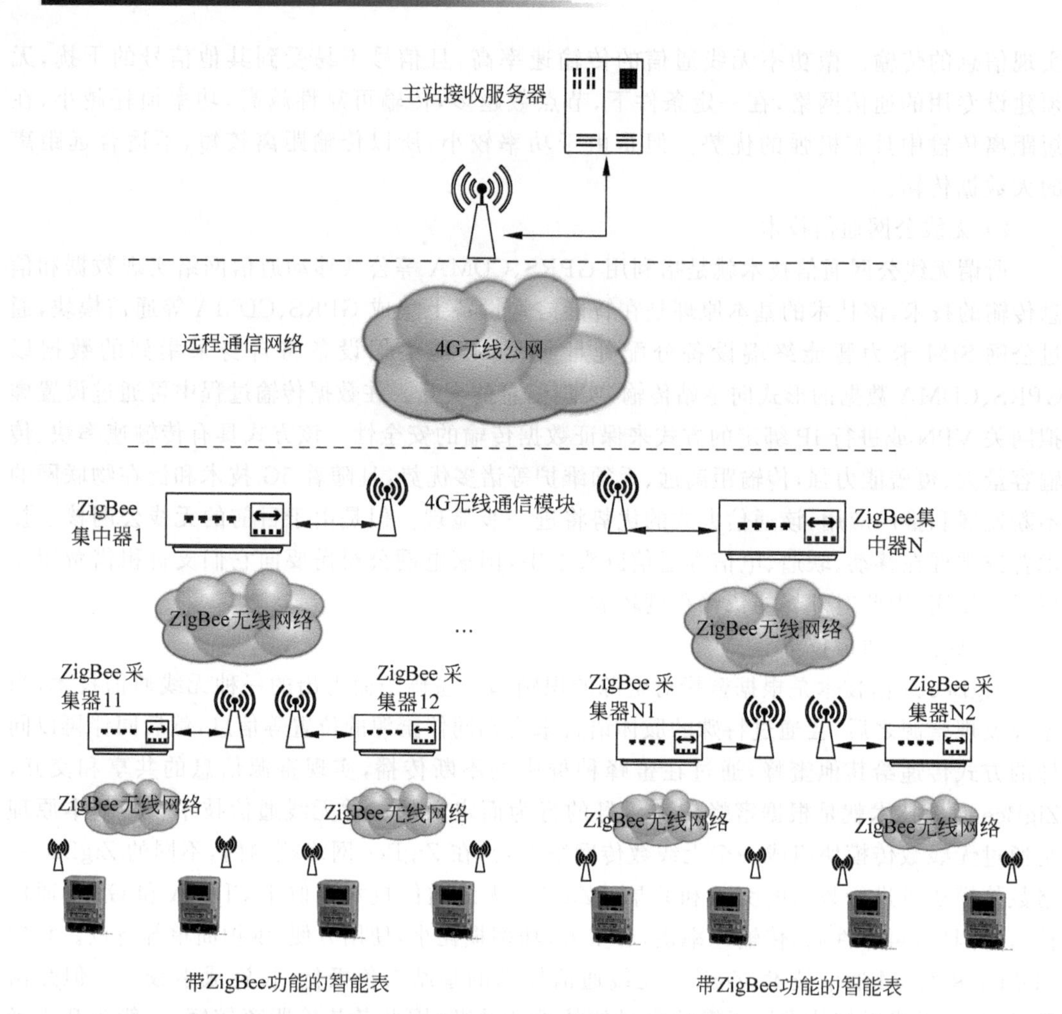

图 3-42 典型的电力无线抄表组网方案

图 3-43 ZigBee 模块

本系统的整体设计如图 3-44 所示。

终端 LoRa 智能水表中带有 LoRa 功能的传感器，获得数据后通过采集点的 LoRa 无线通信单元发送到集中器的接收模块。采集器通过 LoRa 模块发送到集中器上。整个系统由基于 LoRa 的智能水表、采集器、LoRa 集中器、数据管理中心、有线网络或者 GPRS 五部分组成。当采集器和 LoRa 网关距离较远、信号衰减较大时，可以在中间增加中继器，以达到放大信号的目的。

一个数据管理中心可以连接多个 LoRa 网关，每个 LoRa 网关下可以连接多达到数万个连接设备，其中，终端节点和采集器之间，采集器和 LoRa 网关之间使用 LoRa 无线扩频进行通信，LoRa 网关和数据管理中心通过 GPRS 或者以太网等广域网的方法进行通信。

组成终端节点的基于 LoRa 的智能水表，通过 M-bus 通信协议连接智能水表和 LoRa 模块，LoRa 模块把读取的数据发送至采集器。采集器同样通过 LoRa 模块，把获得的数据

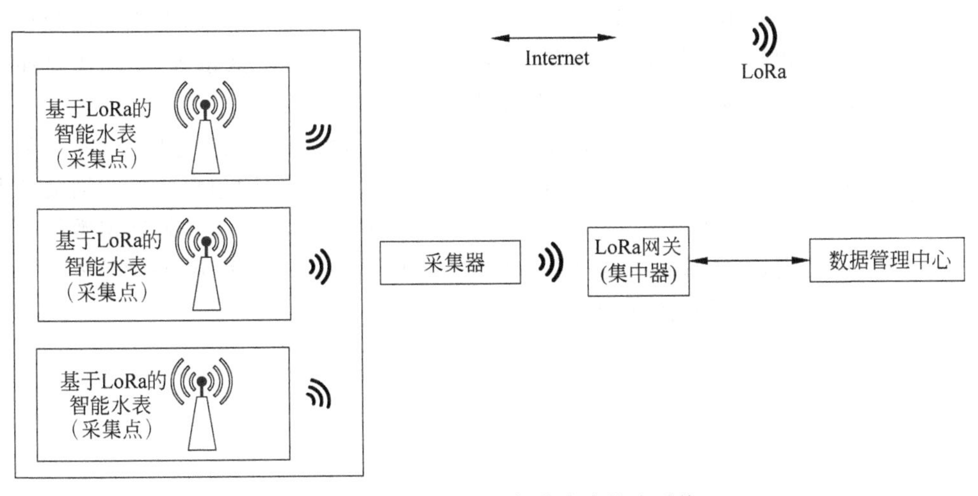

图 3-44 基于 LoRa 的智能水表抄表系统

发送到 LoRa 网关，然后通过 Internet 将数据发送至数据管理中心，通过服务器对数据进行存储、分析、显示，并对结果进行反馈以及下达命令。

终端节点使用基于 LoRa 的智能水表，其结构如图 3-45 所示，MCU 控制模块使用 STM32 系列芯片，通过串口从智能水表中读取数据，并通过 SPI 接口传给 LoRa 模块中的 SX1278 芯片，最终通过 LoRa 模块中的无线天线发送数据。

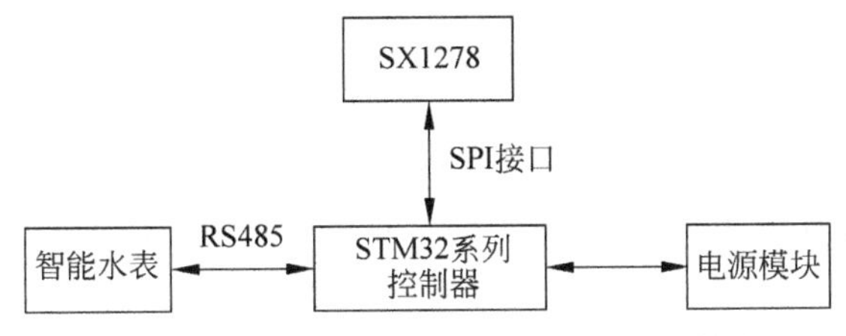

图 3-45 基于 LoRa 的智能水表结构示意图

在终端节点中，将 STM32 系列单片机作为核心 MCU 控制单元，相对于 Semtech 公司旗下的另外一个系列的 STM8 系列单片机，它拥有更宽的输入电压范围、更低功耗的时钟晶振，虽然相对来说价格更贵，但是更加易于开发及扩展主控芯片和水表之间通过 RS485 线进行连接。由于 STM32F0 系列单片机，集成了 STM32 系列的重要特性，其功耗更低，价格更加低廉，最低可以在 10 元以内，并且具有 48MHz 的工作频率，并集成 25kb 的 Flash，以及 32kb 的 SRAM。采用意法半导体公司基于 Cortex-M0 内核的 STM32F030CCT6 作为控制核心，是因为它有低功耗的特点，该单片机有 5 档低功耗可供使用者进行选择，以满足各种不同的低功耗场景。

无线接收机发送采用 LoRa 无线模块，LoRa 无线模块采用 Semtech 公司的 SX1278 芯片，相对于同一系列的 SX1276 型号使用 868M 和 915M 的频段，该芯片使用 470～510MHz 的频段，适用于中国的频谱环境，并且该芯片支持自动扩频计算和硬件校验，具有高性能、低功耗、远距离传输的特点，接收灵敏度可达－148dBm。SX1276 芯片通过 SPI 接口从 MCU 上读取水表的数据，并发送至采集器，由于它具有远距离和低功耗的特点，可以方便地在智能水表上进行部署。LoRa 模块和主控芯片之间通过 SPI 线进行连接，对水表的数据进行采集控制。采集器相对于终端节点，只是少了 RS485 用于连接智能水表，其作用是连接终端节点和 LoRa 网关，负责上传水表数据以及下发管理中心的命令。

LoRa 网关一方面通过 LoRa 网络与采集器进行通信，另一方面通过 Internet 与数据管理中心进行通信，其中 Internet 可以是 4G、GPRS、以太网等广域网连接方式。网关节点用于管理 LoRa 网络内的所有其他节点，并且作为网络的中心节点，负责传输网络数据。该节点与终端节点的区别是，去掉了 RS485 线，取而代之的是 Internet 模块，并对传输的水表数据进行存储。LoRa 网关示意图如图 3-46 所示。

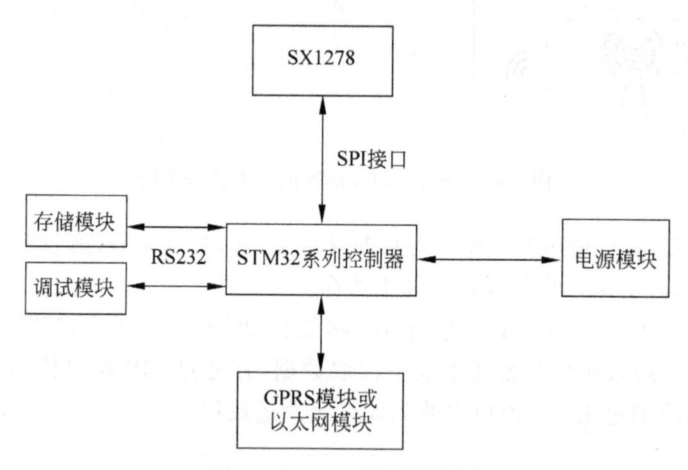

图 3-46　LoRa 网关结构图

LoRa 无线技术能很好地满足无线自动抄表的需求，并且具有远距离、低功耗、组网简单、低成本等特点。在具体实现时，采用 LoRa 网络和其他广域网技术相结合的方案，能够保证数据传输的稳定性，具有较高的应用价值及广阔的前景。

2）NB-IoT 水表自动抄表系统

蜂窝窄带接入技术（NB-IoT）是由国际 3GPP 标准化组织批准的一种新兴无线网络接入技术，它具有广覆盖、低功耗、低成本、大连接、数据传输安全等特点，能较好地取代 2.5G 的 GPRS 技术。宁波水表（集团）股份有限公司在中国计量协会水表工作委员会的组织下，制定了水表行业团体标准 T/CMA SB 040—2019《NB-IoT 水表自动抄表系统现场安装、验收与使用技术指南》，于 2020 年 3 月 1 日正式实施，为 NB-IoT 水表自动抄表系统安装前准备工作、安装规范及工程验收提供相关技术指导，有利于缩短系统工程建设、调试周期，提高系统稳定性和可靠性，为我国 NB-IoT 水表更大范围的推广应用，推进计量表计的标准化、智能化、网络化具有非常重要的作用。

NB-IoT 水表自动抄表系统是利用 NB-IoT 网络将智能水表（传感器）的测量数据接入物联网，以更好地发挥它在智慧供水中的作用。如图 3-47 所示为 NB-IoT 水表自动抄表系统的架构，主要由 NB-IoT 水表、NB-IoT 基站、NB-IoT 核心网、IoT 平台及水务业务（抄表）平台五个部分构成。

NB-IoT-水表的测量数据通过 NB-IoT 通信模组接入到 NB-IoT 基站，NB-IoT 基站将数据转发到 NB-IoT 核心网，然后直接上传或通过 IoT 平台上传至水务业务（抄表）平台。

图 3-47　NB-IoT 水表自动抄表系统结构示意图

水务业务(抄表)平台解析收到的测量数据,完成自动抄表。水务业务(抄表)平台也可以通过 IoT 平台、NB-IoT 网络(核心网和基站)将控制命令发送到 NB-IoT 水表。

NB-IoT 网络是整个物联网的通信基础。良好的 NB-IoT 网络是由评估合格的 NB-IoT 基站和 NB-IoT 核心网共同保障的。NB-IoT 基站是用来实现通信连接功能的,其性能应符合 YD/T 3335—2018《面向物联网的蜂窝窄带接入(NB-IoT)基站设备技术要求》的规定。NB-IoT 核心网是用来完成 NB-IoT 用户接入的过程处理,其性能应符合 YD/T 3332—2018《面向物联网的蜂窝窄带接入(NB-IoT)核心网总体技术要求》和 YD/T 3333—2018《面向物联网的蜂窝窄带接入(NB-IoT)核心网设备技术要求》的规定。

NB-IoT 在水表自动抄表业务中表现出很好的适用性,且已被正式纳入 5G 候选技术集合,目前,NB-IoT 水表已实现整体百万以上的发货量。不过,任何新技术的发展与成熟都不是一蹴而就、一朝成功的,而是有其自身成长规律,也与外部配套条件和资源有关。

3. 抄表应用设备

居民小区远程抄表系统共分三部分:计量层、数据采集层、管理层,用到的相关设备如图 3-48～图 3-50 所示。

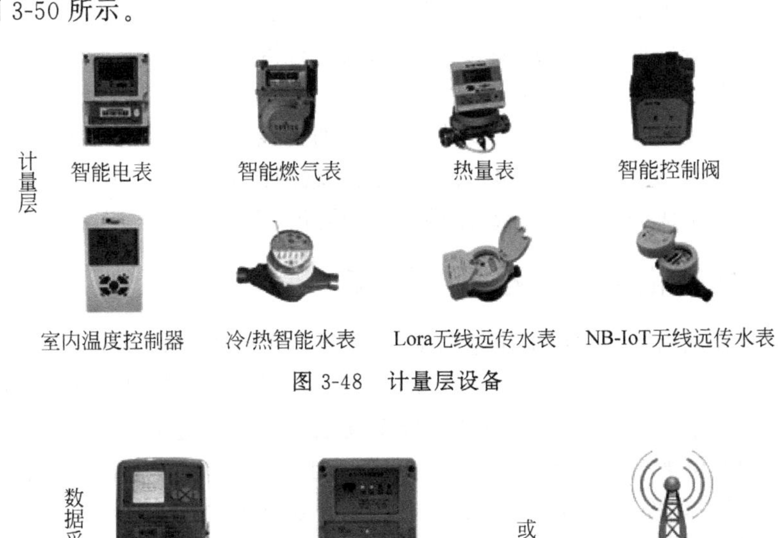

图 3-48　计量层设备

图 3-49　数据采集层设备

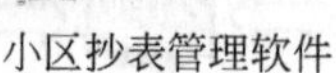

数据服务器

图 3-50　管理层设备

(1) 计量层：由智能电表＋智能燃气表＋热量表＋智能温度控制阀＋室内温度控制器＋冷/热智能水表等计量仪表及控制设备(阀)组成。

(2) 数据采集层：由小区(或楼栋)数据集中器＋数据采集器组成。

(3) 管理层：由小区数据管理平台软件＋数据服务器(计算机)等组成。

思考：

(1) 结合社会需求、物联网技术等探讨无线抄表技术的其他应用场景。

(2) 讨论其他适用于无线抄表的通信方式以及组网方式。

3.4　无线视频传输系统应用

无线视频传输系统是无线网络技术应用最多的领域之一，在视频监控系统中的应用最为广泛。视频监控主要用于对重要区域或远程地点的监视和控制，如城市安防、城市交通、电力系统、电信机房、工厂等领域。视频监控系统将被监控点实时采集的视频文件及时地传输给监控中心，实时动态地报告被监测点的情况，及时发现问题并进行处理。例如，电力系统的变电站和电信行业的无人值守机房等设施都需要安装视频监控系统。在通常情况下，由于监控点分布在较广阔的范围内，并且与监控中心的距离较远，利用传统的有线连接方式，线路铺设成本高昂，而且施工周期长，或者因为物理因素如遇到河流山脉等障碍难以架设线缆时，可采用无线视频传输系统实现视频监控。

视频监控需要满足较宽频带的无线传输，采用的无线网络可以是无线公网(如移动、联通、电信等建立的4G及5G网络)，也可以是无线局域网或无线自组网，组网过程中，需要了解网络设备及系统组成，掌握各种无线组网形式的协议、配置等。

3.4.1　可视化电力工程管控系统

可视化技术在电力系统中的应用越来越广泛，从无人值守变电站、输电线路监测到电力工程建设等各场景都大量启用视频监控系统。随着5G技术的发展和应用，特别是在5G移动增强宽带应用场景下，很多非固定场所的施工场地建设或改造工程的可视化管控成为可能。本综合应用案例涉及基于无线网络传输的电力工程建设视频监控系统，涉及可穿戴视频采集装置，将可视化技术应用于大量非固定且环境复杂的电力建设或改造等施工现场，监控人员无须全天候全跟踪管控，既可以由系统自动记录安全风险并报告，也可以由监控人员直接在监控中心实时观看或回放观看多个监控点的现场视频，对违规、不合理的操作录像或者抓图、存储记录等，获取施工安全风险事件，如施工地理位置、施工现场安全护栏摆放是否标准、施工人员是否有资质、是否佩戴安全帽、有沟槽挖掘时是否按图纸尺寸施工等各类信息，监控平台可对视频图像进行分析，生成管控报告，实现对非固定工地或移动中实时视频监控，是可采集、可传输、可分析、可预警、可管可控的从数据采集到数据管控的一体化系统平台。

1. 系统组成

可视化电力工程管控系统主要由数据采集前端、无线传输通道、后台监控中心三部分组成。考虑到施工场地远离监控中心、环境复杂、区域分散且常有变动，不适合组建无线专网，视频采集前端采集现场视频数据后，利用4G/5G公众电信网将视频数据传送到视频服务器平台，手机APP或Web客户端软件可通过服务器平台与采集端装置进行交互，实现对现场视频的实时监管，系统总体架构如图3-51所示。

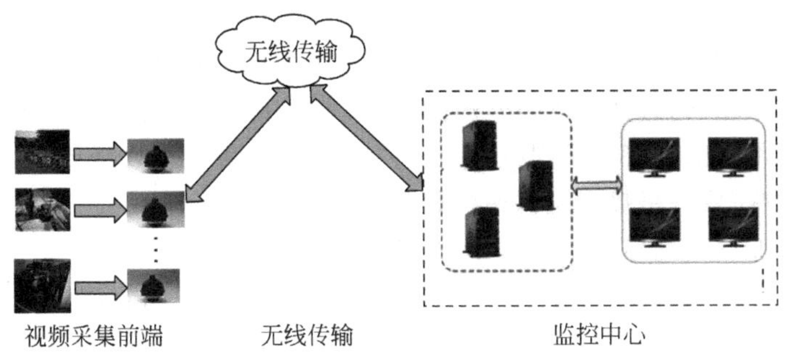

图3-51　可视化电力工程管控系统架构

图3-51中，视频采集前端由视频采集模块和特制的安全帽组合构成可视化安全帽，视频采集模块由全高清摄像头模块、数据存储模块、4G传输模块、视频解码模块、卫星定位模块等组成。监控中心是可视化管控系统平台的核心，由平台服务器和分析服务器及显示器组成。在监控中心实现对系统的控制管理、视频显示/录像/回放、图像识别处理及事件报告等功能，各个前端采集到的视频信息经过无线网络传输至监控中心，由监控中心统一调度与管理。监控中心安装的大屏幕显示屏能清晰、直观地观察到各个监控点进行实时现场情况，监控中心除了对视频进行实时存储、远程回放和检索外，还具有施工场地的电子地图定位、施工人员资质识别等安全风险提示功能。

2. 无线传输方案

可视化安全帽采集的视频信息，借助公众电信网或无线物联网络通道上传到云端，再由云端传回到监控中心服务器平台，实现视频信号的传输和控制。本工程案例中实际采用公众电信极速专网接入，可视化安全帽中含有4G模块，插入公众电信物联卡，在移动信号覆盖范围内可获得流畅的视频信息，为监控中心的实时图像监控和识别管理提供了保障。

实际应用中，为便于其他终端访问系统服务器，需要对专网的端口开放提出要求，此外，不同的可视化安全帽物联卡要和相应工地配置绑定。

随着5G和万物互联技术的发展和应用，在视频采集模块中添加5G模块后，将可获得5G移动增强带宽应用，实现更流畅的高清视频信息传输。

3.4.2　输电线路环境监测系统

输电线路是电力系统重要的设备，特别是高压输电线路一般长达几十千米到上千千米，线路电压等级越高，供电范围越大，一旦发生故障将造成大面积停电。输电线路位于狭长的范围内，线路设备长期暴露在大自然的环境中运行，遭受各种气候的侵袭(如暴风雨、洪水冲刷、冰雪封冻(覆冰信息)、云雾、污秽(绝缘状态信息)、雷击(雷电定位信息)等)，此外，还遭受其他外力的破坏(如农田耕种机械撞击杆塔或拉线基础，树竹倾倒碰撞导线，线路附近修建施工取土，开山爆破、山火、射击、来往车辆及吊车等撞断导线，风筝挂在导线上造成相间短路，鸟兽造成的接地短路等)。所有这些因素都是线路运行的安全隐患，而线路出现故障的机会也较多，发生故障后，需要较长时间才能修复送电，造成不同程度的损失。为了将采集数据及输电线路上的视频监控可靠地传输到监控中心，特别是输电线路通过人烟稀少的、巡线人员难以到达的地区时，需建立输电线路宽带通信系统，实现包括视频在内的各种信息的传输。

本综合应用案例采用无线 Mesh 技术，搭建输电线路无线 Mesh 通信架构。无线 Mesh 通信系统能够灵活组网、灵活接入，出现某点故障时有自愈能力，不影响正常通信。输电线路宽带通信系统不仅能够将包括视频信息在内的输电线路状态数据传回，还能够为线路附近的维修、施工中需要网络接入提供通信服务。

1. 无线 Mesh 网络的结构

无线 Mesh 网络(Wireless Mesh Network，WMN)即无线网状网，也被称为多跳网络，是一种基于移动 Ad hoc 技术的新型宽带无线网络，并承袭了部分 WLAN 技术。与无线局域网不同，在无线 Mesh 网络中，任何无线设备节点都可以同时作为 AP(Access Point)和路由器，网络中的每个节点都可以发送和接收信号，每个节点都可以与一个或者多个对等节点进行直接通信。Mesh 网络具有更高的容量和速率，且可以与 802.11、802.16、802.20 以及移动通信等多种宽带接入技术相结合组成多跳无线网状网络。无线 Mesh 网络的多跳传输特性不仅适合输电线路链型的通信结构，且具有布网灵活、接入方便的特点。

无线 Mesh 网络结构是一种分层的网络结构，根据结构层次的不同，可分为平面网络结构、多级网络结构和混合结构。

(1) 平面网络结构。平面结构是无线 Mesh 网络中最简单的结构。这种结构中，所有节点为对等结构，具有完全一致的特性，每个节点同时具有客户端节点及可转发业务的路由器节点的功能。这种网络结构简单、随性，且符合高压输电线路在线监测系统通信的要求。

(2) 多级网络结构。多级结构分为上层和下层两个部分，该结构中，终端设备可以是笔记本电脑或手机等。这些终端节点通过 Mesh 路由器接入到上层的 Mesh 结构网络，实现整个网络节点的互连互通。

终端设备通过 Mesh 路由器、网关节点也可以和其他网络相连，从而实现无线宽带接入。这种结构可降低系统建设成本，但该网络中的任意两个终端节点不具备直接通信功能，不满足上述高压输电线路通信的要求。

(3) 混合结构。混合结构为以上两种结构的混合。在这种无线 Mesh 网络中，终端节点已不仅是支持 WLAN 的普通设备，而是增加了路由功能的 Mesh 设备，设备之间可以直接通信。

2. 无线 Mesh 网络的特点

与其他无线网络技术相比，无线 Mesh 网络具有如下优势：

(1) 快速部署与易于安装。无线 Mesh 节点的安装非常简单，接上电源即可。在无线 Mesh 网络中，不是每个 Mesh 节点都需要有线电缆连接，从而降低了有线设备和有限 AP

的数量，节约成本，减少安装时间。

(2) 非视距传输。当需要将信息传输至非视距用户时，信号能自动选择最佳路径，通过多跳的形式将数据不断地转发直至非视距用户接收。无线 Mesh 网络的非视距传输特性，扩大了无线宽带的覆盖范围，在室外和公共场所有着广泛的应用前景。

(3) 健壮性。无线 Mesh 网络中，每个 Mesh 节点有多条传输路径，当某一节点出现故障时，可选择别的路径继续传输。

(4) 结构灵活。由于无线 Mesh 网络中的每个节点有多条路径可用，可根据每个节点的负载情况，动态地分配路由，避免节点的通信拥塞。同时，可根据需求动态地加入或撤出 Mesh 节点，提高网络容量，降低网络成本。

(5) 高带宽。无线 Mesh 网络中，无线 Mesh 节点通过多个短跳获得更高的网络带宽。随着更多节点的相互连接和可能路径数的增加，总带宽也大大增加。短距离传输的 Mesh 节点，降低了相邻 AP 间的无线干扰，提高了信道的利用率。

3. 系统整体架构

输电线路的在线监测点分布在铁塔周围，且高压输电线路的铁塔分布极有规律，位于输电线路走廊上的监测装置呈线型分布，这就为短距离无线多跳传输 Mesh 网络提供了很好的条件，此外，电力系统拥有丰富的光纤覆盖资源，因此，光纤传输与 Mesh 传输相结合的通信方式是一种较好的组合。输电线路环境监测系统由“传感器、视频终端＋无线终端＋无线宽带传输系统＋现有光纤传输网络＋后台控制系统”组成，整体架构如图 3-52 所示。

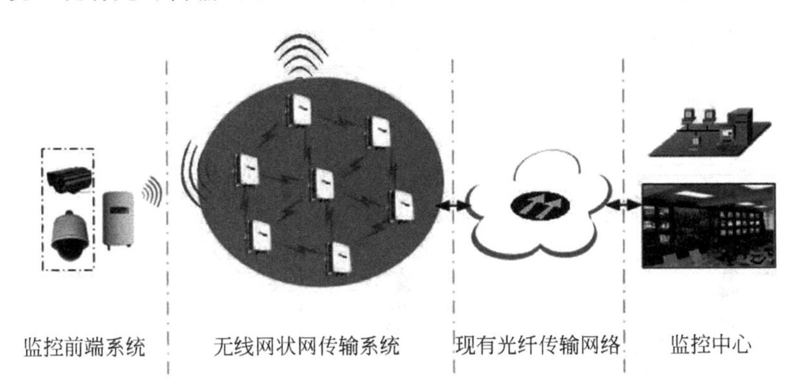

图 3-52　高压输电线路在线监测系统架构

Mesh 线型网络架构如图 3-53 所示。

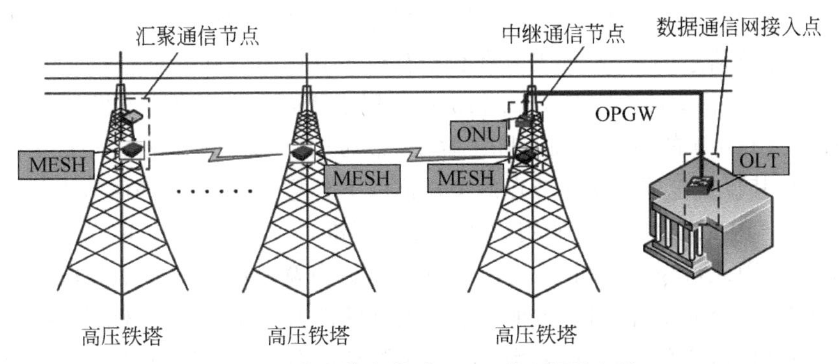

图 3-53　高压输电线路 Mesh 线型网络架构

图 3-53 中，各种终端（传感器、采集装置、移动设备等）将采集到的数据发送到铁塔上的汇聚通信节点，并通过铁塔上配置的 Mesh 设备发送，下一跳的 Mesh 设备将接收到的信号中继转发，经几跳后信号到达配置光通信接口的站点，由光通信解决更远距离的传输。当电力铁塔与铁塔之间受到山体或其他物体的阻挡，不能与数据汇集点直接建立无线链路时，选择合适的铁塔作为中继点，中继点的选择应使网络具备冗余备份功能，以防某一节点出现故障时，能通过远程操作，进行网络拓扑重构，抢救“信息孤岛”，恢复系统正常运行。

4. 路由设计

高压输电线路铁塔之间的距离为 200～1000m。一般来说，两个无线 Mesh 路由器之间的通信距离为 13～20km，端点路由器连接到变电站，再经过光通信系统，连接到监控中心。以一段长 100km 左右的输电线路为例，可均匀布置 10 个左右的无线 Mesh 路由器，每个 Mesh 路由器接收它附近各采集装置汇聚来的信息。同时，Mesh 路由器的多跳性有利于保证带宽，具有一定的自愈能力。本案例中，Mesh 路由器在正常工作的情况下以单跳接力的方式进行通信，当某一个 Mesh 设备出现故障时，可通过隔跳传输，将信息传至下一个正常工作设备，如图 3-54 所示，当 3 号 Mesh 设备出现故障时，2 号 Mesh 设备绕过 3 号设备，直接与 4 号设备建立通信连接。

5. 无线 Mesh 节点结构设计

架设在高压铁塔上的 Mesh 节点需要处理的业务不止一个，它既要汇聚本地各种采集装置收集的信息，还要与周围的 Mesh 节点进行通信。为了使节点能够并行地处理这些业务，提高网络性能和链路传输效率，结合多接口多信道技术，对 Mesh 节点的结构进行设计，如图 3-55。

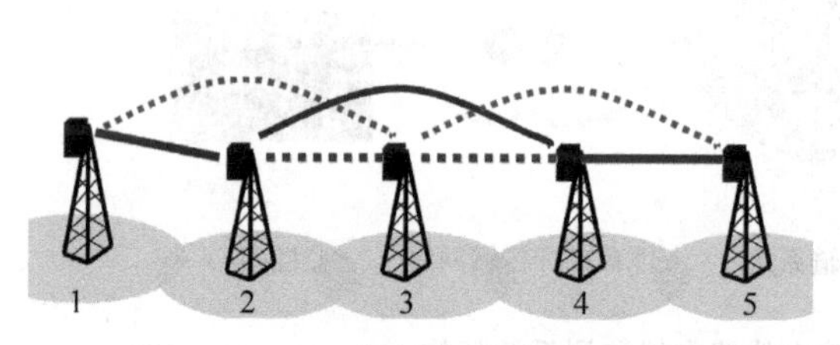

图 3-54 Mesh 设备的单跳与双跳切换

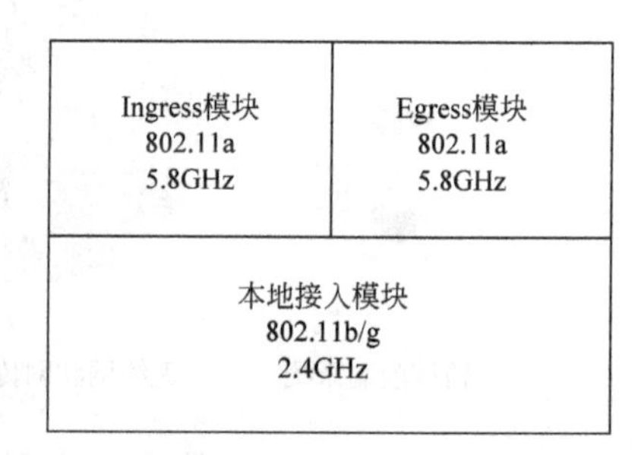

图 3-55 无线 Mesh 节点结构

架设在杆塔上的无线 Mesh 路由器节点由本地接入模块、Ingress 模块和 Egress 模块组成。本地接入模块用于杆塔覆盖范围内的本地监测装置信息的接入，Ingress 模块和 Egress 模块用于骨干链路信息的回传，代表节点和左右相邻节点的信息传输。

由于一般的网络设备工作在 802.11b/g 的标准下，因此本地接入模块的网卡配置为 2.4GHz 的 802.11b/g 的标准。在实际工程中，常通过控制工作在 802.11b/g 下的模块的发射功率，使得其覆盖范围与相邻节点的覆盖范围不会重合，减少与邻居节点的干扰。

若 Ingress 和 Egress 模块也使用 802.11b/g 标准，一个无线 Mesh 节点就使用了全部三个正交频道。因此，Ingress 和 Egress 模块选用更为宽松的 5.8GHz 频段的 802.11a 标准，该标准拥有 12 个非重叠信道，方便大规模网络的部署。在信道丰富的情况下，对骨干网络的每条链路进行信道分配，利用频率多样性来降低链路的干扰从而取得高骨干回传带宽。

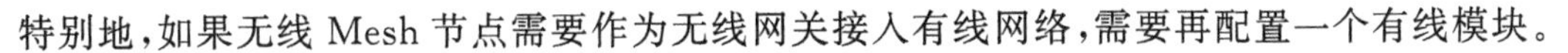

特别地,如果无线 Mesh 节点需要作为无线网关接入有线网络,需要再配置一个有线模块。

这样设计的 Mesh 节点,由于具备了多接口再加上信道的分配,便可以使三个接口并行工作。为了能够并行地不干扰传输数据,需要将 Mesh 节点中同一干扰区间内的无线模块分配到不同的信道上。信道的分配原则如下:

(1) 一个无线 Mesh 节点的不同模块应工作在不同的信道上;

(2) 用于监测数据接入的无线模块,由于只需要提供其覆盖范围内的数据接入,并不涉及节点与节点之间的通信,因此,在保证其覆盖范围内不影响其他节点的前提下,每个节点可以使用相同的信道;

(3) 骨干回传链路中,相邻 Mesh 节点实现通信时,对应的模块必须使用同一个信道;

(4) 为保证骨干网络的无线链路之间的干扰最小,在干扰范围内分配的信道应相互正交。

3.4.3 变电站单兵移动式监控系统

为保障电网运行安全,提高供电质量,变电站作为电网中各级电压的连接点,其安全运行关乎电力企业的一切,人们致力于对变电站监视、控制和保护系统的研究与开发,并辅以各种手段保障电气设备的运行安全。变电站日常巡视工作中,检测重要电气设备的运行状态和工作温度对于保证设备安全运行、及时排除设备安全隐患、保证电力安全生产有着举足轻重的意义。

1. 220V 变电站自动巡检小车

220V 变电站含有多种类型的设备,且数量巨大,为保证变电站的安全运行,需要对变电站内的设备进行定期的检查和维护。工作人员的现场巡视主要是通过观看、触摸等感官或者仪器去实现,并与积累的经验进行比较,从而判断设备的状态。设备的缺陷或隐患能否被及时发现,与员工的个人素质、工作态度及工作状态息息相关,而事故发生后缺乏故障分析、系统分析的手段,这样很难满足供电质量的要求,在高压、恶劣气候天气及设备不稳定运行等条件下,不仅威胁人身安全,还为电网的安全稳定运行埋下了一定隐患。采用变电站自动巡检小车能够有效辅助人工巡检,保障设备安全可靠运行。巡检小车具备自主巡视、测温告警、数据分析统计等功能,提高了巡检作业效率,提升了作业安全性。

1) 巡检小车组成及系统架构

巡检小车由四驱越野底盘、供电单元、传感单元、控制单元及定位导航单元组成。四驱越野底盘驱动能力强,负载能力高,可适应变电站内不同路况的需求;供电单元给巡检小车各功能模块输送所需电源电压及电流,确保巡检小车正常工作;传感单元采集仪表读数、温度和声音等现场环境信息;控制单元对各传感数据进行集中处理、运算及对执行机构的控制;定位导航单元采用激光雷达技术进行定位导航,实现无轨化的导航模式,巡检小车结构组成如图 3-56 所示。

传感单元的巡检业务系统包括工业级高清晰彩色摄像机、非制冷焦平面红外线热像仪和室外全方位数字云台,用光学摄像机和红外热像仪实现原人工巡检中查看表计、触头温度、变压器声音等业务功能,其中的非制冷焦平面红外线热像仪不仅能够看到实时热图像,而且还能通过红外视频及相关温度测量数据来进行过程控制及事前报警。巡检小车还配置 6 个超声传感器,在设计上可同时兼顾对高位以及低矮障碍物的识别。

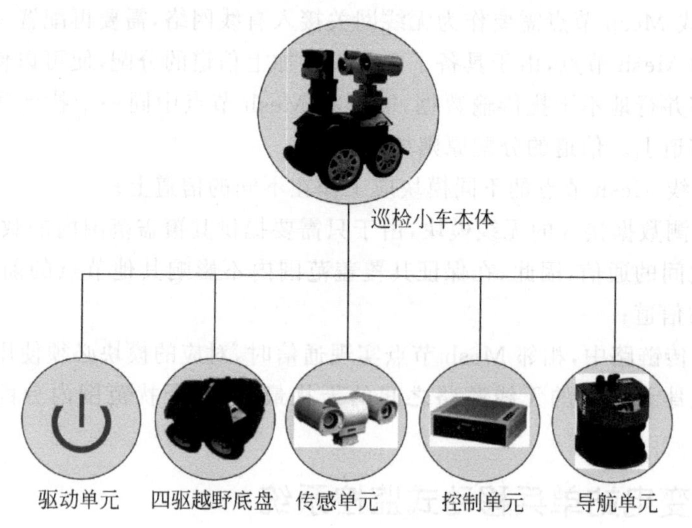

图 3-56　巡检小车结构组成

巡检小车采用无轨化导航技术，通过激光雷达、惯性测量单元、编码器等多种传感器的信息融合与精确解算，获知小车的精确定位信息，并通过最优路径规划算法和精确轨迹规划算法自主行驶到目标位置。

巡检小车无轨化导航系统，由传感子系统、多传感器信息融合与小车位置解算子系统、信息冗余与导航自诊断子系统构成。导航传感器以远距离激光雷达为核心，辅以惯性测量单元和编码器，通过信息融合的方式进行定位解算。激光雷达是扫描二维平面地形的传感器件，通过激光照射到障碍物返回的时间精确计算周边障碍物到传感器的距离。

巡检小车采用地形精确匹配技术进行无轨化导航。小车首次进入巡检环境时，将通过激光雷达对周边环境进行扫描，通过同步地图构建与定位算法生成环境地图，并在后续巡检过程中，将激光实时扫描的地形与环境地形进行精确匹配，从而确定小车的精确位置。

巡检小车应用系统分为车载系统和本地运维站监控系统，系统架构如图 3-57 所示，主要设备包括激光雷达、红外热像仪、数据服务器、高清摄像机等。通过工业级无线 AP 与本地运维站监控端的无线 AP 建立网络连接。本地运维站监控端作为运行人员对巡检小车进

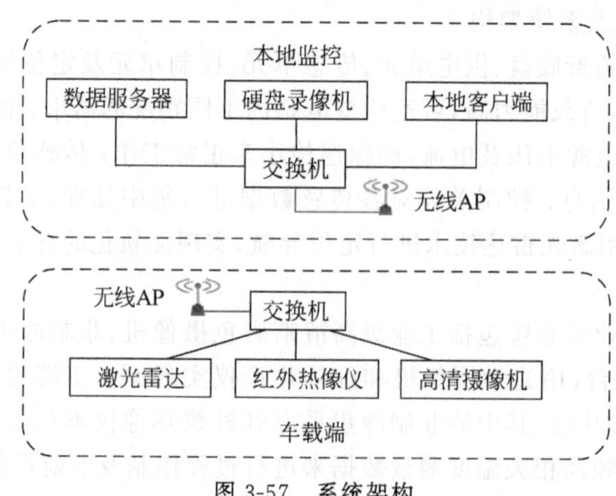

图 3-57　系统架构

行操作与监控的终端，布置在站内，并在整个巡检区域内建立完整的无线网络，实现客户端与车载端的双向数据交互。

2）无线网络方案

为实现巡检小车和本地监控端正常通信，且考虑到小车需长期移动，系统采用无线传输模式，又因变电站是特殊环境，网络安全要求较高，所以组建站内无线局域网，不与公网等进行相互通信。在变电站内架设无线网络需要根据巡检区域的大小，采用一个或多个无线AP对区域进行覆盖：一般情况下，为保证良好的无线网络覆盖效果（具体表现为实时高清视频播放流畅），电压等级110kV、220kV及500kV变电站采用1个无线AP，针对更高电压等级变电站可采用多个无线AP，做到变电站无线网络无死角、全覆盖。同时，将一个工业级无线AP布置在巡检小车上用作客户端连接变电站内的无线AP，车载的网络设施都通过该客户端连接到变电站内的无线网络。在巡检区域内存在多个AP的情况下，“零切换漫游”功能可使多个AP组成一个大的AP网络，这时，巡检小车可以在不需要执行切换操作的情况下实现任何地点漫游，从而实现巡检小车在变电站巡检区域内与客户端的无缝连接。

将无线AP架设于室外AP箱，与主控室的客户端连接采用光纤连接方式。变电站内的无线AP一般布置在巡检区域的中心位置，当巡检区域较大，或存在严重遮挡等情况时，需要布置2个AP，将变电站巡检区域分为两个不同区域，将无线AP分别布置在相应区域的中心位置，以实现良好的覆盖效果。

无线设备的发射功率决定了无线网络的覆盖范围，在工程实施时，应根据变电站的大小和周围环境，在满足巡检小车正常通信的前提下，尽量调整发射功率至最小值，缩小无线网络的覆盖范围，减少通过泄漏的无线信号被攻击的可能性。

2. 超高压换流站设备监测系统

超高压换流站是电网的重要组成部分，设备工作电压高、分布范围很广，比一般的500kV变电站大得多，采用固定点进行红外热图像监测，会受到设备相互遮挡、距离太远等不利因素的影响，使得远距离红外监测难以实施，甚至无法实施；为了满足对超高压换流站设备热状态监测的要求，本综合应用案例采用可移动式远程红外监视方式，构建监测系统。采用可移动式设计，将监测终端放置在超高压换流站被检测设备最恰当的近距离监测点，在一段时间内实时记录热状态变化过程，同时，利用无线通信技术将图像传输到控制值班室，实现自动监测，并对温度越限及时发出报警信息；该系统还可以根据多个换流站的实际需要，建立无线Mesh网络，随时移动到需要的场所完成监测任务。

1）系统组成架构

系统组成包括室外无线Mesh基站、移动热图像采集终端、系统管理软件等，组成框图如图3-58所示。室外无线Mesh基站信号可覆盖换流站监测区域，移动端采集的监测图像可通过基站无线传回到监控中心，在监控中心终端或笔记本电脑中显示监测结果。移动端包括红外传感器、光学镜头、图像编码器、防护罩、网络交换板、电池组、电缆及无线通信设备等；监控中心的软件管理系统包括无线通信配置软件和红外

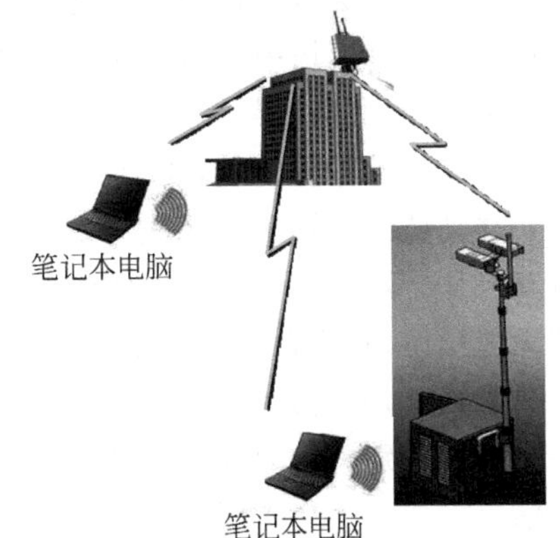

图3-58　系统结构图

监测图像管理软件，红外监测图像管理软件界面可同时显示相同区域的红外图像和可见光图像，便于区分设备细节；还可以设置监测权限、编辑监测点和设备温度报警门限等，对监测结果可形成 Word 文档形式的分析报告，并可查询历史报告和历史曲线。作为管理和监测用的笔记本电脑可以通过有线或无线访问监测结果，并允许有多台具有权限的电脑无线访问监测结果。

2）移动式监控终端构成

移动式监控终端构成如图 3-59 所示，主要包括电池供电系统、红外热图像传感器、可见光镜头、图像编码器、交换机、无线通信模块等。

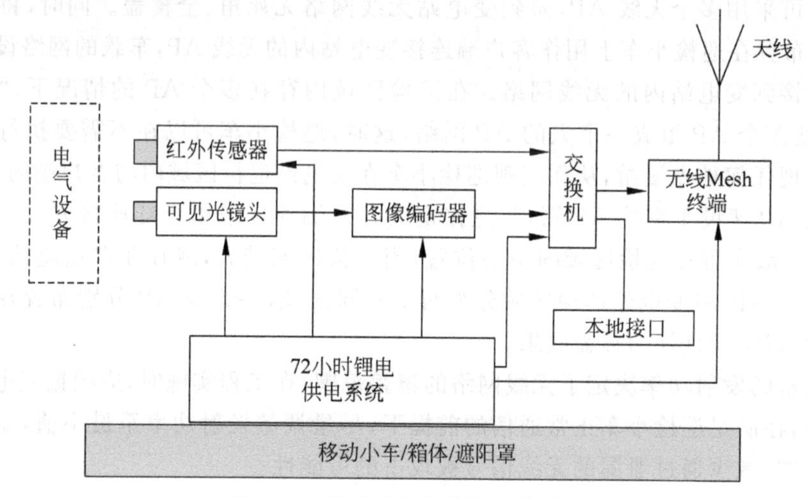

图 3-59　移动式监控终端系统构成

电池供电系统由可充放电的锂电池组成，它向红外热图像传感器、可见光镜头、图像编码器、交换机、无线通信模块等提供直流供电；红外热图像传感器采集被测设备的热信息，可见光镜头便于观察被测设备外观细节信息；图像编码器可使可见光镜头采集的高清视频经压缩编码后便于网络传输，本系统中采用的图像编码器可提供高质量的 MPEG4 视频压缩，可以在 10/100M 网络上实现每秒钟传输 25 帧（PAL 制式）的速率。利用 SDK 软件开发包，可在监测系统管理软件界面上显示实时监测图像；交换机除了将红外热图像信息、光学图像信息与无线通信模块相连接外，还可向外提供网络接口，便于计算机类终端的有线接入；无线通信模块中包含网络交换板和无线收发板，便于连接多个摄像机实现图像信息的无线传输，在无线信号覆盖范围内，无线通信模块将摄像机采集的设备红外热图像信息和可见光信息接入远程终端，便于在线监测和分析。

移动监测终端中的无线通信模块采用 Mesh 网络室外终端产品，能与其他的 Mesh 节点互操作。在 Mesh 节点（无线 Mesh 基站）的覆盖范围内，可提供宽带数据接入和节点间的无缝漫游，甚至在高速移动的车辆上收发信号。设备采用单一 IP 地址，并且可支持多个客户端设备，从而无线回传到 Mesh 网络。为了实现移动式终端和基站的无线通信，需对基站和终端分别进行配置，完成网络配置后基站可与移动式终端中的无线通信模块实现无线通信。

3.4.4 工程实训

1. 工程实训一

搭建一个小型无线视频传输系统，完成相关软件和硬件的配置，无线传输方式可以是Wi-Fi或4G/5G，将移动式摄像头采集的视频信息上传到云端，并在电脑或手机终端实时显示视频信息。

2. 工程实训二

搭建一个基于无线Mesh网络的小型单兵视频传输系统(实现一跳点对点最小无线视频传输系统)，如图3-60为含有Mesh模块的视频信号接入设备，可与网络摄像机或普通DV连接，作为边缘节点接入视频信息上传到基站，完成相关软件和硬件的配置，将摄像头采集的视频及语音信息实时显示在电脑终端上。

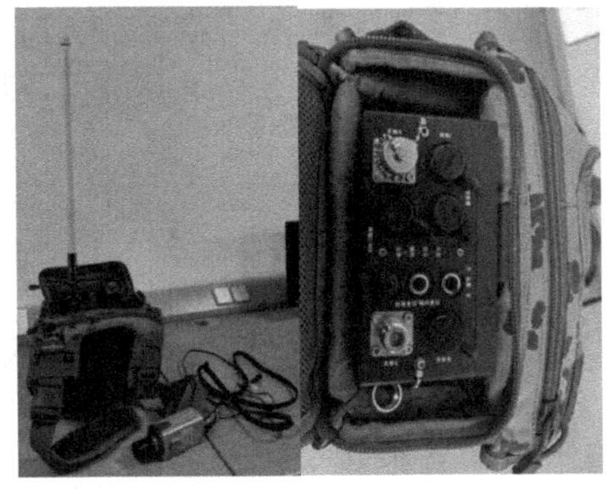

图3-60 Mesh网络单兵视频信号接入设备

3.5 物联网概念介绍

物联网这一概念最早由Kevin Ashton教授提出，早期的物联网是指依托RFID技术的物流网络。随着技术和应用的发展，物联网的内涵已经发生了较大变化，国际电信联盟发布的《互联网报告：物联网》认为：①目前的三大网络，包括互联网、电信网、广播电视网是物联网实现和发展的基础，物联网是在三网基础上的延伸和扩展；②用户应用终端从人与人之间的信息交互与通信扩展到了人与物、物与物、物与人之间的沟通连接。

从物联网的功能结构上来看，物联网可以分为如图3-61所示感知层、传输层、支撑层和应用层。它们的主要功能包括：

(1) 感知层：主要由各种类型传感器和读卡器组成，这些设备的主要功能是信息采集和信号处理。

(2) 传输层(网络层)：主要是采用现有的Internet互联网、移动通信网或无线局域网对来自感知层的信息进行接入和传输。

(3) 支撑层(处理层)：主要由高性能计算平台、数据库、网络存储等软/硬件构成。支撑层对获取的海量信息进行实时管理，为上层应用提供数据服务接口。

(4) 应用层：根据用户的需求构建面向各类行业实际应用的管理平台和运行平台，并根据应用特点集成相关内容服务。

物联网各层的具体功能如图3-62所示。

感知层分为感知末梢层和感知汇聚子层。感知末梢层作为物联网的神经末梢，其主要任务是实现可靠感知，即对现场物理环境参数(温度、湿度、气体浓度等)的采集与处理。感知汇聚子层包括各种有线或无线的现场网络，实现信号传输汇聚。物联网网关作为核心设备，起着现场网络管理的功能，并负责现场网络与各种广域网络的信息转发。

传输层分为网络适配子层、传输承载层和核心网络层。网络适配子层负责判断数据的

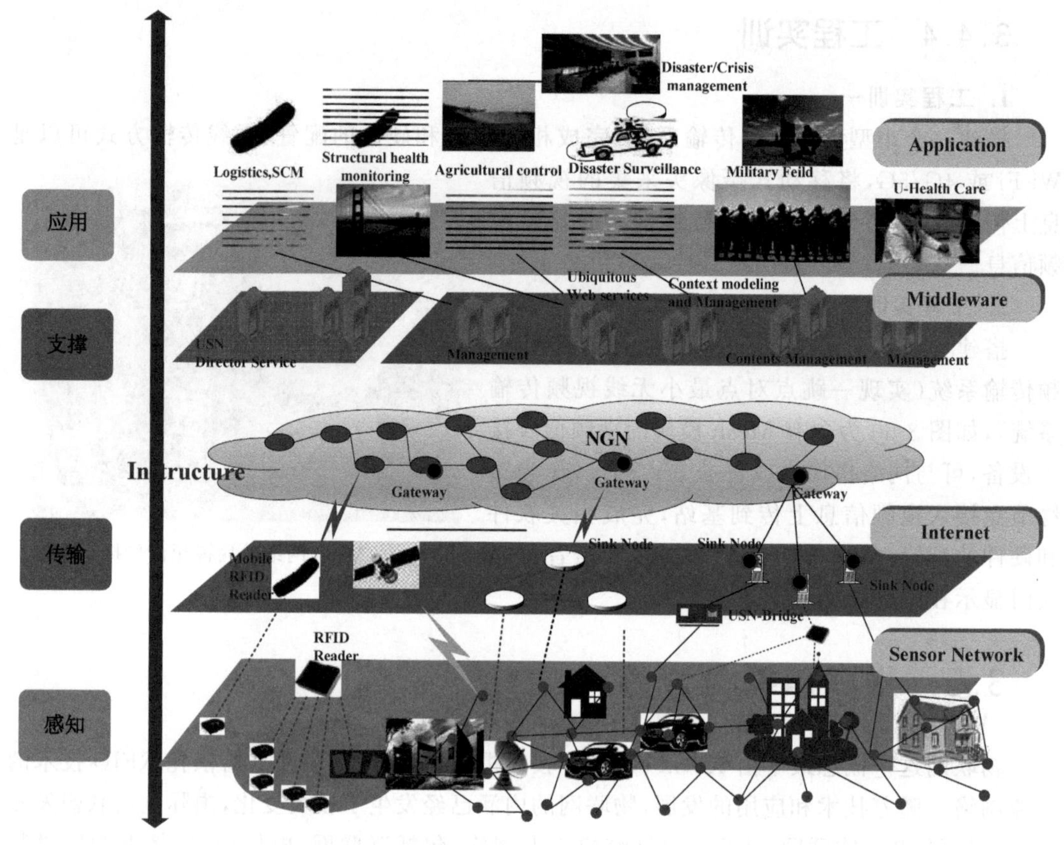

图 3-61　物联网分成架构图

层	子层
4 应用层	终端设备层
	应用适配子层
3 支撑层	公共服务层
	中间件层
2 传输层	核心网络层
	传输承载层
	网络适配子层
1 感知层	感知汇聚子层
	感知末梢层

图 3-62　物联网功能架构

目标网络，并生成相应的协议数据单元。传输承载层是数据信息传输的主要承担层，包括各种 IP 专网、城域网、CMNET 等。核心网络层依据传输信息形式的不同划分网络类别，包括电路域、分组域、CM-IMS 域。

支撑层分为中间件层和公共服务层。中间件层包括各种服务中间件，能对各种特定应用平台的基础功能集进行抽象与实现，向上层公共服务层提供服务调用。公共服务层包括各种行业套件、行业解决方案的实现，主要功能是调用中间件层提供的通用服务接口，并将获得的结果数据提交给上层应用层，以供决策与控制。

应用层分为应用适配子层和终端设备层。应用适配子层将各种应用层的数据转换成统一的编码格式，用于屏蔽各种不同应用的数据格式差异，向上层提供统一的数据接口。终端设备层是各种行业特定应用的最终决策层，具有视图功能，由决策者(一般是自然人)进行指令的下达。

另外，接口是层与层之间定义信息传输的标准接口。

物联网在现实生活中的应用十分广泛，如智慧家居就是利用物联网技术将家庭中的照明系统、娱乐系统、安全防护系统、新风系统串联起来，使住户可以通过网络实现对家中大部分物品的智能化操控，极大地方便了业主的日常生活，更提高了业主生活质量。物联网的发展使得医疗服务模式发生了改变，基于互联网大数据技术和物联网远程医疗服务技术终端，患者不再需要经过漫长的排队挂号、等待医生接诊等过程，极大地缩短了患者就医时间，并节省了很大一部分医疗资源。由物联网所组建成的智能物流系统为物流行业带来了新的转机。应用智能物流系统，可以智能化地完成原本需要许多人力资源的多项物流传输环节，还可以在配送中对货物进行动态管理，既缩短了整个流程时间，又保证了货物可以完整高效的送达。物联网与互联网大数据相结合也对我国交通方面造成了许多新的影响，比如在许多城市的大型停车场中应用这些技术可以快捷帮助车主找到停车位，还可以对停车场的车辆驶入和出场进行动态管理，缩短了停车流程，节约了车主的时间。在这些应用场景中，最具代表性的为以 ZigBee 为核心的物联网技术。ZigBee，也称紫蜂，是一种低速短距离传输的无线网络协议，底层是采用 IEEE 802.15.4 标准规范的媒体访问层与物理层。主要特色有低速、低耗电、低成本、支持大量网络节点、支持多种网络拓扑、低复杂度、快速、可靠、安全。下面介绍集成 ZigBee 技术的 CC2530 芯片。

1. CC2530 概述

CC2530 是一款低耗能的集成电路芯片，它采用 0.18μm CMOS 工艺生产。工作时的电流为 20mA；接收模式下，电流消耗低于 30mA；发射模式下，电流消耗低于 40mA。CC2530 芯片结构框图如图 3-63 所示。CC2530 芯片集成了射频前端、内存和微控制器，它使用一个 8 位 MCU(8051)，具有 256KB 可编程闪存和 8KB 内存 RAM，还包含有 A/D 转换器、定时器、AES-128 协同处理器、看门狗定时器、32kHz 晶振的休眠模式定时器、掉电检测电路、上电复位电路和 21 个可编程 I/O 端口，功能十分强大。

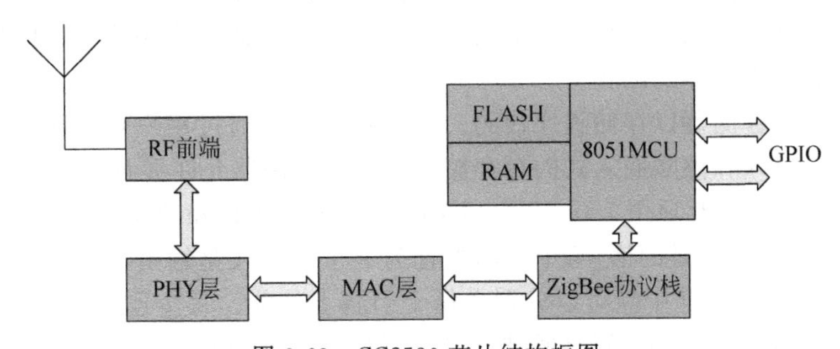

图 3-63　CC2530 芯片结构框图

CC2530 是一种片上系统，它可以极其方便与其他设备节点构建网络，例如通过与 Z-Stack 协议栈的结合去实现多种类型的无线解决方案。不仅灵敏度好，而且抗干扰度也高。正是因为芯片的显著优势，在电路设计中，芯片间的接口电路就可省略，电路简单明了且减少开发成本。但丝毫不会影响数据信息的高效传输与接收、功能处理。CC2530F265芯片实物图见图 3-64。

图 3-64　CC2530F256 芯片实物图

2. CPU 和内存

CC2530 芯片系列中使用的 8051CPU 内核是一个单周期的 8051 兼容内核。它有三种不同的内存访问总线(SFR，DATA 和 CODE/XDATA)，单周期访问 SFR、DATA 和主 SRAM。它还包括一个调试接口和一个 18 位输入扩展中断单元。中断控制器总共提供了 18 个中断源，分为六个中断组，每个与四个中断优先级之一相关。当设备从活动模式回到空闲模式，任一中断服务请求就被激发。一些中断还可以从睡眠模式(供电模式 1～3)唤醒设备。内存仲裁器位于系统中心，通过 SFR 总线把 CPU 和 DMA 控制器和物理存储器以及所有外设连接起来。内存仲裁器有四个内存访问点，每次访问可以映射到三个物理存储器之一：8-KBSRAM、闪存存储器和 XREG/SFR 寄存器。它负责执行仲裁，并确定同时访问同一个物理存储器之间的顺序。

8-KBSRAM 映射到 DATA 存储空间和部分 XDATA 存储空间。8-KBSRAM 是一个超低功耗的 SRAM，即使数字部分掉电(供电模式 2 和 3)也能保留其内容。这是对于低功耗应用来说很重要的一个功能。

32/64/128/256KB 闪存块为设备提供了内电路可编程的非易失性程序存储器，映射到 XDATA 存储空间。除了保存程序代码和常量以外，非易失性存储器允许应用程序保存必须保留的数据，这样设备重启之后可以使用这些数据。使用这个功能，可以利用已经保存的网络具体数据，就不需要经过完全启动、网络寻找和加入过程。

3. 时钟和电源管理

数字内核和外设由一个 1.8V 低差稳压器供电。它提供了电源管理功能，可以实现使用不同供电模式的长电池寿命的低功耗运行。有五种不同的复位源来复位设备。

4. 外设

CC2530 包括许多不同的外设，允许应用程序设计者开发先进的应用。

调试接口执行一个专有的两线串行接口，用于内电路调试。通过这个调试接口，可以执行整个闪存存储器的擦除、控制使能振荡器、停止和开始执行用户程序、执行 8051 内核提供的指令、设置代码断点，以及内核中全部指令的单步调试。使用这些技术，可以很好地执行内电路的调试和外部闪存的编程。

设备含有闪存存储器以存储程序代码。闪存存储器可通过用户软件和调试接口编程。闪存控制器处理写入和擦除嵌入式闪存存储器。闪存控制器允许页面擦除和 4 字节编程。

I/O 控制器负责所有通用 I/O 引脚。CPU 可以配置外设模块是否控制某个引脚或它们是否受软件控制，如果是的话，每个引脚配置为一个输入还是输出，是否连接衬垫里的一个上拉或下拉电阻。CPU 中断可以分别在每个引脚上使能。每个连接到 I/O 引脚的外设可以在两个不同的 I/O 引脚位置之间选择，以确保在不同应用程序中的灵活性。系统可以使用一个多功能的五通道 DMA 控制器，使用 XDATA 存储空间访问存储器，因此能够访问所有物理存储器。每个通道(触发器、优先级、传输模式、寻址模式、源和目标指针和传输计数)用 DMA 描述符在存储器任何地方配置。许多硬件外设(AES 内核、闪存控制器、

USART、定时器、ADC接口)通过使用DMA控制器在SFR或XREG地址和闪存/SRAM之间进行数据传输,获得高效率操作。定时器1是一个16位定时器,具有定时器/PWM功能。它有一个可编程的分频器,一个16位周期值,以及五个各自可编程的计数器/捕获通道,每个计数器1都有一个16位比较值。每个计数器/捕获通道可以用作一个PWM输出或捕获输入信号边沿的时序。定时器1还可以配置在IR产生模式,计算定时器3的周期,输出是ANDed,定时器3的输出是用最小的CPU互动产生调制的消费型IR信号。

MAC定时器(定时器2)是专门为支持IEEE 802.15.4MAC或软件中其他时槽的协议而设计的。定时器2有一个可配置的定时器周期和一个8位溢出计数器,可以用于保持跟踪已经经过的周期数。一个16位捕获寄存器也用于记录收到/发送一个帧开始界定符的精确时间,或传输结束的精确时间,还有一个16位输出比较寄存器可以在具体时间产生不同的选通命令(开始RX,开始TX,等)到无线模块。定时器3和定时器4是8位定时器,具有定时器/计数器/PWM功能。它们有一个可编程的分频器,一个8位的周期值,一个可编程的计数器通道,具有一个8位的比较值。每个计数器通道可以用作一个PWM输出。睡眠定时器是一个超低功耗的定时器,计算32kHz晶振或32kHz RC振荡器的周期。睡眠定时器在除了供电模式3的所有工作模式下不断运行。睡眠定时器的典型应用是作为实时计数器,或作为一个唤醒定时器跳出供电模式1或2。

ADC支持7到12位的分辨率,分别在30kHz或4kHz的带宽下。DC和音频转换可以使用高达八个输入通道(端口0)。输入可以选择作为单端或差分。参考电压可以是内部电压、AVDD或是一个单端或差分外部信号。ADC还有一个温度传感输入通道。ADC可以自动执行定期抽样或转换通道序列的程序。

随机数发生器使用一个16位LFSR来产生伪随机数,伪随机数可以被CPU读取或由选通命令处理器直接使用。例如随机数可以用于产生随机密钥,用于安全。AES加密/解密内核允许用户使用带有128位密钥的AES算法加密和解密数据。AES加密/解密内核能够支持IEEE 802.15.4MAC安全、ZigBee网络层和应用层要求的AES操作。

一个内置的看门狗允许CC2530在固件挂起的情况下复位自身。当看门狗定时器由软件使能,它必须定期清除;否则,当它超时就复位设备。或者它可以配置用作一个通用32kHz定时器。

USART0和USART1分别被配置为一个SPI主/从或一个UART。它们为RX和TX提供了双缓冲,以及硬件流控制,因此非常适合于高吞吐量的全双工应用。两者都有自己的高精度波特率发生器,因此可以使普通定时器空闲出来用作其他用途。

5. 无线设备

CC2530具有一个IEEE 802.15.4兼容无线收发器,RF内核控制模拟无线模块。另外,CC2530提供了MCU和无线设备之间的一个接口,这使得可以发出命令、读取状态、自动操作和确定无线设备事件的顺序。无线设备还包括一个数据包过滤和地址识别模块。

6. CC2530应用

CC2530可应用于2.4GHz IEEE 802.15.4系统、RF4CE远程控制系统(需要大于64KB闪存)、ZigBee系统(256KB闪存)、家庭/楼宇自动化、照明系统、工业控制和监控、低功耗无线传感网络、消费型电子、医疗保健。CC2530最小系统原理图如图3-65所示。

7. 基于ZigBee技术的家庭安防监控系统

家庭安防监控系统(如图3-66所示)能够实时采集燃气、火焰、人体红外、振动传感器状

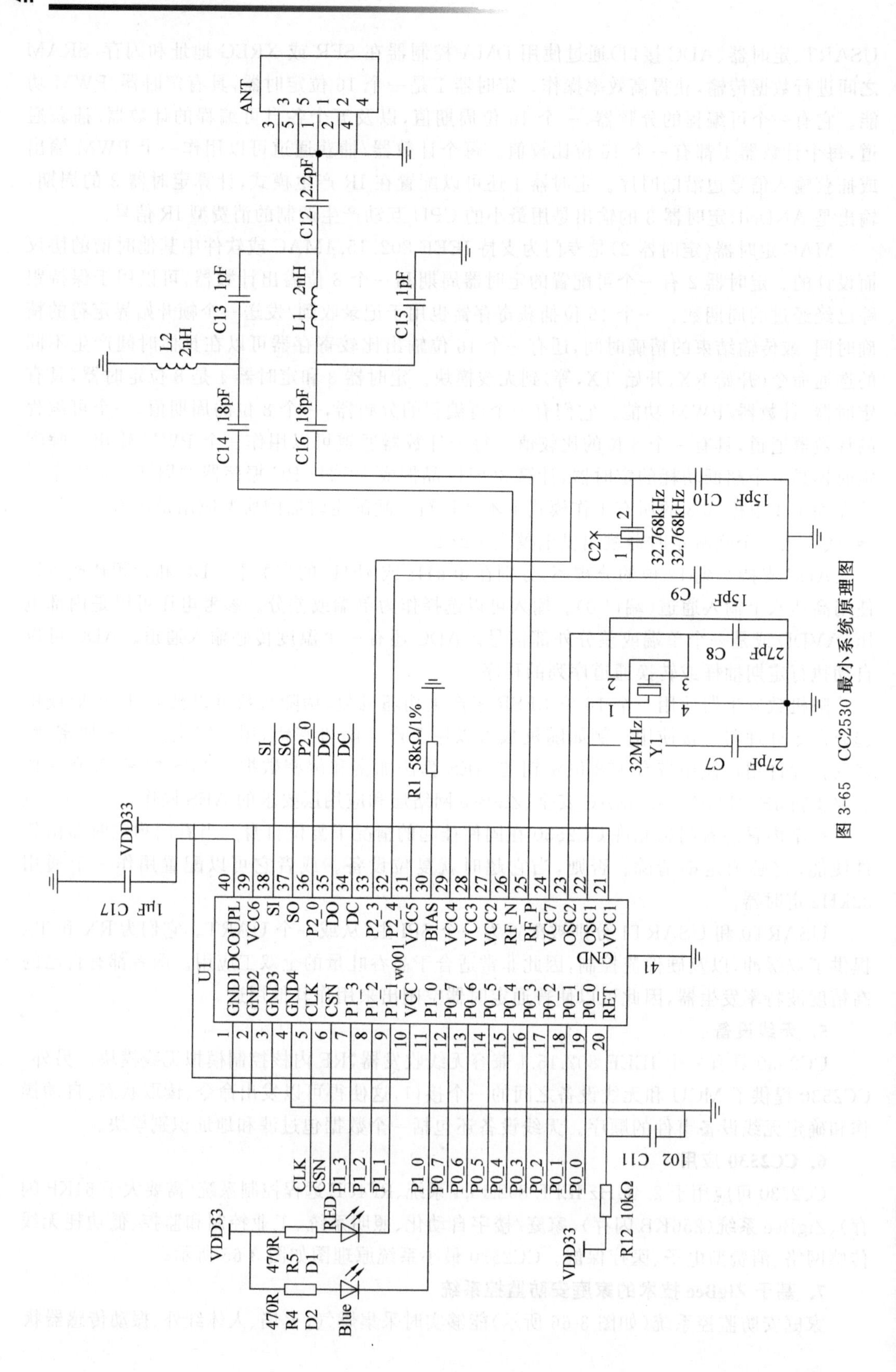

图 3-65 CC2530 最小系统原理图

态并将采集状态主动推送到智云数据中心；再凭借 Android 移动客户端和 Web 端获得这些状态后，如果监测状态异常，声光报警传感器打开，从而实现家庭安防监控系统的设计。

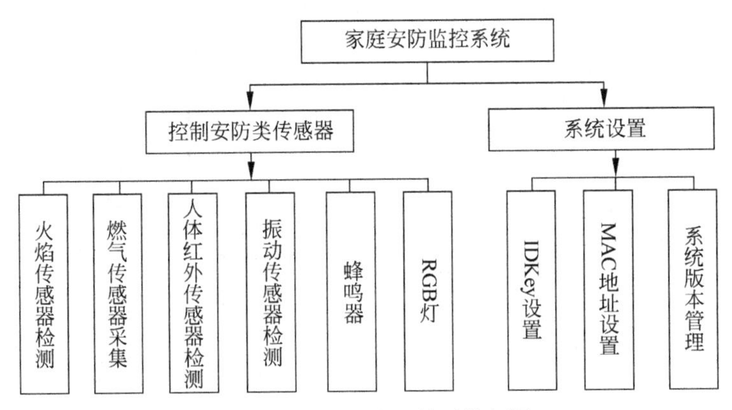

图 3-66 家庭安防监控系统框图

家庭安防监控系统功能设计分两个模块：安防设备控制管理、系统设置。

家庭安防监控系统功能模块：通过燃气、火焰、人体红外、振动传感器采集状态并推送到智云数据中心。如有异常，控制 RGB 灯、蜂鸣器打开报警。

系统设置功能模块：服务器 ID、IDKey、服务器地址参数设置与连接，传感器 MAC 地址获取与设置，系统软件版本查询与显示。

系统功能需求表设计如表 3-3 所示。

表 3-3 系统功能需求

功 能	功能说明
采集传感器状态	应用界面实时更新显示燃气传感器、火焰传感器、人体红外传感器、振动传感器状态
模式设置	(布防模式)开启全部传感器
	(撤防模式)关闭全部传感器
设备联动	选中设备异常时，引发报警
智云连接设置	服务器参数设置与连接，传感器 MAC 地址设置

系统总体架构设计

家庭安防监控系统采用智云物联网项目架构进行设计，架构图见图 3-67。下面根据物联网四层架构模型进行说明。

感知层：通过控制、安防类传感器实现，燃气、火焰、人体红外、振动传感器状态采集和 RGB 灯、蜂鸣器的控制由 CC2530 单片机进行控制。

网络层：感知层节点与网关之间的无线通信通过 ZigBee 方式实现，网关与智云服务器、上层应用设备间通过计算机网络进行数据传输。

平台层：平台层主要是智云平台提供的数据存储、交换、分析功能，平台层提供物联网设备间基于互联网的存储、访问、控制。

应用层：应用层主要是物联网系统的人机交互接口，通过 PC 端、移动端提供界面友好、操作交互性强的应用。

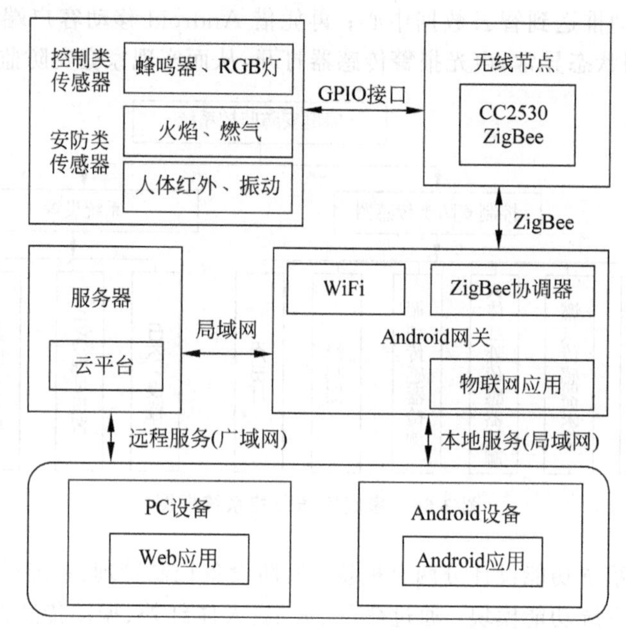

图 3-67　家庭安防监控系统详细架构图

家庭安防监控系统传输过程分为三部分：传感节点、网关、客户端(Android，Web)，通信流程图如图 3-68 所示，具体通信流程描述如下：

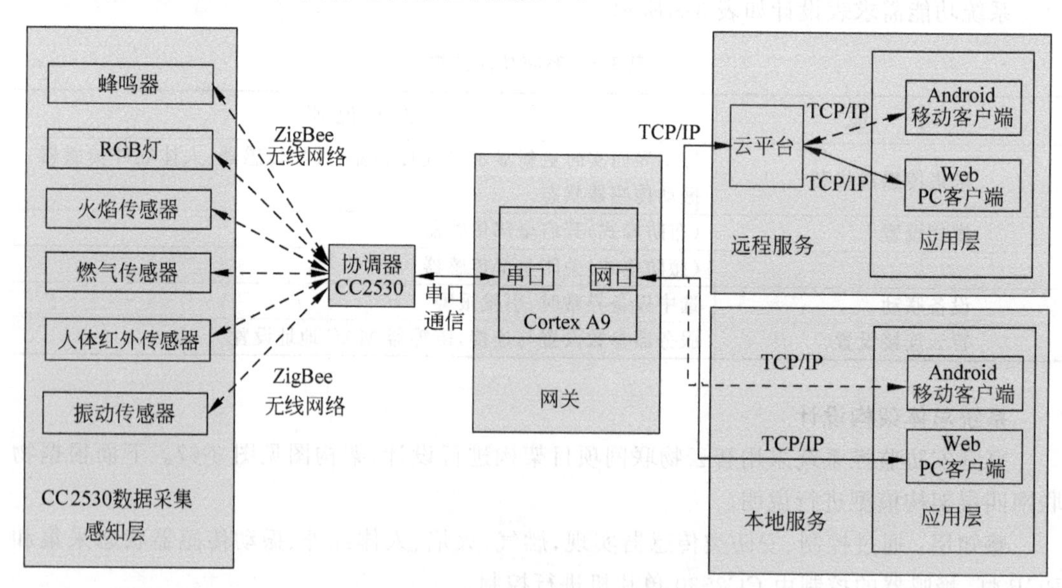

图 3-68　家庭安防监控系统传输过程

(1) 传感器节点通过 ZigBee 网络与网关的协调器进行组网，网关的协调器通过串口与网关进行数据通信；

(2) 底层节点的数据通过 ZigBee 网络将数据传送给协调器，协调器通过串口将数据转发给网关服务，通过实时数据推送服务将数据推送给所有连接网关的客户端；

(3) 客户端(Android、Web)应用通过调用智云数据接口，实现实时数据采集等功能。

参 考 文 献

[1] 王欣欣,姚灵. NB-IoT 水表自动抄表系统有关技术的探索与研究[J]. 仪表技术,2020(10):1-4,33.

[2] 王渊,廖志远. LoRa 技术在智能水表抄表系统中的应用[J]. 信息与电脑,2020(16):1-3.

[3] 付建文,蒋昱麒. 基于 LoRa 技术的远程抄表系统设计[J]. 电子设计工程,2019,27(15):157-160.

[4] 仇婧. 石家庄藁城供电公司智能抄表系统的设计与应用[D]. 保定:华北电力大学,2019.

[5] 谭琦耀. 高频小信号放大器的设计[J]. 煤炭技术,2012,31(7):57-59.

[6] 樊志远,张纯,鲁洋洋. 射频功率放大器需求有望多点开花[J]. 大众理财顾问,2019(5):55-59.

[7] 杜勇. 数字滤波器的 MATLAB 与 FPGA 实现[M]. 北京:电子工业出版社,2017.

[8] 褚庆昕,涂治红,陈付昌,等. 新型微波滤波器的理论与设计[M]. 北京:科学出版社,2016.

[9] 肖遥. 无源电力滤波器技术与应用[M]. 北京:中国电力出版社,2018.

[10] 余萍,李然,贾惠彬. 通信电子电路[M]. 北京:清华大学出版社,2010.

[11] 秦培誉. 基于原子谐振器的高稳定度晶体振荡器[D]. 西安:西安电子科技大学,2019.

[12] 李志芸. 47/94GHz 毫米波压控振荡器的研究与设计[D]. 杭州:杭州电子科技大学,2019.

[13] 陈萍萍. 80MHz 低相位噪声晶体振荡器的设计与实现[D]. 成都:电子科技大学,2015.

[14] 唐小宇. 120MHz 低相位噪声晶体振荡器的设计与实现[D]. 成都:电子科技大学,2013.

[15] 陈继远. 铯原子钟物理谐振器特性测试系统设计与实现[D]. 成都:电子科技大学,2017.

[16] 田浩. 普及型超外差电子管收音机在中国的精彩岁月(上)[J]. 无线电,2012,8:94-97.

[17] 田浩. 普及型超外差电子管收音机在中国的精彩岁月(中)[J]. 无线电,2012,9:95-98.

[18] 田浩. 普及型超外差电子管收音机在中国的精彩岁月(下)[J]. 无线电,2012,10:91-95.

[19] 刘作新. 认识 DSP 收音机[J]. 无线电,2012,11:84-86.

[20] 徐蜀,陈汉燕. 收音机史话(一)[J]. 无线电,2013,5:96-99.

[21] 徐蜀,陈汉燕. 收音机史话(二)[J]. 无线电,2013,6:93-95.

[22] 徐蜀,陈汉燕. 收音机史话(三)[J]. 无线电,2013,7:92-94.

[23] 田浩. 民用电子产品的百年演变之手机[J]. 无线电,2014,2:92-95.

[24] 徐蜀,陈汉燕. 国产晶体管袖珍收音机[J]. 无线电,2014,2:96-99.

[25] 徐蜀,陈汉燕. 简易超外差国产电子管收音机的一段历史[J]. 无线电,2014,5:94-98.

[26] 王馨仪. 超外差接收机的基本原理与发展历程[J]. 产业与科技论坛,2016,15(12):67.

[27] 王雅芳. 电子产品工艺与装配技能实训[M]. 北京:机械工业出版社,2018.

[28] 阿尔特莱德. 进击的科技[M]. 唐源旃,译. 北京:中信出版社,2020.

[29] 许凌. 2.4G 数字无线对讲系统中语音处理技术的设计与实现[D]. 泉州:华侨大学,2014.

[30] 赵军. 基于 MCF5213 的无线对讲机的关键模块设计与实现[D]. 成都:电子科技大学,2006.

[31] 韩雪涛,韩广兴,吴瑛. 新型手机集成电路速查手册[M]. 北京:电子工业出版社,2014.

[32] 张军. 智能手机软硬件维修——从入门到精通[M]. 北京:机械工业出版社,2020.

[33] 88W8787 WLAN/Bluetooth/FM single-chip SoC IEEE 802. 11n/a/g/b, Bluetooth 3. 0 + HS FM Tx/Rx Datasheet. Marvell manual book,2010,8.

[34] Marvell 88w8787 Datasheet[DB/OL]. https://download. csdn. net/download/cos1818/10171397?utm-source=itege-new,2017-12-24.

[35] 阳永超. 基于有蓝牙共存情况下的 Wi-Fi 射频模块设计[D]. 上海:上海交通大学,2011.

[36] 柴远波,赵春雨,林成,等. 短距离无线通信技术及其应用[M]. 北京:电子工业出版社,2015.

[37] 曾凡太,边栋,徐胜鹏. 物联网之芯:传感器件与通信芯片设计[M]. 北京:机械工业出版社,2018.

[38] 黄玉兰,常树茂.物联网：ADS射频电路仿真与实例详解[M].北京：人民邮电出版社,2011.
[39] 黄志坚.智能交通与无人驾驶[M].北京：化学工业出版社,2018.
[40] 纳莫杜里,肖梅特,金姆.无人机网络与通信[M].刘亚威,闫娟,杜子亮,译.北京：机械工业出版社,2019.
[41] 魏红.移动基站设备与维护[M].北京：人民邮电出版社,2013.
[42] 胡国安.3G基站系统运行与维护[M].北京：人民邮电出版社,2012.
[43] 广州杰赛通信规划设计院.小基站(Small Cell)在新一代移动通信网络中的部署与应用[M].北京：人民邮电出版社,2012.
[44] 葛阳.基于433MHz射频通信的智能家居系统研究与设计[D].成都：电子科技大学,2013.
[45] 孙永坚.基于无线传感器网络的智能家居远程监控系统研究与设计[D].长春：吉林大学,2014.
[46] 杨鹏云,佟云峰,宋学青,等.基于CC1110的点多点无线通信系统[J].云南大学学报：自然科学版,2009,31(S2)：304-307.
[47] 黄名馥.TD-SCDMA基站射频单元设计与实现[D].成都：电子科技大学,2010.
[48] 孙其伟.TD-LTE基站上行射频链路的研究[D].上海：华东师范大学,2012.
[49] 邹小飞.无人机通用遥测平台的实现[D].南京：南京航空航天大学,2008.
[50] 齐国坤.无人机与海面浮标无线通信技术的应用研究[D].天津：河北工业大学,2014.
[51] 侯海周.微型无人机图像处理与传输系统设计[D].南京：南京理工大学,2007.
[52] 王娟.无人机测控与信息传输系统研究[J].装备应用与研究,2018,30(564)：41,44.
[53] 付莉,赵民.某型无人机数据通信系统设计与实现[J].宇航计测技术,2015,35(2)：72-75.
[54] 王黎来.适用于无人机宽带无线通信系统的关键技术研究[D].上海：上海交通大学,2007.
[55] 景晓康.无人机无线通信传输系统的设计与实现[D].西安：西安电子科技大学,2017.
[56] 陈卓.无人机数据传输扩跳频混合技术研究[D].南京：南京理工大学,2014.
[57] 廖懿华.适用于农田信息采集的多旋翼无人机控制系统[D].广州：华南农业大学,2014.
[58] 姜鹏.无人机主被动安控地面站的设计与实现[D].沈阳：东北大学,2016.
[59] 田浩.民用电子产品的百年演变之手机[J].无线电,2014,2：92-95.
[60] 小枣君.从0G到5G,移动通信的百年沉浮[DB/OL].https://mp.weixin.qq.com/s/eGMcaRBmD79581Z8CawFHA,2021-1-17.
[61] 吴淘锁,邬海峰.射频与微波功率放大器发展的历程、现状与趋势[J].物联网技术,2015,15：34-35,38.
[62] 万物云联网,Doherty(多赫蒂)功率放大器的发明历史回顾[DB/OL].https://weibo.com/ttarticle/p/show?id=2309404591404407193647,2021-1-9.
[63] 世界首条"三合一"电子公路诞生,汽车可以边跑边充电,就在…[DB/OL]https://xw.qq.com/cmsid/20181023A1F8Y100,2018-10-23.
[64] 张衍会.基于物联网的智能交通信号控制机设计[D].兰州：兰州交通大学,2017.
[65] 何涛,王雨馨,周瑞朋,等.基于无线传输的可视化电力工程管控系统的设计与研究[J].电力信息与通信技术,2020,18(12)：1-6.
[66] 范炜琳.高压输电线路在线监测通信系统[D].保定：华北电力大学,2014.
[67] 代泽荟.220kV变电站智能巡检机器人系统的设计与应用[D].保定：华北电力大学,2019.
[68] 叶建芳,仇润鹤,叶建威.通信电子电路原理及仿真设计[M].2版.北京：电子工业出版社,2019.
[69] 黄晓延,段佳冬,张宇飞.智能网联交通系统的关键技术与发展[J].电子世界,2020(18)：8-9.
[70] 梁尊人,刘诗华.智能交通中无线通信技术的应用[J].交通世界,2020(25)：24-25.
[71] 谢博宇,李茂青,岳丽丽,等.无人机-智能车队协同路径实时规划研究[J].计算机工程与应用,2020,56(20)：20-27.
[72] 邱云.无线通信技术在智能交通系统中的应用分析[J].通讯世界,2020,27(5)：58-59.
[73] 华锟.浅析智能交通中的无线通信技术[J].电子世界,2020(1)：149-150.

[74] 王芳.《城市智能交通系统的发展现状与趋势》英译实践报告[D]. 青岛：山东科技大学，2018.
[75] 张强. 无线通信技术在智能交通系统中的应用[J]. 科技资讯，2018，16(11)：23-24.
[76] 陈一鸣. 5G无线通信技术在异构车联网中的应用研究[J]. 数码世界，2018(3)：301.
[77] 温瑞生. 无线通信技术在智能交通系统中的应用[J]. 电子世界，2017(7)：147.
[78] 周奎翰，赵国，张瑞. 应急场景下无人机基站自组网的高效部署方案[J]. 信息与电脑：理论版，2020，32(14)：196-197.
[79] 王花. 无人机空中基站的覆盖部署方法研究[D]. 西安：西安理工大学，2020.
[80] 袁雪琪，云翔，李娜. 基于5G的固定翼无人机应急通信覆盖能力研究[J]. 电子技术应用，2020，46(2)：5-8，13.
[81] 韩晓乐，李蓉，裴闯. 无人机在应急卫星通信系统中的应用探究[J]. 中国新通信，2019，21(17)：24.
[82] 丁强，方友祥. 从智能交通系统到车联网[J]. 中国新通信，2013，15(18)：54-56.
[83] 陆化普. 智能交通系统主要技术的发展[J]. 科技导报，2019，37(6)：27-35.
[84] 彭高召. 基于无人机的应急通信网研究[D]. 杭州：浙江大学，2019.
[85] 邓丽君. 无人机辅助的无线通信网络资源分配方案研究[D]. 成都：电子科技大学，2020.
[86] 王超. 无人机基站部署与位置更新研究[D]. 西安：西安电子科技大学，2019.
[87] 张秋玲. 无人机通信在突发事件应急报道中的应用[J]. 现代电视技术，2018，(02)：126-127+145.
[88] 黄鹏. 无人机通信中的中继平均吞吐量优化与灾后快速部署研究[D]. 长沙：湖南大学，2019.
[89] 肖祎杰. 无人机应急通信覆盖的研究[D]. 北京：北京邮电大学，2017.
[90] 魏玉. 针对城市智能交通系统的研究[J]. 轻工科技，2019，35(4)：88-89.
[91] https://wenku.baidu.com/view/e612c5fe4a2fb4daa58da0116c175f0e7dd11974.html.
[92] 新浪科技. 发改委：物联网已列入国家十二五规划[DB/OL]. https://www.mscbsc.com/viewnews-42953.html，2010，10，28.
[93] 鲜枣课堂. 关于“车联网”的最强科普！[DB/OL]https://baijiahao.baidu.com/s?id=1618796285971102753&wfr=spider&for=pc 2018，12，3.
[94] 鲜枣课堂. 关于5G的真正价值，终于有人说明白了[DB/OL]. https://zhuanlan.zhihu.com/p/56574728，2019，2，13.
[95] 车联网学堂. 史上最详尽，全方位解读车路协同[DB/OL]. https://www.sohu.com/a/361700033_99921063，2019，12，20.
[96] 鲜枣课堂. 机你太美！关于5G无人机的最强科普！[DB/OL]https://zhuanlan.zhihu.com/p/63813099，2019，4，26.
[97] 鲜枣课堂. 100页精华PPT，帮你彻底看懂5G！[DB/OL]https://www.sohu.com/a/348339412_160923，2019，10，20.
[98] CSDN业界要闻. 5G无人机，到底有什么特别？[DB/OL]https://blog.csdn.net/CSDN_bang/article/details/103932437，2020，1，10.
[99] 授时系统[DB/OL]. https://baike.baidu.com/item/%E6%8E%88%E6%97%B6%E7%B3%BB%E7%BB%9F/1809527?fr=aladdin.
[100] 北斗助力中国建成立体交叉授时系统[DB/OL]. http://www.beidou.gov.cn/yw/xydt/201910/t20191013_19200.html. 2019-10-12.

图书资源支持

感谢您一直以来对清华大学出版社图书的支持和爱护。为了配合本书的使用，本书提供配套的资源，有需求的读者请扫描下方的“书圈”微信公众号二维码，在图书专区下载，也可以拨打电话或发送电子邮件咨询。

如果您在使用本书的过程中遇到了什么问题，或者有相关图书出版计划，也请您发邮件告诉我们，以便我们更好地为您服务。

我们的联系方式：

地　　址：北京市海淀区双清路学研大厦 A 座 714

邮　　编：100084

电　　话：010-83470236　010-83470237

资源下载：http://www.tup.com.cn

客服邮箱：tupjsj@vip.163.com

QQ：2301891038（请写明您的单位和姓名）

教学资源·教学样书·新书信息

人工智能科学与技术
人工智能|电子通信|自动控制

资料下载·样书申请

书圈

用微信扫一扫右边的二维码，即可关注清华大学出版社公众号。